国家科学技术学术著作出版基金资助出版

马铃薯加工学

POTATO PROCESSING

李树君 著

中国农业出版社

图书在版编目（CIP）数据

马铃薯加工学／李树君著．—北京：中国农业出版社，2014.2
ISBN 978-7-109-18887-7

Ⅰ．①马…　Ⅱ．①李…　Ⅲ．①马铃薯—食品加工　Ⅳ．①TS215

中国版本图书馆 CIP 数据核字（2014）第 025784 号

中国农业出版社出版
（北京市朝阳区农展馆北路 2 号）
（邮政编码 100125）
责任编辑　孟令洋　郭　科

北京中科印刷有限公司印刷　　新华书店北京发行所发行
2014 年 5 月第 1 版　　2014 年 5 月北京第 1 次印刷

开本：787mm×1092mm　1/16　　印张：16
字数：420 千字
定价：65.00 元

序

民以食为天。随着社会经济发展和人民生活水平的提高，人们对于如何“食”得好，“食”得营养，“食”得健康有了更多更高的追求。马铃薯粮蔬特性兼备，营养功能成分全，加工附加值高，成为名副其实的第四大粮食作物。马铃薯自17世纪传播到中国，因其耐寒、耐瘠薄、高产稳产、适应性广，迅速在我国普及。作为一种高产作物，马铃薯的广泛种植和加工对保障粮食安全起到了重要作用。

目前，中国马铃薯种植面积和鲜薯产量均居世界首位。温家宝同志对马铃薯产业特别关注，多次提出“小土豆，大产业，管大用”的观点。如今马铃薯产业已成为许多地区，特别是经济欠发达地区扶贫开发的支点、高效农业的样板和现代农业建设的亮点。马铃薯加工业作为新兴产业，在21世纪的头10年得到迅猛发展，已开始由粗放加工向精深加工、质量提升方向发展，对粮食安全、城乡居民生活水平提高、推动“三农”等相关产业发展、促进农民增收、扩大就业等方面作出了较大的贡献。然而与欧美等发达国家相比，中国的马铃薯加工产业还远远落后，存在加工品种单一、产业链条短、加工比率低、生产过程和原料标准化程度低、加工技术装备落后和对环境污染严重等问题。

《马铃薯加工学》是李树君研究员及其带领的马铃薯加工研究团队经过数十年的潜心研究编写而成的中国马铃薯加工领域第一部综合性著作，也是中国马铃薯加工行业的开山之作。李树君研究员在马铃薯加工业内被誉为“中国马铃薯薯条之父”，自1998年建成国内第一条马铃薯薯条中试生产线以来，经过10多年的研发与自主创新，李树君研究员及其研究团队已研发出重大装备60余台套，涵盖马铃薯淀粉、全粉、薯条、薯片、鲜切马铃薯、薯渣加工等领域多种成套生产线，突破了制约马铃薯产业发展的装备瓶颈，实现了中国马铃薯加工大型成套技术装备从长期依赖进口到全面国产化并成套出口的跨越。

该书总结了过去几十年中国马铃薯加工技术研发过程中取得的科研成果

和在产业实践中所获得的成功经验，同时借鉴了国外先进工艺技术，对马铃薯加工的各个产品进行了全面的介绍，在详述理论及工艺研究过程的同时穿插了装备开发和工程建设的实践经验。内容全面而不失详尽，工艺理论清晰又重于实践，是中国马铃薯加工业不可多得的一本好书。本书在充分征求意见的基础上，反复修改直至定稿，是一部兼具理论性、实践性、前瞻性的高质量著作，必将对马铃薯加工业突破产业发展瓶颈产生重大的推动力，也将为促进马铃薯加工业走向规范化、系统化的崭新时代作出贡献。

2013.12.1

前　言

马铃薯是世界上仅次于水稻、小麦、玉米的第四大粮食作物。它不仅可以作为主食，也可以作为蔬菜食用，营养丰富，加工价值高。我国是世界上马铃薯种植面积最大的国家，产量也位居世界首位，加工产业发展前景广阔。

国外马铃薯加工业兴起时间早、产业完善。以西欧和北美为先，引领世界马铃薯加工业的发展，无论从加工技术还是加工制品品质及贸易量都代表了世界先进水平和最大份额，从原料储运、加工到物流等整个马铃薯加工产业体系较为成熟，其生产工艺及加工设备趋于完善，加工制品具有较为统一的质量标准。加工产品丰富，除了传统的马铃薯淀粉、全粉、速冻薯条以外，还有近几年发展起来的冷冻马铃薯泥、冷冻马铃薯丸、脱水马铃薯丁、脱水马铃薯片等制品。从整体上看，国外设计理念先进，针对客户原料、实际需求，实施改进开发新技术、新产品；设备性能优越，产品稳定性高，先进的机械加工制造技术以及高性能的特殊材料工艺，保证了马铃薯加工设备的性能优越性；加工得率高，淀粉加工的高效率细胞壁破损技术、高纯度分离提纯技术，低游离率全粉加工技术，全过程利用马铃薯资源等核心技术得到广泛应用，提高加工得率的同时减少了工业化加工废水、废渣对环境的污染。马铃薯加工生产过程标准化、自动化程度高，高敏感度传感器与计算机技术融合，加工过程实现全程自动化检测、控制、质量监督和管理，保障了产品品质和安全。

我国马铃薯加工业是伴随着食品和农产品加工业的发展并肩而进，又在跳跃式发展中形成的新兴行业。近10年，我国马铃薯加工业得到了迅猛发展，开始由粗放式加工向精深加工、质量提升的阶段发展转变，对保障粮食安全、促进农民增收、扩大就业、推动“三农”等相关产业发展作出了积极贡献。尽管产业发展成效显著，但国内马铃薯加工利用率、增值率低，产业链条短，没有充分发挥其应有的经济价值。与国外相比，我国马铃薯加工业的发展差距仍很明显，如马铃薯加工比率低，目前仅不到10%；加工品种单一，仅有马铃薯淀粉、马铃薯全粉、速冻马铃薯薯条、马铃薯油炸薯片等；品种专用化程度低，影响加工产出率；原料基地建设薄弱，生产过程和原料标准化程度影响加工质量；储藏技术落后，腐烂、品质劣化严重，造成加工期缩短；加工技术装备落后，成为制约产业发展的瓶颈；资源利用率低，加工业污染严重；产品缺乏统一的质量标准。

本书旨在总结近几十年马铃薯加工技术科研成就和产业实践经验，奉献给社会各界相关人士，希望为马铃薯加工业的发展呈上绵薄之力。由于水平所限、成书时间紧，技术发展又日新月异，书中难免出现疏漏和不足之处，恳请广大读者批评指正。

著　者

2013.10

目 录

第 1 章 概　述

1.1 马铃薯种植面积及产量

马铃薯原产南美洲，16 世纪传入欧洲，17 世纪由荷兰人传入我国，它是重要的粮菜兼用和工业原料作物。由于其耐寒、耐瘠薄、高产稳产、适生性广、营养成分全和产业链长而受到全世界的高度重视。根据联合国粮农组织（FAO，2011）统计，目前全世界种植马铃薯的国家和地区已达 157 个，2.89 亿 hm^2，总产量 3.74 亿 t。在世界所有的粮食作物中，马铃薯的总产量排名第 4，仅次于玉米、水稻和小麦。在过去的 10 多年中，中国的马铃薯种植面积不断增加，成为世界上第一大马铃薯生产国，年种植面积达 500 多万 hm^2，占世界种植面积的 25%左右，总产量占世界的 20%。

马铃薯生长在北纬 35°～50°之间适宜的土壤和气候条件下，喜沙质土壤、强光照、昼夜温差大、气候冷凉的地区。世界主要生产国为中国、俄罗斯、印度、乌克兰、孟加拉国、美国、波兰、白俄罗斯、秘鲁、尼日利亚等（表 1－1）。

表 1－1　2011 年世界马铃薯种植面积前 10 位国家

（联合国粮农组织资料）

国家	收获面积（hm^2）	排名	总产量（t）	排名	单产（t/hm^2）	排名
中　国	5 426 652	1	88 350 220	1	1.085 4	81
俄罗斯	2 202 600	2	32 681 500	3	0.989 2	93
印　度	1 863 200	3	42 339 400	2	1.514 9	54
乌克兰	1 443 000	4	24 248 000	4	4.231 8	1
孟加拉国	460 197	5	8 326 390	7	1.206 2	70
美　国	459 076	6	19 361 500	5	254.288	2
波　兰	400 500	7	8 196 700	8	1.364 4	62
白俄罗斯	341 237	8	7 721 040	10	1.508 4	55
秘　鲁	296 484	9	950 000	44	0.916 0	105
尼日利亚	260 000	10	4 073 600	19	0.243 6	139

在我国则主要集中在较贫困和经济欠发达地区，表 1－2 列出了国内不同省份 2008—2011 年马铃薯种植情况表。从马铃薯产量来看，国内马铃薯产量最高的地区为西部地区，

占全国总产量的64%，中部和东部地区薯类产量分别占全国马铃薯总产量的27%和9%。其中，甘肃省马铃薯产量最高，占全国马铃薯总产量的15%，其次是内蒙古，占全国马铃薯总产量的13%，贵州、四川、云南和重庆马铃薯产量分别占全国马铃薯总产量的11%、11%、10%和7%。马铃薯以其产量高、成本低、用途广、易加工等优势显示出强劲的发展势头，面积由1991年287.9万 hm^2 增加到2011年的542.7万 hm^2。近年来，山东、河南、安徽等中原二季作区发展马铃薯与粮、棉等间作套种，使一年两种两收变为一年三种三收；广东、福建等南方冬作区，农民利用冬季休闲田种植马铃薯，效益显著提高，种植面积不断扩大。

表1-2　2010—2011年国内马铃薯种植情况列表

年份 \ 地区	2011	2010	2011	2010	2011	2010
	面积（万 hm^2）		产量（万t）		每公顷产量（kg）	
全　国	542.42	520.51	1 765.0	1 630.7	3 256	3 133
北　京	—	—	—	—	—	—
天　津	—	—	—	—	—	—
河　北	17.06	15.5	47.9	45	2 808	2 901
山　西	17.16	17.02	24.9	21.2	1 451	1 247
内蒙古	71.27	68.11	196.5	167.3	2 757	2 457
辽　宁	5.64	5.43	39.8	34.9	7 057	6 427
吉　林	8.1	8.59	49.5	72.5	6 111	8 441
黑龙江	25.03	23.99	134.7	123.3	5 382	5 139
上　海	—	—	—	—	—	—
江　苏	—	—				—
浙　江	5.92	5.82	22.8	18.6	3 851	3 196
安　徽	1.07	0.88	—	5.6		6 410
福　建	7.61	7.36	28.7	26.5	3 771	3 596
江　西	0.26	—	1		3 846	—
山　东	—	—				—
河　南	—	—				—
湖　北	22.03	19.15	68.1	61.6	3 091	3 214
湖　南	9.3	9.7	35.6	36.4	3 828	3 752
广　东	4.07	4.5	20.2	21.8	4 963	4 856
广　西	5.31	3.1	17.9	9.3	3 371	2 992
海　南	0.02	0.01	0.1	—	5 000	—
重　庆	34.42	33.63	116.1	112.1	3 373	3 335
四　川	60.11	57.47	216.5	235.6	3 602	4 100
贵　州	66.7	64.58	189.4	141.4	2 840	2 190
云　南	49.64	49.31	159.5	152.9	3 213	3 100

（续）

地区＼年份	2011	2010	2011	2010	2011	2010
	面积（万 hm²）		产量（万 t）		每公顷产量（kg）	
西　藏	0.06	0.05	0.4	0.4	6 667	6 481
陕　西	28.12	27.59	65.6	60.9	2 333	2 207
甘　肃	67.72	64.55	228.9	185.2	3 380	2 869
青　海	8.81	8.67	36.9	36.6	4 188	4 215
宁　夏	22.45	22.19	44.5	42.5	1 982	1 915
新　疆	4.54	3.31	20.5	19.2	4 515	5 779

数据来源：中国农业统计资料。

1.2　马铃薯的营养价值

马铃薯具有很高的营养价值和药用价值。一般新鲜薯中所含成分及含量：淀粉 9%～20%，蛋白质 1.5%～2.3%，脂肪 0.1%～1.1%，粗纤维 0.6%～0.8%。每 100g 马铃薯中所含的营养成分：热量 66～113J，钙 11～60mg，磷 15～68mg，铁 0.4～4.8mg，硫胺素 0.03～0.07mg，核黄素 0.03～0.11mg，烟酸 0.4～1.1mg。除此以外，马铃薯块茎还含有禾谷类粮食所没有的胡萝卜素和抗坏血酸。从营养角度来看，它比大米、面粉具有更多的优点，能供给人体大量的热能，可称为“十全十美的食物”。人只靠马铃薯和全脂牛奶就足以维持生命和健康。因为马铃薯的营养成分非常全面，营养结构也较合理，只是蛋白质、钙和维生素 A 的含量稍低，而这正好用全脂牛奶来补充。马铃薯块茎水分多、脂肪少、单位体积的热量相当低，所含的维生素 C 是苹果的 10 倍，B 族维生素是苹果的 4 倍，各种矿物质是苹果的几倍至几十倍不等。马铃薯是降血压食物，膳食中某种营养多了或缺了可致病，同样道理，调整膳食，也就可以“吃”出健康。

马铃薯含有大量碳水化合物，既可作主食，又可作为蔬菜食用，或可做成休闲食品如薯条、薯片等，也可用来制作淀粉、粉丝等，还可以用于酿酒或作为牲畜的饲料。

1.3　马铃薯加工产品的类型及其发展前景

“十一五”以来，我国马铃薯加工业发展迅速，马铃薯加工品产量迅速增长。2005 年和 2010 年我国马铃薯加工业主要产品产量情况如表 1－3 所示。

表 1－3　2005 年和 2010 年马铃薯加工业主要产品产量

单位：万 t

产　品	2005 年	2010 年
淀　粉	40	45
变性淀粉	10	16

（续）

产　品	2005年	2010年
全　粉	2	5
冷冻薯条	5	11
薯　片	10	30

1.3.1　马铃薯淀粉

马铃薯是世界上除玉米、小麦以外的第三大淀粉原料作物，特别是在高寒地区，马铃薯显得更为重要。马铃薯淀粉因其具有颗粒大、类脂化合物及蛋白质含量低、抗切割性等理化特性，备受各大加工企业的欢迎，尤其在食品加工中，马铃薯淀粉应用越来越广泛。马铃薯淀粉已普遍应用于医药、化工、造纸等重要工业领域。近年来，马铃薯新兴食品工业迅速发展，已成为食品生产的主要组成部分。荷兰已将马铃薯淀粉广泛应用于食品工业中，如干粉调制剂、面食、酵母滤液等。

1.3.2　马铃薯全粉

马铃薯除含淀粉外，还含较丰富的维生素、矿物质和多种氨基酸。马铃薯全粉和淀粉是两种截然不同的制品，其根本区别在于全粉的加工没有破坏植物细胞，营养全面，虽然干燥脱水，但经适当比例复水，即可重新获得新鲜的马铃薯泥，制品仍然保持了马铃薯天然的风味及固有的营养价值；而淀粉却是在破坏了马铃薯植物细胞后提取出来的，制品不再具有马铃薯的风味和固有的营养价值。正是由于这一点，从20世纪50年代起，欧美各国致力于研究马铃薯加工方式，开发马铃薯全粉产品，并迅速推广。

马铃薯全粉是其他食品深加工的基础。马铃薯全粉主要用于两方面：一是作为添加剂使用，如焙烤面食中添加5%左右，可改善产品的品质，在某些食品中添加马铃薯粉可增加黏度等；二是用作冲调马铃薯泥、马铃薯脆片等各种风味和各种营养强化的食品原料。用马铃薯全粉可加工出许多方便食品，它的可加工性远远优于鲜马铃薯原料，可制成各种形状，可添加各种调味和营养成分，制成各种休闲食品，故马铃薯全粉也可作为马铃薯食品的一种。

1.3.3　马铃薯食品

目前，美国、英国等用于直接鲜食的马铃薯约占5%，而加工的马铃薯食品约占80%。根据马铃薯制品的工艺特点和使用目的，可将其分为四大类：第一类是干制品，也就是贮存1年以上的制品，如马铃薯泥、干制马铃薯、干制马铃薯半成品；第二类是冷冻制品，属非长期贮存制品（3个月），如马铃薯丸子、马铃薯饼等；第三类是油炸制品，是短期贮存制品（不超过3个月），如油炸马铃薯片、酥脆马铃薯等；第四类是在公共饮食服务业中用马铃薯配菜，如利用粉状马铃薯制品作馅的填充料，利用粒和片来生产肉卷、饺子等配菜。粉条加工在我国有着悠久的历史，全国除几个较大规模的加工企业外，更多的加工集中在乡镇农产品加工企业，个体规模不大，但所占的市场份额较大。

1.3.4 马铃薯变性淀粉

马铃薯变性淀粉是以淀粉为原料，经理化方法或生物方法改变其溶解度、黏度等理化性质，产生一系列具有不同性能的变性淀粉或淀粉衍生物。国际上变性淀粉已发展到300余种，并广泛地应用于纺织、造纸等行业，尤其是食品工业上，变性淀粉可用作糕点馅的稠化剂、浇注糖果时的凝胶剂等，它还是快餐食品中不可缺少的原料。近年来，我国淀粉加工龙头企业不断壮大，产品逐步由初级粗加工向精深加工方向发展。

马铃薯加工产品多种多样，后续章节将对马铃薯加工主要产品的加工技术进行详细地介绍。

第 2 章 马铃薯淀粉及其加工技术

淀粉是薯类块茎的主要成分。薯类之所以在人类生产和生活中具有重要的资源价值和经济价值，其根本原因是薯类作物块茎中含有大量碳水化合物——淀粉组分，并能有效地开发和利用。为了更好地研究和应用薯类，有必要了解淀粉的一般知识，以便从植物淀粉的共性中，更多地了解薯类淀粉的个性。

2.1 淀粉的基本构成和分子结构

2.1.1 淀粉的基本构成

淀粉是高等植物中常见的组分，是碳水化合物贮藏的主要形式。碳水化合物在自然界分布很广，对许多生命过程也很重要。碳水化合物中，有许多是作为植物的养料，并为动物和人类提供食物。在生化上，碳水化合物是由一些称为单糖的简单结构单体组成。淀粉、纤维素、糖原等复杂碳水化合物，可看作是含有多个这类单糖的聚合物。

植物利用二氧化碳和水为原材料合成淀粉。淀粉是由可溶性直链淀粉和不溶性的支链淀粉组成。由 1，4 键葡萄糖单体构成的多糖是直链淀粉，直链淀粉一般由大约 300 多个 α-D-葡萄糖分子组成；支链淀粉则是由 1，3 和 1，6 键的二糖单体构成，已知支链淀粉分子约含有 1 000 个葡萄糖单体，从端基分析获悉，在支链淀粉里平均每 25 个葡萄糖单体就有一个分支。

2.1.2 淀粉的分子结构与颗粒结构

2.1.2.1 淀粉的分子结构

直链淀粉是 α-D-吡喃葡萄糖基单元通过 α-1，4 糖苷键连接的线型聚合物（图 2-1），一般每链约含有 350 个 D-葡萄糖基单元；而支链淀粉是 α-D-吡喃葡萄糖基单元通过 α-1，3 或 α-1，6 糖苷键连接的高支化聚合物（图 2-2），其支链淀粉分子平均长度约含 25 个 D-葡萄糖基单元。

一般直链淀粉的相对分子质量为 5 万～20 万，相当于由 300～1 200 个葡萄糖残基聚合而成。支链淀粉相对分子质量要比直链淀粉大得多，为 20 万～600 万，相当于由 1 200～36 000 个葡萄糖残基聚合而成，一般聚合度在 4 000～40 000，大部分在 5 000～13 000。

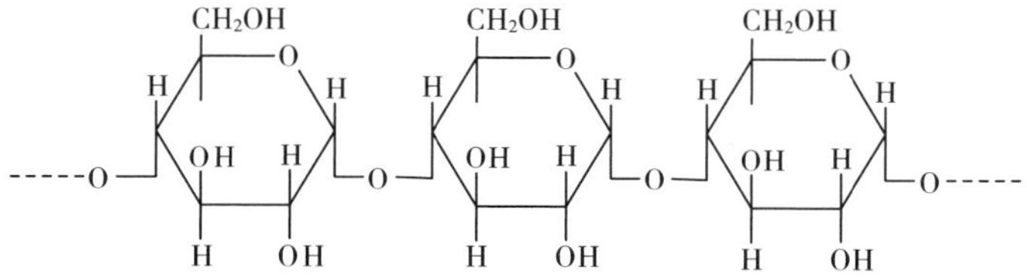

图 2-1 直链淀粉分子结构

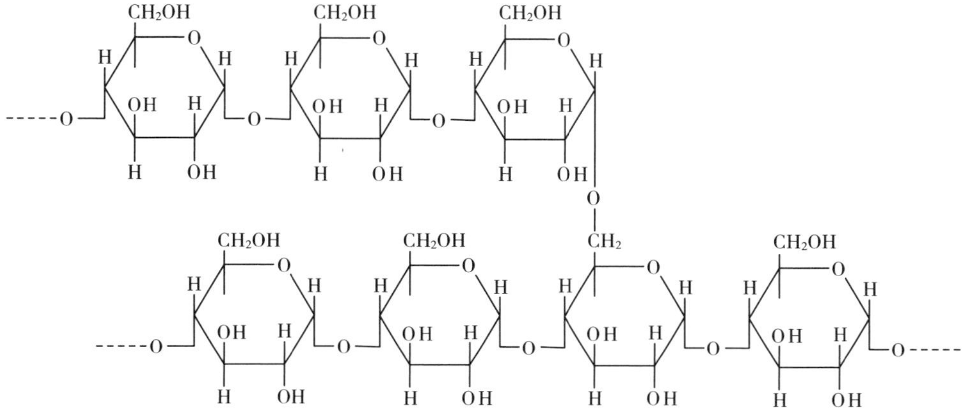

图 2-2 支链淀粉分子结构

20世纪50年代以前，认为淀粉是直链和支链淀粉这两种聚合物的混合物。后来，随着分离分级技术和纯化方法的改进，在许多淀粉粒中还存在第三种成分，即中间级分，这个级分是支化较少的支链淀粉或轻度支化的直链淀粉。

（1）直链淀粉

1）直链淀粉的分子构造　直链淀粉是两类分子的混合物，大部分是直链线状分子，由α-1，4键连接构成，少量是带有分支结构的线状分子，后者又称为轻度分支的直链淀粉。轻度分支直链淀粉占总直链淀粉的比例，随淀粉来源的不同，其值在11%～70%，以25%～55%者居多。轻度分支分子的链数为4～20，通常带分支的直链淀粉分子大小是直链线状分子的1.5～3.0倍。

2）直链淀粉分子的螺旋结构　天然固态直链淀粉分子不是伸开的一条链，而是卷曲盘旋呈左螺旋状态（图2-3），每一螺旋周期中包含6个α-D-吡喃葡萄糖基，螺旋上重复单元之间的距离为1.06nm，每个α-D-吡喃葡萄糖基环呈椅式构象（图2-4），一个α-D-吡喃葡萄糖基单元的

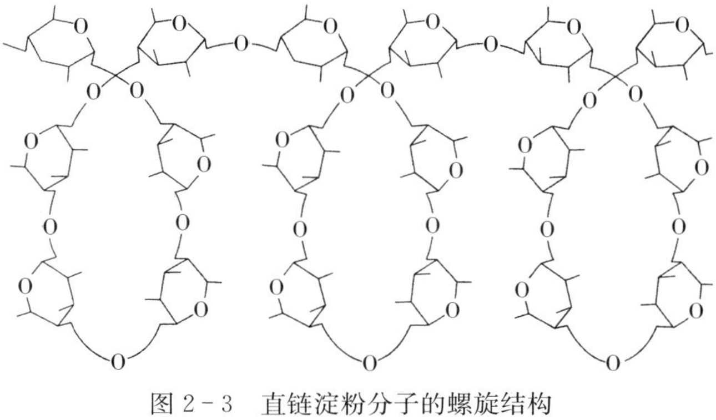

图 2-3 直链淀粉分子的螺旋结构

C_2 上的羟基与另一毗连的 α-D-吡喃葡萄糖基单元的 C_3 上的羟基之间常形成氢键使其构象更为稳定。

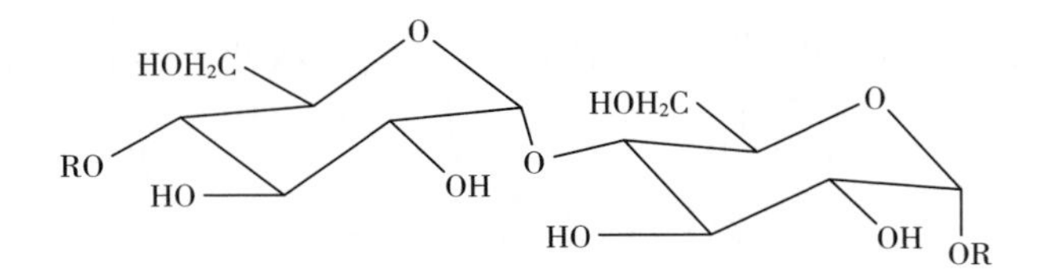

图 2-4　α-D-吡喃葡萄糖环的椅式构象

3）*直链淀粉与碘和脂肪酸的反应*　直链淀粉具有一些独特的性质，例如，它能与碘、有机酸、醇形成复合物，这种复合物称为螺旋包合物。

①直链淀粉遇碘产生蓝色反应，这种反应不是化学反应，而是呈螺旋状态的直链淀粉分子能够吸附碘形成螺旋包合物。每 6 个葡萄糖基形成一个螺圈，恰好能容纳 1 个分子碘，碘分子位于螺旋中央。吸附碘的颜色反应与直链淀粉分子大小有关，聚合度 12 以下的短链遇碘不呈现颜色变化；聚合度 12～15 呈棕色；聚合度 20～30 呈红色；聚合度35～40 呈紫色；聚合度 45 以上呈蓝色。纯直链淀粉每克能吸附 200mg 碘，即其质量的 20%，而支链淀粉吸收碘量不到 1%，根据这种性质用电位滴定法可测定样品中直链淀粉的含量。

②直链淀粉与脂肪酸的反应。谷类淀粉含有少量脂肪酸，如玉米淀粉含 0.15%～0.7%脂肪酸，小麦淀粉约含 0.5%脂肪酸，它们可以和直链淀粉分子结合生成螺旋包合物（图 2-5）。

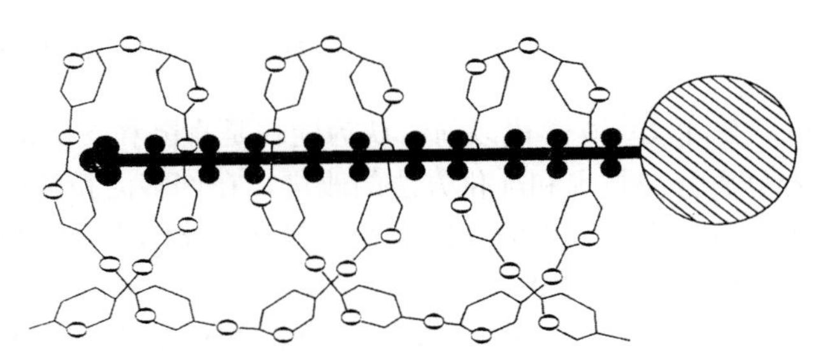

图 2-5　直链淀粉脂类包合物

这与直链淀粉和碘所生成的复合物相似。直链淀粉脂类包合物会引起一系列不利影响，而薯类淀粉只含少量的脂类化合物（约 0.1%），对淀粉的品质基本没有影响。

（2）**支链淀粉**

1）*支链淀粉的分子结构模型*　在众多模型中，Manners 和 Mmtheson（1981）等提出的“束簇”支链淀粉模型（图 2-6），以及由 Hizukuri（1986）修正后的“束簇”模型比较符合支链淀粉分子分支结构的实际（图 2-7）。

从支链淀粉分子结构模型可以看出，支链淀粉分子由复杂的分支构成，为了方便对结构分析，把构成淀粉分子的链分成 A、B、C 三种，并对一些术语做出相应的规定。

A 链：还原性末端经由 α-1，6 键与 B 链或 C 链相连接的链。

B 链：连接有一个或多个 A 链，还原性末端经由 α-1，6 键与 C 链相连接的链。

C 链：含有还原性末端的主链，支链淀粉分子中仅含一条 C 链，因此，C 链一端为非还原性末端，另一端为还原性末端。对一般研究而言，通常 C 链被当作一个 B 链。

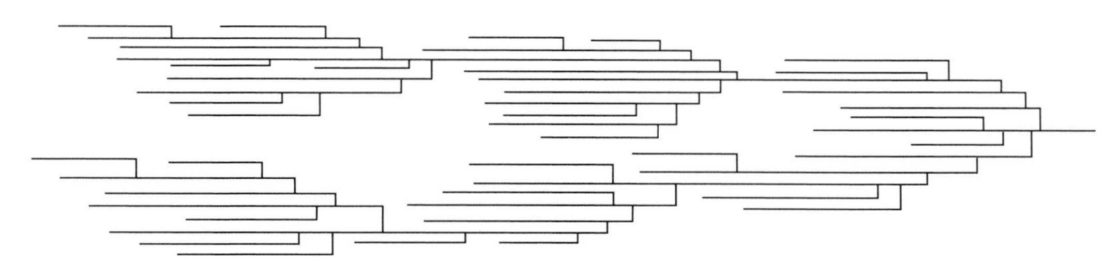

图 2-6　支链淀粉分子"束簇"结构模型
（Manners 和 Matheson，1981）

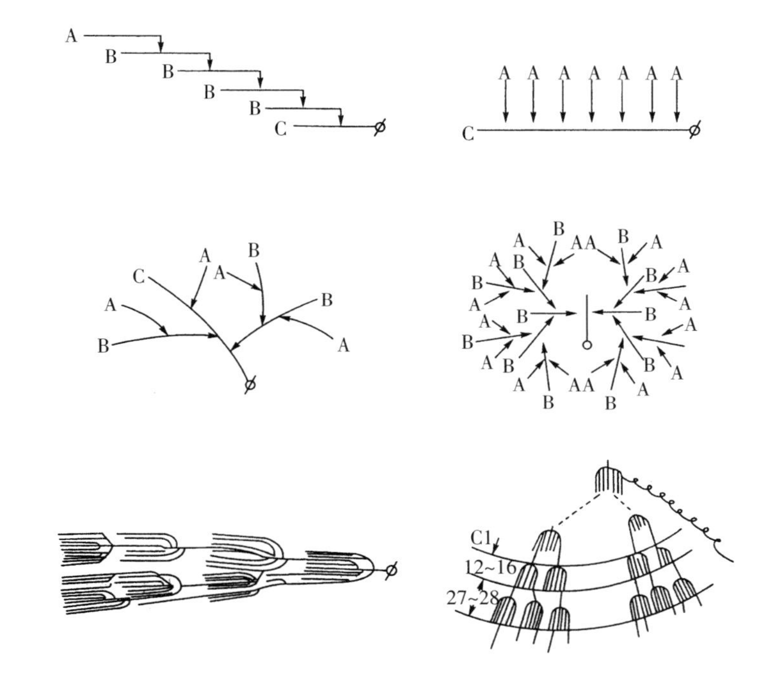

图 2-7　支链淀粉分子结构模型

在支链淀粉分子束簇状结构模型中，A 链和 B 链结合形成许多束，束中各链相互平行靠拢，并借氢键结合成簇状结构，一般每束的大小（沿分子链方向的长度）为 27～28 个葡萄糖基。链的紧密结合所形成的结晶部分是排列为 12～16 个葡萄糖基的短链。

2）支链淀粉分子的平均链长及平均链数　支链淀粉分子的数量平均链长多在 18～26 范围之内，光散射法得到的质量平均链长是数量平均链长的 1.3～1.6 倍。多数支链淀粉分子的平均链数在 400～700 之间，从链数上看，支链淀粉分子和带分支的直链淀粉分子之间还是有明显区别的。支链淀粉分子的平均外链长（$\overline{\mathrm{ECL}}$）是 12～16，平均内链长（$\overline{\mathrm{ICL}}$）是 5～8，前者是后者的 2.0～2.8 倍。

3）支链淀粉分子结合磷酸的性质　磷酸与支链淀粉分子中葡萄糖单位的 C_6 碳原子呈酯化结合存在，其中以马铃薯淀粉含磷量最高，为 0.07%～0.09%，约每 300 个葡萄糖基就有一个这样的磷酸酯键存在。在支链淀粉分子中，这种磷酸 65%在 A 链和 B 链的外部链存在，35%在B链内部链存在。这种结合不易被酸分解，在酸水解淀粉的产物中发现有葡萄糖-6-磷酸酯。结合在葡萄糖单位上的磷酸对马铃薯淀粉在水溶液中的物理性质有很大影响。

（3）**淀粉的直链分子、支链分子含量** 天然淀粉粒中一般同时含有直链淀粉和支链淀粉，而且两者的比例相当稳定。文献报道的淀粉中直、支链淀粉含量常不一致，这是因为不同品种、不同成熟度和同一品种的不同样品间均存在差异的缘故。

2.1.2.2 淀粉的颗粒结构

淀粉在胚乳细胞中以颗粒状存在，故可称为淀粉颗粒。显微镜观察表明，不同来源的淀粉颗粒其形状、大小和构造各不相同，因此可以借显微镜来观察鉴别淀粉的来源和种类，并可检查粉状粮食中是否混杂有其他种类的粮食产品。

（1）**淀粉颗粒的形状** 不同种类的淀粉颗粒具有各自特殊的形状，一般淀粉颗粒的形状为圆形（或球形）、卵形（或椭圆形）和多角形（或不规则形），这取决于淀粉的来源，如马铃薯和木薯淀粉颗粒为卵形（或椭圆形），同一种来源淀粉颗粒也有差异，如马铃薯淀粉颗粒大的为卵形，小的为圆形。

（2）**淀粉颗粒的大小** 不同来源的淀粉颗粒大小相差较大，一般以颗粒长轴的长度表示淀粉颗粒的大小，介于2～1 201μm之间，见表2-1。

表2-1 淀粉的颗粒性质

主要性质	玉米淀粉	马铃薯淀粉	小麦淀粉	木薯淀粉	蜡质玉米淀粉
颗粒形状	圆形、多角形	卵形、圆形	圆形、卵形	圆形、截头圆形	圆形、多角形
直径范围（μm）	2～30	15～120	2～35	4～35	3～26
直径平均值（μm）	15	33	15	20	15
比表面积（m^2/kg）	300	110	500	200	300
密度（g/m^3）	1.5	1.5	1.5	1.5	1.5

（3）**淀粉颗粒的偏光十字** 在偏光显微镜下观察，淀粉颗粒呈现黑色的十字，将淀粉颗粒分成4个白色的区域称为偏光十字（polarization cross）或马耳他十字，见图2-8。这种偏光十字的产生源于球晶结构，球晶呈现有双折射特性（birefringence），光穿过晶体时会产生偏振光。淀粉颗粒也是一种球晶，具有一定方向性，采取有秩序地排列就会出现偏光十字。现已知道，构成淀粉颗粒的葡萄糖链是以脐点为中心，以链的长轴垂直于颗粒表面呈放射状排列，这种结构是淀粉颗粒双折射性的基础。当淀粉颗粒充分膨胀、压碎或受热干燥时，晶体结构即行消失，分子排列变成无定形，就观察不到偏光十字的存在。

（4）**淀粉颗粒的晶体构造**

1）*淀粉颗粒的结晶形态* 淀粉颗粒不是一种淀粉分子，而是由许多直链和支链淀粉分子构成的聚合体，这种聚合体不是无规律的，它是由两部分组成，即有序的结晶区和无序的无定形区（非结晶区）。结晶部分的构造可以用X射线衍射来确定，而无定形区的构造至今还没有较好的方法确定。不同来源的淀粉颗粒呈现不同的X射线衍射图（图2-9）。

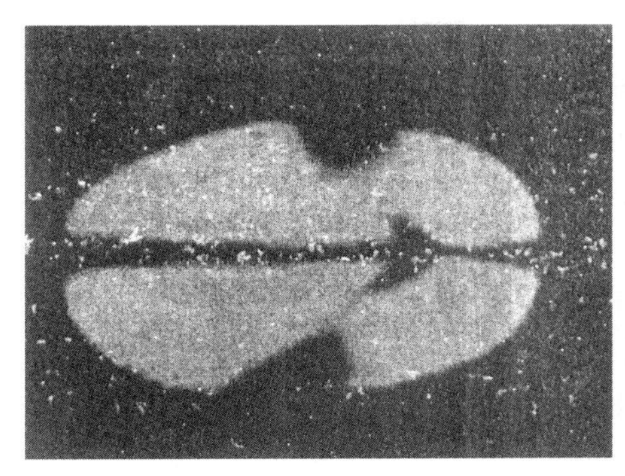
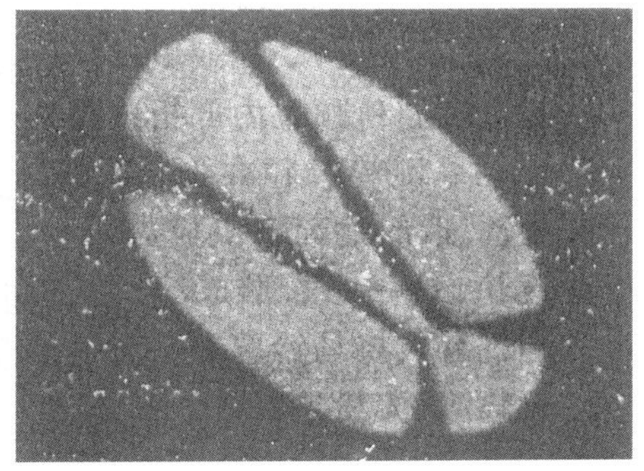

图 2-8 马铃薯淀粉颗粒的偏光十字（淀粉颗粒长径 53μm，短径 33μm）

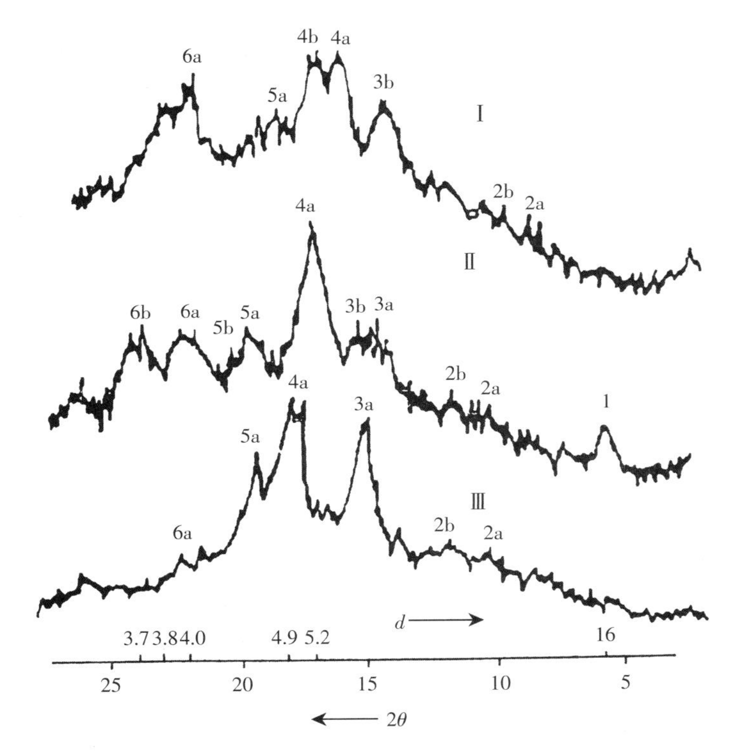

图 2-9 不同种类淀粉颗粒的 X 射线衍射图

Ⅰ. 玉米淀粉，A 型 Ⅱ. 马铃薯淀粉，B 型 Ⅲ. 木薯淀粉，C 型

（注：a、b 分别表示一条衍射线和双重衍射线；d 为晶面间距，θ 为入射 X 射线与相应晶面的夹角）

各种不同的晶型彼此之间存在着相互转化作用：由于 A 型结构具有较高的热稳定性，这使得淀粉在颗粒不被破坏的情况下就能够从 B 型变成 A 型。如马铃薯淀粉在 110℃、20%水分状态下处理，则颗粒晶型从 B 型转变为 A 型。

在某些情况下，X 射线衍射法能用来测定原淀粉之间的不同，起初步鉴别作用，还可用来鉴别淀粉是否有物理、化学变化。

2）*淀粉的结晶化度* X射线衍射图样表明，淀粉颗粒构造可以分为以格子状态紧密排列着的结晶态部分和不规则地聚集成凝胶状的非晶态部分（无定型部分），结晶态部分占整个颗粒的百分比，称为结晶化度。形成淀粉结晶主要是支链淀粉分子，淀粉颗粒的结晶部分主要来自支链淀粉分子的非还原性末端附近。直链淀粉在颗粒中之所以难以结晶，是因为其分子线状过长的缘故，聚合度在10～20之间的短直链也能很好地结晶。因此，可以认为，支链淀粉容易结晶是因为其分子每个末端基的聚合度较小，符合形成结晶所需的条件。

3）*淀粉颗粒的结晶区和无定形区* 淀粉颗粒由许多微晶束构成，这些微晶束（图2-10）排列成放射状，看似为一个同心环状结构。微胶束的方向垂直于颗粒表面，表明构成胶束的淀粉分子轴也是以这样方向排列的。

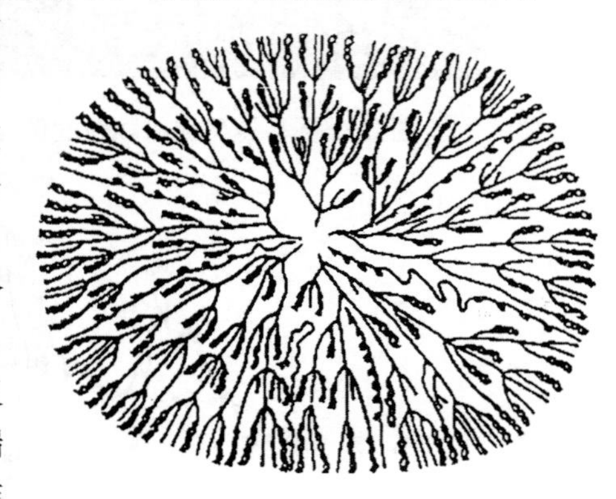

图2-10 淀粉颗粒超大分子模型

结晶性的微胶束之间由非结晶的无定形区分隔，结晶区经过一个弱结晶区过渡转变为非结晶区，这是个逐渐转变的过程。在块茎和块根淀粉中，仅支链淀粉分子组成结晶区域，它们以葡萄糖链先端为骨架相互平行靠拢，并靠氢键彼此结合成簇状结构，而直链淀粉仅存于无定形区。无定形区除直链淀粉分子外，还有那些因分子间排列杂乱，不能形成整齐聚合结构的支链淀粉分子。

淀粉分子参与到微晶束构造中，并不是整个分子全部参与到同一个微晶束里，而是一个直链淀粉分子的不同链段或支链淀粉分子的各个分支分别参与到多个微晶束的组成之中，分子上也有某些部分并未参与微晶束的组成，这部分就是无定型状态，即非结晶部分。用X射线小角度散射法测知，湿润马铃薯淀粉颗粒的大小是1.0×10^{-8}m，玉米淀粉颗粒是1.1×10^{-8}m，因此，微结晶大小为$(1.0\sim1.1)\times10^{-8}$m。图2-11是把结晶区域作为胶束断面的微纤维状组织结构图，中间为结晶部分，它由聚合度15左右的单位链构成，大小是6.0×10^{-9}m，外围是非结晶部分。

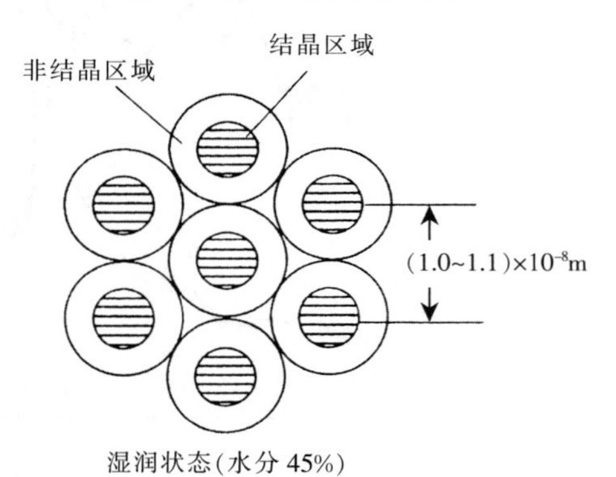

图2-11 淀粉颗粒微晶束结构

2.2 淀粉的物理性质与化学性质

2.2.1 淀粉的物理性质

2.2.1.1 马铃薯淀粉的粒径分布

马铃薯淀粉原料的粒度分布用LS-POP Ⅲ型欧美克激光粒度分析得出，如图2-12

所示。由图中可以看出，马铃薯淀粉粒度分布在2～120μm，其中，50%左右在22～55μm，马铃薯淀粉中累积分布达到50%时，粒径值D_{50}＝36μm。

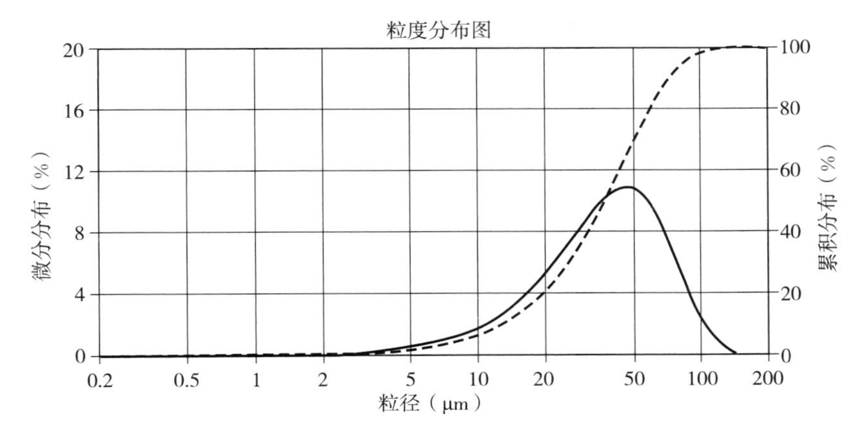

图2-12　马铃薯淀粉粒度分布图

2.2.1.2　淀粉的润胀与糊化

（1）**淀粉的润胀**　淀粉颗粒不溶于冷水，但将干燥的天然淀粉置于冷水中，它们会吸水，并经历一个有限的可逆润胀。这时候水分子只是简单地进入淀粉颗粒的非结晶部分，与游离的亲水基相结合，淀粉颗粒慢慢地吸收少量的水分，产生极限的膨胀，淀粉颗粒保持原有的特征和晶体的双折射。若在冷水中不加以搅拌，淀粉颗粒因其密度大而沉淀，将其分离干燥仍可恢复成原来的淀粉颗粒。天然淀粉颗粒的润胀，只是体积上的增大。润胀是从颗粒中组织性最差的微晶束之间无定型区开始的。有研究表明，将完全干燥的椭球形的马铃薯淀粉颗粒浸于冷水中时，它们各向呈不均衡的润胀，长向增长47%，而在径向只增长29%。受损坏的淀粉颗粒和某些经过改性的淀粉颗粒可溶于冷水，并经历一个不可逆的润胀。

（2）**淀粉的糊化**　若把淀粉的悬浮液加热，达到一定温度时（一般在55℃以上），淀粉颗粒突然膨胀，因膨胀后的体积达到原来体积的数百倍之大，所以悬浮液就变成黏稠的胶体溶液，这种现象称为淀粉的糊化（gelatinization）。淀粉颗粒突然膨胀的温度称为糊化温度，又称糊化开始温度。因各淀粉颗粒的大小不一样，待所有淀粉颗粒全部膨胀就有一个糊化过程温度，所以糊化温度是一个范围，见表2-2。

表2-2　几种淀粉颗粒的糊化温度

淀粉种类	糊化温度范围（℃）	糊化开始温度（℃）	淀粉种类	糊化温度范围（℃）	糊化开始温度（℃）
大米	58～61	58	甘薯	70～80	70
小麦	65～67.5	65	马铃薯	56～67	56
玉米	64～72	64	木薯	65～80	65

2.2.1.3 淀粉的回生

(1) 回生的概念与本质 淀粉稀溶液或淀粉糊在低温下静置一定的时间，浑浊度增加，溶解度减少，在稀溶液中会有沉淀析出，如果冷却速度快，特别是高浓度的淀粉糊，就会变成凝胶体，这种现象称为淀粉的回生，或称老化、凝沉（图 2－13），这种淀粉称为回生淀粉，或称 β-淀粉。

回生的本质是糊化的淀粉分子在温度降低时由于分子运动减慢，此时直链淀粉分子和支链淀粉分子的分支趋向于平行排列，互相靠拢，彼此以氢键结合，重新组成混合微晶束。其结构与原来的生淀粉颗粒的结构很相似，但不成放射状，而是零乱地组合。由于其所得的淀粉糊分子中氢键很多，分子间缔合很牢固，水溶解性下降，如果淀粉糊的冷却速度很快，特别是较高浓度的淀粉糊，直链淀粉分子来不及重新排列结成束状结构，便形成凝胶体。回生是造成面包硬化、淀粉凝胶收缩的主要原因。当淀粉制品长时间保存时（如爆玉米花），常常变得咬不动，这是因为淀粉从大气中吸收水分，并且回生成不溶的物质。回生后的米饭、面包等不容易被酶消化吸收。

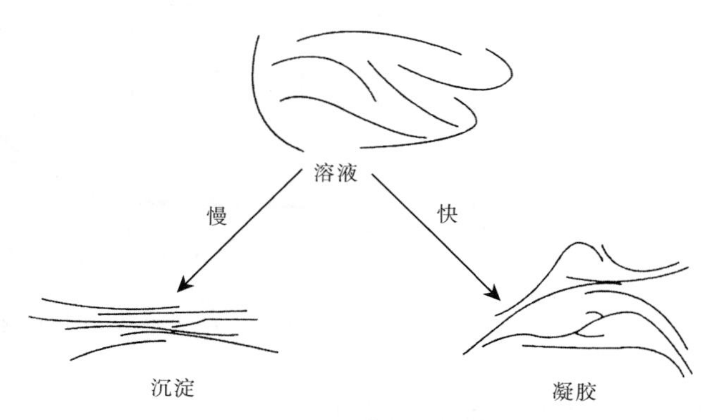

图 2－13 淀粉溶液中直链淀粉回生的机制

(2) 高温回生与不回生现象 通常，回生在淀粉糊冷却过程以及在≤70℃以下贮存时发生。然而，还有另外一种形式的回生存在，它是在 75～95℃贮存玉米淀粉溶液时发生的，并形成均匀的颗粒状沉淀，称为高温回生现象。玉米淀粉经 120～160℃糊化，得到的淀粉糊在 75～95℃贮存时，就发生回生现象。马铃薯淀粉在 125℃以上糊化并在 75～95℃贮存，就不会发生高温回生现象。

2.2.1.4 淀粉糊与淀粉膜

(1) 淀粉糊 淀粉在不同的工业中具有广泛的用途，然而几乎都需要加热糊化后才能使用。不同品种淀粉糊化后，糊的性质，如黏度、透明度、抗剪切性能及老化性能等，都存在着差别（表 2－3），显著地影响其应用效果。一般而言，在加热和剪切下膨胀时比较稳定的淀粉颗粒形成短糊，如玉米淀粉和小麦淀粉糊丝短而缺乏黏结力。而马铃薯淀粉糊丝长、黏稠、有黏结力。木薯和蜡质玉米淀粉糊的特征类似于马铃薯淀粉，但一般没有马铃薯淀粉那样黏稠和有黏结力。

(2) 淀粉膜 淀粉膜的主要性质如表 2－4 所示。马铃薯和木薯淀粉糊所形成的膜，透明度、平滑度、强度、柔韧性和溶解性等比玉米和小麦淀粉糊形成的膜更优越，因而，更有利于作为造纸的表面施胶剂、棉纺上浆剂、胶黏剂等使用。

表 2-3　淀粉糊的主要性质

性　质	马铃薯淀粉	木薯淀粉	玉米淀粉	糯高粱淀粉	小麦淀粉
蒸煮难易程度	快	快	慢	迅速	慢
蒸煮稳定性	差	差	好	差	好
峰黏度	高	高	中等	很高	中等
老化性能	低	低	很高	很低	高
冷糊稠度	长，成丝	长，易凝固	短，不凝固	长，不凝固	短
凝胶强度	很弱	很弱	强	不凝结	强
抗剪切性能	差	差	低	差	中低
冷冻稳定性	好	稍差	差	好	差
透明度	好	稍差	差	半透明	模糊不透明

表 2-4　淀粉膜的性质

性　质	玉米淀粉	马铃薯淀粉	小麦淀粉	木薯淀粉	蜡质玉米淀粉
透明度	低	高	低	高	高
膜强度	低	高	低	高	高
柔韧性	低	高	低	高	高
膜溶解性	低	高	低	高	高

2.2.1.5　淀粉的其他物理性质

（1）淀粉的密度　密度是指单位体积的质量，用比重瓶测量法可以对淀粉颗粒密度进行准确地测量。

（2）淀粉的溶解度　淀粉的溶解度是指在一定温度下淀粉样品分子的溶解质量分数。

取一定量样品悬浮于蒸馏水中，于一定温度下加热搅拌 30min 以防淀粉沉淀，在 3 000r/min 下离心 30min，取上清液在蒸汽浴上蒸干，于 105℃烘至恒重，称重，按下式计算。

$$w=\frac{m_A}{m}\times 100\% \qquad (2-1)$$

式中：w——溶解度，%；

m_A——上清液蒸干恒重后的质量，g；

m——绝干样品质量，g。

淀粉的溶解度随温度而变化，温度升高，膨胀度上升，溶解度增加。淀粉颗粒结构的差异，决定了不同淀粉品种随温度上升而改变溶解度的速度有所不同（表 2-5）。

表 2-5 不同温度淀粉颗粒的溶解度

单位：%

淀粉样品 \ 温度（℃）	65	70	75	80	85	90	95
玉米淀粉	1.14	1.50	1.75	3.08	3.50	4.07	5.50
马铃薯淀粉	—	7.03	10.14	12.32	65.28	95.06	—
豌豆淀粉	2.48	3.61	6.84	8.30	11.14	12.28	—

2.2.2 淀粉的化学性质

淀粉分子是由许多α-D-吡喃葡萄糖基单元通过糖苷键连接而成的高分子化合物，化学性质基本与葡萄糖相似，但因它的相对分子质量比葡萄糖大得多，所以也具有特殊性质。

2.2.2.1 淀粉的水解

淀粉与酸共煮时，即行水解，最后全部生成葡萄糖。此水解过程可分为几个阶段，同时有各种中间产物相应形成：淀粉→可溶性淀粉→糊精→麦芽糖→葡萄糖。

表 2-6 各种糊精的特性

名　称	与碘反应	比旋光度	沉淀所需乙醇质量分数
淀粉糊精	蓝 色	+190°～+195°	40%
显红糊精	红褐色	+194°～+196°	60%
消色糊精	不显色	+192°	溶于70%乙醇，蒸去乙醇即生成球晶体
麦芽糊精	不反应	+181°～+182°	不被乙醇沉淀

淀粉亦可用淀粉酶进行水解，生成的麦芽糖和糊精，再经酸作用最后全部水解成葡萄糖。此时，测定葡萄糖的生成量即可换算出淀粉含量，这就是酶法和酸法测定淀粉含量的原理。

在淀粉水解过程中，有各种不同相对分子质量的糊精产生。它们的特性如表2-6所示。

淀粉分子中除α-1，4糖苷键可被水解外，分子中葡萄糖残基的2，3及6位羟基上都可进行取代或氧化反应，由此产生许多淀粉衍生物。

2.2.2.2 淀粉的氧化作用

淀粉氧化因氧化剂种类及反应条件不同而变得相当复杂。轻度氧化可引起羟基的氧化，$C_2—C_3$ 间键的断裂等。比较有实用价值的为：高碘酸氧化、次氯酸氧化或氯气氧化作用。高碘酸氧化反应示意如图 2-14。

可根据用去的 HIO_4 数量及生成的甲酸和甲醛的数量，推断出氧化淀粉的分子结构。

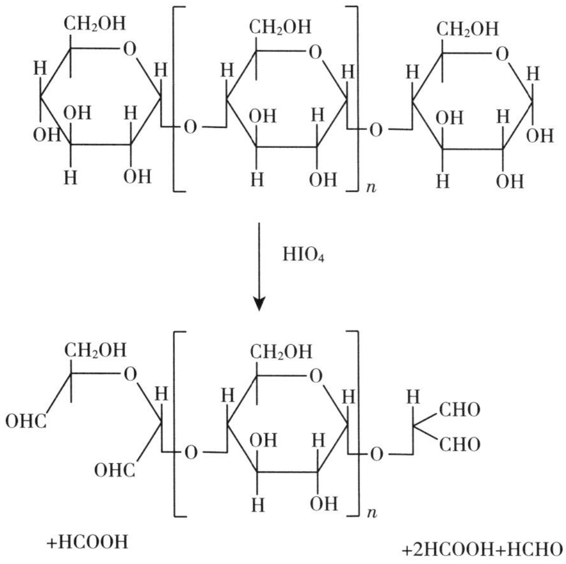

图 2-14 高碘酸与淀粉的氧化反应

2.2.2.3 淀粉的成酯作用

淀粉分子既可以与无机酸（如硝酸、硫酸及磷酸等）作用，生成无机酸酯，也可以与有机酸（如甲酸、乙酸等）作用生成有机酸酯。如淀粉可以形成乙酸淀粉酯，直链淀粉分子的乙酸酯和乙酸纤维具有同样的性质，强度和韧性都较高，可制成薄膜、胶卷及塑料；支链淀粉分子的乙酸酯质脆，品质不好。淀粉的硝酸酯，可以用来做炸药。

$$St—OH + CH_3C(=O)—O—C(=O)—CH_3 + NaOH \longrightarrow St—O—C(=O)—CH_3 + CH_3COONa + H_2O$$

2.2.2.4 淀粉的烷基化作用

$$St—OH + H_2C\overset{O}{—}CH_2 \longrightarrow St—O—CH_2CH_2OH$$

除此之外，淀粉分子中的羟基还可醚化、离子化、交联、接枝共聚等，关于这些反应，将在变性淀粉章节中详细介绍。

2.3 马铃薯淀粉加工技术

2.3.1 原料要求

马铃薯原料的好坏是影响淀粉成品性能的关键。马铃薯淀粉生产原料，要求马铃薯块茎的淀粉含量高，耐贮藏。淀粉加工对马铃薯块茎要求主要表现为下述质量指标：块茎完整，干燥无病，无发芽，块茎的最大断面直径不小于 30mm，淀粉含量大于 15%，发芽的绿色块茎量不高于 2%，有病块茎量不大于 2%，块茎上的土量小于 1.5%，此外，不允许有烂坏、枯萎、冻伤、冻透的块茎存在。

2.3.2 马铃薯淀粉加工工艺流程

马铃薯淀粉生产的基本原理是：在水的参与下，借助淀粉不溶于冷水及相对密度上的差异进行物理分离，通过一定的机械设备使淀粉、薯渣、蛋白及其他可溶性物质相互分开，从而获得所需品质的马铃薯淀粉。以下就各种不同马铃薯淀粉加工工艺分别进行介绍。

2.3.2.1 马铃薯粗淀粉加工工艺

（1）工艺流程

马铃薯→清洗→磨浆→薯渣分离→沉淀→干燥→粗淀粉

（2）工艺过程 此方法为传统的人工或非连续小型机械加工法，主要工艺过程如下：

1）*磨浆* 选择淀粉含量高的马铃薯，拣出烂薯和病薯，放入洗涤槽内，加清水用棒搅拌，将薯块清洗干净。洗涤后的薯块放入磨碎机中，边加入边磨碎，磨成淀粉浆，流入接收槽中。

2）*薯渣分离* 分两次分别用粗、细平筛将淀粉浆中薯渣筛出，获得淀粉乳。

3）*沉淀* 将淀粉乳放入沉淀槽内，充分搅拌，静置5h以上，则淀粉沉淀于底层。除去上层澄清液，即分离出淀粉。一次分离的淀粉杂质较多，可在洗涤槽中，加水搅拌，静置数小时，再除去上面的澄清液。如此反复洗涤3～4次，最后静置，上层为外皮，中层为淀粉，下层为泥沙。刮去上层不纯物，将中间淀粉取出，即为湿淀粉。

4）*干燥* 将淀粉块切成小片，然后摊在竹筛或小木盘中，在阳光下晒到淀粉块一触即破为止。也可以采用人工烘干的方法。

2.3.2.2 工业化马铃薯淀粉加工工艺

工业上生产马铃薯淀粉，一般采用连续性的机械作业。

（1）工艺流程

原料→清洗→磨碎→筛分→分离淀粉→洗涤淀粉→干燥包装

（2）工艺过程

1）*原料验收* 根据加工淀粉的要求，对原料马铃薯进行质量检验，包括测定化学成分和感官检验各种外观指标，如是否有病害、虫害、腐烂变质、生芽、冻伤或机械损伤等。最主要的质量检验指标是测定马铃薯淀粉的含量。生产实践中常采用相对密度法来粗略地估测马铃薯淀粉含量的多少。具体操作是：先在空气中称取5kg洗净并使表面干燥的马铃薯，然后将这些马铃薯放入篮中，置于水温17.5℃的水下称重，然后根据重量和淀粉含量之间的对应关系表即可查得淀粉含量，马铃薯在水下的质量越大，淀粉含量也就越高。

2）*清洗* 清洗是将马铃薯通过水流运输设备，用水初步冲洗之后，再送到清洗机内洗涤。水流运输设备是用砖石或铁板构建的一条倾斜流水沟，连接于马铃薯贮藏仓库和洗涤车间之间，薯块随流水送往洗涤车间，在输送过程中得到初步洗涤。

3）*磨碎* 将薯块放入大型磨碎机中磨碎，淀粉由破碎的细胞中游离出来，并同薯渣、蛋白质等物质一起输送至筛分单元进行纤维分离。

4）*筛分* 目的是分离薯渣，得到粗淀粉乳。这一工序是由一系列不同构造的筛子来实现的。目前多使用旋转离心筛。

5）分离淀粉　分离淀粉的方法有静置沉淀法、流动沉淀法和离心分离法等。

静置沉淀法：用泵（或自然流动）将淀粉乳灌入沉淀槽中，使其静置6～7h，淀粉沉入槽底，上部为红色的液体薯汁，薯汁中含有蛋白质及其他可溶物，因此又称蛋白水。在液体薯汁的表面，往往形成一层很厚的白色泡沫，向泡沫上喷洒细水滴可减少部分泡沫，也可使用消泡剂，如硅树脂等。操作中为了减少泡沫的形成，应防止强烈搅拌的淀粉乳。用泵抽吸淀粉乳，应防止空气进入泵内。沉淀结束后，先将表层浮动的泡沫由槽边上排出，再吸出上层的薯汁，最后取出底层的淀粉，送往洗涤车间。

流动沉淀法：当淀粉乳流过斜槽时，在流动的途中逐渐沉淀下来，可用木或砖石砌筑长15～25m、深0.3～0.5m的斜槽，倾斜度为2°～3°。为了保证连续生产，需要建几个斜槽交替使用。

离心分离法：使用离心机处理淀粉乳，液体薯汁从离心机的溢流口排出，淀粉则从离心机的底流口卸出。离心分离法分离淀粉，生产效率高，分离效果好，所分离出的薯汁（蛋白水）中含有马铃薯全部可溶物的90%以上，便于马铃薯蛋白质的回收与利用。

6）淀粉洗涤　先将待洗的淀粉送入洗涤槽内，同时加入清水并用搅拌器搅拌，然后进行静置沉淀，最后放去澄清水，除去淀粉上层的杂质，取出淀粉。现代淀粉生产中，多采用旋液分离器对淀粉进行洗涤，将淀粉乳泵入旋液分离器中，由于高速旋转产生离心力，淀粉由旋液分离器的底流卸出，纤维、蛋白等其他杂质悬浮在水中由溢流排出。使用旋液分离器洗涤淀粉可大大提高生产效率和产品质量。

7）脱水　经洗涤后的淀粉含水量在60%左右，这样的湿淀粉在干燥之前，通常需使用离心分离机进行脱水处理。将待脱水的淀粉乳注入离心机的转鼓中，在离心力的作用下，使其含水量下降到40%左右。

8）干燥及包装　经脱水的淀粉可利用日光晒干，也可送入干燥机或干燥室中进行干燥。简易的干燥室是在下部设暗火道和烟道，加热室内的空气，将淀粉置于室内的木架或地坪上进行干燥。干燥机主要有真空干燥机和热风干燥机两类。真空干燥机能快速干燥，又不会因温度过高使淀粉糊化。热风干燥机有滚筒式和带式两类，都是先借蒸汽或火力加热空气，然后用热空气干燥淀粉。使用热风干燥机时干燥初期温度不宜超过40℃，干燥后期温度可适当提高，但最高不宜超过70℃，干燥时间25～50min。干淀粉经筛分、品质检验后即可进行包装。

2.3.2.3　先进的马铃薯淀粉加工工艺

马铃薯淀粉的加工工艺多种多样，但选择工艺时必须依据以下两点：一是要使全过程连续进行，并且是在最低的原料、电力、水、蒸汽及辅助材料消耗的条件下来完成；二是要考虑设备的操作维修方便、占地面积小及总投资低等诸多因素。

(1) **荷兰马铃薯无废料淀粉加工工艺流程图**（图2-15）　代表了当今世界最先进的马铃薯淀粉生产工艺技术，其工艺过程：洗净的马铃薯通过高效刨丝机将98%的淀粉颗粒从马铃薯细胞中游离出来后，用离心锥筛分离出比淀粉颗粒大的纤维、用浓缩旋流器分离出蛋白汁水、用除沙旋流器分离出比淀粉重的沙粒、用精制旋流器置换出淀粉乳中的残留杂质，然后，经过脱水、干燥及包装，制成精制淀粉。制取淀粉过程中所排出的物质被制成副产品或回收利用，以此构成了一个完整的无废料生产工艺。目前国内淀粉生产也有采用这种加工工艺的，不过在废料回收方面同国外先进技术还有一定的差距。

此工艺过程有如下特点：工艺过程封闭；回收加工过程中的水分，清水消耗量低；能量消耗量低；用旋流器完成浓缩和精制过程，设备维护费用低；操作人员少；占地面积小；易于安装（板块式结构，出厂前都经过调试）；易于操作且具有较高的淀粉得率，可达95%以上；优秀设计和制造的MCC和OCC：中心计算机控制与所有需控制的设备智能化。

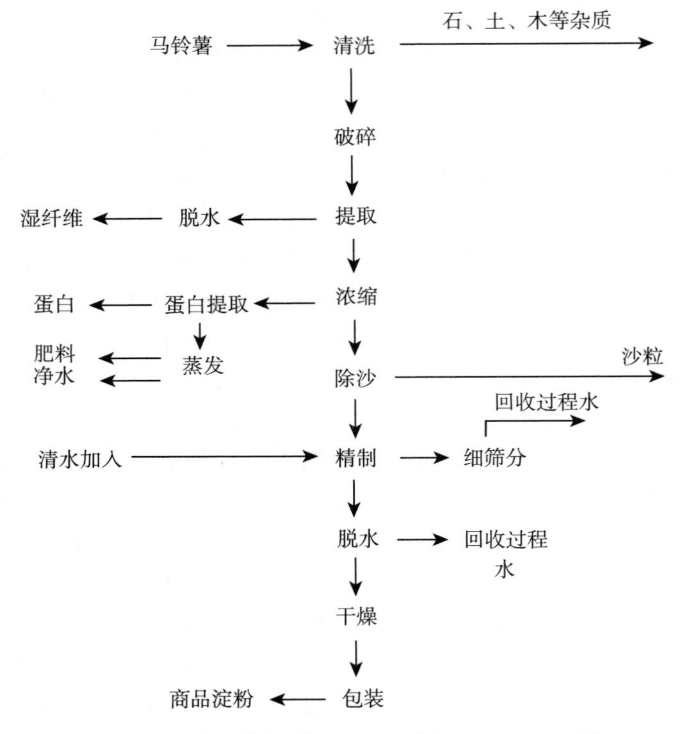

图2-15 荷兰马铃薯无废料淀粉加工工艺流程图

（2）瑞典马铃薯淀粉加工工艺流程图（图2-16） 工艺流程：清洗干净的原料薯经皮带输送进入生产线，马铃薯进料量通过储斗下部的输送螺旋转速来控制，螺旋将马铃薯输送到锉磨机，输送螺旋出料口配有可调挡板，起到均匀下料的目的。高效锉磨机锋利的锯片将马铃薯切开，打开细胞壁，释放出淀粉颗粒。经过锉磨的薯浆经特别设计的螺杆泵泵到静止式过滤器，将颗粒大的异物除去，避免进入下游的提取单元。

在一个串联的四级离心锥筛单元里，淀粉从纤维中经冲洗提取出来。首先，马铃薯薯浆进入第一级锥筛，淀粉浆在离心力的作用下，穿过筛网孔形成筛下物料，经收集并泵到浓缩旋流站进行脱汁、浓缩；筛网上留下的纤维则在离心力的作用下，滑落到筛底，经收集稀释，泵到下一级锥筛。此冲洗过程在以下各级锥筛内重复进行，为达到最佳的淀粉提取效果，在每一级都需要向锥筛内喷“冲洗水”，冲洗水自锥筛单元的最后一级加入，对提取系统中的纤维进行逆向冲洗。淀粉提取后，纤维（即薯渣）在一组锥筛上进行脱水，脱水后的薯渣排出工艺，滤液则返回提取筛单元作冲洗水。

浓缩旋流器的第一级起到消沫作用，顶流泡沫返回提取筛的第一级。底流在第三、第四两级旋流器内浓缩到约21波美度，高的浓度保证大部分细纤维及薯汁被分离出去，极少的细纤维进入到下游精制单元，顶流在第二级旋流器内回收并澄清。该单元最终排出的顶流水部分作为提取筛的冲洗水，其余的排出工艺。浓缩后的粗淀粉乳浆泵到缓冲罐内。

为了进一步清除可能混入淀粉生产工艺中的细小沙粒，淀粉乳要经过两级旋流除沙单元，去除淀粉乳中的沙粒，确保淀粉质量。

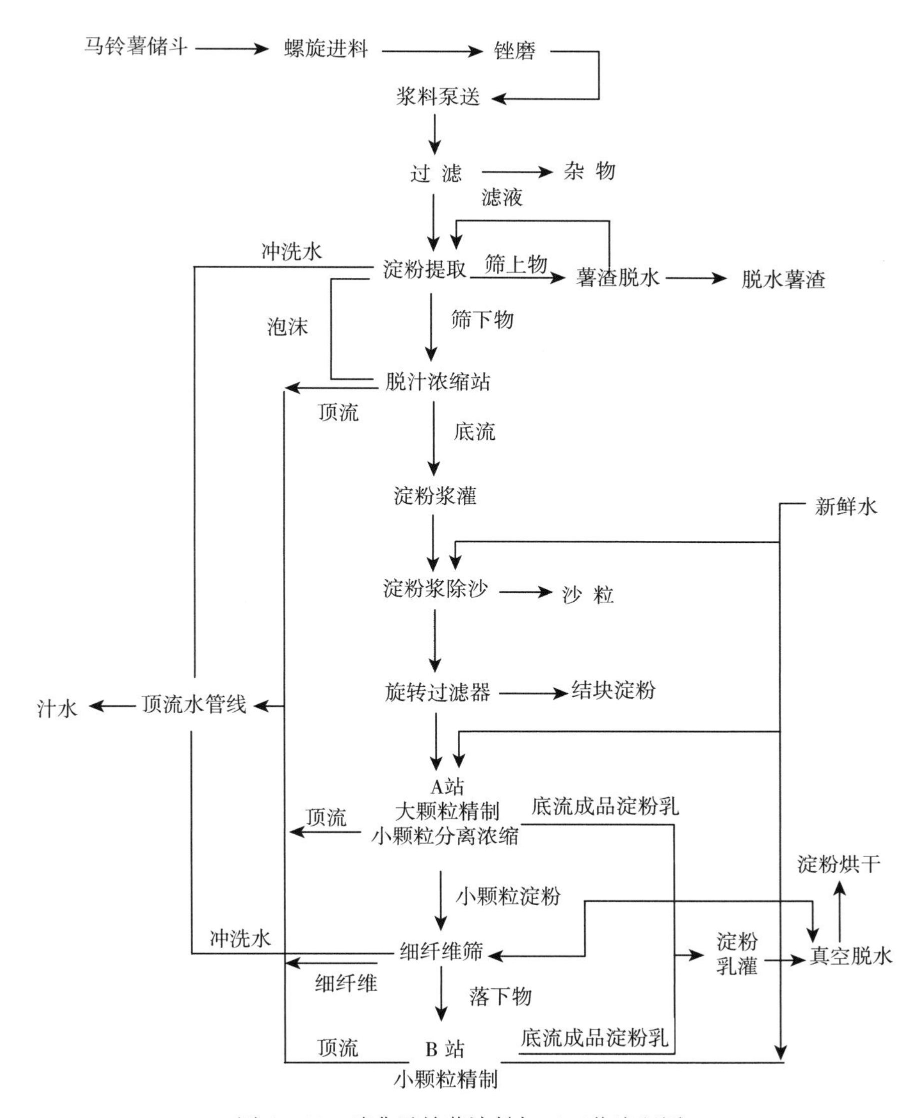

图 2-16 瑞典马铃薯淀粉加工工艺流程图

工艺中配置十二级旋流器一套，并综合使用 10mm 和 15mm 旋流管，对淀粉回收、浓缩和精制，以获得高质量的淀粉及较高的淀粉收率。

淀粉乳在旋流器组内使用新鲜水反向洗涤浓缩，清除蛋白、细小纤维以及其他异物。80%～85%的大颗粒淀粉在该旋流器组内得到精制和回收，15%～20%的小颗粒淀粉在第二级和第三级回收，并在第一级进行浓缩，浓缩后的小颗粒淀粉进入一台 10 级（使用 10mm 旋流管）旋流器组内使用新鲜水反向洗涤浓缩。这样，通过把大、小颗粒淀粉分开处理，总的淀粉收率以及淀粉质量都得到进一步提高。洗涤精制后的大、小颗粒淀粉乳成品浓度约 21 波美度，收集到真空脱水过滤器前的淀粉乳成品罐内。

工艺中的浓缩旋流器单元已经分离出了大部分的细纤维，进入精制单元的少部分极细小纤维，在大、小颗粒淀粉分开时进入小颗粒淀粉精制旋流器组。为了进一步去除极细小纤维，在小颗粒淀粉精制前安装了细纤维筛将细小纤维筛分出来。

精制淀粉乳收集在旋转式真空过滤器前的缓冲罐内，罐内有搅拌器，淀粉乳被直接输送到真空过滤器进料，淀粉乳在脱水机表面经真空吸滤脱水后，淀粉被刮刀刮下。真空过滤器配备水循环真空泵，滤液被收集并泵到工艺水罐内再次利用，脱水后的淀粉经螺旋输送到下游烘干系统。

淀粉烘干使用气流烘干机，入口温度为160℃左右。脱水后的淀粉水分含量37%左右，输送到干燥管的热气流内，水分很快蒸发，淀粉和空气在气旋分离器内分离开来。系统使用两台风机，一台进气风机，一台排气风机，通过两台风机，使得进料口保持在大气压力，而不需要其他专用喂料装置。在气旋分离器作用下气体排放到大气，淀粉则经下部的输送螺旋收集并输送到气流冷却系统，经过降温的淀粉成品直接打包或输送到料仓内。

全旋流淀粉加工工艺技术：该工艺技术最初在俄罗斯等国家非常盛行，中国在引进该技术的同时做了创新设计，添加了旋流洗涤工艺技术中的清洗蛋白和精制部分。其主要工艺流程如下：

马铃薯加工前准备→马铃薯破碎→从破碎马铃薯糊中提取出淀粉→分离出马铃薯汁→洗涤淀粉和薯渣→淀粉干燥→淀粉成品

设备：清土机、清杂机、清洗机、马铃薯粉碎机、马铃薯刨丝机、自清过滤器、全旋流工作站（代替了分离马铃薯汁的卧螺离心机、从糊中冲洗出淀粉的筛分设备、分离汁水的卧螺离心机、用于洗涤淀粉乳的旋流器站和大量的活塞泵）、刮刀离心机、气流干燥机。

工艺流程如图2-17所示。

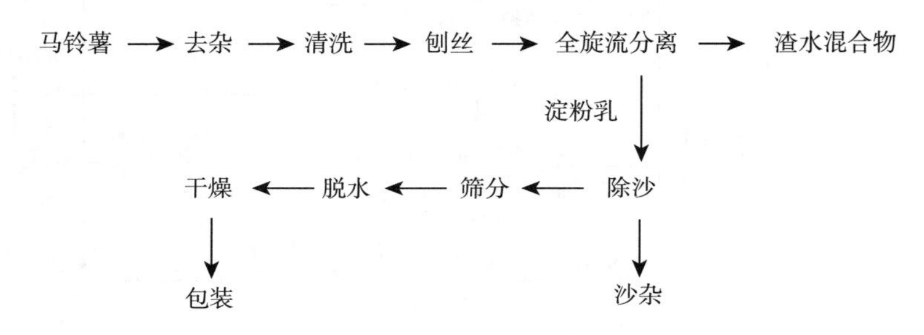

图2-17　马铃薯淀粉全旋流分离工艺流程

全旋流站在淀粉生产中的应用可以克服传统工艺的缺点，代替了传统工艺中至少五六种设备，使投资和占地面积大大减少，简化技术保养和设备维修，提高生产的自动化程度，在现有的生产面积上明显地提高了工厂的处理能力，缩短了马铃薯淀粉的加工时间，且马铃薯的淀粉提取率得到了提高，用水量大大减少，淀粉的质量也相应得到了提高。

在进入全旋流工作站之前需要对马铃薯进行预处理，该预处理和前两个工艺技术类似，主要是清洗、去石和沙、磋磨等工序，经过磋磨得到的马铃薯浆经过自清过滤器直接进入全旋流工作站，在全旋流工作站内一步完成除粗渣和细渣、除蛋白、精制和浓缩等。本章后续对全旋流工作站的原理、数学建模及网络模拟进行了详细地介绍。

全旋流站是由系列部件组成：15级旋流器组，15台泵，供料和收集器，机架和封闭附件等。旋流器是全旋流站中的基础件，它由壳体和旋流管组件组成，旋流器按一定的工艺原理图用管道连接。马铃薯糊在旋流器中分解成淀粉和杂质，靠离心力把悬浮液中的颗粒分离出来。比较重的淀粉颗粒在离心力的作用下甩向管内壁，在外层的旋转运动中浓缩料向下集中于排料口排出。轻杂质（渣）在内层旋转，流向上盖中心孔溢出，形成稀液。

2.3.3 马铃薯淀粉加工关键控制

2.3.3.1 前处理工段关键控制

前处理工段主要控制参数为马铃薯的进料量，通过控制输送沟中冲水的压力和卸入沟槽中原料的量，使沟槽冲水压力和卸料量保持线性关系。当后方工段需要较少原料时，要减少沟槽中冲水的压力和卸料量，此控制适用于没有设置储料仓的生产线。若在前处理中使用马铃薯输送泵，可以设置变频调速，通过调整马铃薯输送泵的转速来调整马铃薯的进料量。另外，通过控制进水量来控制清洗机的清洗效果，进水量越大，清洗效果越好，但也不能无限制地浪费水资源。在一般生产线上，通过手动调节阀门来控制洗涤用水的量，较先进的生产线，安装有流量计，可以用电脑自动控制洗涤用水的量。

2.3.3.2 破碎工段关键控制

落入破碎机械的马铃薯量应该是均匀且恒定的，它略小于破碎机的处理能力。一些简单的生产线上一般采用控制落料插板的开隙大小来控制马铃薯的落料量。这种方法比较适用于锤式破碎机和联合解碎机等耐冲击性好的解碎机器。

在设置了均料贮仓的生产线上，可以用调整喂料螺旋搅龙的转速来控制落料量。喂料螺旋搅龙的转速可以使用变频调速器来调整。

破碎机在工作时一般要加入一些水，以调整渣浆浓度，水的加入量，因破碎机的类型不同而异，锉磨机的加水量最少，在个别生产线上甚至不加水，但前提是必须使用螺杆泵输送渣浆。若配置液下泵，就必须加一定量的水才能工作。这一工段的用水是通过调整阀门的开启度来控制的。

2.3.3.3 筛分工段关键控制

渣浆的流量在筛分工段是十分重要的。渣浆的含水量一般不可以太少。据经验，渣浆含水量的正常值为88%～92%，只有保持这样的含水量，才能使进入的渣浆在锥形离心筛的筛面（底部）上比较均匀地散开，从而可以提高筛分的效率，也可以减少筛篮的震动。渣浆含水量偏低时（低于88%），可以通过向离心筛内加注喷淋水来解决。

喷淋水的加入量是有限制的，主要是根据筛下的混浆总量和混浆浓度来确定。

筛下的混浆总量，应该等于下道工段（脱汁）的进浆量。混浆浓度最低不能小于2波美度。

当混浆总量大于下道工段的进浆量时，可将部分混浆（浓度很低）返回破碎工段，使部分回流，或者降低上道破碎工段的渣浆的输出量。

若混浆总量比较合适，但浓度偏低（小于2波美度），说明生产线设计不合理。对此，可采用如下方法进行解决：

第一、离心筛的筛分效果欠佳，主要是增加筛篮的孔隙率和适当提高筛篮的转速。

第二、在离心筛工作正常的情况下，应该提高破碎工段机器的工作能力，提高淀粉游离率并控制用水量。

第三、消除前面情况，可以适当通过阀门控制喷淋水的加入量。

2.3.3.4 脱汁和精制工段关键控制

进入脱汁工段的混浆，其流量对脱汁工段的工作性能优劣具有十分重要的作用。如果混浆流量不足，在脱汁旋流站上的表现为第一级旋流器的淀粉泵工作不正常，进浆腔内压力不足，甚至引起全站工作的紊乱。

在混浆流量不足时，可采用以下方法进行解决：

第一、在调浆罐中加入适量的水。这样可能会影响脱汁旋流站的出浆浓度，但其淀粉品质会有一些提升。

第二、在旋流站的级间加水，水的压力要大于底流压力的 3/5，其结果与第一条相同。

第三、适当减少第一级旋流器的旋流管数，但这会影响后面各级旋流器的正常工作，仍须在级间加水予以补充。

在混浆流量正常的情况下，生产线设计者为了获得较好的分离效果，仍需要加入一定量的水，其目的是为了让干净的水把汁水尽可能多的置换出来。

脱汁工段用水的多少是以不增加出浆的含水量为基本出发点。理论上可以认为被置换出来的汁水越多，其脱汁效果越好。若每级都是加水型流量串联，则脱汁效果最好，但是需要消耗大量的水，所以，脱汁工段的用水量，一般为淀粉量（绝干值）的 15～22 倍。通常在进浆和给水的管路上，都应安装相应的流量计，以便用阀门来控制浆量和水量。

精制工段的控制同脱汁工段基本一样。在使用精制旋流站时，其工作用水量略低于脱汁工段，一般为淀粉量（绝干值）的 8～12 倍。

2.3.3.5 脱水工段关键控制

脱水工段的能力是参照淀粉乳中清液的流量设计的，脱水机的脱水能力要绝对大于清液的流量。另外，前一工段所产生的淀粉乳浓度大小也要适中，一般控制在 8～10 波美度，浓度过高（大于 10 波美度），则可能产生滤饼太厚，虽然可以增加产量，但会使湿淀粉的含水率升高。当然，淀粉乳浓度过低，也会影响脱水工段的工作性能，特别是采用单泵型的简易真空脱水机更应该注意。流量不变时，当淀粉乳浓度低于 5 波美度时，会增加水循环真空泵的工作负担，造成湿淀粉含水率偏大。

2.3.3.6 干燥工段关键控制

干燥过程中，湿淀粉喂料量应均匀、恒定，通过可调速的输料螺旋来控制喂料量。另外，对供给换热器片的蒸汽也要加以控制和调整，在保证成品淀粉水分正常的前提下，尽量减少供给蒸汽流量或降低蒸汽压力。控制蒸汽流量或蒸汽压力可防止气流干燥机内温度过高，避免淀粉糊化。

2.3.4 水力旋流分离技术

旋流分离技术是马铃薯淀粉加工过程一项非常关键的技术，旋流分离设备集多种功能于一身，能够完成淀粉中渣和淀粉的分离、淀粉和蛋白的分离（即精制清洗过程）及淀粉乳的浓缩等不同的功能。

旋流分离技术与传统的离心分离技术相比是一种高效节能的分离技术，在欧美国家已成为三大机械分离技术（包括过滤、离心分离和旋流分离）之一，其关键设备之一就是水力旋流器。水力旋流器是一种用途十分广泛的湿式机械分离分级设备，它利用切向注入的混合物高速旋转产生的离心力来加速颗粒沉降，以达到不同密度的相或不同粒度的颗粒分离的目的，可以用来完成液体澄清、料浆浓缩、固体颗粒洗涤、液体除气与除沙、固相颗粒分离与分级，以及两种非互溶液体的分离等多种作业。由于水力旋流器具有结构简单、无运动部件、设备紧凑、占地面积小、设备成本低和处理量大等多种优点，迄今已经在石油、化工、矿业、轻工、环保、食品、医药、冶金、机械、建材及煤炭等众多工业领域获得了广泛的应用。除作为分离机械外，水力旋流器还被用作粒度分析器、浮选柱的气泡发生器等。

随着水力旋流器的结构及型式日趋多样化，其应用领域不断拓展，近来已有水力旋流器应用到生物工程及电解业等领域的报道。在工艺技术日新月异的今天，水力旋流器也正逐步发展成为具有高技术意义的分离装置。

故此，在本节将对旋流分离器的结构原理、单级旋流器的淀粉分离模型及全旋流工作站网络的计算机模拟进行系统的分析。全旋流工作站是指物料仅通过简单的自清过滤过程直接进入到完全由旋流器组成的旋流站，通过旋流站的分离，达到将淀粉乳与其他物质分开的目的，该技术较其他技术占地面积更小，工艺更简单。

2.3.4.1 水力旋流器的基本结构和工作原理

水力旋流器是利用离心力场，加速重相颗粒沉降和强化分离过程的有效分离设备。以一定压力切向进入微旋流管的液体，在微旋流管内进行强烈的旋转运动。由于轻相和重相存在密度差异，产生的离心力不同，大部分重相颗粒（以淀粉颗粒为主）被甩向器壁，在离心力和重力作用下，做向下的螺旋运动，最终从底流口排出，而轻相物质（蛋白、渣和少部分淀粉颗粒）被推向旋流管中心，做向上的螺旋运动，最终从溢流口排出。虽然水力旋流器的结构简单，仅由进料管、柱锥旋流腔、溢流管和底流管组成（图 2－18）（图中 D 为旋流器直径；D_o 为溢流口直径；D_i 为进料口直径；D_u 为底流口直径；L 为旋流管高度；h 为溢流口插入深度；θ 为旋流管锥角；δ 为旋流管壁厚），但其内部流体的流动却相当复杂，是一种特殊的三维椭圆形强旋转剪切湍流运动。与离心机相比，水力旋流器的不同之处在于它的器壁固定，是非运动型分离设备。受旋流腔内几何结构的限制，其内部的流体以渐开线或切线或螺旋线的方式加压进料后产生涡旋运动，在强大的离心力场的作用下，迅速有效地进行分离。这种涡旋运动由两种基本的旋转液流即顺螺旋线向下流动的外旋流和沿螺旋线向上流向溢流管的内旋流构成，它们的旋转方向相同，但轴向运动方向相反，外旋流携带粗而重的物料由底流口排出，内旋流携带细而轻的物料由溢流口排出。内旋流有一个边界面即定义为内旋流面。在旋流器内，流体流动为三维运动，其轴向运动速度为零的一个锥形面，为零轴速包络面。图 2－19 为水力旋流器内液流的双螺旋模型。

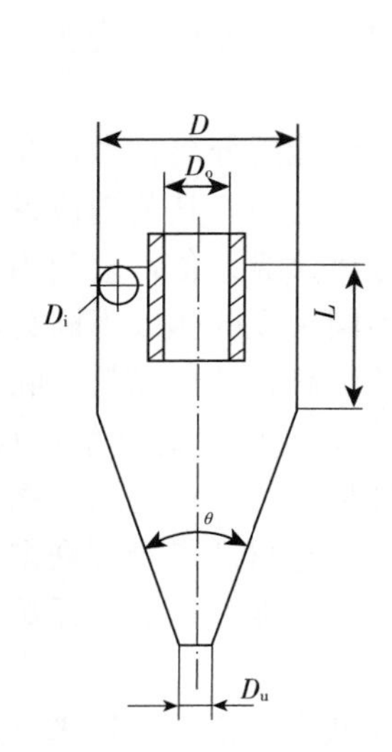

图 2－18　水力旋流器结构简图与参数

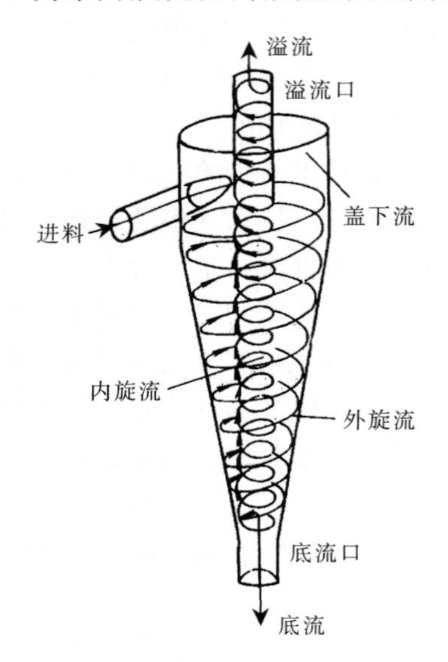

图 2－19　水力旋流器双螺旋模型

水力旋流器内部流体的 N－S 方程用柱坐标可表示为：

$$\frac{\partial u}{\partial t}+u\frac{\partial u}{\partial r}+\frac{v}{r}\frac{\partial u}{\partial \theta}+w\frac{\partial u}{\partial z}-\frac{v^2}{r}=f_r-\frac{1}{\rho}\frac{\partial p}{\partial r}+\gamma\left(\Delta u-\frac{2}{r^2}\frac{\partial v}{\partial \theta}-\frac{u}{r^2}\right) \tag{2-2}$$

$$\frac{\partial v}{\partial t}+u\frac{\partial v}{\partial r}+\frac{v}{r}\frac{\partial v}{\partial \theta}+w\frac{\partial v}{\partial z}+\frac{uv}{r}=f_\theta-\frac{1}{\rho}\frac{\partial p}{\partial \theta}+\gamma\left(\Delta v-\frac{v}{r^2}+\frac{2}{r^2}\frac{\partial u}{\partial \theta}\right) \tag{2-3}$$

$$\frac{\partial w}{\partial t}+u\frac{\partial w}{\partial r}+\frac{v}{r}\frac{\partial w}{\partial \theta}+w\frac{\partial w}{\partial z}=f_z-\frac{1}{\rho}\frac{\partial p}{\partial z}+\gamma\Delta w \tag{2-4}$$

其中 Δ 是拉普拉斯算子，$\Delta=\frac{\partial^2}{\partial r^2}+\frac{\partial}{r\partial r}+\frac{\partial^2}{r^2\partial\theta^2}+\frac{\partial^2}{\partial z^2}$ (2－5)

连续性方程为

$$\frac{\partial u}{\partial r}+\frac{1}{r}\frac{\partial v}{\partial \theta}+\frac{\partial w}{\partial z}+\frac{u}{r}=0 \tag{2-6}$$

在对水力旋流器内部流场进行研究时，对物料流动作出适合水力旋流器的假设并求解，可获得一定条件下流体流动状况的表达式。

2.3.4.2　旋流管性能参数

本节以特定旋流管（全旋流工作站配管）为例，进行各项性能参数的描述。旋流管直径 D_u 为 30mm，分离腔为传统的圆柱-圆锥形，入口的形式为单口内切式，入口截面为

12mm×5mm 的矩形，材料用尼龙。其旋流管的几何参数如表 2-7。

表 2-7 旋流管的几何尺寸

D（mm）	30	D_i（mm）	当量直径 6.2
L（cm）	12	D_o（mm）	8
θ（°）	25	D_u（mm）	8.5、7.5、6.0、5.0

(1) **进料流量 Q_i** 为进料悬浮液的体积流量，即旋流管单位时间内的处理量。对于马铃薯淀粉分离，要求在保证质量和低成本的条件下，进料流量尽可能的大。

(2) **分股比 S** 指的是底流的体积流量与溢流体积流量之比，它反映了旋流管中底流悬浮液和溢流悬浮液的分配状况。该指标对旋流器内部流场及其分离效率均有重要影响。其定义式为：

$$S=\frac{Q_u}{Q_o} \tag{2-7}$$

对分股比大小的要求取决于进料特性和分离任务两个主要方面。旋流管用于马铃薯淀粉的分离，需要从底流得到淀粉。要获得好的分离效果，分股比的大小就取决于淀粉颗粒的进料浓度和分离的任务。当旋流器用来回收渣水中留存的少量淀粉时，为了使溢流废渣水中尽量少含淀粉，S 值不应是越大越好，有一较佳值。而当旋流器用于洗涤浓缩作业时，为了获得纯净的底流产品，S 值尽可能大，因为 S 值越大进入底流的颗粒就越多，反之则有更多的颗粒进入溢流。对于马铃薯淀粉分离而言，就是怎样才能尽可能多地得到淀粉，同时又要尽量除去混杂的蛋白和渣等杂质。

(3) **分离效率 Et_1** 考察旋流管的分离性能，一方面要考虑淀粉的分离效率 Et_1，用底流中淀粉的质量流量与进料中淀粉的质量流量之比来衡量；另一方面，还要顾及渣和蛋白质的分离效率 Ec，用溢流中渣和蛋白的质量流量分别与进料中渣和蛋白的质量流量之比来衡量。计算公式如下：

$$Et_1=\frac{Q_uC_u}{Q_iC_{vi}}\times 100\% \tag{2-8}$$

$$Ec=\frac{Q_oC_o}{Q_iC_{vi}}\times 100\% \tag{2-9}$$

2.3.4.3 单因素影响数学模型

数学模型的建立来源于对实验数据的拟合。

(1) **底流口直径、进料浓度和压力对淀粉分离效率影响数学模型** 用于固液分离的水力旋流器同一般的分离设备一样，采用分离效率来评价其分离性能的好坏。对于水力旋流器分离马铃薯淀粉来说，淀粉分离效率是一个较能体现分离性能的指标。淀粉分离效率定义为底流出口物料的淀粉回收量和进料淀粉总量的比值。淀粉分离效率的计算公式为：

$$Et_1=G_uC_u/G_iC_i=(C_i-C_o)C_u/(C_u-C_o)C_i \tag{2-10}$$

式中：Et_1——淀粉分离效率；

G_i——进料质量流量，m^3/h；

C_i——进料淀粉质量浓度，%；

G_o——溢流质量流量，m^3/h；

C_o——溢流淀粉质量浓度，%；

G_u——底流质量流量，m^3/h；

C_u——底流淀粉质量浓度，%。

1）D_u 对 Et_1 的影响　图 2－20 显示了淀粉分离效率和底流口之间的关系。P_i 和 C_i 一定时，由最小二乘法拟合测量数据得出的分离效率与底流口之间关系曲线为：

$$Et_1 = -0.2735D_u^3 + 3.1014D_u^2 + 1.6829D_u + 15.7905 \quad (2-11)$$

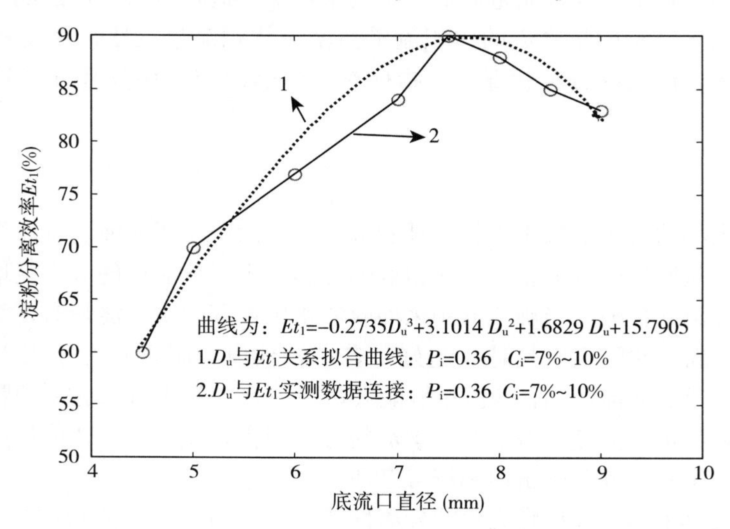

图 2－20　底流口直径与分离效率的关系曲线

由曲线可得底流口较小时，底流中固相回收率较小；当底流口较大时，底流中固相回收率虽然较大，但此时液相进入底流中的比率也较大，从而使分离效率减小。因此，要达到较高的分离效率，必须选用恰当的底流口大小。

2）P_i 对 Et_1 的影响　图 2－21 显示了淀粉分离效率和进料压力之间的关系。D_u、C_i 一定时，由最小二乘法拟合测量数据得出的分离效率与进料压力之间关系曲线为：

$$Et_1 = -777.5P_i^3 + 906P_i^2 - 243P_i + 81.1 \quad (2-12)$$

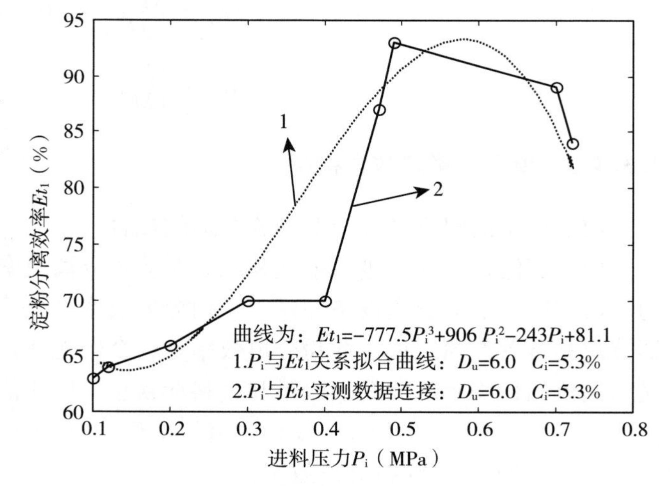

图 2－21　进料压力与分离效率关系曲线

进料压力将提高旋流器的分离效率。这是因为水力旋流器是借助于离心力来达到分离的目的。压力的增高，则增加了离心力，尤其是对微细颗粒而言，增加压力则使得离心力大大提高，从而使微细颗粒获得分离的机会增大。故而，微细颗粒的分离一般需要较高的进料压力，但是，不能无限制地靠增加操作压力来提高旋流器的分离性能，这将大大提高操作费用，并加快泵和旋流器的磨损。

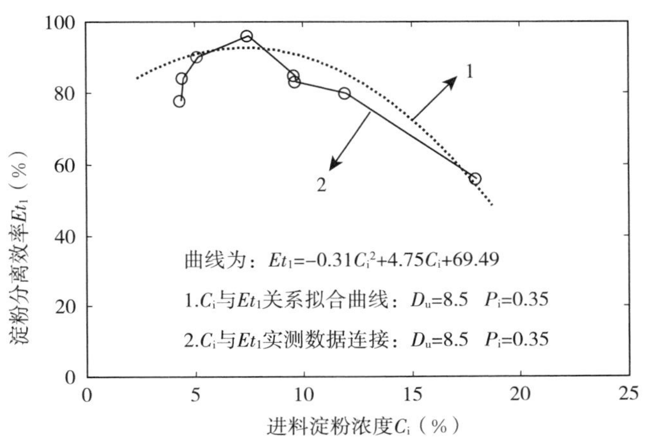

图 2-22 进料淀粉浓度与分离效率关系曲线

3）C_i 对 Et_1 的影响 图 2-22 显示了淀粉分离效率和进料淀粉浓度之间关系。D_u、P_i 一定时，由最小二乘法拟合数据得到分离效率与进料淀粉浓度之间关系曲线为：

$$Et_1 = -0.31C_i^2 + 4.75C_i + 69.49 \quad (2-13)$$

随着进料浓度的增大，分离效率经历了一个最高点后急剧下降，它说明对应高效率点存在一个最佳进料浓度，也即说明在其他参数不变的情况下，可以通过调节进料浓度来使水力旋流器在最高效率处工作。这是因为固相颗粒间存在相互干扰，所以必然存在某一临界浓度，当进料浓度小于该临界浓度时，粒子间的干扰可以忽略，因而随进料浓度的增加，分离效率增大；当进料浓度大于该临界浓度时，粒子间的相互干扰不能忽略，并且随着浓度的增加，这种相互间的作用力越来越大，因而使分离效率急剧下降。也有文献认为，进料浓度高引起旋流器分离效率下降的原因是因为旋流器内固相颗粒由自由沉降变为干涉沉降，以及底流口卸料浓度增加可能过载而出现堵塞而使得分离效率下降。

（2）底流口直径、进料浓度和压力对生产能力影响的数学模型 实际应用中，水力旋流器的生产能力是一项重要指标。它在工艺计算、泵的选型及旋流器结构尺寸的初步设计中均为重要的参数。

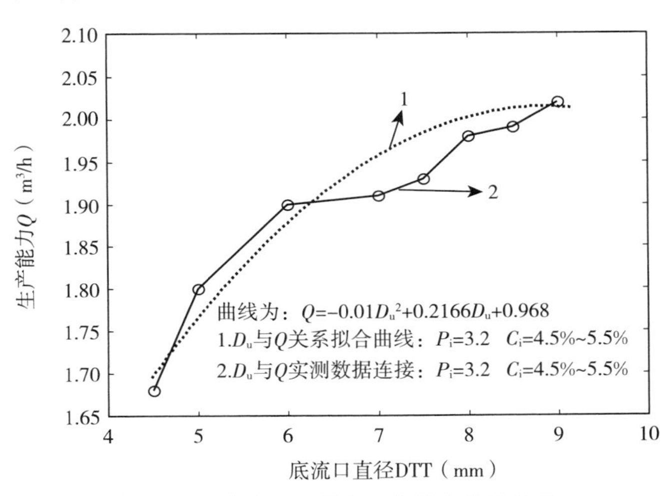

图 2-23 底流口直径和生产能力关系曲线

1）D_u 对 Q 的影响 图 2-23 显示了生产能力和底流口之间的关系。P_i 和 C_i 一定时，由最小二乘法拟合测量数据得出的生产能力与底流口之间关系的曲线为：

$$Q = -0.01D_u^2 + 0.2166D_u + 0.968 \quad (2-14)$$

底流口越大，则生产能力越大。这是因为底流口越大，在底流处的堵塞效应就会越小，底流出口就比较流畅，表现出进料及底流出料的流量都有所增加，则生产能力将增加。曲线的趋势可以看出，当底流口较小时，生产能力随着底流口的增大而增大的较快，而当底流口越大时，生产能力的增大趋于平缓。

2）P_i 对 Q 的影响　图 2-24 显示了生产能力和进料压力之间的关系。D_u、C_i 一定时，由最小二乘法拟合测量数据得出的分离效率与进料压力之间关系曲线为：

$$Q = -0.077P_i^2 + 1.8P_i + 0.594 \tag{2-15}$$

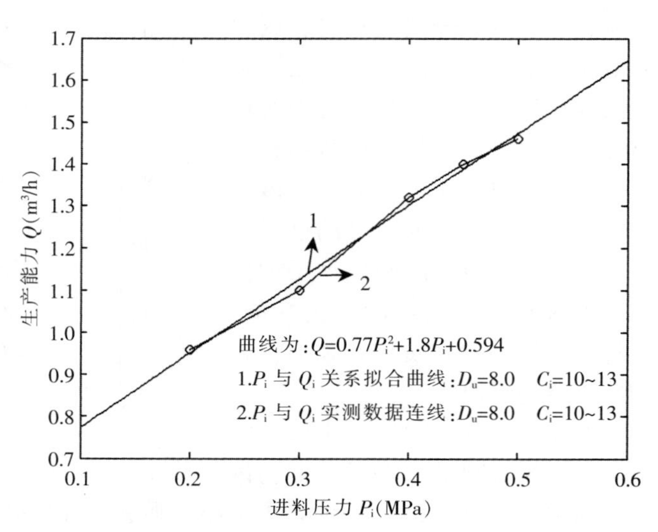

图 2-24　进料压力和生产能力关系曲线

进料压力越高，则生产能力越大，两者几乎呈正比例关系。

3）C_i 对 Q 的影响　图 2-25 显示了生产能力和进料淀粉浓度之间关系。D_u、P_i 一定时，由最小二乘法拟合测量数据得出的分离效率与进料淀粉浓度之间关系曲线为：

$$Q = -0.0287C_i + 2.0021 \tag{2-16}$$

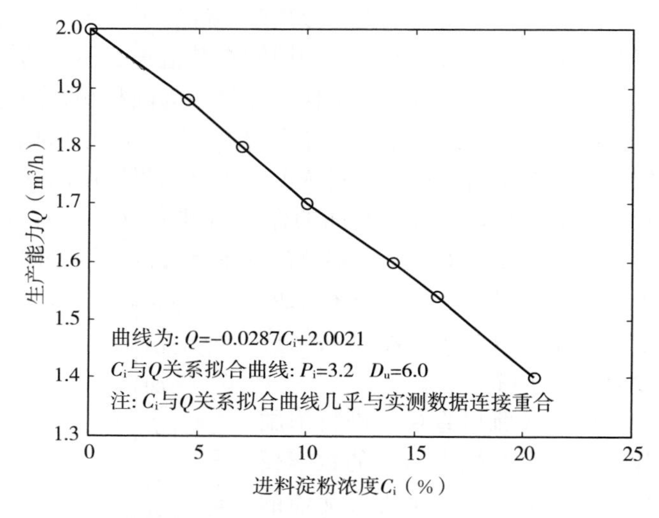

图 2-25　进料浓度与生产能力的关系曲线

此曲线为线性曲线，当进料浓度很大时，则底流口有被堵塞的可能而导致底流没有物料流出。进料浓度越高，则生产能力越小。就同样的结构参数、操作参数而言，以水为介质的物料，浓度越小则生产能力越大，而当物料为水的时候，进料流量达到最大。

（3）底流口直径、进料浓度和压力对分股比影响的数学模型　分股比是底流与溢流的体积流量之比，它是旋流器分离性能的一个重要指标，受很多因素如排口比、物料物性、进料压力、旋流器结构及安装倾角的影响，分股比的计算公式多为经验公式。现由马铃薯淀粉旋流管分离实验可以得出：

1）D_u 对 S 的影响　图 2-26 显示了分股比和底流口之间的关系。P_i 和 C_i 一定时，由最小二乘法拟合测量数据得出的分股比与底流口之间关系的曲线为：

$$S = 0.0006D_u^2 + 0.084D_u - 0.1623 \tag{2-17}$$

由曲线可以看出，分股比和底流口直径几乎成线性。当底流口越大时，则分股比越大。由定义可知，底流口、溢流口与分股比应有密切的关系，因为流体通常按阻力大小在底流和溢流间进行分配，当底流口较大或溢流口较小时，底流口的阻力因其直径增大而减少（或因溢流口减小而相对增大），使底流流量增大，溢流流量相对减少，从而分股比增大。

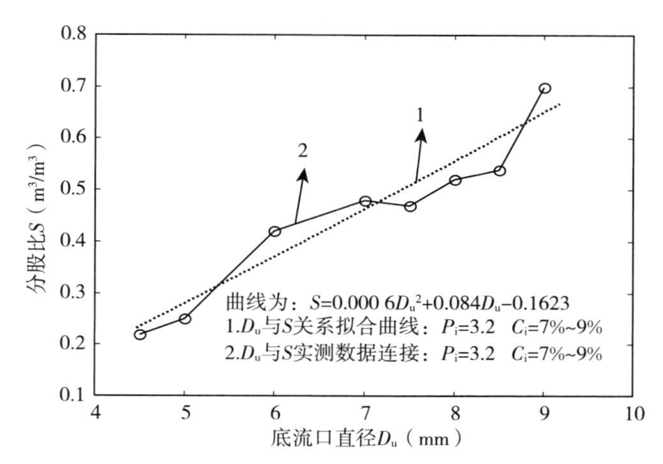

图 2-26 分股比与底流口直径的关系曲线

2）P_i 对 S 的影响 图 2-27 显示了分股比和进料压力之间的关系。D_u、C_i 一定时，由最小二乘法拟合测量数据得出的分股比与进料压力之间关系的曲线为：

$$S=-4.465P_i^2+4.85P_i-0.8 \tag{2-18}$$

分股比随着进料压力的增加而增加，但当进料压力超过一定值时，分股比开始减少，故进料压力存在一个最佳范围，由曲线可以看出，当进料压力处于该区域时，分股比达到最大。由图 2-27 中可以得出该区域约在 0.35～0.60MPa。

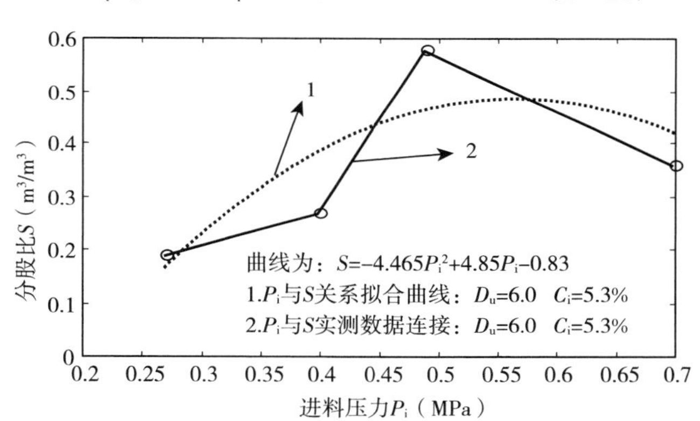

图 2-27 操作压力与分股比的关系曲线

3）C_i 对 S 的影响 图 2-28 显示了分股比和进料淀粉浓度之间关系。D_u、P_i 一定时，由最小二乘法拟合测量数据得出的分股比与进料淀粉浓度之间关系的曲线为：

$$S=-0.094C_i^2+0.64C_i+2.07 \tag{2-19}$$

要使分股比达到最高则存在一个最佳进料浓度，当小于或大于该浓度时，分股比均较小。由图 2-28 可以得出，当 P_i=3.2MPa，D_u=6.0mm 时，使分股比达到最大的进料淀粉浓度范围较宽，在7%～15%之间。

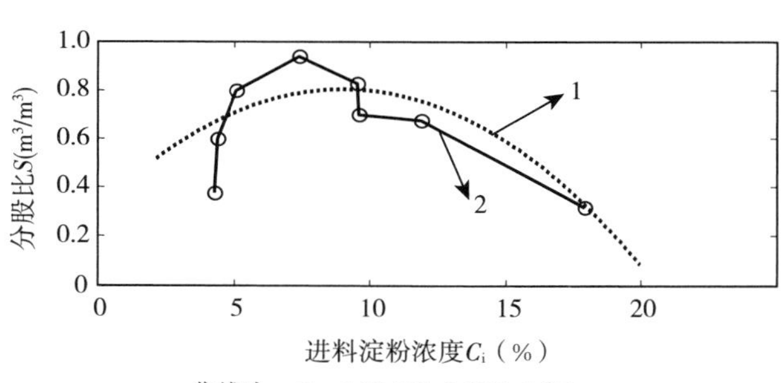

曲线为：$S=-0.094C_i^2+0.64C_i+2.07$
1.C_i与S关系拟合曲线：P_i=3.2 D_u=6.0
2.C_i与S实测数据连接：P_i=3.2 D_u=6.0

图 2-28 进料淀粉浓度与分股比关系曲线

(4) 底流口直径、进料浓度和压力对底流淀粉浓度影响数学模型

1) D_u 对 C_u 的影响　图 2-29 显示了分股比和底流口之间的关系。P_i 和 C_i 一定，由最小二乘法拟合测量数据得出的底流淀粉浓度与底流口直径之间关系曲线为：

$$C_u = 0.61D_u^2 - 10.91D_u + 58 \tag{2-20}$$

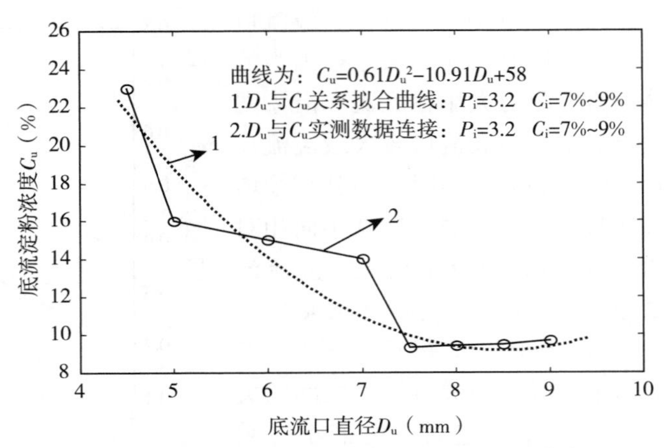

图 2-29　底流口直径与底流口浓度的关系曲线

从曲线可以看出，底流浓度随着底流口增大而减小。当 D_u 小于 7mm 时，底流浓度随着底流口增大，减少的速度较快；而当底流口 D_u 大于 7mm 时，底流浓度随着底流口增大，减少较慢，并且趋于平缓。在相同的进料压力、进料浓度及其他参数都相同情况下，可以得出底流浓度随着底流口的增大而降低。这是因为底流口的增大使得物料的流动阻力减小，水和其他一些密度较小的物质就有可能随着大颗粒一起从底流口出去，从而使得底流浓度降低。

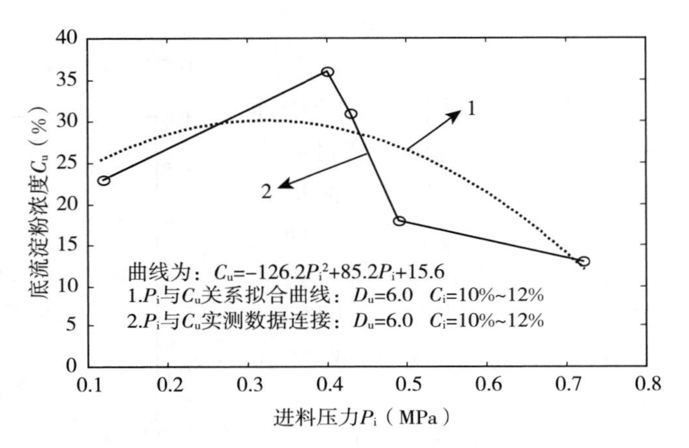

图 2-30　进料压力与底流淀粉浓度的关系曲线

2) P_i 对 C_u 的影响　图 2-30 显示了底流淀粉浓度和进料压力之间的关系。D_u、C_i 一定时，由最小二乘法拟合测量数据得出的底流浓度与进料压力之间关系曲线为：

$$C_u = -126.2P_i^2 + 85.2P_i + 15.6 \tag{2-21}$$

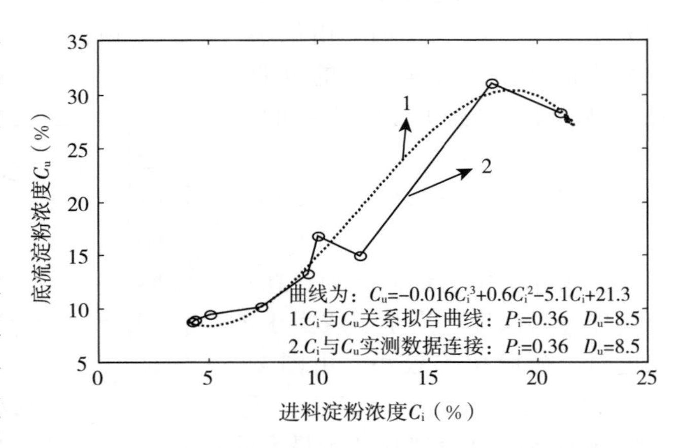

图 2-31　进料淀粉浓度与底流口浓度的关系曲线

底流浓度随着进料压力的增大而增大，但当进料压力达到一定值时，底流浓度又开始降低，故进料压力存在一个最佳范围。在这个范围内，底流浓度达到最大。由图 2-30 显示，当 D_u＝6.0mm、C_i＝10%～12%时，压力范围约为0.3～0.6MPa。

3) C_i 对 C_u 的影响　图 2-31 显示了底流淀粉浓度和进料淀粉浓度之间的关系。D_u、

P_i 一定时，由最小二乘法拟合测量数据得出的底流淀粉浓度与进料淀粉浓度之间关系曲线为：

$$C_u = -0.016C_i^3 + 0.6\,C_i^2 - 5.1\,C_i + 21.3 \qquad (2-22)$$

进料浓度越高则底流浓度越高，但当进料浓度达到一定值时，底流浓度趋于平稳甚至减少，进料浓度存在一最佳范围。其主要原因是因为旋流器内固相颗粒由自由沉降转变为干涉沉降，以及底流口卸料浓度增加可能引起堵塞。故要保证较高的底流口出料浓度，则需要使进料浓度处于最佳浓度范围之中。由图 2－31 可知，当 $D_u = 8.5$mm、$P_i = 0.36$MPa 时，使底流淀粉浓度达到最高的进料淀粉浓度范围约为 $C_i = 15\% \sim 23\%$。

2.3.4.4 多因素影响分离数学模型的建立

为了建立起一组能够准确、可靠地描述水力旋流器分离过程的数学模型，并应用该模型进行单级分离性能的预测、优化设计、放大设计以及为网络计算机模拟提供模拟基础，本节采用相似理论为指导进行了数学建模。

应用相似理论为指导进行数学建模时，重要的是先要导出相似准数，而后将模化实验中所得的数据按照准数进行整理，并且找出这些相似准数之间的函数关系。这些相似准数之间的函数关系是建立经验模型的理论基础，结合实验中各因素的边界条件和精度要求即可求得经验数学模型。当经验模型建立以后，各因素便表现出了相互间试验结果的可转换性。这就有助于在进行模化实验时调节易于改变的因素来控制不易改变的因素，从而达到使实验研究简单化，以便于经验公式的应用推广；也有助于结合因素的具体取值情况，通过利用同一经验模型实现因素影响重要性的判断。经研究，多因素模型如下所示：

$$C_o = 0.028\left(\frac{D_u}{D_o}\right)^{-1.495} C_i^{1.455} \left(\frac{C'_i}{C_i}\right)^{0.4567} (N_i)^{-1.13} (E_u)^{0.326} \qquad (2-23)$$

$$C_u = 0.2\left(\frac{D_u}{D_o}\right)^{1.045} C_i^{0.7238} (N_i)^{1.339} \left(\frac{De_i}{D_u}\right)^{1.451} \qquad (2-24)$$

$$N_o = 4.2\left(\frac{D_u}{D_o}\right)^{0.5767} (N_i)^{0.7164} (E_u)^{-0.3153} (P_u)^{-0.5328} (n)^{0.104} \qquad (2-25)$$

$$\frac{De_o}{De_i} = 0.087\left(\frac{D_u}{D_o}\right)^{-0.6417} (N_i)^{1.304} (E_u)^{0.2711} (P_u)^{0.5812} (n)^{-0.088} \qquad (2-26)$$

$$S = 2.176(C_i)^{0.072} \left(\frac{De_i}{D_u}\right)^{-1.059} n^{-0.067} \qquad (2-27)$$

$$Et = 30.9(C_i)^{0.1302} (N_i)^{0.5696} \qquad (2-28)$$

$$Et_1 = 2.79 \times 10^2 C_i^{0.048} (N_i)^{0.405} \left(\frac{De_i}{D_u}\right)^{-0.634} (E_u)^{-0.1347} \qquad (2-29)$$

由以上数学模型分析各因素的影响规律如下：

（1）**溢流浓度 C_o 模型** 有关溢流浓度的实验研究非常少，对溢流浓度模型的提出是因为水力旋流器应用于马铃薯淀粉的分离领域，不仅有着预分离液体和固体的作用，而且还有着洗涤及浓缩的作用。溢流在整个分离过程中都将作为母液返回到前一级或前几级再进行分离，溢流浓度较高或较低都可能影响前一级或前几级分离所用旋流器的选取以及分离操作参数的确定，这将影响整个系统的分离过程。因此，对溢流的浓度提出了要求。

由上述的模型可以看出，溢流浓度与排口比（D_u/D_o）、进料淀粉浓度、进料干物质浓度与淀粉浓度比值、进料粒度分布、进料压力之间关系较大，其中对其影响较大的是排口比、进料淀粉浓度及进料粒度分布，影响较小的是进料干物质浓度与淀粉浓度比值及进料压力。

（2）底流浓度 C_u 模型 底流浓度的大小将对系统的分离效果产生影响。因为每一级的底流均作为母液进入下一级再进行分离操作，因而，底流浓度较大或较小均对以后各级的结构参数及操作参数的确定带来影响，从而影响系统的分离效率。

该模型与排口比、进料淀粉浓度、进料粒度分布有关。其中对其影响较大的是进料粒度分布，其次是排口比，影响最小的是进料淀粉含量。

（3）溢流粒度分布特性参数 N_o 的模型 由前人的经验可知，由旋流器的直径可以粗略地计算该旋流器的分离粒度。但仅由分离粒度不能获知该物料适用于该旋流器的程度，还应该知道物料的粒度分布及分离后物料粒度分布情况，这样才能全面了解此旋流器在相应的操作条件下应用于分离该种物料的适用程度。通过该模型的建立即可获知各因素对溢流粒度分布的影响。由模型可以看出，对其影响最大的是进料粒度分布、排口比，其次是操作压力及处理能力，最后是级中并联的旋流管个数。

（4）溢流粒度分布特性参数与进料粒度分布特性参数的比值（De_o/De_i）的模型 该模型与 N_o 模型有着相似之处，其中对其影响的因素和 N_o 模型相同，而且对其影响的重要程度也相似：影响最大的是进料粒度分布、排口比，其次是操作压力及处理能力，最后是级中并联的旋流管个数。

（5）分股比 S 模型 分股比模型一直是对旋流器进行研究的一个焦点，前人有很多关于分股比的理论模型及经验模型。目前，对分股比的计算一般是经验公式，但经验公式的使用范围非常有限，通常受物料及旋流器的结构参数等的限制。为了得出比较适合于马铃薯分离用的分股比模型，笔者回归得出上述的经验公式，由此可以看出，此模型与进料淀粉含量、进料粒度分布及级中并联的旋流管的个数有着较为密切的关系。

（6）固体物质的分离效率（即总分离效率）Et 的模型 固体物质的分离效率起到一个对比的作用。在马铃薯分离系统中，淀粉随着分离的进行越来越纯地向 9 级前行，这样，干物质和淀粉的浓度越来越接近，故此，干物质的分离效率在 1～9 级中慢慢接近淀粉的分离效率。而在向出渣口的过程中，淀粉的含量将渐渐减少，这样就使得干物质和淀粉的浓度相差越来越大，干物质的分离效率越来越小。干物质分离效率在整个系统中随着干物质和淀粉浓度的变化而变化。由实验可得该模型如上所述，它与进料粒度分布及进料淀粉含量有着较大的关系。

（7）淀粉分离效率 Et_1 的模型 淀粉分离效率是旋流管分离性能指标，该指标反映的是旋流管的分离性能，只有对分离性能有着一个初步的预测，才能对旋流管的结构参数及操作参数做出确定。该模型受进料粒度分布、处理能力及操作压力、进料淀粉含量的影响，影响最大的是进料粒度分布。

由这些模型均可以得出：在各模型中，对各指标有较大影响的因素几乎都为排口比、进料固体粒度分布、进料淀粉浓度、操作压力等。因此，在实际生产过程中，调节这 4 个量并尽量使这些量处于最佳分离状态所需的要求之下显得尤为重要。

2.3.4.5 全旋流网络系统计算和设计

（1）**系统构成分析** 本节采用较为经典的全旋流分析系统，对其进行计算和设计。全旋流系统由 15 级旋流器连接而成。每级旋流器由壳体和旋流管组件构成，壳体采用立式圆柱形结构。其配置如表 2－8 所示，对该系统的实测数据见图 2－32、图 2－33。

表 2－8 各级配置情况

级数	6A	5A	4A	3A	2A	1A	1	2	3	4	5	6	7	8	9
D_u	5.0	5.0	5.0	7.5	5.0	7.5	8.5	8.5	8.5	7.5	6.0	6.0	5.0	5.0	5.0
n	28	40	46	34	48	36	36	36	33	26	24	22	21	21	20

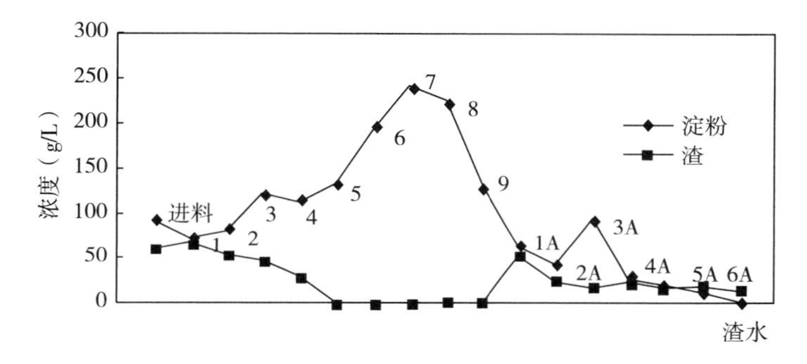

图 2－32 各级进料浓度变化趋势图

图 2－32、图 2－33 分别为旋流站正常工作下，系统出料淀粉乳为 18 波美度时，马铃薯糊以及各级旋流器进料中淀粉、渣及蛋白质的浓度变化趋势图。结合全旋流的系统流程（图 2－32）分析，把 1、2、1A 三级单独看，从第 1 级进料，第 1、2 级溢流给 1A 供料，第 1、1A 级底流给第 2 级供料，出料为 1A 级溢流和 2 级底流，相当于一级旋流器，这样轻重两相不发生混杂，大大强化了重相和轻相的分离效果。经过三级联合分离后，底流往前走，溢流往后走，仅在第 4 级溢流和 3A 级底流两处前后两个区发生交汇。

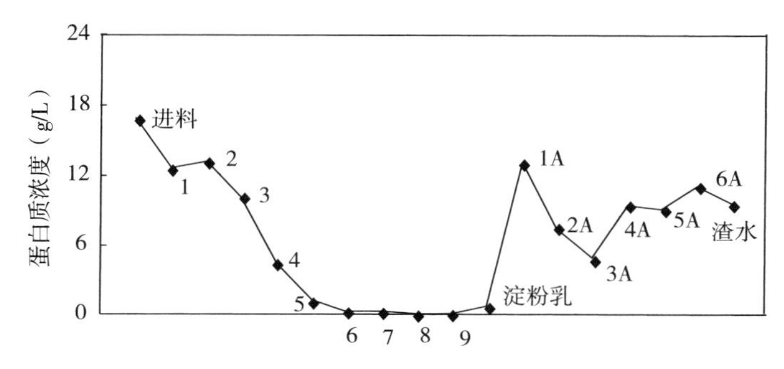

图 2－33 各级进料中蛋白质的浓度变化

对于前半区（1～9 级），从图 2－32 明显可以看出越往前走，淀粉与渣的浓度差距越大。由于底流的浓缩作用淀粉的浓度主要呈上升趋势，第 3 级进料的淀粉浓度已达到约

150g/L。从第 4 级开始后一级的底流都经前一级溢流稀释给中间一级供料，这样既能保证洗涤级数，又能避免淀粉浓度超过旋流管的正常工作范围，到第 7 级淀粉进料浓度达到最大值 245g/L。清水在第 9 级进料前加入，所以第 9 极进料中淀粉浓度不高，目的是为了稀释后经第 9 级浓缩得到浓度合适的淀粉乳，便于进一步脱水干燥。第 8 级由于第 9 级溢流的稀释作用，其进料中淀粉浓度略低于第 7 级。而渣的浓度则呈现快速降低的趋势，从第 5 级进料开始，渣含量已经非常小，洗涤干燥的方法已无法测出，测试时只能观察到沉积的淀粉表层有少量浮渣，到 7、8、9 级看到的淀粉乳已经很纯了。这说明来料经过第 4 级分离洗涤后渣就很少了，因此在此处将其溢流连同渣作为稀释液集中到后半区，第 2 级中含渣仍较多送入 1A 级，第 3 级次之，其溢流用于稀释马铃薯糊。

对于后半区（1A～6A 级），进料中的淀粉含量处 3A 级较高之外，越往后进料中的淀粉含量越少。1A 级进料中淀粉含量仍较多，经过分离后大部分随底流送到前半区，剩下的部分随溢流进入 2A 级。单独看 2A 级和 3A 级，就是一个典型的底流串联溢流循环型系统连接，这种简单的连接主要用于洗涤，原料经第 1 级分离后，底流被稀释在第 2 级进一步洗涤获得较纯的底流，第 2 级的溢流返回第 1 级得到澄清的溢流。因为要想得到较纯的底流则势必要牺牲一部分重相物料从溢流损失，而要想得到较为澄清的溢流势必要牺牲更多的轻相物料从底流损失，经过这样的两级串联能有效地提高旋流器的分离洗涤效率。通常情况下这样的组合中第 2 级底流口较小，而已知 3A 级旋流管底流直径较大为 7.5mm，2A 级则最小为 5.0mm，这或许是考虑 3A 级的淀粉含量较高，要尽可能多地将后半区回收的淀粉送回前半区，另外 3A 级的底流还起着对第 2 级底流进行稀释的作用，因此采用较大底流直径的旋流管。从 2A 溢流出来的澄清产品到 4A 进一步回收淀粉，仅有的少量淀粉经过分离后随底流不断向前集中，到了 4A 的底流又进入 2A 级。从 3A 底流得到的淀粉则送到了前半区。渣和水主要从溢流逐级往后走，从 6A 溢流排出，浓度变化不大。

由图 2－33 可以看出，蛋白质的浓度在最初的 1、2、1A 三级都较高，从第 3 级往后即开始迅速下降，前半区是底流向下传递，说明经过洗涤蛋白质主要从溢流排出，经过五级洗涤后随溢流集中到第 4 级，通过第 4 级溢流送到后半区。而在后半区，从 3A 级开始蛋白质的浓度逐渐升高。后半区是溢流向下走，说明经过分离蛋白质主要从溢流排出。根据已知结论可知，底流直径为 5.0mm 和 6.0mm 的旋流管适合洗涤蛋白质，与这些变化趋势都是相符的。

总之，不管是从各级旋流器进料组成的变化还是系统的管路连接方式及各级旋流管的配置上看，都表明了系统分区分段，各段分工明确的特点。

（2）全旋流系统计算　产量和淀粉得率是生产中最关心的问题，因此，系统处理量和效率的计算是系统设计和生产预测的工具。要对全旋流这样一个复杂的系统进行物料平衡计算，工作量很大而且十分繁杂。一些技术先进的国家已经研究出计算机辅助设计程序并且由相关的商业软件来实现，而我国在这方面的研究相对薄弱，除无锡轻工的袁惠新教授做过单级旋流管的计算机辅助设计工作外，尚无人从事这方面的软件开发工作。现配合系统研制工作的需要，编者做了初步尝试，用计算机来处理运算量较大的物料衡算过程。在计算之前先做如下假设：

①物料在全旋流系统中，操作压力较高（0.4～0.46MPa）。假设其体积随各处的压力

不同而发生的变化很小，可以忽略不计。

②假设料流之间相互混合，总体积不发生变化或变化很小可以忽略不计，等于加和的各个料流的体积之和。

在上述两个假设的前提下，当系统工作稳定后，根据物料平衡理论，对于每一级旋流器都可以得到以下关系式：

$$Q_i = Q_o + Q_u$$
$$Q_i C_{vi} = Q_o C_{vo} + Q_u C_{vu} \tag{2-30}$$

显然，这里的未知变量太多，两个方程含 6 个未知变量，按 15 级旋流器计算有 90 个变量，需要给出 90 个独立的方程式才能求解。而且这些方程还是非线性方程，即使有了方程求解也非常困难。

现把上述关系式分别处理，一部分是体积流量 Q 之间的关系：

$$Q_i = Q_o + Q_u \tag{2-31}$$

即流量平衡方程，它只有当前面的假设成立才有效；一部分是质量 M 之间的关系：

$$M_i = M_o + M_u \tag{2-32}$$

其中 $M=QC$，当 C 代表淀粉的体积浓度时，就是淀粉的质量平衡方程，无条件成立。

1）*多级旋流器澄清系统* 全旋流系统涉及 2 种基本的系统连接方式，图 2－34 是典型的多级旋流器澄清系统，某一级旋流器的进料由其前一级的溢流和后一级的底流相混合而成。料浆从第一级进入，用 A 表示，被澄清后的溢流逐级往下走，其中含的重相杂质也越来越少，最终的澄清悬浮液从末级溢流排出，用 B 表示。而从底流分离出的少量重相杂质则向第一级不断集中，最后从第一级底流排出，可用 A－B 表示。全旋流系统中第 4A、5A、6A 三级为该种连接模式。

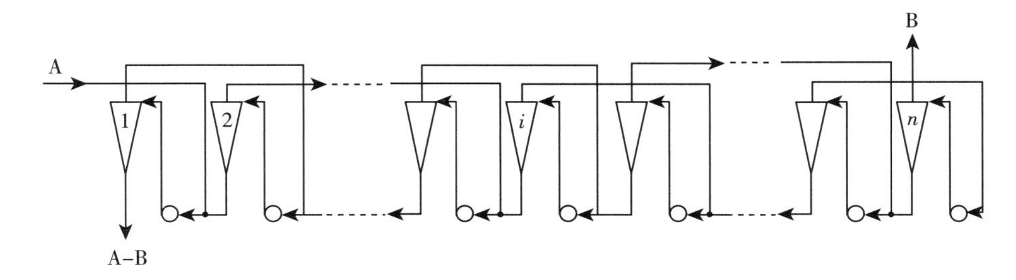

图 2－34 多级旋流器澄清系统

若用 X_i 来表示第 i 级旋流器的溢流量，用 η_i 表示第 i 级的效率（η_i＝底流量/进料量），对于第 i 级则有：

$$溢流 = X_i \qquad 底流 = \frac{\eta_i}{1-\eta_i}X_i \qquad 进料 = \frac{1}{1-\eta_i}X_i$$

又有：$(i-1)$ 级溢流 $=i$ 级进料 $-(i+1)$ 级底流

即：
$$X_{i-1} = \frac{1}{1-\eta_i}X_i - \frac{\eta_{i+1}}{1-\eta_{i+1}}X_{i+1} \tag{2-33}$$

$$令\frac{\eta}{1-\eta} = a \qquad 则\frac{1}{1-\eta} = a+1$$

由式 2-33 可得到： $$X_{i-1}=(a_i+1)X_i-a_{i+1}X_{i+1} \quad (2-34)$$

对于 n 级旋流器系统有：

$$\left.\begin{aligned} &X_n=B\\ &X_{n-1}=(a_n+1)X_n\\ &X_{n-2}=(a_{n-1}+1)X_{n-1}-a_nX_n=(a_{n-1}a_n+a_{n-1}+1)X_n\\ &\vdots\\ &X_{i-1}=(a_i+1)X_i-a_{i+1}X_{i+1}\\ &\vdots\\ &X_2=(a_3+1)X_3-a_4X_4\\ &X_1=(a_2+1)X_2-a_3X_3 \end{aligned}\right\}\Rightarrow \quad (2-35)$$

$$X_1=(a_2a_3\cdots a_{n-1}a_n+a_2a_3\cdots a_{n-2}a_{n-1}+\cdots+a_2a_3+a_2+1)X_n \quad (2-36)$$

令 $p=(a_2a_3\cdots a_{n-1}a_n+a_2a_3\cdots a_{n-2}a_{n-1}+\cdots+a_2a_3+a_2+1)$

则：

$$X_n=\frac{1}{p}X_1 \quad (2-37)$$

又∵ $$a_1X_1=A-B \quad (2-38)$$

∴ $$X_n=\frac{A-B}{a_1p}=B \quad (2-39)$$

由式 2-39 可得到：

$$B=\frac{A}{a_1p+1} \quad (2-40)$$

从式 2-40 可以看出，只要知道系统的进料，以及各级旋流器的效率，即可知道分离的最终结果。

当其中 $\eta_1=\eta_2=\cdots=\eta_n=\eta$ 时，$a_1=a_2=\cdots=a_n=a$

$$p=a^{n-1}+a^{n-2}+\cdots+a+1=\frac{1-a^n}{1-a}$$

则： $$B=\frac{1-a}{1-a^{n+1}}A \quad (2-41)$$

在系统设计时，若单级旋流器的效率 η 通过试验已知，给料情况给出，系统级数和所要求的分离效果二者知其一，则通过式 2-40 或式 2-41 就可算出另一个。

在马铃薯淀粉分离时，已知各级淀粉回收效率、最初渣水中的淀粉量及要求最后排放的废渣水中的淀粉量，即可获知需要几级旋流器才可达到所需的分离效果。

2）多级旋流器逆流洗涤系统　图 2-35 是典型的多级旋流器逆流洗涤系统（Ⅰ），对某一级旋流器来说，其下一级的溢流液与其上一级的底流液混合后，再用泵送入此级旋流器之中洗涤浓缩；而纯净的洗水从最末级进入与末二级底流相混合，将淀粉乳稀释后送入末级进行浓缩。这样越往后，悬浮液含轻相杂质越少，最终纯净的产品从末级底流排出。而溢流则带着越来越多的轻相杂质向初级流动，最后从第一级溢流排出。全旋流系统中第 4 至第 9 级为该种连接模式。

若用 Y_i 来表示第 i 级旋流器的底流量，用 η_i 仍表示底流量与进料量之比，Y_W 代表加

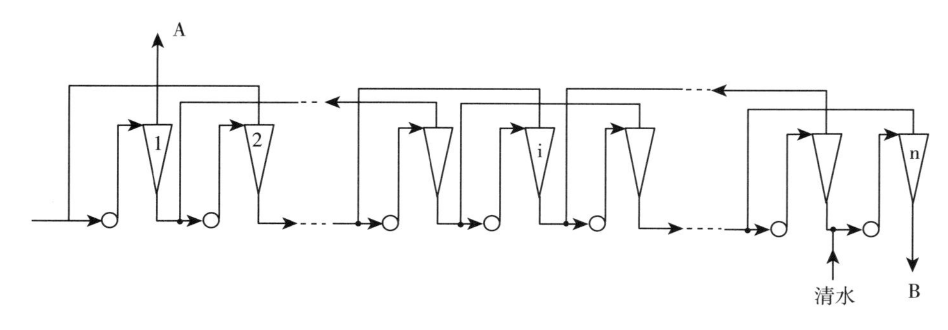

图 2-35 多级旋流器逆流洗涤系统（Ⅰ）

入清水量，对于第 i 级旋流器则有：

$$底流 = Y_i \qquad 溢流 = \frac{1-\eta_i}{\eta_i}Y_i \qquad 进料 = \frac{1}{\eta_i}Y_i$$

又有：　　$(i-1)$ 级底流 $=$ i 级进料 $-$ $(i+1)$ 级溢流

即：

$$Y_{i-1} = \frac{1}{\eta_i}Y_i - \frac{1-\eta_{i+1}}{\eta_{i+1}}Y_{i+1} \tag{2-42}$$

令 $\frac{1-\eta}{\eta} = b$，　则 $\frac{1}{\eta} = b+1$

由式 2-42 可得到：

$$Y_{i-1} = (b+1)Y_i - bY_{i+1} \tag{2-43}$$

当 η_i 作为料浆中悬浮物的总回收效率时，与 Y_W 无关。类似澄清系统的计算，可以得到以下关系式：

$$Y_n = \frac{1}{q}Y_1 \tag{2-44}$$

其中 $q = b_2b_3\cdots b_{n-1}b_n + b_2b_3\cdots b_{n-1} + \cdots + b_2b_3 + b_2 + 1$

$$Y_n = B = \frac{A}{b_1q+1} \tag{2-45}$$

当 $\eta_1 = \eta_2 = \cdots = \eta_n = \eta$ 时，$b_1 = b_2\cdots = b_n = b$，可写成：

$$B = \frac{1-b}{1-b^n}A \tag{2-46}$$

但如果 A、B 代表的是体积流量，而 η 代表的是底流分率，就必须考虑 Y_W。那么对于 n 级旋流器系统而言就有：

$$\left.\begin{aligned} Y_n &= B \\ Y_{n-1} &= (b_n+1)Y_n - Y_w \\ Y_{n-2} &= (b_{n-1}+1)Y_{n-1} - b_nY_n \\ &\vdots \\ Y_{i-1} &= (b_i+1)Y_i - b_{i+1}Y_{i+1} \\ &\vdots \\ Y_2 &= (b_3+1)Y_3 - b_4Y_4 \\ Y_1 &= (b_2+1)Y_2 - b_3Y_3 \end{aligned}\right\} \Rightarrow \tag{2-47}$$

$$Y_1 = qY_n - q'Y_w \quad (2-48)$$

其中 $q' = p - b_2 b_3 \cdots b_{n-1} b_n$ (2-49)

可得到：
$$B = \frac{A + b_1 q' Y_w}{b_1 q + 1} \quad (2-50)$$

通过这种处理，对于每一级旋流器而言，只要知道底流或溢流，进料和另一个出料就可以简单的表示出来，这样可以避免大量繁杂的分式运算。若系统有类似联接，计算则更为有利。

3）全旋流系统计算　如图 2-38 所示，对于中间 6 级而言，它既非澄清系统又非逆流洗涤系统，连接较为复杂，故计算很困难。只有通过求解方程组和大量的计算，最终可以找到各级的进料、出料情况与系统进料及各级的效率 η 之间的关系式。

$$Q = f(Q_s, Q_w, Rf_i)$$
$$M = f(M_s, E_i)$$
$$C = \frac{M}{Q} \quad (i = 1 \sim 9, 1A \sim 6A) \quad (2-51)$$

式中：Q—— 系统中各单级旋流器的进料流量 Q_i、溢流流量 Q_o 或底流流量 Q_u（L/min）；

Q_s——整个系统的进料流量（L/min）；

Q_w——整个系统的供水量（L/min）；

M——系统中单级旋流器的进料淀粉流量 M_i、溢流淀粉流量 M_o 或底流淀粉流量 M_u（g/min）；

M_s——系统投入的淀粉量（g/min）；

C—— 系统中单级旋流器的进料淀粉浓度 C_{vi}、溢流淀粉浓度 C_{vo} 或底流淀粉浓度 C_{vu}（g/L）；

Rf——底流分率，底流流量和进料流量的比值；

整个系统的淀粉回收效率为：
$$Et = \frac{M_{9u}}{M_s} \times 100\% \quad (2-52)$$

通过一定的计算程序，改变输入变量的值，很快就能计算出各级旋流器的进出料情况以及系统的总效率，系统计算流程见图 2-36。对于渣和蛋白质的洗涤也同样适用。

若按马铃薯糊的体积流量 Q_s=400L/min，C_i=14%，清水的流量 Q_w=180L/min 计算，将实验测出的一组底流分率和分离效率的数据代入计算程序，可以得到表 2-9 的结果。

表 2-9　旋流器的工作状态数据表

级序号	Rf (%)	Et (%)	Q_i (L/min)	Q_o	Q_u	C_{vi} (g/L)	C_o	C_u
1	51	68	701.6	343.8	357.8	113.98	73.78	150.64
2	51	71	705.7	345.8	360.0	126.51	74.87	176.12
3	52	74	628.5	301.7	326.8	193.85	105.0	275.86
4	43	65	659.8	376.1	283.7	205.61	126.25	310.81

（续）

级序号	Rf (%)	Et (%)	Q_i (L/min)	Q_o	Q_u	C_{vi} (g/L)	C_o	C_u
5	44	67	594.6	333.0	261.6	231.9	136.6	353.1
6	39	62	518.1	310.9	207.2	266.5	159.9	426.4
7	40	61	427.5	256.5	171.0	305.3	178.1	496.2
8	40	61	367.1	220.3	146.8	302.4	191.5	468.7
9	38	60	326.8	196.1	130.7	210.5	133.3	326.43
1A	50	69	683.5	341.8	341.7	75.0	46.5	103.4
2A	24	54	1097.7	834.3	263.4	71.6	43.3	161.1
3A	42	65	639.5	370.9	268.6	140.6	84.8	217.6
4A	38	49	1013.2	628.2	385.0	46.0	24.5	81.1
5A	23	51	777.9	599.0	178.9	26.3	16.8	58.4
6A	25	51	599.0	449.2	149.7	16.8	10.9	34.2
Et=87.07%，淀粉乳的浓度为17波美度								

当马铃薯糊中游离淀粉含量为17%时，若底流分率和级效率不变，则第9级的底流浓度增加到393.5g/L，相当于19.5波美度，6A溢流开始跑粉。若Q_s=380L/min，Q_w=200L/min，淀粉游离率仍为14%，则各级的流量变化不太大，但最终淀粉乳只有近15波美度，而淀粉含量高的马铃薯糊分离效果较好。通过对大量计算结果进行分析得出这样的结论：采用当前的旋流管配置，系统供料量和供水量总和应大致在560～600L/min，否则会造成单级旋流器压力偏低或偏高，不利于分离。马铃薯糊淀粉浓度在10%～18%，供料量与供水量之比为1.9～2.2，淀粉含量越高，比值越小。若马铃薯糊淀粉浓度异常或料水比例失调，则会造成各级旋流器淀粉浓度偏低或偏高，导致出料淀粉乳浓度低或旋流管堵塞，溢流跑粉等后果。

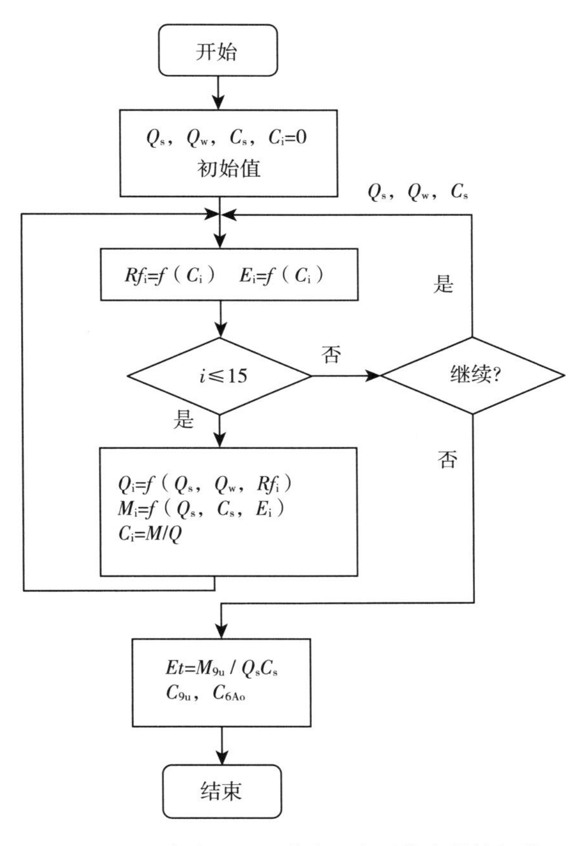

图2-36　程序流程图（其中i表示旋流器的级数）

全旋流系统中旋流器的可操作变量包括进料压力、进料浓度和底流直径。进料压力主要由进料量来控制，只有当某一级旋流管发生堵塞使得该级压力突然升高，或是因给料不足造成压力略低，一般情况下只要供料充足，旋流器都在正常压力下工作。

不同进料浓度对旋流管的分股比以及分离效率都有影响，当进料中淀粉、渣水、蛋白质等的构成发生变化，势必会影响到旋流器的分离效果。但对系统整体而言，旋流站的工作稳定性较好，不会随浓度的小范围波动而发生变化。因为从旋流管的分离性能来看，每一级旋流器存在一个稳定工作区，在此范围内，淀粉回收率仅有微小变化。另外，由于各级旋流器配置的旋流管底流直径不同，进料浓度也不同，各级旋流器的工作状态相互制约、相互影响，在一定范围内，形成一个较大的缓冲区，保证了产品质量稳定。任何一级旋流器工作性能的改变对整个系统的影响都是有限的。在对全旋流系统进行淀粉质量衡算中，得到这样的一些结果，当单级旋流器的淀粉回收率为60%，系统总效率为83.8%；若单独将其中某一级的效率从60%提高到70%，则系统的总效率有不同程度的提高，说明各级旋流器的分离效率对整个系统工作好坏的贡献是不同的，其中2A级贡献最大，使系统的淀粉得率提高了5.4%，4A级的影响次之，系统的淀粉得率提高了4.9%，5A级效率为70%时，系统效率提高4.2%，依次是1A、3A、6A和第4级，它们分别能使系统的总效率提高3%左右，而第2、第3、第5级分别能使系统总效率提高2%左右，第6至第9级则影响较弱，其中第6级能将总效率提高1.2%，其他三级对总效率的贡献都不足1%，第9极对总效率的影响最小。因此，当旋流管的配置尚不需要整体改动时，可以通过调整某些对系统效率影响大的级数的旋流管配置来有效地改善系统整体的工作状况。若同时将第2A和第4级的效率提高到70%，系统的总淀粉回收率达到91.2%。若将各级的淀粉回收率都提高到70%，则总效率将达到98.7%。但若是各级旋流器的效率在小范围内有增、有减，则总效率变化不大。

旋流管的配置，需要在生产之前根据马铃薯糊中淀粉含量的大小预先配置好，开机后无法调整。准确预测各级旋流器的工作状态，可以避免由于旋流管的配置失误带来的损失。

(3) 全旋流系统的设计　通过对全旋流系统的分析计算，提出以下系统设计步骤：

1) *作业程序分段*　从前述内容获知马铃薯淀粉与渣和蛋白质分离的难易程度不同，所需要的适宜的分离条件、分离效率的大小亦有所不同。总体来讲，渣汁易于分离，而不溶性蛋白颗粒分离较困难，这样就可以考虑分步骤来完成分离任务。整个系统可划分为五段，其中第1、第2、第1A级主要任务是完成渣汁和淀粉的初步分离，提高后续工作的效率。第3至第8级的主要任务是分离蛋白质，同时进一步除去薯渣及一些可溶性的杂质。第9级旋流器主要起浓缩作用。而第2A至第6A的作用就是尽可能地将渣中混入的少量淀粉回收。通过分段明确任务后，可以避免管路连接不当，造成料流混杂，工作效率不高，重复操作，工作量增加。

2) *管路连接的优化设计*　分工明确后，就要确定旋流器的级数和如何设计管路连接方式，以达到上述目的。旋流器的级数是按分离的最终要求依据旋流器的分离洗涤效率计算出来的，这在系统计算中简单提到。管路连接方式的设计除了对一些既定的简单模式进行组合之外，主要遵循以下原则：考虑流体的流动性和可能造成旋流管堵塞，旋流器进料的固相浓度不可太高，所以一般来讲，底流的浓缩物要经溢流稀释后才给下级供料，尤其当两种底流混合供料时要注意，这时旋流管的底流直径一定不能太小；在确保进料浓度适当的条件下，物流混合时也要有一定的选择，两者的组成在要被排除的成分上是相近的，避免轻、重组分分离开之后又混合，导致重复劳动，工作效率不高。比如洗涤淀粉乳时含渣量少的浓缩淀粉乳只能用含渣量更少溢流来稀释；要注意物流的平衡，不能太集中，也不要太分散，这对于系统的工作稳定性和泵的配置是至关重要的。全旋流系统中，旋流器的组合数量为 15 级，15 级旋流器有多达 300 种的连接方式，而其中只有少数几种连接方式的分离洗涤性能能满足生产要求，并且运行经济可靠，所以系统的优化也是必要的。

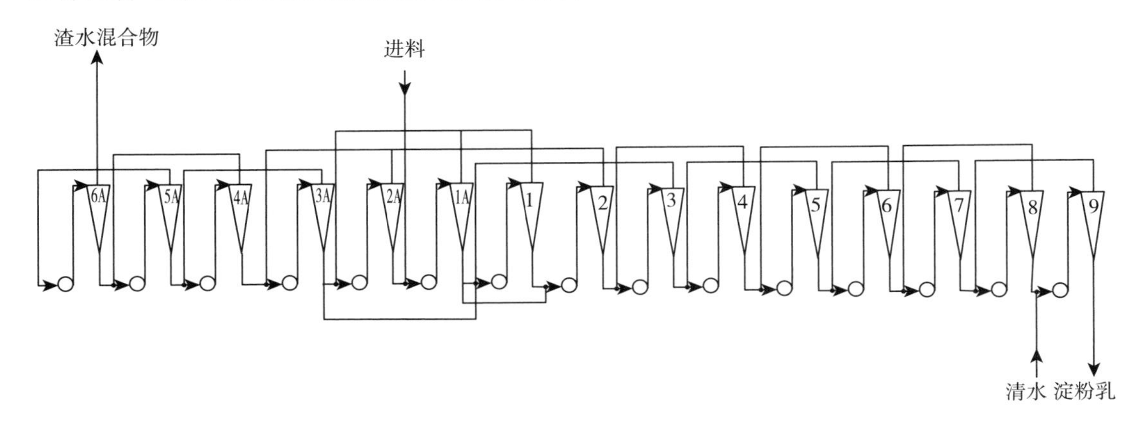

图 2－37 多级旋流器逆流洗涤系统（Ⅱ）

图 2－37 是用于马铃薯淀粉分离洗涤的另一种较优的系统连接方式（Ⅱ），与目前采用的图 2－35 所示系统（Ⅰ）的连接方式相比，中间几级相差很大。通过计算可以比较一下两者在分离性能上的优劣。在进料相同的情况下，若各级旋流器的淀粉分离效率均为 E ＝60％，系统Ⅱ的总效率 Et＝80.4％；若各级旋流器的淀粉分离效率 E＝70％时，Et＝97.9％。前面对系统Ⅰ进行计算的结果分别为 83.6％和 98.8％。这说明对于上述两个系统，当它们各级旋流器的分离性能相当，系统Ⅰ的分离性能总体上要优于系统Ⅱ，尤其当各级旋流器的分离性能并不很高时，这种优势就更为明显。1％～3％的差距运用到生产当中，按日处理马铃薯 500t，每 7t 马铃薯含 1t 淀粉计算，系统Ⅰ的日产淀粉量将比用系统Ⅱ 的日产量高出约 1.4t 淀粉，其经济价值相当可观。

3）旋流管的优选 旋流管是全旋流系统进行分离洗涤的核心，它的操作条件与结构参数必须通过试验确定。

4）各级旋流管数量的配置 旋流管的设计完成后，单管的生产能力基本确定。根据生产要求确定系统的处理能力，流量平衡计算出各级旋流器的处理量，即可估算出每级需要旋流管的数量。

旋流管的分离效率和生产能力对旋流管的尺寸要求是相互矛盾的。在同样操作压力条件下，尺寸较小的旋流器具有较高的分离效率和较小的分离粒度，但相应的生产能力也较小。因此，要满足分离要求同时又要保证满足生产能力，采用多管并联方式是最合适也是最可行的。多管并联操作时，合理的结构布置对保证分离要求和节能都有很大影响，在设计布置上要保证每根旋流管进口条件基本一致，如进料压力、进料流速和进料浓度等。全旋流系统中旋流管采用多排直线布置，每组 2 排，每排 6 根管，各排之间进料口反向布置。

5）进料泵的配置　上述步骤完成后，确定适宜的管道流速和直径，从能量需求和管路损耗计算决定总扬程，选择供料泵和电机。

2.3.4.6　网络系统计算机模拟

（1）网络系统构成　本节仍以全旋流分离系统为例进行网络系统计算机模拟。全旋流工作站结构简图见图 2－38。

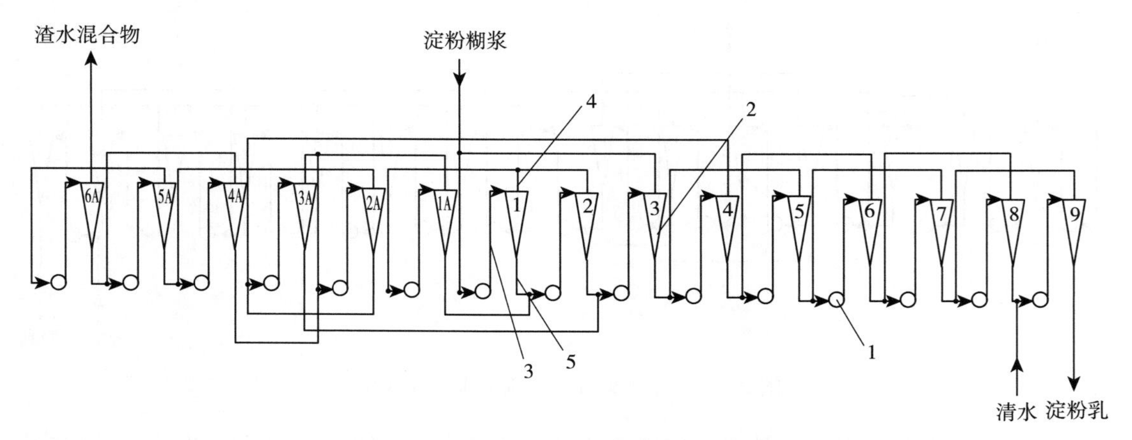

图 2－38　全旋流系统工艺流程图

1. 泵　2. 旋流器　3. 进料流线　4. 溢流流线　5. 底流流线

全旋流工作站工作流程如下：马铃薯糊进入 1 级进料口，同时清水和 8 级底流物料进入 9 级进料口。进料和 3 级溢流混合经过 1 级旋流器的分离底流物料和 1A 级物料混合进入 2 级进料口，1 级溢流和 2 级溢流混合进入 1A 级进料口，依图 2－38 中所画的生产线流程方向进行着每一级的分离。由图示可得各级进料来源（表 2－10）。

表 2－10　各级进料来源

级数	6A	5A	4A	3A	2A	1A	1	2	3	4	5	6	7	8	9
进料来源	5A 溢	6A 底	5A 底	2A 底	4A 底	2 溢	进料	1 底	2 底	3 底	4 底	5 底	6 底	7 底	8 底
		4A 溢	2A 溢	4 溢	1A 溢	1 溢	3 溢	1A 底	3A 底	5 溢	6 溢	7 溢	8 溢	9 溢	清水
					3A 溢										

底流物料往 9 级方向，溢流物料往 6A 级方向走，越到 9 级物料淀粉含量越高，渣含量越少，越到 6A 级渣含量越高，淀粉含量越少。每一级旋流器由泵来提供所需的进料压力。由研究总结得出适合不同淀粉含量的原料其各级的较优配置情况列如表 2－11。但应根据具体的淀粉含量及流量情况不同需对此配置表中各参数稍作修改。

表 2-11 各级较优配置表（以 30t/h 处理量为例）

级数	淀粉浓度大于14%		淀粉浓度小于13%		废淀粉	
	D_u	n	D_u	n	D_u	n
1	8.5	36	8.5	36	8.5	36
2	8.5	36	8.5	36	8.5	36
3	8.5	33	8.5	33	8.5	33
4	7.5	26	7.5	26	8.5	26
5	6.0	24	6.0	24	8.5	24
6	6.0	22	6.0	22	7.5	22
7	6.0	21	6.0	21	7.5	21
8	6.0	21	5.0	21	6.0	21
9	6.0	20	5.0	20	6.0	20
1A	8.5	36	7.5	36	7.5	36
2A	5.0	48	5.0	48	5.0	48
3A	7.5	34	7.5	34	7.5	34
4A	6.0	46	5.0	46	5.0	46
5A	5.0	40	5.0	40	5.0	40
6A	5.0	28	5.0	28	5.0	28

（2）网络系统分析

1）*功能分析* 从理论分析上来看，该系统是溢流串联和底流串联并存系统。从溢流串联来看，第 2 级水力旋流器的部分溢流作为循环流进入第 1 级旋流器的进料，对第 1 级旋流器的进料进行稀释，从而改善第 1 级旋流器的分离性能，因进料的固相物浓度很大程度地影响着水力旋流器的分离性能。本系统中的第 9 级是浓缩级，用底流串联可以达到此目的。底流串联用于浓缩，也用于分级。底流串联进行分级的结果，是将所需要的产品汇集到底流，即把细粒级物料从粗粒级物料中除去。这种分级过程也被称为洗涤过程。在这个过程中为了使前一级的水力旋流器具有较高的精度和较小的分离粒度，这就要求对前一级的底流进行稀释。本系统应用至少六级（3、4、5、6、7、8 级）来达到洗涤的效果。这段称为逆流洗涤段，其工艺目的是从浆液中除去溶解或不溶解杂质。此系统运用后一级的溢流和前一级或前几级的底流进行混合进料，纯净的洗水与末二级底流混合后送入末级进行浓缩。这样由于含杂质较少液体的加入，使每一级旋流器内悬浮液中杂质含量降低，其底流液杂质含量也相应降低，而浓缩料浆进入下一级前又加入含杂质更少的后级溢流，悬浮液含杂质量更为降低，成为纯净产品。而作为洗涤的溢流液从末级到第 3 级，其杂质含量不断升高。若增加级数则增加该系统的分级洗涤效果。逆流洗涤段在回收淀粉的同时，也洗去了蛋白质，使成品的蛋白质含量大大降低。系统中的 1、2、1A 级主要是将马铃薯淀粉糊分成两部分：含大量淀粉的底流和主要含渣和马铃薯汁的溢流。将第三级的溢流和进料混合，这样就降低了进料的浓度，提高了分离精度。1、2 级的溢流中还含有较多的淀粉，在 1A 级进行回收，1A 级的底流和 1 级的底流混合进入了 2 级，使之充分得到回收。系统中 2A、3A、4A、5A、6A 等用于从马铃薯渣和汁中尽量多的洗出游离淀粉，其中 2A、3A 级进料的浓度相对较高，而 4A、5A、6A 级进料浓度相对较低。通过九级的浓缩达到最后所需的物质浓度。从理论上来说，这条线集过滤、回收、洗涤、浓缩功能于一身，淀粉回收效率较高。

2）实测分析　在进行系统模拟之前，对本系统进行了测量。测量数据如图 2－39 所示。

①由图 2－39 可以分析 1～9 级：进料固体含量从第 1 级到第 9 级变化很小。1、2、3 三级作为淀粉和其他固体物质预分离阶段，这三级的进料固相物料的组成中，一半是淀粉，一半是薯渣及其他固体物质总和；第 4 级到第 8 级是边洗涤边浓缩的过程，该过程体现了这种配置的优势：第 4 级开始，进料物料中其他（除淀粉外）固体物料含量非常小，这样就可以排除渣和蛋白等物质的干扰，大大提高旋流器的分离效率，而且每经过洗涤则渣和蛋白的含量将大大减少 1 次，经过 4 次这样的洗涤，到第 8 级底流出口时，渣和蛋白的含量已经很少，再通过重力曲筛及第 9 级的分离，渣含量接近零。

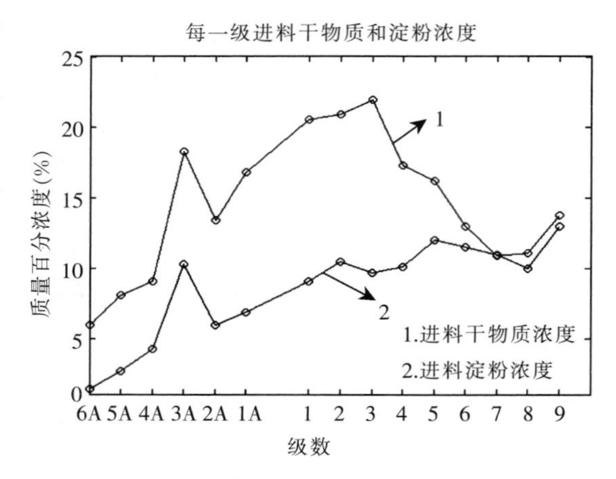

图 2－39　各级干物质和淀粉含量

②从图 2－39 对 1A 级到 6A 级进行分析：1A 级进料中的淀粉含量约占进料固体总含量的 1/3，这些淀粉大部分从 1A 级底流回收回来而进入到 1 级中去，故 1A 级在此起着预分离后回收功能。相对来说，2A 级的进料干物质含量较低，但同样起着回收作用。由 4A 级底流口出来的物料淀粉含量较少，若在此级中混入一股淀粉含量较高的 4 级溢流，则可以使 3A 级进料的淀粉含量显著上升，从而使得 3A 级的分离效率得到提高，回收的淀粉增多。目的是一方面可以提高线上每一级淀粉分离效率直到最终整条生产线的提取效率上升；另一方面可以降低每一级的负担，使得每一级的进料淀粉浓度在最佳的进料浓度范围之内而使旋流器的分离处于最佳状态。4A 级、5A 级是对溢流中的淀粉进行彻底回收的级，此两级的作用是尽可能多的回收溢流跑出的淀粉从而使整条生产线的回收率上升。6A 级是可以除去的一级，只要 5A 级的溢流出口的淀粉浓度达到标准含量要求。

③整条生产线中：1A、1、2、3 四级作为预处理阶段，此阶段必须要有较高的进料压力 P_i＝0.4MPa 以上，因为从这四级的进料物料来看，进料固体含量较高、进料淀粉浓度较高、淀粉粒度分布范围较宽，一些较细颗粒的淀粉，必须要有较高的分离离心力才能使之分离，而且浓度较高也需要较高的操作压力才能达到预期的分离效果。从第 4 级开始，淀粉进入洗涤阶段，由测量的结果可以看出，4 级后的四级进料物料中含其他固体物料的量非常少，大部分是淀粉，而且淀粉的含量几乎相等或仅相差几个百分点。这一稳定的进料物料状态主要通过调节各级的底流口直径及各级管的开口个数来达到，但仅仅靠调节这些量并不能达到要求，因为生产线的目的就是生产淀粉，这势必从该系统带离物质，

从而使系统的平衡遭到破坏，故此需要注入物质使得生产线达到平衡并处于最佳的工作状态。在生产线中加水是一种最佳的方案。加水的目的是使生产线的每一级的进料状况处于最佳的分离点，而且当底流口直径及旋流管开口个数大致确定以后，调节进水量即可调节进料的浓度，保持整条生产线的分离平衡，调节进水量的另一优势是可以省略调节底流口直径及开口个数的繁琐过程。从4级的底流开始，一直到8级底流出口，每一级的底流浓度渐渐增高，并最终达到33%以上。若对每一级的底流出料不加一股浓度较稀的物料或清水，则下一级会因为较高的进料浓度而使旋流管内的物料相互作用增强，并且在底流出口形成高浓度的底流而导致底流堵塞，这样，溢流将带走大部分来不及从底流出去的物料。故这四级底流浓度虽高，但仍要加入后一级的溢流来调节进料浓度，到第8级底流时，只有通过加入水，才能使9级的进料浓度维持在最佳状态并保证9级有较高的分离效率。在此，第8级底流的加水量要保证使9级以及4、5、6、7、8级的进料浓度处于最佳的分离浓度范围之内，即约5%～15%，在生产线上表现出来的是曲筛上状态的变化及9级底流淀粉乳浓度的变化。当曲筛上淀粉乳的渣子和泡沫较多、6A级的溢流出口的淀粉含量较多时，则表明进水量不够，致使淀粉分离效率下降。

④2A级至6A级的五级中，每一级的进料固体含量差别很小，只有几个百分点。而这五级的进料淀粉含量逐级减少（除3A级外），说明了各级进料越到6A级则淀粉含量越少。

⑤3A级底流淀粉含量较高并且渣的含量也较高，可将其底深入3级进料，即可保证淀粉的快速回收，也扰乱整个过程的死循环，同理，将4级溢流引至3A进料。

⑥6A级的溢流是整条生产线的废渣出口，它的淀粉含量应少于标准指标。

（3）马铃薯淀粉分离系统的计算机模拟 针对以上全旋流系统进行计算机网络模拟，其关键步骤是：首先必须对水力旋流器单级的分离性能有明确和清晰的了解，对单级的数学模型具有较高的要求，这是后续工作准确性的最重要的前提。对单级的模型已经进行了较为充分的讨论，并且已经得出精度比较高的数学回归模型，该数学回归模型的得出是基于实验台上的模化实验数据，用生产线上的实验数据进行校正，这就为该模型应用于生产线系统的计算机模拟提供了较为符合实际的模型，提高了结果的准确性。其次是对生产线的网络系统有较为清晰的认识，尤其是要找出其中的规律并对规律性较弱的级数增加计算难度和密度，对找出的规律进行数学处理使得整个模拟简单化。最后是对数学知识以及计算机应用方面的知识有着较高的要求。对这两方面的知识越丰富则进行计算机模拟的研究就越容易、越准确。

本次采用的是数学应用软件Matlab进行计算机仿真模拟。计算机模拟的主要作用是对生产线的分离效率进行预测，为设计及调试提供检测手段；对每级采用不同的结构参数、物性参数、操作参数而对整条生产线产生的影响进行预测；得出每一级有较高分离效率的进料物性参数、结构参数和操作参数。

1）模拟前对全旋流网络系统的简化 马铃薯淀粉生产线的模拟过程，是对整个系统的分离过程用计算机语言描述出来，并通过计算机的内部运算将分离过程完成。对这一模拟的最简单要求就是输入各类参数，通过功能函数的一系列计算，得到每一级的分离状态情况和生产线最终的分离结果。对全旋流工作站进行模拟以前，先对整个系统作出假设：

①对网络系统的模拟基于物料平衡计算。物料平衡包括总量的平衡和淀粉量的平衡。该网络系统有两个进料口：淀粉糊浆 Q_c 和清水 Q_w，两个出料口：淀粉乳 Q_m 和渣水混合物 Q_z。

$$Q_c + Q_w = Q_m + Q_z \tag{2-53}$$

每一级进料流量等于底流和溢流的流量之和，即：

$$Q_i = Q_u + Q_o \tag{2-54}$$

②当进料淀粉浓度为13%～16%时，达到稳定状态时最终的淀粉乳约为19波美度，每一级操作参数和物性参数几乎不变，如表2-11所示。现假设模拟达到稳定状态时各参数不变。

③由于对单一物料马铃薯来说粒度变化不大，且同一生产线各级的进料粒度分布变化不是很明显，加之粒度测量的精确性受限制，它的测量只能表示出一种大致的趋势。故若在系统的模拟中考虑粒度分布的影响，不仅增加了程序设计的难度，而且会影响模拟的精度。故将粒度分布这一参数忽略。

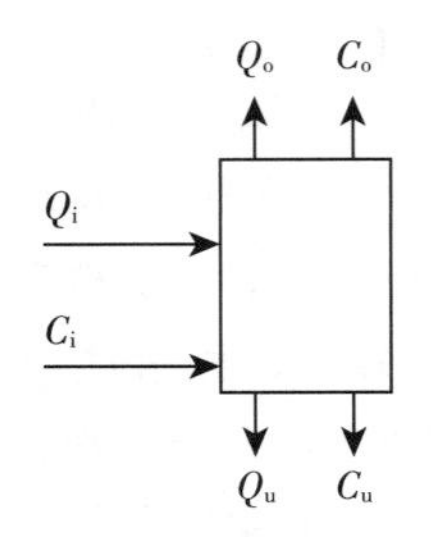

图2-40　单级分离结构简图

④单级分离的结构简图如2-40。假设已知 Q_i、C_i，则仅由 C_o、C_u、S 三个数学模型和分股比的定义即可完全描述每一级的分离状态。

⑤基于上述的假设条件，对实验台上所得实验数据在不考虑粒度分布影响的情况下应用相似准则进行整理，而后应用Matlab软件的逐步回归方法进行处理，重新建立适用于网络系统的数学模型。分离效率的获得通过应用数学计算方法，见以下公式。

$$C_o = 0.168C_i\left(\frac{\pi^2 D_u{}^4 P_i}{8\rho_i Q_i^2}\right)^{0.4}\left(\frac{1}{\sqrt{\rho_i P_i} D_u}\right)^{1.316} \tag{2-55}$$

$$C_u = 6.42(C_i)^{0.83}\left(\frac{\pi^2 D_u{}^4 P_i}{8\rho_i Q_i^2}\right)^{-0.15} \tag{2-56}$$

$$S = 0.75\left(\frac{D_u}{11.5}\right)^{0.9743} \tag{2-57}$$

由上述模型可得到：

$$Q_u = S \times Q_i = 0.75(D_u/11.5)^{0.9743} \times Q_i \tag{2-58}$$

$$Q_o = (1-S) \times Q_i = [1-0.75(D_u/11.5)^{0.9743}] \times Q_i \tag{2-59}$$

2）*计算机网络模拟算法*　对系统的模拟通过应用数学应用软件Matlab，利用该软件中强大的仿真模拟功能，建立适用于本系统的功能函数——S函数，并应用软件中自有的仿真模块库来建立整个系统模型。模拟的过程算法见图2-41。对网络进行计算机的模拟，基本思想是：全旋流中的每一级分离原理是相同的，不同的是各级结构参数、物性参数和操作参数。由各级的底流口直径控制结构参数，由进料的流量、进料淀粉含量以及进水量来控制物性参数。操作参数中进料压力的值通过几年的生产经验确定，压力值确定为一个大致的范围。这些均考虑在计算机模拟中，模拟开始时，每一级内均充满水，故每一级的进料量以及进料淀粉含量均为零，慢慢地随着进料而整条生产线达到稳定状态。该模拟采用的是迭代法。由计算机模拟表现出来的是，通过迭代运算，最开始赋值全为零，随着进料、进水的开始，每一级的进料有了一定的数值，慢慢地随着进料的稳定继续，各级按照一定的规律进行分离，直到最后各级的进料及分离均处于稳定状态，此时计算机输出的结果接近定值即为生产线稳定时的分离状况。

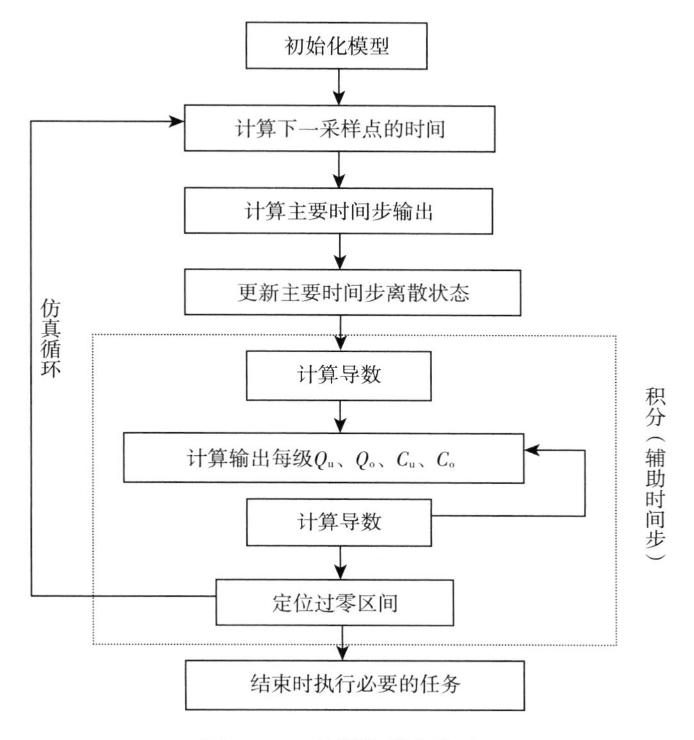

图 2-41　计算机模拟算法

3）计算机网络模拟结果　通过计算机模拟，已知进料量、进料淀粉浓度、进水量以及各级的参数，即可以得出每一级的分离状况：底流口的流量以及淀粉的浓度、溢流口的流量以及淀粉浓度、每一级的分离效率以及工作站的总效率。通过模拟，可知各级参数及上述条件发生变化时对各级分离效果产生的影响。

①模拟条件。已知：进料量 27.3t/h；进料淀粉浓度 14%；进水量 12t/h。

各级参数如表 2-12。

表 2-12　各级的参数表

级数	D_u	P_i	ρ_i	n
1	8.5	0.11	1	36
2	8.5	0.31	1	36
3	8.5	0.24	1	33
4	7.5	0.4	1	26
5	6.0	0.38	1.05	24
6	6.0	0.46	1.05	22

（续）

级数	D_u	P_i	ρ_i	n
7	6.0	0.66	1.05	21
8	5.0	0.32	1.05	21
9	6.0	0.11	1	20
1A	7.5	0.34	0.9	36
2A	5.0	0.24	0.9	48
3A	7.5	0.4	0.9	34
4A	5.0	0.28	0.86	46
5A	5.0	0.28	0.86	40
6A	5.0	0.3	0.86	28

②通过计算机模拟，得到各级分离状况结果如表 2-13。

表 2-13 计算机模拟各级分离状况表

级数	Q_u（t/h）	Q_o（t/h）	C_u（t/h）	C_o（t/h）	Et_1（%）
1	29.39	23.2	15.18	4.80	67
2	29.07	22.97	21.20	5.63	80
3	33.82	26.71	14.58	4.68	69
4	36.08	36.88	20.62	3.40	57
5	25.94	39.25	18.33	4.09	65
6	19.23	29.1	28.85	2.90	87
7	14.84	22.46	23.63	4.59	85
8	9.04	18.1	34.02	3.56	83
9	8.16	12.35	33.4	2.24	85
1	22.8	23.34	9.70	2.71	75
2A	26.73	53.51	11.3	2.58	73
3A	31.46	32.15	13.67	3.48	90
4A	24.79	49.62	9.26	2.03	68
5A	21.1	42.2	6.45	1.09	86
6A	13.87	27.76	5.65	0.09	46

（4）**计算机模拟验证** 对计算机模拟进行生产线实际结果的验证。由前几节实验获得

实测各级底流和溢流的淀粉浓度，将生产线上实测各级底流和溢流的淀粉浓度与模拟各级底流和溢流的淀粉浓度用图示表示出来（图 2-42）。由图 2-42 可知模拟所得结果和实测所得结果差别较小，其中有一段 3 级至 7 级之间符合性不是很强，但体现的趋势是相同的，而且误差在允许的范围之内，故该模拟精度较高。

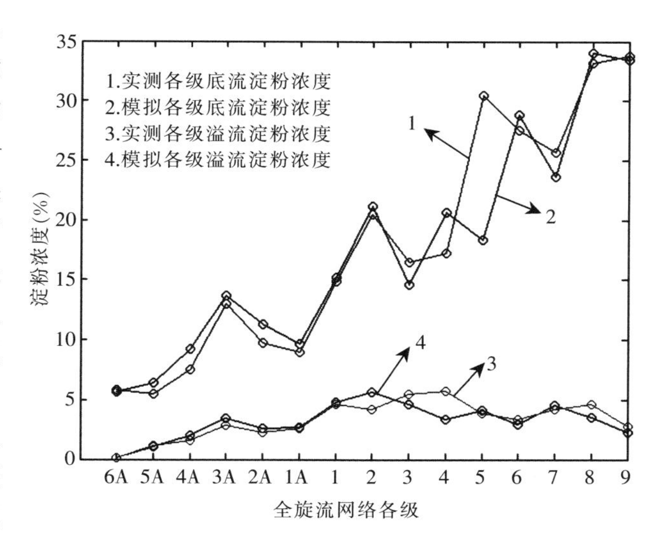

图 2-42　实测和模拟结果比较图

由于实测条件的限制，对各级进料、底流和溢流的流量值无法获得而只能获得整条生产线的进料流量、底流流量和溢流流量。其模拟值和实测值之间的数据比较见表 2-14。

表 2-14　实测和模拟的比较表

比较项目	9 级 Q_u (t/h)	9 级 C_u (%)	6A 级 Q_o (t/h)	6A 级 C_o (%)	工作站的总效率 (%)
模拟值	9.04	33.4	27.7	0.09	79
实测值	8.76	33.8	27	0.1	77.5
误差	3%	1.2%	2.5%	10%	2%

由以上分析可知，模拟值和实测值之间误差在允许范围之内，计算机模拟精度较高。

通过整个网络系统的计算机模拟，可以在只知进料状况和各级参数的条件下即可知道每一级的分离情况。并且可以预测每一级参数发生变化时对整个工作站的工作情况的影响。通过计算机模拟，可以得出比较精确的模拟结果。该结果的得到有助于了解整条生产线的分离状况，有助于对生产线进行设计和调试。

2.3.5　马铃薯淀粉产品标准

以马铃薯为原料生产食用型马铃薯淀粉执行马铃薯淀粉产品标准 GB/T 8884—2007。标准中所规定的淀粉产品的感官要求、理化指标和卫生指标如表 2-15 所示。

表 2-15 马铃薯淀粉产品标准

感观要求

项　目	指　标		
	优级品	一级品	合格品
色泽	洁白带结晶光泽	洁　白	
气味		无异味	
口感		无砂齿	
杂质		无外来物	

理化指标

项　目	指　标		
	优级品	一级品	合格品
水分（%）	18.00～20.00		≤20.00
灰分［（干基）%］≤	0.30	0.40	0.45
蛋白质［（干基）%］≤	0.10	0.15	0.20
斑点（个/cm^2）≤	3.00	5.00	9.00
细度，150μm（100 目）筛通过率［%（w/w）］≥	99.90	99.50	99.00
白度，457nm 蓝光反射率（%）≥	92.0	90.0	88.0
黏度 a，4%（干物质计）700cmg（BU）≥	1 300	1 100	900
电导率（μS/cm）≤	100	150	200
pH		6.0～8.0	

卫生指标

项　目	指　标		
	优级品	一级品	合格品
二氧化硫（mg/kg）≤	10	15	20
砷（mg/kg，以 As 计）≤		0.30	
铅（mg/kg，以 Pb 计）≤		0.50	
菌落总数（cfu/g）≤	5 000	10 000	
霉菌和酵母菌数（cfu/g）≤	500	1 000	
大肠菌群（MPN/100g）≤	30	70	

2.4 马铃薯淀粉应用

马铃薯淀粉的用途很广，除直接食用外，又可加工成各种变性淀粉、糊精、糖等，美国、日本等发达国家直接以马铃薯为原料加工的各类食品有 300 多种，制成淀粉、各种类型的变性淀粉及淀粉深加工产品上千种。在我国，马铃薯淀粉产业起步晚，加工水平相对较为落后。下面就马铃薯淀粉的一些应用作一简单介绍。

2.4.1 食品工业

淀粉是人类主要的食品，是身体热能的主要来源之一。淀粉制成的食品如粉条、粉丝、粉皮等，其原料以薯类和豆类淀粉为宜。糖果制造时除用大量淀粉生产饴糖外，还使用原淀粉和变性淀粉。淀粉的流变学特性、膨化特性使其可以广泛应用于方便面、膨化食品、饼干专用粉、蛋糕专用粉等。市场上流行的火腿肠、肉制品、冷冻食品、冰淇淋等都要用淀粉作为填充剂、乳化剂、增稠剂、黏合剂等。味精也是由淀粉转化成葡萄糖再经发酵提纯制成的。淀粉经微生物发酵可以制取赖氨酸、柠檬酸、酱油等。淀粉还是淀粉糖工业的基础原料，美国和日本淀粉产量的70%转化为糖浆和葡萄糖等产品。

2.4.2 医药工业

淀粉及其衍生物大量用于制药及临床医疗等方面。在制药工业中，广泛用于药膏基料、药片、药丸，起到黏合、冲淡、赋形等作用。在临床医疗中，主要用于牙科材料、接骨黏固剂、医药手套润滑剂、诊断用放射性核种运载体、电泳凝胶等。压制药片是由淀粉做赋形剂起黏合和填充作用；有些药物用量很小，必须用淀粉稀释后压制成片供临床使用。另外，淀粉吸水膨胀，有促进片剂的崩解作用。淀粉制成淀粉海绵经消毒有止血作用。葡萄糖的生产主要原料是淀粉，抗菌素类、维生素类、柠檬酸、溶剂、甘油等发酵工业的很多产品也都是用淀粉转化生产的。

2.4.3 纺织工业

纺织工业很久以来就采用淀粉作为经纱上浆剂、印染黏合剂以及精整加工的辅料等。淀粉的上浆性能虽不及化学浆料，但淀粉资源丰富、价格低廉，通过适当的变性处理，可使淀粉的性能得到改善，提高黏度的稳定性，能代替部分化学浆料，使纺织品的成本降低，且容易使用，又减少化学污染。因此，淀粉及其衍生物一直是纺织行业的主要浆料。淀粉用于印染浆料（也称黏合剂），可使浆液成为稠厚而有黏性的色浆，不仅易于操作，而且可将色素扩散至织物内部，从而能在织物上印出色泽鲜艳的花纹和图案。在织物精整加工时用淀粉及其衍生物作浆料，可使织物平滑、挺括、厚实、丰满，同时使手感和外观都有很大改善。在织物精整加工时用淀粉及其衍生物作洗涤浆剂，可以防止污染，增强光泽。棉、麻、毛、人造丝等纺织工业用淀粉浆纱，可增加纱的强度，防止纱与织机直接摩擦。使用变性淀粉作浆料可提高纺织品质量并降低成本。淀粉糖有还原染料的作用，能使颜色固定在织物上而不退色。用淀粉、变性淀粉配制成的黏合剂可用于印染、织物后整理和黏结短纤维。

2.4.4 造纸工业

造纸工业是继食品工业之后最大的淀粉消费行业。造纸工业使用大量淀粉用于表面施胶、内部添加剂、涂布、纸板黏合剂等，以改善纸张性质和增加强度，使纸张和纸板具有良好的物理性能、表面性能、适印性能及其他方面的特殊质量要求。淀粉用于表面施胶，可赋予纸张耐水性能，改进纸张的物理强度、耐磨性和耐水性，使纸张具有较好的挺度和光滑度；用于内部施胶，可以提高浆料及纸的表面强度；用于颜料涂布，可以改善纸页的表面性能，提高适印性、耐水性、耐油性及强度；用于纸板、纸袋、纸盒及其他纸加工方面的黏合剂，能够增强纸板的物理性能和外观质量。由于淀粉价格低，用法简易，废水排放少，因此，作为造纸业的重要辅料被沿用至今。而且随着造纸业的发展，对淀粉的需求量不断增大。变性淀粉代替干酪素用于造纸，纸张可长久保存不致发生腐坏现象。

2.4.5 化学工业

淀粉是一种重要的化工原料。淀粉或其水解产物葡萄糖经发酵可产生醇、醛、酮、酸、酯、醚等多种有机化合物，如乙醇、异丙醇、丁醇、丙醇、甘油、甲醛、醋酸、柠檬酸、乳酸、葡萄糖酸等。糖浆或葡萄糖，经黑酵母的酵母菌发酵得到一种黏多糖——普鲁蓝，用它可制成强度与尼龙相似的纤维，热压成光泽、透明度、硬度、强度、柔韧性与聚苯乙烯相似的生物塑料。淀粉与丙烯腈、丙烯酸、丙烯酸酯、丁二烯、苯乙烯等单体接枝共聚可制取淀粉共聚物，如淀粉与丙烯腈的共聚物是一种超强吸水剂，吸水量可达本身重量的几百倍，甚至上千倍，可用于沙土保水剂、种子保水剂、卫生用品等。近年来研究表明，淀粉在生产薄膜、塑料、树脂中能使其表现出新的优良性能。淀粉添加在聚氯乙烯薄膜中可以使薄膜不透水（宜作雨衣），也可以使薄膜具有微生物分解性能（宜作农膜）。淀粉添加在聚氨酯塑料中，既起填充作用，又起交联作用，可以增加制品的强度、硬度和抗磨性，并使制品成本降低。利用淀粉这一天然化合物生产化工产品，价格低廉，污染小。随着科学技术的进步，产量不断增加，品种不断增多，质量不断提高，淀粉作为化学工业的重要原料，具有现实和长远的发展前景。

2.4.6 制糖工业

淀粉糖是人类食品中一大类具有一定物理、化学性能及生理功能的碳水化合物，是以淀粉为原料通过各种分解、合成、转化组成的六碳糖为基本单元的组合。淀粉糖品种繁多，主要品种有葡萄糖、果糖、异构糖、麦芽糖、低聚糖等。淀粉糖味甜温和、纯正，渗透压较高，储存性好；不易感染细菌，黏度较高，能提高罐头、饮料、冷饮的稠度和可口性；吸湿性较高，能使面包、糕点类食品保持水分，酥松可口；能防止蔗糖结晶，增加果糖的韧性、黏度和强度，不会引起儿童龋齿；对糖尿病、动脉硬化患者无害。因此，淀粉糖在饮食工业的应用日趋广泛。

淀粉糖价格比蔗糖和甜菜糖都低，具有较强的竞争力。随着工业技术的发展，淀粉糖系列产品在人类生活中必将日趋丰富。

2.4.7 其他

淀粉经改性还可以用于去污肥皂的添加剂，铸造工业的砂芯黏合剂，冶金工业的浮选矿石抑制剂，橡胶制品的润滑剂，石油工业的钻泥带水剂，干电池的添加剂，工业废水处理剂，建材工业的黏合剂，涂料、装饰工艺品、化妆品的填充剂等。

2.5 马铃薯淀粉加工专用设备

2.5.1 原料输送与分级设备

原料从贮仓送到清洗工段通常有干法和湿法输送两种方法。其中干法输送是由皮带输送机、斗式提升机、刮板输送机和螺旋输送机来完成的；湿法输送通常采用水力输送方法，它在原料输送的同时完成部分清洗工作。一般在生产过程中采用两种方法结合的输送方式完成输送过程。

2.5.1.1 干法输送设备

干法输送设备主要包括皮带输送机、斗式提升机、刮板输送机和螺旋输送机。

皮带输送机和刮板输送机主要用于倾斜角不大的场合，通过动力带动皮带向前输送，常常用于原料入仓保存和分级输送等场合，在清洗工段使用较少。

斗式提升机主要是将原料由低处输送至高处，通常置于清洗机的出口处，被清洗干净的马铃薯通过斗式提升机被输送至锉磨机上方的储料斗中。输送效率高，不会对原料造成损坏，是理想的提升输送设备，如图 2-43 所示。

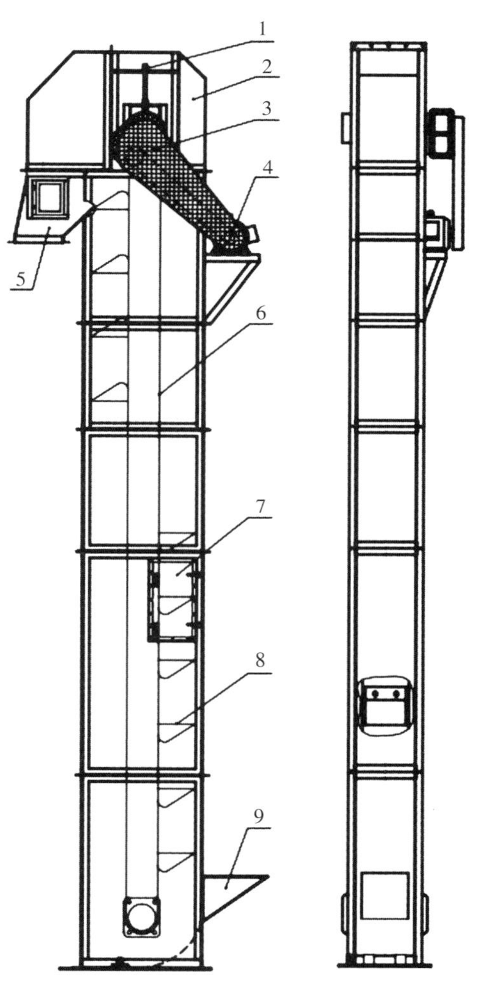

图 2-43 斗式提升机结构示意图

1. 皮带调节螺栓 2. 上部机筒 3. 传动装置 4. 电机 5. 出料口 6. 传送皮带 7. 观察检修机筒 8. 畚斗及畚斗带 9. 进料口

螺旋输送机是通过螺旋轴上的叶片的推力完成对马铃薯的输送，它被广泛应用于马铃薯原料的输送中，分为水平螺旋输送机、倾斜式螺旋输送机和立式螺旋输送机，其中，水平螺旋输送机和倾斜式螺旋输送机结构原理相似。如图 2-44 所示。

立式螺旋输送机通常将物料输送到高处，其原理是通过螺旋叶片实现物料的提升。输送螺旋的下端有一段不带有叶片，并且开口，这一段为水封区，当水没过开口上沿时，就会形成水封，螺旋叶片旋转时会产生离心力，在进口处产生负压，由此带动原料进入且不会对原料产生损坏。当原料输送到出口处时，将沿着螺旋叶片的切线方向甩出，不会产生碰撞。为了实现对原料更好的清洗，有时在搅龙的中间处设有水管，用来喷淋上升的原料。

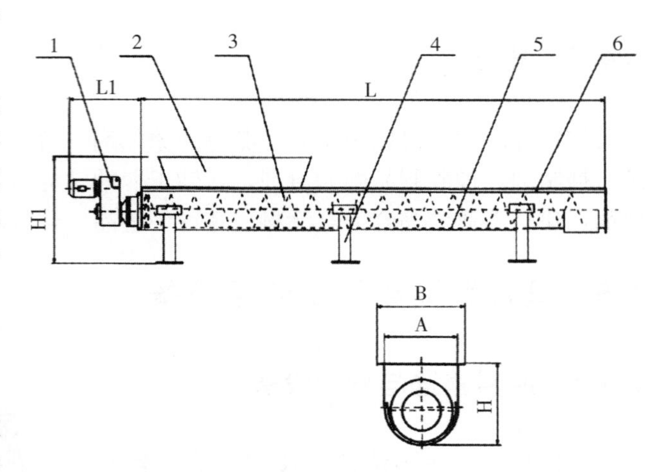

图 2-44　水平螺旋输送机结构图

1. 减速机　2. 落料斗　3. 螺旋叶片　4. 支架　5. 耐磨衬垫　6. U 形槽

2.5.1.2　湿法输送设备

(1) **水力输送沟输送**　机械化收获的马铃薯（尤其是在黏土地和黑土地种植的）含有的杂质可能特别多，湿法输送设备可以在输送过程中对马铃薯进行清洗。目前常用的湿法输送设备是水力输送沟输送，从原料贮存地点到加工厂的清洗间修一条输送沟，用洗涤块茎用过的废水经过沉淀后循环利用进行流水输送，马铃薯依靠水力作用沿着输送沟运行，这样可以使马铃薯在进入清洗机以前在流送途中洗去约 80%的泥土。输送沟的大小可根据产量而定。

实践证明，马铃薯水力输送机最好是带圆角的直角形断面，圆角的弧半径应为沟宽的 1/4，输送沟最低宽度应为 200cm，深应为宽的 1.5～2 倍。为使流送方便，沟应有一定的坡度，一般直线部分坡降为 1%，弯曲部分为 1.2%～1.4%，水的最低流速为 0.65m/s，水的耗量为马铃薯重量的 4～5 倍。

(2) **马铃薯水力输送泵**　通过输送沟输送过来的马铃薯还要通过一定高度的提升进入加工车间，原料的提升可以通过立式螺旋输送机来完成，也可以通过水力输送泵将原料提升到地面上的输送沟内，或者直接通过输送管路送入车间内进行进一步地清洗，如图 2-45 所示。图中介绍的无堵塞输送泵，不仅能用于马铃薯、甘薯等薯类物料的输送，同时也可以输送番茄、茄子等物料。输送泵的大流量保证了物料的通畅、快速、高效运送。

2.5.1.3　原料分级设备

按马铃薯原料外在特征和内在品质进行分级，可以将分级设备分为以下几类。

(1) **按个体重量进行分级**　对外形、尺寸比较均匀一致但其密度不同的马铃薯进行区分，重量分级精确度高、成本大，分选后的马铃薯具有独特的用途。如密度较大的可以作为薯条加工用薯，以高固形物含量保障薯条的饱满度和油炸后的坚挺度。重量分级机如图 2-46 所示。

(2) **按个体尺寸大小进行分级**　包括按马铃薯块茎直径进行分级、块茎长度进行分级、块茎直径和长度联合分级。针对不同的市场需求目标采用不同的分级方式，使分级处

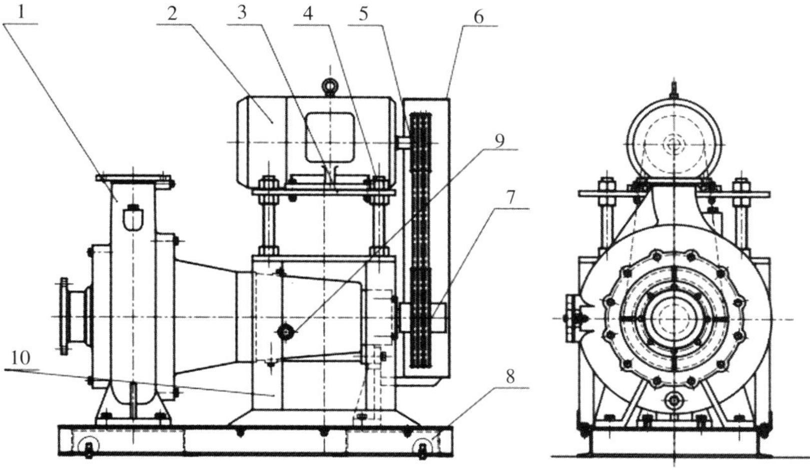

图 2-45 水力输送泵

1. 泵壳 2. 电机 3. 电机底板 4. 调节螺杆 5. 小皮带轮 6. 带轮护罩 7. 大皮带轮 8. 机座 9. 油面透镜 10. 电机支架

理后的“原料”转化为满足不同客户需求的“商品”。这种分级选出的马铃薯尺寸大小和形状基本一致，有利于包装贮存和加工处理，因此应用最广泛。

图 2-46 重量分级机

（3）**按个体质量进行分拣** 在马铃薯块茎尺寸分级的基础上，色泽拣选是利用光选技术，在马铃薯通过电子发光点时，反射光被测定波长的光电管接受，颜色不同，反射光的波长就不同，再由系统根据波长进行分析和确定取舍，将表面干净、没有机械和病虫损伤与腐烂变质的马铃薯块茎拣选分开。另外，也有用近红外光谱进行内部品质拣选的技术，主要是拣出腐坏病薯，一般用于种薯品质分选，如图 2-47 所示。目前，色泽分拣技术正在研究，通常与重量和尺寸分级联合应用，共同达到块形与表观和内部质量的统一。

另外，按照分级机械原理的不同主要分以下几种：

（1）**振动网筛式分级设备** 见图 2-48，此分级设备可机械化分拣马铃薯，具体由提升装置、筛分装置和挑选台组成，筛分装置由多层振动筛分机构和四连杆上顶式清薯机构组成。该分拣机采用多层振动筛机构实现分级分拣功能，鲜薯由提升机提升到筛选装置上，通过三至五层振动的网格筛或栅条筛分成三种大小（中间筛筛出的一般作为理想薯块），分别在挑选台相对应通道上移动并自旋转，辅以人工剔除个别病、劣及不完全薯块，合格的移动到挑选台末端，分别装箱或装袋。

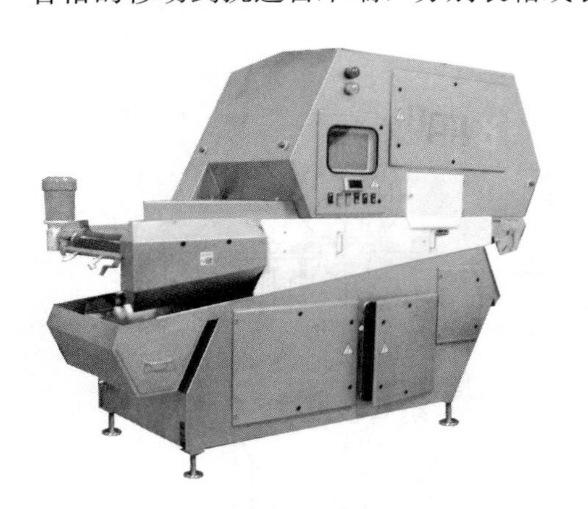

图 2－47　色选机

图 2－48　振动网筛式分级机

（2）**滚筒式分级设备**　图 2－49 所示为滚筒式分级机，该设备采用电力驱动。主体是滚筒，滚筒由若干级不同孔径筛网的网筒或不同间距的条形间隙组成，分级机后部设后封板，上顶设滚筒护罩，滚筒下面设置底板，底板上设置卸料斗，在一、二级网筒底板的下方设置落尘板，主体框架一端高一端低，使滚筒倾斜设置，其高端设进料斗，低端设置电机、变速箱、链轮、链条，构成动力系统。此装置适合于马铃薯种薯的分级。

图 2－49　滚筒式分级机

（3）**平面扇形旋转辊式分级设备**　图 2－50 为平行扇形旋转辊式分级机，主要包括底架、设于底架上的振筛架、设于振筛架上的呈扇形分布的转动辊组、驱动器。转动辊组由高位入口端向低位出口端倾斜设置，且在转动辊组下方间隔设置滑槽。可在振筛架的往复振动以及转动辊组正反向转动过程中，带动马铃薯不停地自转动辊组的高位入口端向低位出口端移动，并在移动过程中，使小于转动辊间距的马铃薯由小外径向大外径逐步落入对应的滑槽内，再经倾斜设置的滑槽顺利滑入箱内，从而完成马铃薯的分级。通过带橡胶垫的滑槽的设置，既能保证分级过程中不会损伤原料，提高分级率以及分级精度，又较大程度地简化了分级机的结构，主要适合种薯的分选。

（4）**平行旋转辊式分级设备**　此装置主要包括平行设置的旋转辊组，其中各旋转辊上等间距分布有橡胶轮，橡胶轮随旋转辊一起旋转，相邻两个橡胶轮之间的距离用来控制马铃薯原料的长度大小。辊间距控制了原料的直径大小，通过调整辊间距及橡胶轮间距可以分出适合使用要求的马铃薯块茎，如图 2－51 所示。此分级设备主要集中于发达国家，国内未见。此分级方式具有很好的分级精度和较高的分级效率，且不易夹持马铃薯块茎，适用于各种尺寸大小的马铃薯块茎分级。

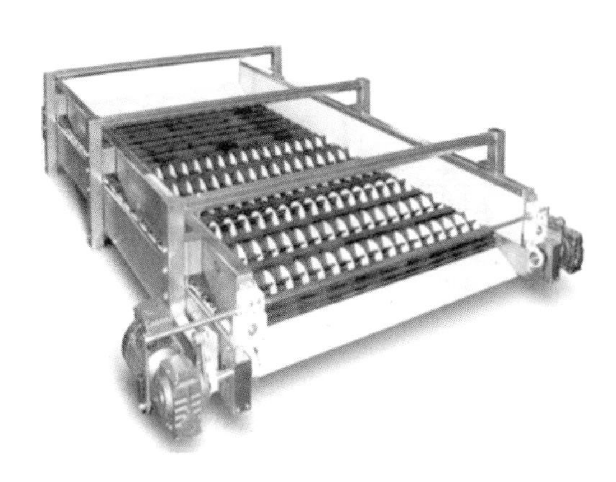

图 2-50 平行扇形辊式分级机

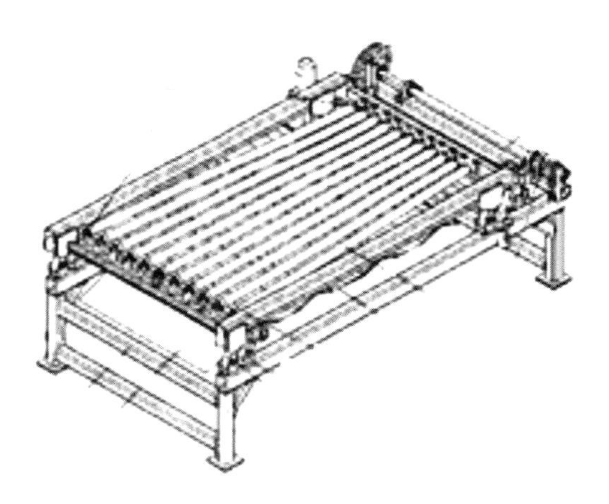

图 2-51 平行旋转辊式分级机

2.5.2 原料预处理设备

2.5.2.1 除杂设备

除杂，主要是指去除杂草和马铃薯所附着与夹带的沙石。根据被除杂对象的不同，除杂设备大致可以分为两类：捞草设备和除石设备。

（1）**捞草设备** 捞草设备分为动力型和非动力型两种，非动力型捞草器的特点是依靠铁钩和水流的自然流动来去除杂草、蔓秧和塑料薄膜等轻杂物。动力型捞草设备则是由电机驱动，通过链条带动固定于其上的铁钩移动来捞取杂物。

常见的非动力型捞草器如图 2-52 所示，在流水槽上架一横楔，下悬一排编好的铁钩，钩向逆流，被钩住的草秆人工及时捞出。该设备结构简单，无能源消耗，使用效果较好，再加上设备成本低，故使用较为广泛，但需有专人看守并及时清除捞到的杂物。

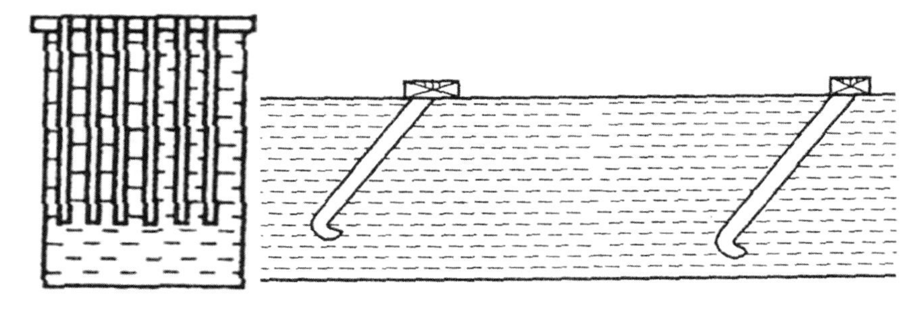

图 2-52 捞草器示意图

常见的动力型捞草器为爪钩式捞草机，如图 2-53 所示，其爪钩的间距一般为 8～10cm，捞除长度（爪钩在流水槽内行走距离）为 1.8～3m，爪钩的运行速度可根据实际工作时水流的速度及马铃薯中所含杂物的多少进行调整。在上述条件下，爪钩式捞草机可捞除 80%左右的杂草、蔓秧和塑料薄膜等轻杂物。

（2）**除石设备**　经过除草后的马铃薯要去除石块等密度大的杂质，从而需安装各种类型的去石机。去石机有立式和卧式两种，图2-54为一种立式去石机的结构示意图。该去石机是立式带有锥形底及石块收集器的圆柱体。机身内装有螺旋的轴，轴经锥齿轮及减速机带动。石块收集器的锥底部装有阀门，以便开闭。为了在去石机内形成向上的水流，在石块收集器的下面装有进水管，加入一定压力的水后，借助水的浮力使马铃薯向上浮起，并从去石机的上端排出，相对密度大的石块类杂质则落在底部的收集器内，从而实现了去石的作用。随着石块的积累，需要定期打开阀门，排出石块。该设备一般情况下安装高度约3m，适合于马铃薯泵输送马铃薯的生产线使用。

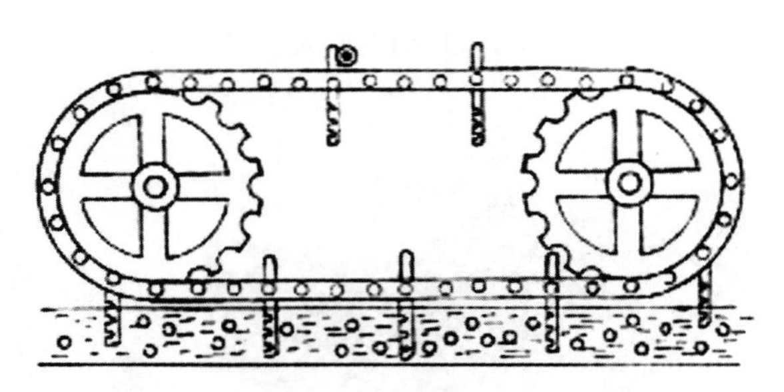

图2-53　爪钩式捞草机工作结构

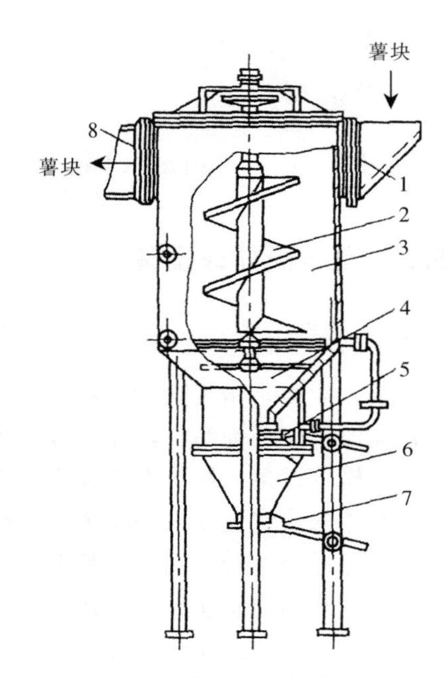

图2-54　立式去石机结构示意图
1. 进料口　2. 螺旋　3. 圆柱体　4. 外壳
5. 进水管　6. 锥体　7. 阀门　8. 出口

逆螺旋式连续除石机是一种卧式除石机械，它是一种既能连续通过马铃薯，又能连续捕除沙石的机械，其结构、工作原理见图2-55。

逆螺旋式连续除石机处理马铃薯的能力较大，在筛桶直径为2m、长度为2.4m的条件下，每小时处理马铃薯可达30～50t。

2.5.2.2　清洗设备

常用的清洗设备有鼠笼式清洗机和螺旋式清洗机两种。

鼠笼式清洗机结构如图2-56所示。它由鼠笼式滚筒、传动部件和机壳三大部分组成。鼠笼由扁钢或圆钢条焊接而成，每两根钢条间距为20～30mm，鼠笼长2～4m，直径0.6～1m。滚筒内有螺旋导板，螺距0.2～0.5m。

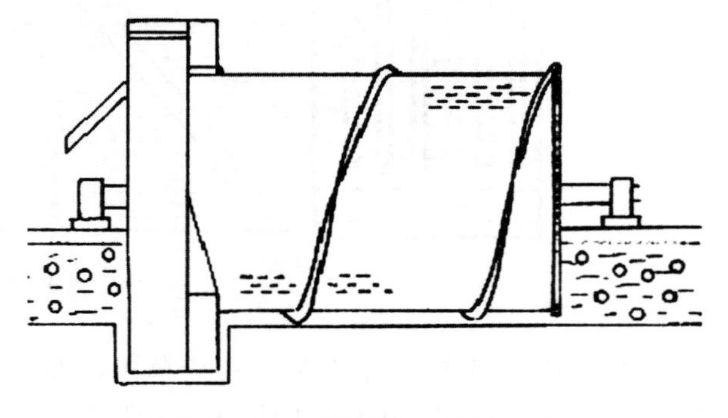

图2-55　逆螺旋式连续除石机

工作时，鼠笼直径的1/3左右浸在水中，薯类由加料口送入鼠笼的一端。在机器转动时，浸泡在水中的薯块一方面沿轴向运动，同时作圆周运动，薯块间相互碰撞、摩擦，薯块与钢条相撞击，从而洗去泥沙和部分表皮。洗涤水由出料端上的喷头加入，泥沙沉淀从排污口排出。

鼠笼式清洗机优点是可以同时完成清洗和输送物料的任务，缺点是不能去石，这将给以后的加工机械带来极大的危害。

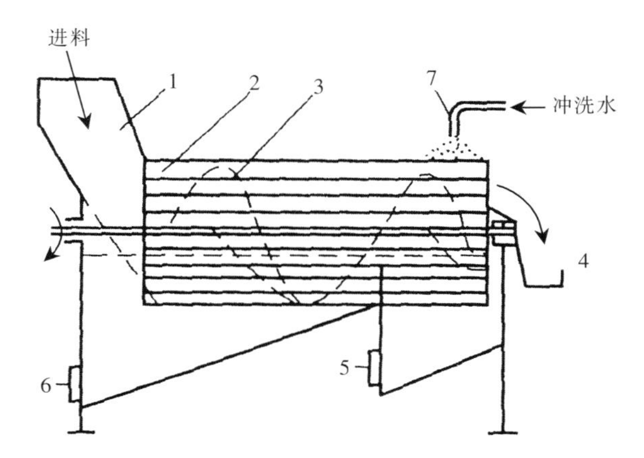

图 2－56 鼠笼式清洗机结构示意图

1. 加料口 2. 滚筒 3. 螺旋导板 4. 出料口 5、6. 排污口 7. 喷头

螺旋清洗机有两种形式：水平式和倾斜式，如图 2－57 所示。水平清洗机由一带漏斗排沙口的 U 形水槽和电机传动的螺旋刷组成，水槽上面有一排喷水口，漏斗排沙口上是一带孔的筛板。物料由输送机一端进入，水槽中薯块相互碰撞与摩擦，同时与螺旋刷摩擦，薯块表面的泥沙被喷淋水冲洗而从另一端排出。倾斜式的清洗机与螺旋叶片轴呈一定夹角，物料与冲洗水成逆流方向相遇将薯块清洗干净。

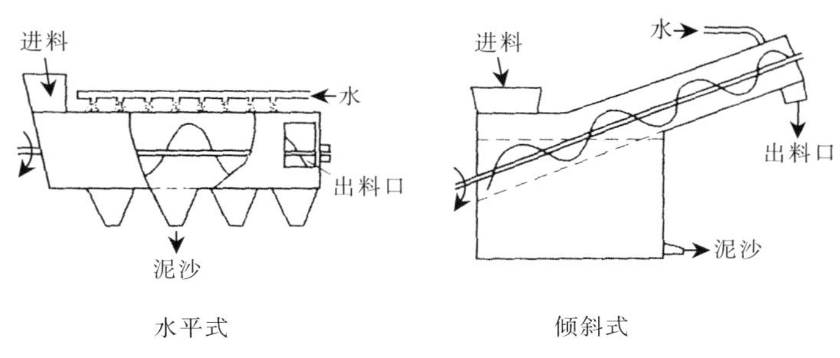

图 2－57 螺旋清洗机结构示意图

洗涤质量取决于原料的被污染程度、清洗机的结构、薯块在清洗机中停留的时间、供水量及其他因素。一般洗涤时间是 8～15min，洗后薯块的损伤率不大于 5%，洗涤水中淀粉含量小于 0.005%。

为了清洗彻底，常常将多种洗涤装置结合使用，一般将螺旋清洗机放在最后，因为它兼有洗涤和输送两种功能。

2.5.2.3 破碎设备

由于使用机械的不同，又称为粉碎、刨丝和磨碎。

破碎的目的是破坏马铃薯块的细胞，使细胞壁包裹着的淀粉颗粒游离出来，与纤维素和蛋白质等其他成分能很好地分开，为提取淀粉创造有利的条件。马铃薯的粉碎如果不充分，过粗，则会因细胞壁破坏不完全，使淀粉不能充分游离出来，造成在筛分过程中，淀粉仍留存于薯渣中，不易取净，降低了淀粉的得率；如果粉碎过细，则会增加筛分的分离难度。

常用破碎设备的结构和工作原理介绍如下。

（1）**锤片式粉碎机** 锤片式粉碎机是一种利用高速旋转的锤片来击碎物料的机器，具有通用性强、调节粉碎程度方便、粉碎质量好、使用维修方便、生产效率高等优点。但也存在动力消耗大、振动和噪声较大等缺点。锤片式粉碎机按其结构分为两种类型：切向进料式和轴向进料式。薯类淀粉加工厂使用的全为切向进料式。切向进料式粉碎机结构如图 2-58 所示。

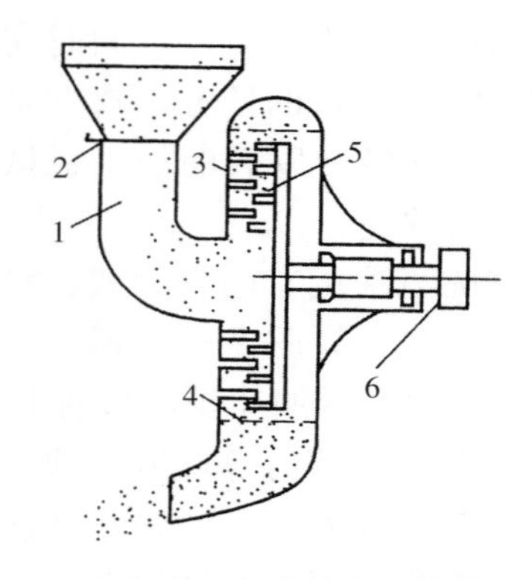

图 2-58　切向进料式粉碎机结构示意图
1. 进料管　2. 进料控制插门　3. 定齿片　4. 筛片　5. 动齿片　6. 主轴

锤片式粉碎机的主要部件是锤片、齿板、筛片。工作时，物料从喂料斗进入粉碎室，首先受到高速旋转的锤片打击而飞向齿板，然后与齿板撞击而被弹回，再次受到锤片打击和与齿板相撞。物料颗粒经过反复打击和撞击后，就逐渐成为较小的碎粒，从筛孔排出。留存在筛面上的较大颗粒，再次受到锤片的打击，及在锤片与筛片之间受到摩擦，再次粉碎直到物料从筛孔中排出为止。

(2) **爪式粉碎机**　爪式粉碎机是利用转子上的齿爪将物料击碎的设备。这种粉碎机具有结构紧凑、体积小、重量轻等优点。爪式粉碎机结构示意如图 2-59，它主要由进料管、动齿盘、定齿盘、环筛、出料口、机壳及电机等组成。爪式粉碎机的主要部件是齿爪，动齿盘上的动齿爪有圆齿和扁齿两种，圆齿装在内圈，扁齿装在外圈。工作时，物料由喂料口流入粉碎室，物料由于受到齿爪的打击、碰撞、剪切和搓擦作用，逐渐粉碎成细粉，同时由于高速旋转的动齿盘形成的气流，使粉碎后的物料通过筛孔进入出料管并排出机外。爪式粉碎机在薯类淀粉加工中应用不广泛，主要是因为薯块较大，喂料困难。所以，爪式粉碎机一般与薯类切条机联合使用，用于粉碎。

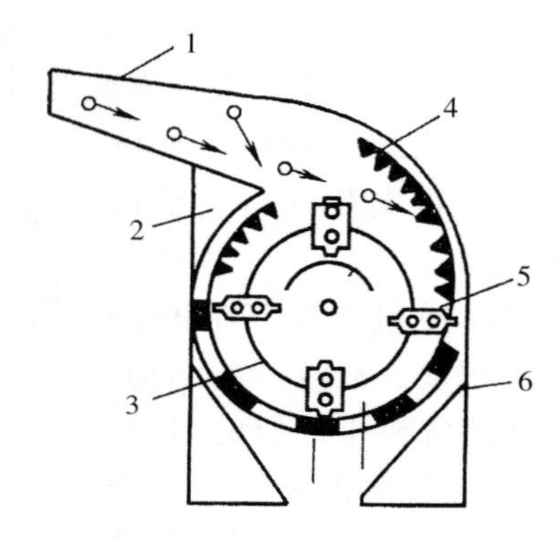

图 2-59　爪式粉碎机结构示意图
1. 喂料口　2. 机体　3. 转盘　4. 齿板　5. 锤片　6. 筛

(3) **砂轮磨粉碎机**　砂轮磨粉碎机的磨盘由金刚砂制成，其主要组成部件是进料器、金刚砂盘、机壳和机座等，其结构示意见图 2-60。物料由进料器送入动盘和定盘之间的工作区，借助挤压力、撕裂力和剪切力将物料破碎，从出料口排出。

砂轮磨粉碎机的磨盘质地坚硬锋利、耐磨度高，适合于大、中、小型淀粉厂用于破碎薯类和薯渣。具有便于操作、效率高、密封度好、噪声低、占地面积小等优点，但存在电力消耗高、磨片脆等缺点，所以要防止冲击性作用和强烈的振动。由于其动、定磨片间隙不能定量调节，因而粉碎度不易掌握，还要增加除砂工序。磨

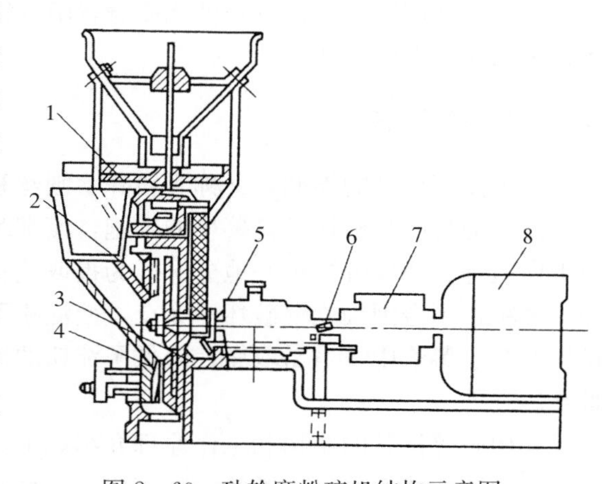

图 2-60　砂轮磨粉碎机结构示意图
1. 进料口　2. 定盘　3. 机座　4. 动盘　5. 主轴　6. 自动调节装置　7. 活动离合器　8. 电机

盘在不进入金属杂质条件下，可连续使用半年以上（磨损至 15mm 需报废）。

（4）**锉磨机** 锉磨机是破碎鲜薯的高效设备，生产效率高、动力消耗低，被粉碎的薯末在显微镜下呈现丝状，有利于淀粉从纤维上分离出来，从而提高淀粉得率。其缺点是磨损快。锉磨机的结构示意见图 2－61，锉磨机主要由底架、带轴承的转子、外壳体、筛片及驱动装置组成。

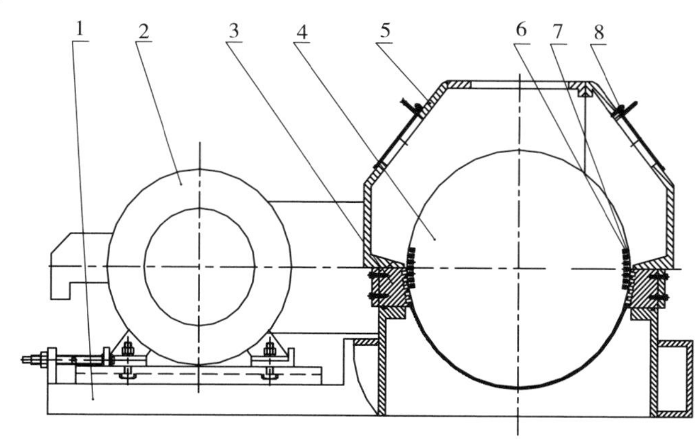

图 2－61 锉磨机结构示意图

1. 底架 2. 电机 3. 粉碎块 4. 转鼓 5. 机壳 6. 锯条 7. 卡块 8. 观察窗

所有部件连接在一起组成一个坚实的整体，底架支撑着所有组件。锉磨机的所有部件均由不锈钢制成，外壳体上部配有一个带固定孔的进料口。为了便于快速检查锯条磨损情况，在壳体上部两侧边装有两个检修盖，在锉磨鼓的轴向中心下方两侧上装有两个锉磨块，可允许锉磨鼓向两个方向旋转，工作时可任选其一。在两锉磨块下方之间装有一筛板，筛孔为 2mm×15mm 的长圆形。为了使筛板固定牢固，底架上两侧装有与筛板曲率半径相近的夹紧装置。

锉磨锯条固定在一对梯形夹板之间，将梯形夹板及锯条所组成的总成件一起压入轴向方向的周缘转子槽中。当转子以较高的速度旋转时，由于离心力的作用，总成件甩向外侧，从而最佳地固定好锯条。锯条每 10mm 有锯齿 7～8 个，锯齿要高出转子表面 1～2mm。电动机通过皮带传动转子。

马铃薯的粉碎程度取决于薯块的大小、质量及所用粉碎机的类型、粉碎机筛孔大小等因素。一般马铃薯粉碎后的淀粉游离率为 85%～97%。

2.5.3 筛分设备

马铃薯经过破碎后得到的是薯糊混合物，除了淀粉占绝大比例外，还含有纤维素和蛋白质等成分，筛分的目的，就是把薯糊中的纤维和淀粉尽可能地分开。目前我国使用的筛分设备主要有立式锥篮离心筛和卧式锥篮离心筛等。

2.5.3.1 立式锥篮离心筛

从 20 世纪 60 年代起，部分原用于甜菜制糖业的机械设备，被用到马铃薯淀粉生产行业，其中立式离心筛便是其中之一，至今，还有少数马铃薯淀粉生产线仍在使用。

立式离心筛的筛篮，直径较大，常见的有 1 000mm 和 1 200mm 两种规格。由于立式离心筛不是专门针对马铃薯淀粉生产设计的，所以应用于马铃薯淀粉生产时效果并不理想，主要缺陷为：分离效率低；处理量小；结构较复杂；维修困难。

2.5.3.2 卧式锥篮离心筛

离心筛采用卧式圆锥形筛胆结构，在锥形筛篮的里面和背面均设置了水喷淋装置，能够均匀地向筛篮喷淋清水，以将薯糊中的淀粉颗粒冲洗出来。同时，喷水也能够提高淀粉颗粒和细纤维的运动速度以及筛蓝筛网的通透性。锥形筛篮绕水平轴线旋转，薯糊通过进料中心管进入锥形筛篮筛面，受离心力的作用，薯糊沿着筛胆壁圆周旋转，从筛胆小端向大端方向运动，在移动过程中，薯糊在离心力的作用下，浆液穿过筛网分离出来，落入集液槽内，由消泡泵将其泵到总浆管内。筛上纤维等物质落入大端前面的集料槽，由拉渣泵将其泵入后一级离心筛再进行分离。

筛分工段一般都是四级以上单筛串联共同作业，四级筛、消泡泵、拉渣泵等根据不同工艺配管组合成离心筛站，筛站采用了全封闭工艺环境，具有分离效果好、自动化程度高等优点，可靠地保证了淀粉的洗涤、提取、薯渣脱水等不同工艺要求和生产连续性的要求。整体采用逆流洗涤方式，最大程度地降低了渣中的游离淀粉含量，使渣中的游离淀粉损失为5%以下。其工作示意见图 2－62。

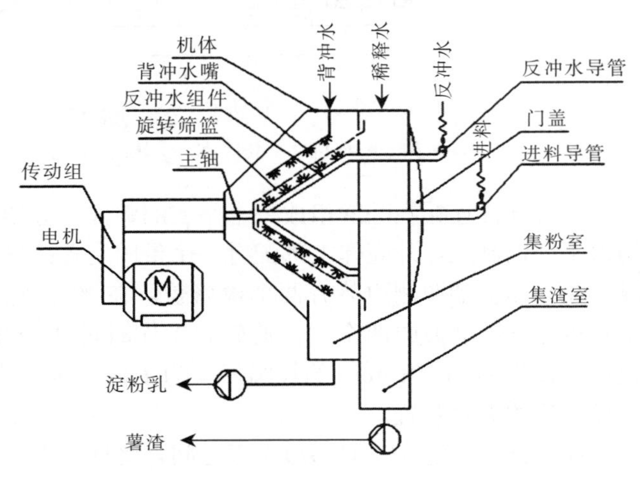

图 2－62　离心筛工作示意图

卧式锥篮离心筛具有筛分效率高、处理量大、密封好、噪声低、占地面积小、更换筛网方便、迅速等优点。目前国内马铃薯淀粉加工企业，普遍采用卧式离心筛用于淀粉生产工段的渣浆分离。

2.5.4 浓缩精制设备

除去纤维素后的淀粉乳，仍是淀粉和蛋白质的混合物。它们的粒度接近，但是相对密度不同，在悬浮液中沉降速度也不同，所以可利用相对密度差异将它们分离。用于脱汁及精制工段的设备主要有：沉降离心机、碟片离心机和旋流器。

2.5.4.1 沉降离心机

在沉降离心机的机座上，有外壳和转股，转鼓内有叶片式螺旋转子，转鼓和转子是同心同轴同向旋转，但是转速不相同。转子螺旋外缘与转鼓的内壁有较小的间隙，一般为

1.2～1.5mm，当浆料通过转子的空心轴孔进入转鼓腔后，由转鼓的旋转离心力，将淀粉颗粒和细小纤维推靠到转鼓的内壁上，由于转鼓是呈锥形的，淀粉颗粒和细小纤维则贴着转鼓壁从前向后运动，最终通过沉淀液出口排出。而细胞水和少部分细小纤维则在螺旋叶片的推动下，向前运动，并从分离液出口排出。其工作原理示意见图2-63。

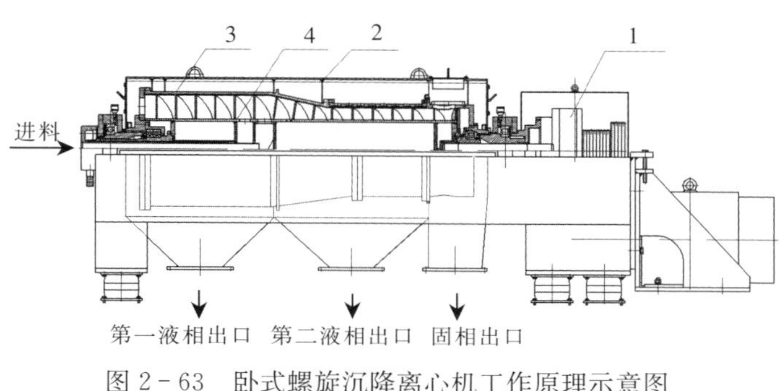

图2-63 卧式螺旋沉降离心机工作原理示意图
1. 差速器 2. 外壳 3. 转鼓 4. 螺旋

2.5.4.2 碟片离心机

淀粉乳由离心机上部进料口进入分离室，均匀分布在碟片间，利用碟片的薄层空间在转鼓的高速旋转（3 000～10 000r/min）下，带动物料旋转产生很大的离心力，以蛋白质为主要成分的物料沿碟片上行，由溢流口排出，相对密度较大的淀粉集于转鼓内壁经喷嘴从底流口连续排出，喷嘴直径为0.63～2.54mm，数量多达20个。为防止喷嘴堵塞，转鼓内装有冲洗管座和冲洗管，洗涤水经立轴底部中心孔，通过冲洗管连续冲洗喷嘴。由于这种离心机在工作时高速旋转，转鼓离心力大，因此，必须按规定进行操作，开车前，转鼓必须按规定进行细致的清洗和严格的装配。其工作原理示意见图2-64。

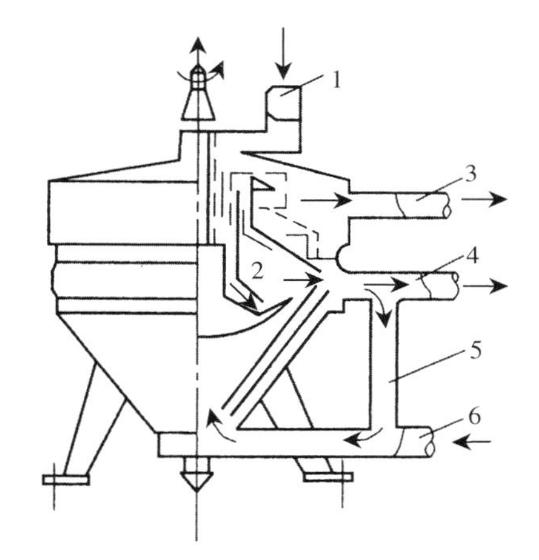

图2-64 碟片式离心机工作原理示意图
1. 进料管 2. 分离室 3. 溢流口 4. 底流口 5. 回流口 6. 洗水进口

使用离心机分离淀粉和蛋白质，一般采用二级分离，即用两台离心机顺序操作，以筛分后的淀粉乳为第一级离心机的进料，所得底流（淀粉乳）为第二级离心机的进料。这种二级分离法的管理原则是保证第一只离心机产生好的溢流（含多量蛋白质，少量淀粉），底流的品质则无关紧要，因为一级分离的底流还要经过二级分离，但二级分离应以产生好的底流为主（含淀粉量高，蛋白质少），通过控制回流和洗水量，可以获得并保持良好的分离效果。

2.5.5 旋流分离设备

清洗后的马铃薯输送至锉磨机，原料经高速锉磨机锉磨成薯浆后，用泵将薯浆送至筛站进行渣浆分离，淀粉乳经自清过滤器进入复合旋流分离站，在旋流站内完成淀粉与蛋白、纤维的分离和淀粉洗涤，从最后一级旋流器出来的淀粉浆浓度达到18～20波美度。传统的马铃薯淀粉的分离、洗涤和浓缩是采用多台大型设备组合的方式来完成，整个工艺中的分离环节仍以离心机分离为主。现代新工艺技术的主要趋势是采用水力旋流器替代复杂的设备组合，从而达到简化、高效、节能的目的。

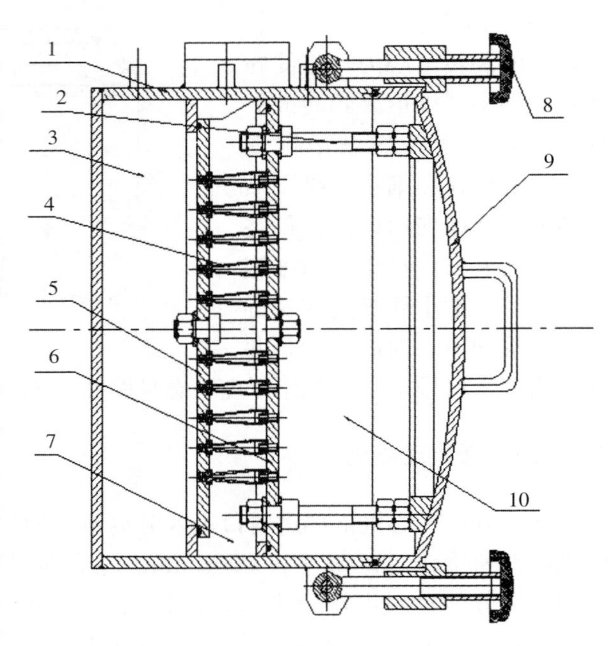

图 2-65　旋流器组成
1. 旋流器箱体　2. 丝杠　3. 底流腔　4. 旋流管　5. 前筛板　6. 后筛板　7. 进料腔　8. 把手　9. 旋流器盖　10. 溢流腔

根据处理能力的要求，将微旋流管并联组装在一起称为旋流器，微旋流管是旋流器的组成单元。根据浓缩和精制的需要，将旋流器的底流和溢流，由管道按一定连接方式组合成旋流分离站，旋流器是旋流站的单元。旋流器由旋流管组、壳体等组成（图 2-65），旋流管组是通过上下压盘压紧的一组并联的旋流管，通过旋流器压盖把旋流管组压紧在腔内，把旋流器分为进料腔、底流腔和溢流腔，从而实现旋流管进料、溢流和底流的汇集。以旋流管为基础组成的旋流器，按一定连接方式组成的多级旋流分离站，可实现浆液中淀粉与蛋白等杂质的分离精制，见图 2-66。

图 2-66　旋流分离站

旋流器的动力装置是泵，通过泵实现各级旋流器之间的输送，从而使分离功能得到实现。因为各级旋流器的流量、干物含量不同，要求该泵在不同工况下，能保持较稳定的工作压力，以保证最佳的分离效果。

水力旋流器系统网络是由两台或两台以上的水力旋流器组合而成，包括旋流器组串联或并联配置。在许多传统的固液分离及固固分离操作中，使用单级旋流器便可获得满意结果。水力旋流器系统网络在水力旋流器分级技术中占有十分重要的地位，近年来有人致力于水力旋流器系统网络的计算机模拟和优化设计方面的工作，得到了一些计算机模型。

2.5.6 脱水设备

用于马铃薯淀粉生产线脱水工段的主要脱水机械，有真空脱水机、自卸料刮刀离心机和三足式离心机等。

2.5.6.1 真空脱水机

真空脱水机广泛用于淀粉、医学、食品、化工等行业的固液脱水分离。该设备全部选用优质不锈钢制作，旋转滚筒转速可变频调速，滚筒的清洗采用间歇式全自动冲洗，滤槽内配有桨式搅拌器，以防淀粉沉积，并配备连续调节式液面控制。脱水机采用刮刀卸料、气动调节，刮刀刃由高硬度合金制造。

真空脱水机由机架、主轴、电机、减速器、进料连接口、滤槽、溢流口、回收连接口、搅拌器、冲洗水进口、气动刮刀、真空管连接口、检修入孔、旋转滚筒、搅拌器电机、滤布等组成，见图 2-67。

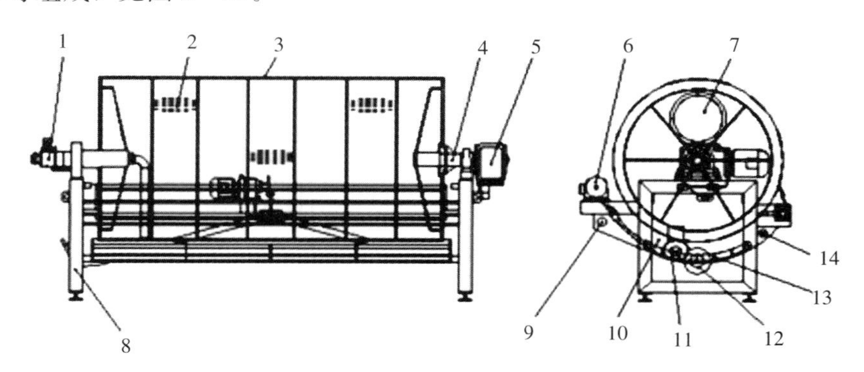

图 2-67 真空脱水机结构图

1. 真空管连接口 2. 滤布 3. 旋转滚筒 4. 主轴 5. 减速机 6. 搅拌器电机 7. 检修入孔 8. 机架 9. 进料连接口 10. 溢流口 11. 回收连接口 12. 搅拌器 13. 冲洗水进口 14. 气动刮刀

水平旋转滚筒的多孔表面覆有一层一定目数的滤布，在滤布与多孔筒壳间装有支撑网，旋流滚筒穿过滤槽，滤槽内装有一定液面高度的需脱水的淀粉乳液。通过真空泵与脱水机真空管的连接，使滚筒内压降至最高 200MPa，在滚筒内部与外部（大气）之间的压差作用下，液体穿过滤布并到达滚筒内部，由滤液泵与回收连接口的连接管泵出。淀粉乳液中的固体（淀粉）不能穿过滤布并停留滚筒表面，在滚筒面再次侵入淀粉乳液之前，气动刮刀装置连续不断地将固体（淀粉）从旋转滚筒表面刮下，并落入皮带输送机进入下道工序。

2.5.6.2 自卸料刮刀离心机

主电机带动转鼓全速旋转，物料由进料管引入，将精制的淀粉乳加入带滤网的转鼓上，首先进行分离。采用多次加料的方法，可使含有少量蛋白质的液体从挡液板口处溢出，进一步除去蛋白质。待含蛋白质的液体外溢后，离心机自动停止进料，开启滤液排出口阀门进行离心过滤式脱水，在离心力作用下，液相物穿过滤网及转鼓壁滤孔排出转鼓，经排液管排出机外。固相物截留在转鼓内，形成环形滤饼层，洗涤、分离结束，刮刀自动旋转，将固相物刮下经集料斗排出机外，然后自动洗网，开始下一个循环。国产刮刀离心机常见规格有：直径800mm、1 200mm和1 250mm三种（图2－68）。刮刀离心机具有工作性能好和脱水效率高等优点，脱水后湿淀粉的最低含水率可达36%（马铃薯淀粉），对原料适应性也较好。其主要缺点是动力消耗大，在同等产量的情况下，它的动力消耗是真空脱水机的4～5倍。另外，其造价高，维修也困难。

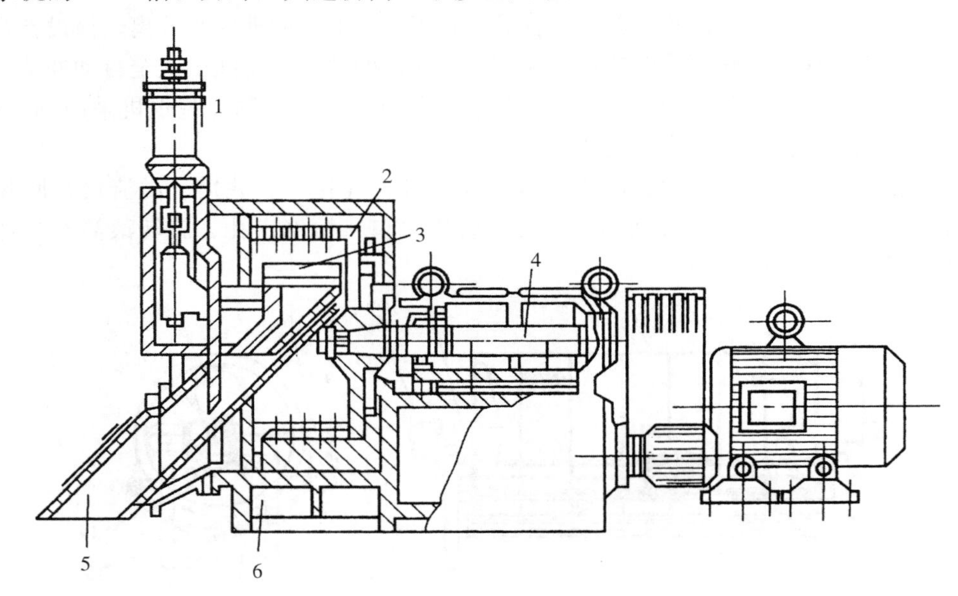

图2－68 自卸料刮刀离心机结构示意图
1. 淀粉乳进料 2. 转鼓 3. 刮刀 4. 主轴 5. 淀粉饼 6. 滤液

2.5.6.3 三足离心机

功能较齐全的三足离心机，可以用于马铃薯淀粉生产线，当一台三足离心机处理能力不足时，可将多台并联使用。

2.5.7 干燥设备

经过脱水后的淀粉含有40%左右的水分，为了便于运输和储存，必须进一步干燥处理，使含水量降至安全水分以下。目前所使用的设备是气流干燥机。

气流干燥机由热交换器、扬料轮机、干燥管、旋风分离器（沙克龙）、关风器、引风机、风机主管、尾气排放管等组成，见图2-69。

在干燥过程中，新鲜洁净的空气经过滤网除尘，并经热交换器加热后，与从扬料轮机输送来的物料颗粒混合（也可采用特制的密封螺旋输送机输送颗粒物料），利用这些热空气做介质，把热能传给物料颗粒，使附着在物料颗粒表面上和一部分含在物料颗粒内部的水分，变成蒸汽而混入干燥管的气流当中。

最后利用旋风分离器（沙克龙）、关风器，将物料与空气、水蒸气分离，从而降低了物料的水分。干燥后的物料经出料口进入自动包装机，尾气通过引风机主管，经尾气排放管排出。此法虽然是高温干燥，但由于干燥处理在几秒钟内完成，因此淀粉不易焦化，质量较好。

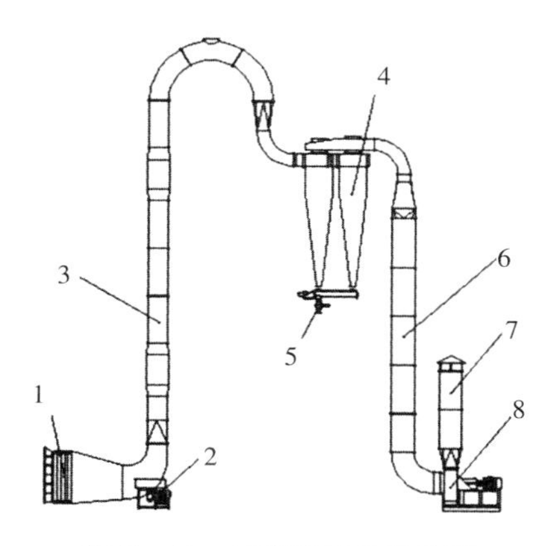

图2-69 气流干燥机结构图

1. 热交换器 2. 扬料轮机 3. 干燥管 4. 旋风分离器 5. 关风器 6. 风机主管 7. 尾气排放管 8. 引风机

2.5.8 计量包装设备

计量包装，是马铃薯淀粉生产线上的最后一道工序。在许多不完整的淀粉生产线上，计量包装都是由手工来完成的，不仅劳动强度大，而且计量也不准确。现代马铃薯淀粉生产线，都配有自动计量包装设备。

马铃薯淀粉经由喂料螺旋输送到斗式提升机，再由提升机把物料输送到料仓内，当料仓内物料达到一定料位时，包装秤接到料位信号后开始工作，此时包装秤执行三速加料，当包装袋内物料重量达到设定重量时，定量包装秤自动松袋，然后输送和缝口一体式工作。成品由带式输送机送至成品库贮藏，见图2-70。

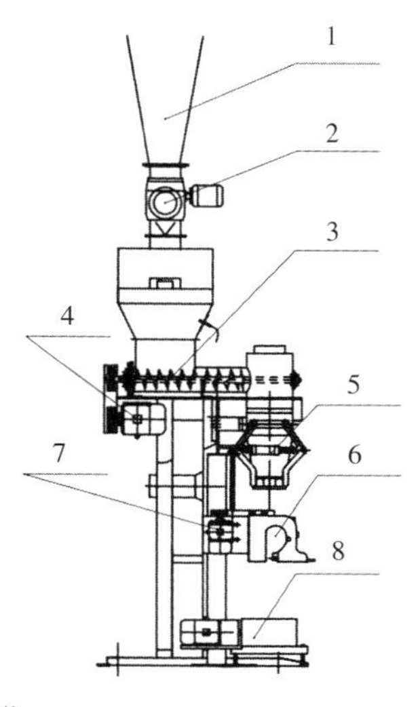

图2-70 自动计量包装机

1. 进料斗 2、4、7. 电机 3. 螺旋推进器 5. 计量称 6. 缝口机 8. 传送底座

2.5.9 马铃薯淀粉生产线

要设计好一条马铃薯淀粉生产线，必须遵循以下程序和原则：

(1) 了解和收集有关的情况

1）当地主要加工用马铃薯的淀粉含量。

2）当地土质情况。

3）投资者资金情况。

4）生产线需要的车间厂房情况。

5）厂区场地、交通运输及地下水的情况。

(2) 确定和掌握有关数据

1）确定淀粉综合提取率。

2）确定成品淀粉的含水率。

3）确定生产加工能力。

(3) 马铃薯淀粉加工生产工艺的选择 现行的马铃薯淀粉加工工艺有先脱汁工艺、后脱汁工艺和全旋流工艺三种。

目前较流行的马铃薯淀粉加工工艺普遍采用后脱汁工艺。

(4) 马铃薯淀粉加工生产设备的选择 根据生产线工艺的不同，所配备的设备也有所不同，目前采用后脱汁工艺的淀粉生产线配套设备有：水力输送器、马铃薯泵、除石机、提升机、清洗机、储料仓、刨丝机、离心分离筛站、脱汁和精制旋流器站、真空转鼓脱水机、烘干机、计量包装机等。

在设计生产线和选择设备时应注意以下原则：① 合理配备生产线上的所有机器设备，使之达到各项设计指标。② 在加工能力和指标效果相近的前提下，要选择能耗低的设备。③ 在能耗相近的情况下，首先要选择易于维护和保养的机器设备，其次是价格较低的设备。④ 在其他条件都接近的情况下，选择有利于环境保护的设备。⑤ 在所有条件都相似的情况下，要选择服务优秀的制造商生产的设备。

第3章 马铃薯食品加工技术

3.1 马铃薯食品加工共性技术

马铃薯食品的加工，主要包括马铃薯速冻薯条加工、净鲜马铃薯加工、马铃薯全粉加工、马铃薯油炸鲜薯片加工、去皮马铃薯加工、薯饼（丸）加工、薯泥加工、速溶早餐薯粉加工、非油炸速冻马铃薯加工等，在这些产品的加工中，有部分技术为马铃薯食品的共性加工技术。

3.1.1 原料输送技术

通常原料输送包括从贮存仓到生产线及生产线各设备之间的输送，主要输送方法有水力输送和机械输送。生产线产量较大时，原料从贮存仓输送到生产线通常采用水力流送槽输送，一方面可减轻工人劳动强度，另一方面还可在原料输送的过程中完成部分清洗、除石、除杂工作。物料在设备之间的输送主要由皮带输送机、斗式提升机、刮板输送机、螺旋输送机和水力输送泵系统完成。鲜薯（带皮或不带皮）输送多采用皮带输送机、刮板输送机和斗式提升机等。去皮后切片（条）的物料输送，尽可能采用带水输送，即水力泵系统或机械输送加喷淋，减少暴露在空气中的时间，防止物料氧化褐变。

物料包括整薯、薯片、薯条等采用机械输送时通常会有一定损失，如断条、碎片等，属于加工中不可避免的正常现象，通过设备性能的改进可将损失减少到最低。

3.1.2 清洗除杂技术

用作食品加工的马铃薯通常带有泥沙、杂草等杂质，所以加工前要进行清洗、去石等前处理，否则会影响成品的外观、色泽和纯度，石块和金属杂质进入加工设备会导致设备零件损坏，杂草和木片进入设备会影响产品质量和产量，影响生产工艺操作。原料中的杂质主要有马铃薯表面黏附的泥土、夹杂的砂石和杂草等异物，由于这些杂质的密度与马铃薯不同，因此，在水中作业时，密度大或者小的杂质可以被分离出来。清洗除杂效果直接影响到最终的产品质量和设备寿命，在很多加工厂中原料的清洗除杂和输送是同时进行的。清洗方法主要有：

3.1.2.1 手工洗涤

手工洗涤是马铃薯清洗最简单的方法，适用于小型马铃薯食品加工厂。将马铃薯放在盛有清水的木桶、木盆（槽）或浅口盆中进行洗涤，洗涤容器大小可根据生产能力和操作条件来决定。马铃薯的洗涤也可在清洗池或大缸内进行，即人工将马铃薯放在竹筐内，然后置于洗涤池或缸中用木棒搅拌，直至洗净为止。采用这种洗涤方法，应及时更换水和清洗缸底，应做到既节约用水，又能将薯块清洗干净。

马铃薯无论在何容器中清洗，都应经常用木棒搅拌搓擦，一般换水 2～3 次即可清洗干净，最后再用清水淋洗一次。

3.1.2.2 流水槽洗涤

在机械化马铃薯加工厂，一般采用流水槽输送的方法，将马铃薯由贮存仓送入加工车间内，这样可使马铃薯在进入生产线之前就能除去 80%左右的泥沙。

水流槽由具有一定倾斜度的水槽和水泵等装置组成。水槽横截面一般呈 U 形，可以用砖砌成后加抹水泥，或用混凝土制成，也可用木材、硬聚乙烯板或钢板制成，槽底为半圆形或方形（直角处做圆弧处理）。水槽内壁要做得比较平滑，减小阻力，防止泥沙沉积，料流不畅，形状如图 3-1 所示。流水槽宽一般为 200～250mm，水槽深度由贮存库至车间逐渐加深，保持一定的倾斜度。输送马铃薯的槽底起始深度约为 200mm，以后槽长每增加 1m，槽底深增加 10mm，转弯处每米水槽长度需要加深 15mm。为避免输送时出现死角积料，转弯处曲率半径大于 8m。水槽内流水用泵从一起始端泵入，用水量为原料重量的 3～5 倍，水槽中操作水位为槽高的 75%，水流速度约 1m/s。

在输送过程中，由于比重的差异，大部分泥沙、石块可以被沉淀、去除，杂草可用除草器除去。最简单的除草器如图 3-2 所示，在流水槽上沿架一横楔，下悬一排编好的铁钩，钩向逆流，被钩住的草秆及时清理捞出。在流水槽尾端为一凹池，与流水槽连接处安装金属栅槽，马铃薯留在金属栅槽上，流至上料提升机中进入生产线，污水则流过栅栏由池中排出至沉淀池中，经净化处理后，清水再循环使用。

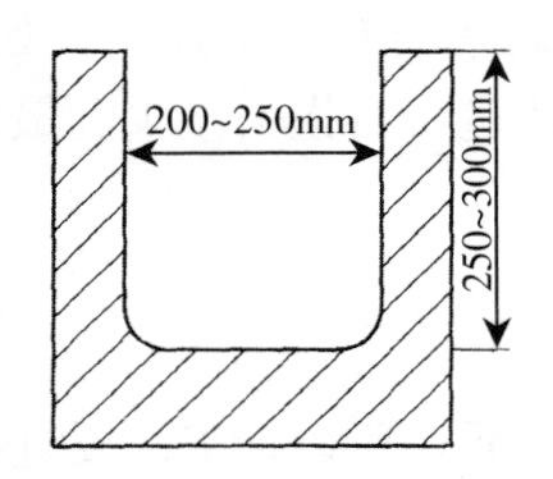

图 3-1　流水槽示意图

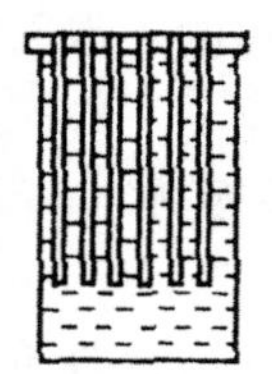

图 3-2　除草器示意图

3.1.2.3 清洗机

清洗、除石技术同 2.5.2.1 和 2.5.2.2 相关内容。

3.1.3 去皮技术

马铃薯去皮的方法有手工去皮、机械去皮、蒸汽去皮和化学去皮法等。手工去皮一般是用不锈钢刀具去皮，效率很低，生产规模大时不宜采用。

3.1.3.1 机械去皮

机械去皮的原理为在涂有金刚砂、表面粗糙的转筒内，利用马铃薯与粗糙、尖锐的筒内壁表面的摩擦作用擦掉皮层。常用的设备是摩擦去皮机，可以批量或连续生产。

摩擦去皮机的主要结构如图 3-3 所示，由铸铁机座及工作滚筒等组成。滚筒内表面粗糙。电动机通过齿轮带动主轴进而带动圆盘旋转，圆盘表面为波纹状。物料从入料斗进入机体内落到旋转的圆盘波纹状表面，因离心力作用而被抛向两侧并与筒壁的粗糙表面摩擦，从而达到去皮的目的。磨下的皮用水从排污口冲走。已去皮的物料在离心力的作用下，当舱口打开时从舱口卸出。

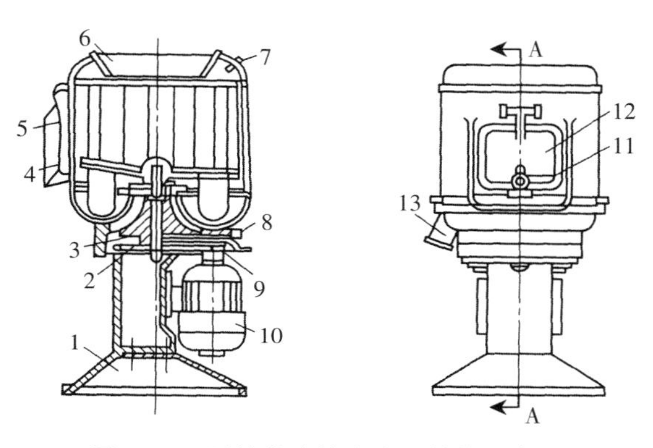

图 3-3 马铃薯摩擦去皮机结构示意图

1. 机座 2、9. 齿轮 3. 轴 4. 圆盘 5. 圆筒 6. 加料斗 7. 喷嘴 8. 加油孔 10. 电动机 11. 把手 12. 舱口 13. 排污口

摩擦去皮机具有结构简单、使用方便和制造成本低等特点，其要求加工的马铃薯块茎呈圆形或椭圆形，芽眼少而浅，没有损伤，大小均匀。芽眼深的薯块需要先进行手工修整再进入机器。通过摩擦去皮大约会损失块茎重量的 10%。去皮后的薯块要求除尽外皮，且保持去皮后外表光洁，要做好进机物料的选择和处理，防止去皮过度造成原料损失。

3.1.3.2 碱液去皮

将马铃薯块放在一定浓度和温度的强碱溶液中处理一定时间，软化和松弛薯块的表皮和芽眼，然后用高压冷水喷射冷却和去皮。碱液去皮机的结构示意如图 3-4 所示。碱液去皮分高温碱液去皮和低温碱液去皮两种方法。高温碱液去皮碱液浓度为 15%～25%，温度要加热到淀粉的糊化温度以上，处理至去皮后的马

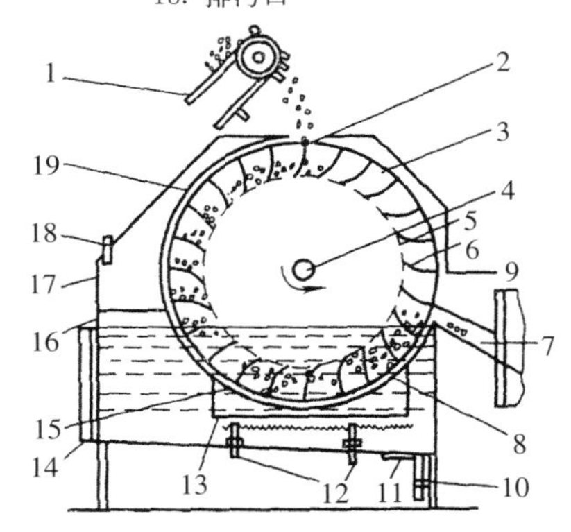

图 3-4 碱液去皮机纵剖面图

1. 与洗薯机相连的升运机 2. 马铃薯加料斗 3. 带斗状桨叶的旋转轮 4. 主轴 5. 铁丝网转鼓 6. 片状桨叶 7. 卸料斜槽 8. 复洗机 9. 护板 10. 碱液排出管 11. 排渣口 12. 蒸汽蛇管 13. 碱液加热槽 14. 架子背面 15. 护板 16. 碱液槽 17. 罩板 18. 碱液加入管 19. 主护板

铃薯块茎上出现煮熟的表面环或受热层为宜；低温碱液去皮使用氢氧化钠溶液的温度为49～71℃，这样仅使马铃薯表层的组织分解、水解、软化，而其余部分并未受到蒸煮或变性。

3.1.3.3 蒸汽去皮

将马铃薯在高压蒸汽中进行短时间处理，使薯块外表皮熟化，然后用毛刷辊将松脱的表皮磨刷下来，再用流水将分离的皮层、其他附着物和释放的淀粉等清除。蒸汽去皮能均匀地作用于整个薯块表面，大约能除去1～2mm厚的皮层。熟化过度会造成原料损失，一般原料品种和储存时间不同，其皮层厚度和去皮难易程度不同，高压蒸汽工作压力0.6～1.5MPa，熟化时间15～45s，根据去皮效果调整。蒸汽去皮具有去皮效率高，产量大，去皮效果均匀、干净，去皮损失小的特点，但设备相对复杂。蒸汽去皮是当前国际先进的去皮方法，可以避免摩擦去皮的损失和化学去皮的污染。

3.1.4 防褐变技术

马铃薯去皮或切片后若暴露在空气中会发生褐变现象，影响半成品直至成品的色泽和外观，因此，有必要进行护色漂白处理。马铃薯发生褐变的原因是多方面的，主要有加工期间的酶褐变和储存期间的非酶褐变，酶促褐变是由多酚氧化酶引起的，非酶促褐变受温度和还原糖含量影响较大，如还原糖与氨基酸作用产生黑蛋白素、维生素C氧化变色、单宁氧化褐变等。除化学成分的影响外，马铃薯的品种、成熟度、贮藏温度及其他因素引起的化学变化都能反映到马铃薯的色泽上。另外，加热温度、时间和加热方式都对马铃薯食品的颜色有影响。控制酶促褐变的方法主要从控制酶和氧气两方面入手，主要途径有：①钝化酶的活性（热烫、加抑制剂等）；②改变酶作用的条件（pH、温度、水分活度等）；③隔绝与氧气的接触；④使用抗氧化剂（抗化学酸、SO_2等）。防止马铃薯加工食品的色泽变化主要有以下方法：

（1）**提取出薯片褐变反应物**　将马铃薯片浸没在0.01%～0.05%的氯化钾、氨基硫酸钾和氯化镁等碱性金属盐类与碱土金属盐类的热水溶液中；或把切好的鲜薯片浸入0.25%氯化钾溶液中3min，即可提取出足够的褐变反应物，使成品保持原料本身固有的鲜亮颜色。

（2）**用亚硫酸氢钠或焦亚硫酸钠处理**　将鲜薯片浸没在82～93℃的0.25%亚硫酸氢钠或焦亚硫酸钠溶液中（加HCl调至pH=2），煮沸1min，也能得到色泽很好的产品。

（3）**用二氧化硫气体处理**　将二氧化硫和空气与马铃薯片置一起密闭24h后贮藏在5℃条件下，或是将切片在二氧化硫溶液中浸提后，再用水洗掉二氧化硫及还原糖等，可生产出色泽浅淡的产品。

（4）**降低还原糖含量**　马铃薯在贮藏期间会发生淀粉的降解、还原糖的积累，在马铃薯加工前，如将马铃薯的贮藏温度升高到21～24℃，经过1周的贮藏后，大约有4/5的糖分可重新转化成淀粉，减少了加工时的原料损失及加工食品时的非酶褐变的发生。

3.1.5 油炸技术

在马铃薯食品加工过程，油炸是常用的一道加工工序，通过油炸不仅可以灭酶灭菌，获得油炸食品的特有色泽，同时获得油炸食品独特的香气和风味。目前，低能量食品特别是低脂肪食品的发展极为迅速，公众对膳食营养最为关注的影响因素就是食品中脂肪含量，减少脂肪的摄入被推荐作为提高自身健康的重要途径之一。因此，许多专家学者致力于降低油炸产品的脂肪含量以及脂肪吸收机理的研究，指出影响油含量的因素包括油的种类、表面活性剂、氧化作用、重复油炸、油和食品之间的张力、产品表面积、油炸温度、多孔性、组成成分、厚度、干燥程度等。对常压深层油炸脂肪的吸收与油炸参数、油的品质以及预处理技术等条件因素进行了研究。目前，国外对常压深层油炸过程进行了较详细的研究，但是许多产品还具有较高的脂肪含量。目前，国内外在降低产品脂肪含量的研究主要有以下几个方面：第一，改良油炸技术，包括优化油炸参数与离心脱油工艺，或采用预干燥技术、真空低温油炸技术、微波干燥和油炸技术、远红外；第二，应用各种涂膜技术。由于食品的表面特性可以影响脂肪的吸收，许多学者致力于研究各种可食性涂膜材料，主要包括：多糖，如改性淀粉、羧甲基纤维素钠（CMC）、明胶、果胶、葡聚糖等，出现了很多相应的文献与专利资料；第三，改良油炸介质。油炸介质质量的改变与脂肪的吸收有关，它的黏度等特性可以影响脂肪的含量。

3.1.6 干燥技术

马铃薯加工中，根据被干燥产品的形态、含水量、质量要求等不同，其干燥工艺及设备不同。从能量的利用上可分为自然干燥和机械干燥两种。

自然干燥是利用自然的太阳能辐射热和常温空气干燥物料，俗称晒干、吹干和晾干。这种方法简便易行、成本低廉，但受自然条件限制，干燥时间长，损耗大，产品质量较差，可以用于薯块等原料的干燥。机械干燥是借助热能，通过介质（热空气或载热器件）以传导、对流或辐射的方式作用于物料，使其中水分汽化并排出，达到干燥的目的。机械干燥需借助相应的设备来完成，目前在马铃薯加工生产中，经常采用以下设备：

3.1.6.1 箱式干燥机

这种设备加热方式有蒸汽加热、燃气加热和电加热等。由箱体、加热器（电热管）、烤架、烤盘和风机等组成。箱体的周围设有保温层，内部装有干燥容器、整流板、风机与空气加热器。根据热风的流动方向不同分为平流箱式和穿流箱式。平流箱式干燥机的热风流动方向与物料平行，从物料表面通过，箱内风速按干燥要求可在 0.5～3m/s 之间选取，物料厚度为 20～50mm。图 3-5 为带小车的箱式干燥机，给装卸物料带来很大的方便。这类干燥机的废气均可进行再循环，适于薯块、薯脯等多种物料的小批量生产。

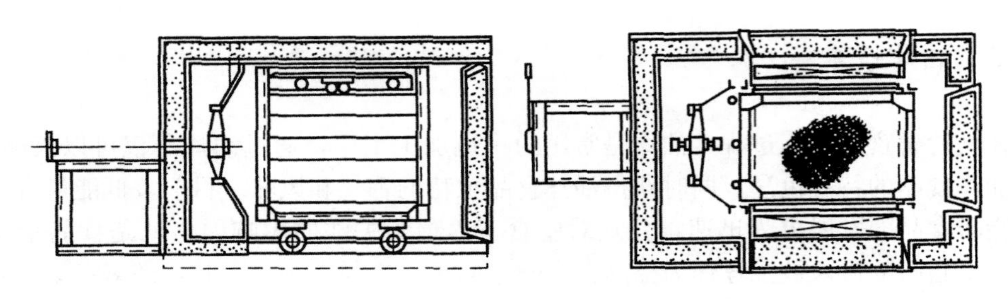

图 3－5　带小车的箱式干燥机结构示意图

3.1.6.2　带式干燥机

带式干燥机是将物料置于输送带上，在随带运动的过程中与热风接触干燥的设备。

图 3－6 所示为单级穿流带式干燥机，由循环输送带、空气加热器、风机和传动变速装置等组成。循环输送带是用不锈钢丝网或多孔板制成，全机分成两个干燥区：第一干燥区的空气自下而上经加热器穿过物料层；第二干燥区是空气自上而下经加热器穿过物料层。工作过程是物料自进料口送到输送带一端。有的带式干燥机装有进料振动分布器，使物料在输送带上形成疏松的料层，随即通过第一干燥区，该区内风压要适当，以免使物料“沸腾”，然后通过第二干燥区，物料得到均匀干燥。每个干燥区的热风温度和湿度都是可以控制的，也可以在干燥过程中，对物料上色和调味，最后进行冷却和包装。

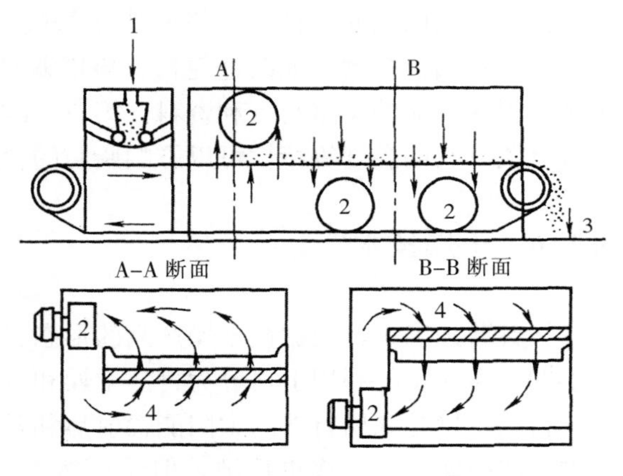

图 3－6　单级穿流带式干燥机结构示意图
1. 进料口　2. 风机　3. 出料口　4. 加热器

3.1.6.3　滚筒干燥机

这种干燥机是将浆液或膏状物料分布在转动的、蒸汽加热的滚筒上，与热滚筒表面接触，物料的水分被蒸发，然后膜状物料被刮刀刮下，经粉碎后成为产品。滚筒干燥机的特点是热效率高，可达 70%～80%，干燥速度快，产品干燥质量稳定，常用于马铃薯泥、马铃薯粉等的干燥。

滚筒干燥机主要由滚筒、布膜装置、刮料装置和传动装置等部分组成，如图 3－7 所示。蒸汽通过一端的空心轴进入滚筒内部，滚筒内冷凝水采用虹吸管并利用筒内蒸汽的压力与疏水阀之间的压差，使之连续地排到滚筒外。根据干燥机的结构和料液性质的不同，布膜装置有所不同，如单滚筒的底部浸液布膜，双滚筒的顶槽布膜及喷雾布膜等。

滚筒干燥机工作过程如图 3－8 所示，需干燥处理的料液由高位槽流入滚筒干燥器的受料槽内，由布膜装置使物料薄薄地（膜状）附在滚筒的表面，滚筒内通有供热介质（如蒸汽），物料在滚筒的转动中由筒壁传热使其水分汽化，干燥后的物料由刮刀刮下，经螺

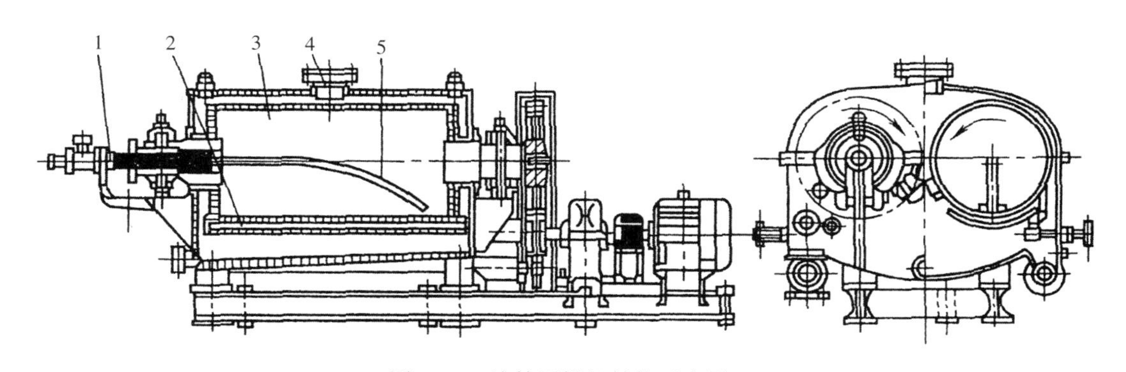

图 3-7 滚筒干燥机结构示意图

1. 蒸汽进口 2. 料液槽 3. 主滚筒 4. 排气口 5. 冷凝水吸管

旋输送装置输送至暂存仓，粉碎后包装。在传热中蒸发出的水分，视其性质可通过密封罩引入相应的处理装置内进行捕集粉尘或排放，操作的全过程可连续进行。

滚筒干燥机对物料的干燥是物料以膜状形式附着于筒表面为前提，因而物料在滚筒上的成膜厚度对干燥产品的质量和产量有直接影响。膜形成的厚度与物料的性质（形态、表面张力、黏附力、黏度等）、滚筒的线速度、筒壁温度、筒壁材料及布膜的方式等因素有关。

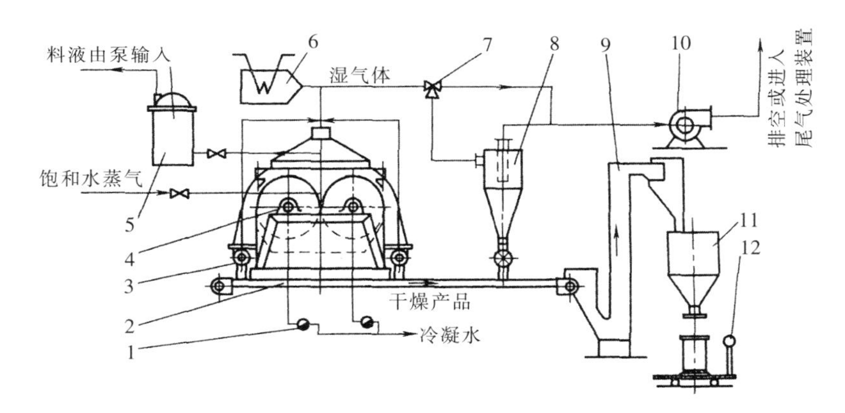

图 3-8 滚筒干燥机工作过程示意图

1. 疏水器 2. 皮带输进器 3. 螺旋输送器 4. 滚筒干燥器 5. 料液高位槽 6. 湿空气加热器 7. 切向阀 8. 捕集器 9. 提升机 10. 引风机 11. 干燥成品贮斗 12. 包装计量

3.1.6.4 流化床干燥机

流化床干燥（又称沸腾床干燥）是粉粒状物料受热风作用，通过多孔板，在流态化过程中干燥。流化床干燥机处理物料的粒度范围为 0.03～5mm，可以用于马铃薯泥的回填法干燥，其干燥速度快、处理能力大、温度控制容易，设备结构简单，造价低廉，运转稳定，操作维修方便，可制得含水率较低的产品。

如图 3-9 所示，流化床干燥机由多孔板、风机、空气预热器、隔板、旋风分离器等部分组成，在多孔板上按一定间距设置隔板，构成多个干燥室，隔板间距可以调节。

物料从加料口先进入最前一室，借助于多孔板的位差，依次由隔板与多孔板间隙中顺序移动，最后从末室的出料口卸出。空气加热后，统一或通过支管分别进入各干燥室，与物料接触进行干燥，夹带粉末的废气经旋风分离器，分离出的物料重回入干燥室，净化后废气由顶部排出。

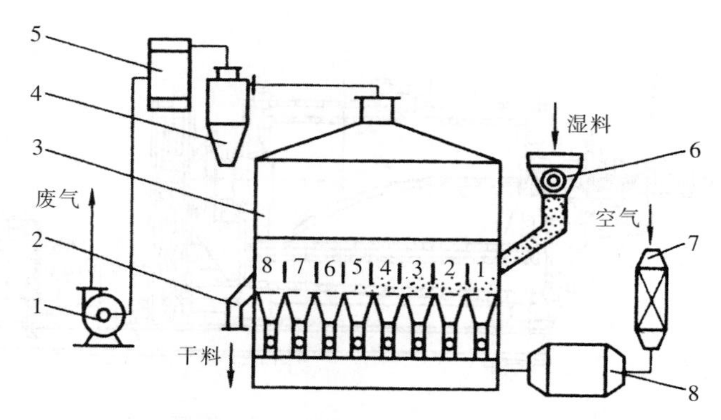

图 3－9　卧式多室型流化床干燥机结构示意图

1. 抽风机　2. 卸料管　3. 干燥器　4. 旋风分离器　5. 袋式除尘器　6. 摇摆颗粒机　7. 空气预热器　8. 加热器

这种干燥机对物料的适应性较大，能够连续作业，生产能力大。因设有隔板，使物料均匀干燥，也可对不同干燥室，通入不同风量和热量，末室的物料还可用冷风进行冷却，热效率比多层流化床干燥机低。但是物料过湿易在前一、二干燥室产生结块，需注意清除。

3.2　马铃薯速冻薯条加工技术

马铃薯薯条，严格意义上应该是马铃薯速冻薯条（Frozen french fries）（也有人译成法式炸薯条、薯条、油炸薯条等），是指新鲜马铃薯经去皮、切条、漂烫、调理、干燥、油炸后迅速冷冻而制成的一种马铃薯加工产品，需在冷冻条件下保存。由于是一种半成品，食用前需从冰箱里拿出经油炸熟化后方可食用，故多称其为马铃薯速冻薯条，以下简称速冻薯条。

速冻薯条是西方国家的一种传统快餐食品，在我国的普及是由西式快餐带动起来的，目前速冻薯条是麦当劳、肯德基等快餐店中销售的主要食品之一。近几年来速冻薯条在我国的快餐消费市场中普及迅速，消费量很大。

3.2.1　原料要求

根据速冻薯条在加工过程中的物料特性和产品品质要求，用于加工的马铃薯原料应满足以下几个方面的要求：

(1) **外形与尺寸**　薯块的外形以椭圆形为优，要求芽眼浅而平，最好外凸；表皮光滑，薯形整齐；长度不小于 78mm，单块重量不小于 160g。

(2) **薯肉特征**　以白皮白肉为最佳，或黄皮白肉；为满足不同的消费群体，黄皮黄肉也可。

(3) **病虫害情况**　原料不带病害（环腐病、水腐病、晚疫病等），无冻害、虫害，不变绿、不发芽，表皮无裂纹、薯体无空心。

(4) **品质指标**　还原糖含量要求在 0.25 % 以下，干物质含量要求在 20 %以上，淀粉含量要求在14.0%～17.0%。

(5) **品种要求** 速冻薯条加工所需马铃薯原料对品种是有较严格的要求，一般而言，原料品种应尽量满足上述各项要求。在我国实际种植的马铃薯品种中，以引进的夏波蒂、布尔班克品种为最佳，国产品种克新1号可作替代原料。

3.2.2 马铃薯速冻薯条加工工艺流程

马铃薯原料在加工成速冻薯条的过程中要经历切制成型、漂烫调制、脱水油炸、速冻包装等工段的连续处理，主要工艺流程如下：

马铃薯预置→分选→去石清洗→去皮→修检→切条→分级→漂烫→调理→干燥→油炸→滤油→预冷→速冻→包装→冷藏

工艺流程说明：

(1) **马铃薯预置、分选** 要求原料外观整齐、大小均匀、表皮光滑、无严重畸形、无病害、无腐烂、无变绿等。经过预置和分选处理后用于薯条加工的原料还原糖含量、干物质含量等指标应该达到原料的要求。

(2) **去泥沙清洗** 利用清洗和流送设备，除去马铃薯表面的泥沙和夹杂的异物（石头）等。

(3) **去皮及皮薯分离** 用机械摩擦或蒸汽去皮的方式，除去马铃薯表皮并将皮薯分离，喷淋护色，防止去皮后的马铃薯表层氧化褐变。要求马铃薯的去皮率达到95%以上，且去皮后表层无褐变现象出现。

(4) **修整** 利用人工对原料进一步除去未去净的薯皮、芽眼、不规则部分。

(5) **切条** 根据生产要求切成不同规格尺寸、截面呈方形的条，同时用水冲洗表层淀粉。要求截面规整，表面光滑，条形较直。

(6) **分级** 将长度小于一定规格（30～50mm）的碎屑、短条分离出去，并且进一步去掉薯条表层淀粉。

(7) **漂烫** 70～100℃热水中漂烫，薯条通体呈半透明状，以确保油炸后表面色泽均一。漂烫的作用是对薯条进行灭酶杀青，保证原料在加工过程中不发生褐变。

(8) **调理** 在调理设备中加入品质改良剂，对薯条进行5～20min时间的浸泡，改进薯条的表面组织结构，以利于产品最终获得外焦里嫩的口感。

(9) **干燥脱水** 使用加热烘干设备，去掉薯条部分水分，使薯条的含水量达到工艺要求。

(10) **油炸** 在一定温度下，经过几十秒的油炸后，将薯条的水分进一步降低，制成半成品。

(11) **沥油** 采用振动等方式沥去薯条表面多余的油脂。

(12) **预冷** 为提高速冻效率、减少能耗，利用室外冷空气或机械制冷对油炸后的薯条进行冷却。

(13) **速冻** 在较短时间内深冷速冻，使薯条中心温度快速降至低温（－18℃），这样薯条内部结冰晶体细密、均匀，薯条保鲜期长，贮藏质量好，产品深度油炸后口感好。

（14）**称重包装** 按产品市场销售规格进行称重包装，要求环境温度0～5℃，包装时间尽可能短，防止薯条吸潮后发生冻黏现象。

（15）**冷藏** 包装完好的产品进入冷藏库冷藏，冷藏温度为－18℃。

（16）**冷藏运输及销售** 必须在冷藏状态下运输，整个销售过程必须在冷冻状态下进行。

3.2.3 马铃薯速冻薯条加工技术关键控制

影响速冻薯条产品质量的主要因素有马铃薯原料的品质、护色剂的选择、漂烫工艺的控制、烘干工序、油炸和速冻温度及时间的调节等方面。原料的品种和贮藏环境对加工品质有较大的影响，不同品种的马铃薯在加工过程中漂烫、浸泡、烘干、油炸的温度、时间和工艺要求各不相同，应区别对待。

3.2.3.1 原料的品质控制

还原糖含量和干物质含量对速冻薯条的品质有至关重要的影响。

干物质含量，也称固形物含量，是指马铃薯块茎中所含有的淀粉、纤维等不可溶性物质占总重的百分比，它对薯条产品的口感影响很大。对于薯条加工，要求收购原料的干物质含量在20%以上，才能保证加工后的产品有外焦里嫩的口感。但是，过高的干物质含量也意味着淀粉含量过高，在加工过程中容易产生淀粉糊化，导致薯条表面黏液化，与加工设备之间发生粘连，影响生产的连续性和生产效率。

还原糖含量表示了马铃薯中参与褐变反应糖分的高低，还原糖含量过高的原料在加工过程中易发生氧化褐变，使产品的外观颜色不合要求。特别需要注意的是，还原糖含量是一个变动指标，随着贮藏时间和环境条件的变化会逐渐升高或降低。从加工角度来讲，收购的新鲜原料还原糖含量应低于0.2%，长期贮藏后的原料也不应超过0.4%，否则在加工过程中将影响薯条产品的颜色。因此，加强和改善贮藏环境条件、提高贮藏效果对原料的贮藏很重要。

当然，原料的品质主要受品种的影响，薯条加工用的较好品种主要是夏波蒂、A76、布尔班克等引进品种，其干物质含量较高，淀粉含量适中，且还原糖含量较低，薯肉色白，芽眼外凸，有利于薯条加工过程中的清洗、去皮和去芽眼，有利于获得较好品质的薯条产品。

所以，在收购和贮藏过程中需对马铃薯原料采取直接有效的监控措施，特别是对干物质含量和还原糖含量指标的定期检测并采取有效的手段进行还原糖含量的控制对马铃薯薯条加工非常重要。

（1）**干物质含量的检测方法** 干物质含量指标的测定通常采用比重法进行，通过测定马铃薯原料的比重，根据比重与干物质的对应关系（行业经验值表3-1），可推算出干物质含量。测定时，取一定质量的样品马铃薯W（g），精确称量其在水中的净重W_1（g），计算出马铃薯的比重d。

然后，根据计算结果d的数值，对照表3-1即可判断出原料中干物质含量是否符合薯条原料的收购加工标准。

表3-1 比重与干物质含量对应表

比　重	1.080	1.085	1.090	1.095	1.100	1.105
干物质含量	19.7%	20.6%	21.2%	22.1%	23.1%	24.2%

(2) **还原糖含量的检测方法**　马铃薯原料还原糖含量的测定，理论上应按照国家标准GB/T 5009.7—2008《食品中还原糖的测定》，采用费林试剂法进行测定。但由于该方法为手工操作，样品处理、反应、测定时间较长，不利于原料收购时的快速检测，因而，国内外通常使用马铃薯油炸颜色的测定方法（简称USDA比色法）来判断还原糖含量是否符合原料要求。

USDA比色法：测定时随机抽取样品，将样品洗净后取10个块茎，分别从块茎芯部各切制出一根截面10mm×10mm的长条，共计10根。然后，使用小型控温油炸锅将食用油加热至180℃，再将切好的10根薯条放在漏勺中一起放入油锅中（约170℃）进行油炸，3min时捞出薯条，用USDA比色表对10根薯条逐条进行颜色对比，检查油炸后的颜色变化情况，其颜色超过3级的根数大于3时视本批样品为还原糖指标不合格的原料。

也可采用费林试剂法定期对储藏库中的马铃薯原料进行抽检，通过调整储藏条件以保障还原糖含量在要求范围内。近年来，国内有关厂家开发出能够较快地测定样品还原糖的全自动还原糖测定仪，也可以用于实际生产过程中对原料品质的监控。

3.2.3.2 褐变原理及控制

速冻薯条的色泽是一项重要的质量评价指标。由于马铃薯本身固有的酶系和较高的含糖量，极易发生褐变反应，根据褐变发生的机理分为酶促褐变和非酶促褐变。

(1) **酶促褐变**　多酚氧化酶（PPO，一种含铜的酶）是植物中广泛存在的一种酶，这种酶促反应除了影响加工品的色泽外，还会产生不良气味。马铃薯中存在的酚类化合物，包括木质素、香豆素、花色苷、黄酮、单宁、一元酚、多元酚等物质，一般在未受损伤、健康的马铃薯中不会有问题，但当其受到碰撞、切割、去皮等伤害或发生某种病害，暴露在有毒气体、高氧分压、离子辐射等情况下，酚类物质就会立即转变为有色的黑色素。这种由酶引起的褐变被称为酶促褐变，其主要原因是酪氨酸的浓度急剧上升。酪氨酸（Tyrosine）是一种单羟基酚，存在于马铃薯块茎内部，占干基总量0.1%～0.3%，它可被PPO氧化成不溶性的黑褐色聚合物，被称为Melanin。在这个转换过程中还会出现二羟基苯酚、二羟基苯、丙氨酸、多元喹哼、多巴色素等物质，其中后两种与鲜薯切片变红有关。

PPO在马铃薯块茎中的活性随着品种、采收停留时间、贮存时间、长芽情况等的不同而不同。

(2) **非酶促褐变**　美拉德反应也称焦糖化反应，是由于还原糖与蛋白质发生加成反应而生成黑色物质，引起产品变色。

研究发现品种对褐变的影响十分显著，在同等条件下，对夏波蒂、渭薯1号及市售品种进行比较，发现夏波蒂效果最好，其褐变强度明显低于其他品种。品种不同，多酚氧化酶活性及还原糖含量都不同。

一般刚采收的马铃薯块茎中还原糖含量几乎为零，在低温贮藏过程中还原糖含量逐步升高，可达鲜重的0.78%，这是由于磷酸化酶的作用使淀粉分解成糖。对同一品种而言，可以采用适宜的贮存方法，一方面可以使其还原糖含量不至很高，另一方面又可抑制其发芽。将经过冷藏的马铃薯置于室温（20～30℃）下2～3周再加工，还原糖含量会明显降低，或者采用10℃下贮藏，也可避免其淀粉的过分糖化。但对于酶促褐变，在加工时则必须采用一定的措施，否则将难以确保产品的最终色泽。

有资料表明，在近皮部分马铃薯组织中其多酚氧化酶活性和过氧化酶活性均比心部高，褐变强度大，所以近皮部较心部更易褐变，见表3-2。若薯条未经护色处理，在加工过程中因薯条的两端变色快和变色严重，会造成薯条两端发黄，将影响最终产品的外观品质。

表3-2 马铃薯不同部位的褐变与酶活性

品种	部位	褐变强度	多酚氧化酶（mg/g）	过氧化物酶（mg/g）
克新1号	心部	4.058	0.899	0.180
	近皮部	5.886	1.835	0.441

因此，在生产中多采用将脱皮切块的马铃薯在有护色剂的溶液中进行浸泡来防止褐变的发生，但是护色剂的选用及添加量等仍需进一步地研究。以下就几种常用护色剂对酶褐变的影响进行举例说明。

1）*亚硫酸盐对褐变的影响* 亚硫酸盐对马铃薯褐变反应的影响见图3-10。由图可以看出，亚硫酸氢钠和亚硫酸钠在抑制褐变反应的效果上均起到了明显的抑制作用。图中的吸光度表明了褐变程度，吸光度越低表明褐变程度越低。

对亚硫酸氢钠来说，随着添加量的增加（100mg/L→700mg/L）作用效果越明显，吸光度值降低了大约0.2，因此添加600～700mg/L效果最好。亚硫酸钠在相同添加量的情况下效果没有亚硫酸氢钠明显，当添加量从100mg/L增加到500mg/L时作用效果最显著，但吸光度值降低了大约0.15。

亚硫酸盐对褐变反应的抑制作用实际上是游离的SO_2对多酚氧化酶活性有抑制作用，从而防止褐变，而其作用机理有两种解释：Maneta认为主要是SO_2抑制L-酪氨酸变为3，4-二羟基苯丙氨酸；Erbs和Maris则提出是由于SO_2和中间产物邻二醌发生加成反应的结果。与亚硫酸钠相比，亚硫酸氢钠酸式盐更易游离出SO_2，故当两者的添加量相同时，亚硫酸氢钠的作用要优于亚硫酸钠。但是这两种物质的添加量不能过多，当添加量超过1 000mg/L时，可以从马铃薯条中闻到SO_2的气味。

2）*抗坏血酸对褐变的影响* 图3-11为抗坏血酸对褐变反应的抑制效果。说明添加维生素C（V_C）可以抑制酶促褐变，维生素C添加量为600mg/L时抑酶作用最好。这可能是由于抗坏血酸不仅可以改变体系的pH，同时还是一种强还原剂。

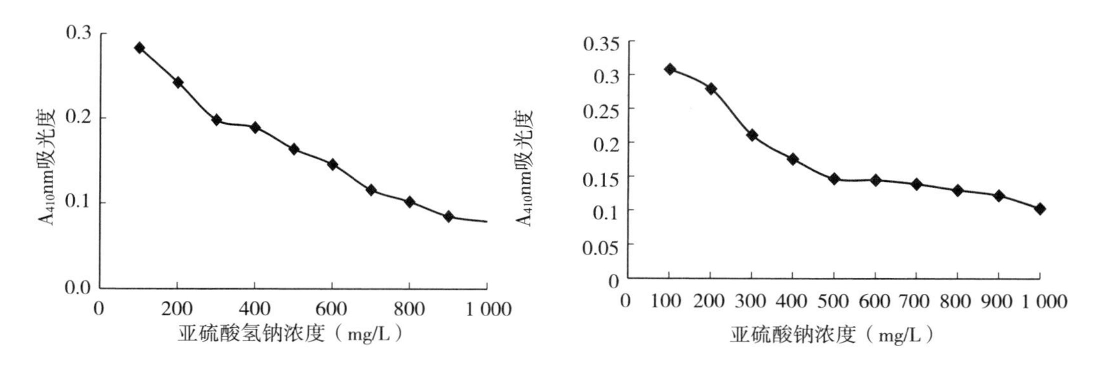

图 3－10 亚硫酸氢钠与亚硫酸钠对褐变的影响

有资料表明，抗坏血酸抑制褐变的主要机理如下：

$$邻二酚+\frac{1}{2}O_2 \rightarrow 邻二醌+H_2O$$

$$邻二醌+抗坏血酸 \rightarrow 邻二酸+脱氢抗坏血酸$$

3）柠檬酸对褐变的影响 从图 3－12 可以看出，柠檬酸（CA）的浓度从 200mg/L 增加到 2 000mg/L 时，吸光度的值变化并不显著，但随着添加量的增加其褐变程度出现先增加再降低的现象。当溶液中柠檬酸浓度为 800mg/L 时吸光度值最高，这可能是由于低浓度的柠檬酸使体系的 pH 接近于多酚氧化酶反应的最适 pH6.0（多酚氧化酶中含有 His 基团，pH ＝6.00），从而对多酚氧化酶有一定的激活作用，加剧了酶促褐变的发生；而当其浓度大于 1 200mg/L 时（pH4.8），其 pH 偏离多酚氧化酶的最适范围，此时柠檬酸可以络合多酚氧化酶的辅基铜离子而达到抑制酶活的效果。

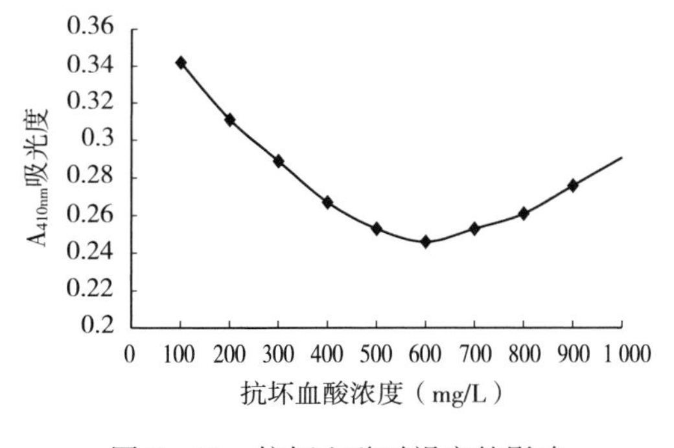

图 3－11 抗坏血酸对褐变的影响

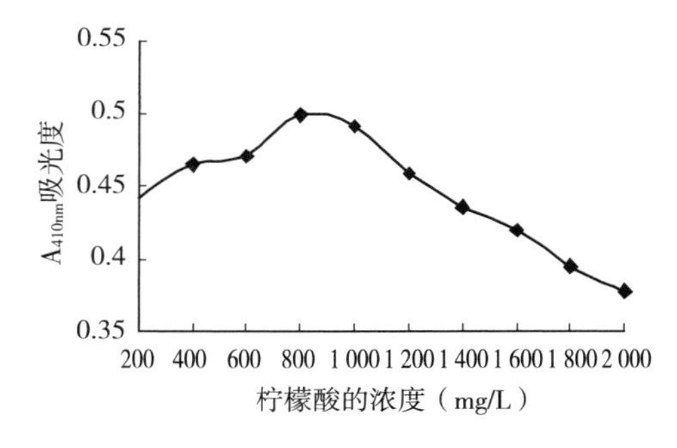

图 3－12 柠檬酸对褐变的影响

4）几种护色剂的综合使用 为了达到最好的护色效果，将几种护色剂进行组合，各种护色剂对褐变反应的试验结果如图 3－13 所示，可以看出，组合后的效果明显好于使用单一的护色剂，其主次顺序为

$NaHSO_3+V_C+CA>NaHSO_3+V_C>NaHSO_3+CA>NaHSO_3>V_C+CA>V_C>CA$。

试验结果说明，添加了柠檬酸和抗坏血酸后的亚硫酸盐体系抑制褐变的作用增强了，这是由于酸性条件下有利于 SO_2 的游离释放从而增强了其作用的结果。另外，酸性条件

下 V_C 抗氧化效果增强也在于 V_C 与柠檬酸的协同作用得到体现，也是亚硫酸盐的抑制褐变效果优于抗坏血酸体系的原因之一，还在于亚硫酸盐具有漂白作用。综合考虑到各类护色剂的护色效果和经济性，建议采用亚硫酸氢钠与柠檬酸配合使用，来达到抑制马铃薯的褐变反应，即亚硫酸氢钠500mg/L，柠檬酸1 000mg/L。

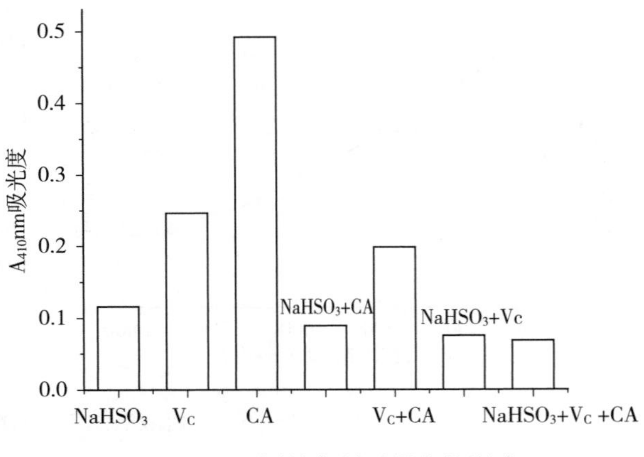

图 3-13　不同护色剂对褐变的影响

3.2.3.3　漂烫温度时间及添加剂使用量对产品质量的影响

薯条漂烫的目的在于：一方面使马铃薯的生物酶失去活性，有效降低糖分，防止薯条在后续的烘干、油炸过程中发生褐变；另一方面使马铃薯淀粉部分糊化，改变薯条的组织状态，减少油炸时表面淀粉层对油的吸收。

大量的试验研究表明，薯条在不同的漂烫温度、时间处理下对产品质量将产生较大的影响。温度过高、时间过长，就会发生过度漂烫，将会使部分薯条煮烂、表面糊化严重，易产生薯条粘网、条形不规整等弊端，不利于后续加工；然而，漂烫温度低、时间短又达不到漂烫的目的，将会造成薯条灭酶杀青不足，导致薯条氧化褐变，外观质量不合要求。

总体来讲，漂烫后的薯条要求达到通体呈半透明状态，棱角清晰，完整无断裂。一般地，漂烫温度 75～95℃，时间 5～10min 为佳。

（1）**漂烫温度对产品质量的影响**　根据试验发现，马铃薯品种不同，其漂烫的工艺条件有很大差别。淀粉含量高的品种漂烫温度不宜过高，时间不宜过长。以夏波蒂和渭薯 1 号两个品种为例，在同样预煮条件 95℃、10min 下，夏波蒂条仍保持完整不损，而渭薯 1 号条多半已断裂，因此，在实际生产中应针对不同品种选择不同的预煮工艺参数。

夏波蒂在不同漂烫温度下，其 PPO 活性的钝化和口感评定测定如图 3-14 所示，随着处理温度的升高，灭酶所需的处理时间就越短，温度从 65℃升高到 100℃后，处理时间从 18min 降低到 1min。但是，温度的升高对产品的品质是有影响的，由图 3-14 可知，要保证色泽、口感达到最佳，90℃处理的效果是最好的，此时，马铃薯条色泽淡黄，口感松脆。

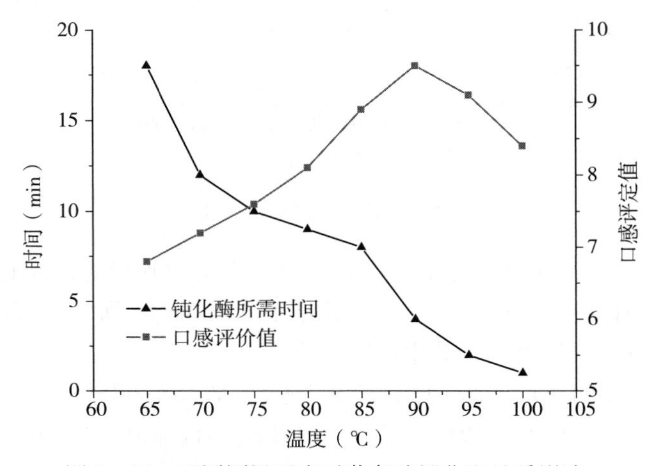

图 3-14　不同漂烫温度对薯条酶钝化和品质影响

（2）**漂烫时间对产品质量的影**

响 采用90℃为处理温度，在不同的处理时间下测定其还原糖的含量并对其品质进行评定。如图3－15所示。

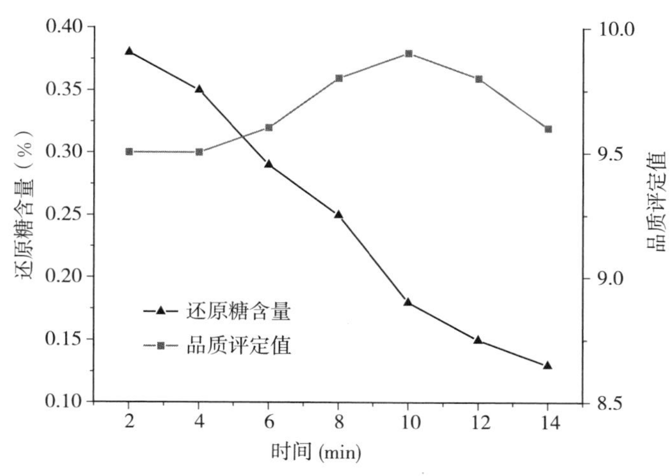

图3－15 不同处理时间对薯条还原糖含量及品质影响

由图3－15可知，处理时间越长，还原糖含量越低，这有利于保证产品的后期加工品质。但同时随着处理时间的增加，马铃薯的品质先增加后下降，这是由于过度的加热会使其变软，不利于加工。因此，选择8～12min作为处理时间是最佳的。

(3) **漂烫过程中添加剂对薯条品质的影响** 为了使产品获得更好的色泽和口感，以葡萄糖、焦磷酸钠等为研究对象，探讨其加入的形式和浓度及处理时间。

1) *葡萄糖溶液的浓度对薯条色泽影响* 见表3－3。

表3－3 葡萄糖溶液的浓度对薯条品质的影响

溶液浓度（%）	0.05	0.1	0.15	0.2	0.25
色泽	不太均匀	颜色均匀	颜色稍深	有斑点	斑点较多

如表3－3所示，浸泡于浓度为0.1%的葡萄糖溶液中，可以有效改善产品表面的色泽，使产品颜色均匀一致，而不会产生深浅不一及斑点现象。但糖浓度不宜过高，否则易发生美拉德反应又使产品表面颜色发暗，而浓度太低则无法保障产品颜色的均匀性，因此选择0.1%的浓度。

2) *焦磷酸钠对薯条品质的改善作用* 酸式焦磷酸钠（$Na_2H_2P_2O_7$，简称SAPP）在食品添加剂中属于水分保持剂，有无水物与$10H_2O$之分，$10H_2O$为无色或白色结晶或结晶性粉末，无水物为白色粉末。在浸泡的预煮液中添加SAPP，对薯条品质会产生一定的影响。

表3－4 焦磷酸钠的添加形式对马铃薯品质的影响

添加形式	色泽	口感
无水焦磷酸钠	均匀一致	发硬，口感不好
$10H_2O$焦磷酸钠	均匀一致	松脆，口感好

由表3－4可知，不同状态的焦磷酸钠均对薯条表面颜色起到了改善作用，且无明显不同，但是对产品的口感影响却较大。在工艺条件相同的条件下，预煮之后将薯条分别置于0.5%浓度的无水焦磷酸钠和$10H_2O$焦磷酸钠溶液中浸泡10min，比较最终产品品质发

现，经 $10H_2O$ 焦磷酸钠处理过的薯条，进行深度油炸后酥脆度要明显好于无水焦磷酸钠，而采用无水焦磷酸钠处理过的薯条进行深度油炸后表面发硬，口感不好，而其原因目前还不清楚。

3）焦磷酸钠浓度及处理时间对产品品质的影响　从理论上讲，焦磷酸钠浓度越高、浸泡时间越长，效果越好，因此，针对实际生产过程中预煮的情况，以浓度和时间为两因子，各选择 3 个水平进行实验，试验结果如表 3－5 所示。

由表 3－5 可知，浓度 0.3％的 $10H_2O$ 焦磷酸钠对产品品质影响不大，0.5％和 0.7％的浓度都能得到口感和色泽较好的产品，但是 SAPP 属于钠盐，浓度过高、时间过长会使其有一定的咸味，所以，综合考虑上述因素，建议在生产中选择浸泡液浓度为 0.5％，处理时间为 15min。

表 3－5　各种组合下的试验结果

因子	浓度（%）	时间（min）	品质评价结果
处理Ⅰ	0.3	10	9.2
处理Ⅱ	0.3	15	9.3
处理Ⅲ	0.3	20	9.3
处理Ⅳ	0.5	10	9.5
处理Ⅴ	0.5	15	9.8
处理Ⅵ	0.5	20	9.7
处理Ⅶ	0.7	10	9.7，稍有咸味
处理Ⅷ	0.7	15	9.8，稍有咸味
处理Ⅸ	0.7	20	9.7，太咸

4）$CaCl_2$ 对产品品质的影响　品质良好的薯条不仅要有好的色泽，也应经油炸冷冻后具备一定的外观形状，这样才能保证良好的外观。薯条经油炸后会缺乏一定的坚挺度和形状，在此浸泡过程中采用添加 Ca^{2+} 的方法改变薯条的硬度，从而保持薯条的形状。

表 3－6　$CaCl_2$ 对马铃薯品质的影响

溶液浓度	0.1%	0.2%	0.3%	0.4%	0.5%
口感	变化不大	硬度稍有增加，酥脆	硬度稍有增加，酥脆	太硬，缺少酥脆感	太硬，缺少酥脆感

如表 3－6 所示，添加 $CaCl_2$ 以后薯条表面硬度增强且随 $CaCl_2$ 浓度的增加硬度增强，而酥脆度则减弱。因此，Ca^{2+} 浓度并非越高越好。由试验可知，Ca^{2+} 的最佳添加浓度为 0.2％～0.3％。

3.2.3.4　烘干温度及时间对产品质量的影响

烘干的目的即除去薯条中的部分水分，而更易于油炸。烘干是薯条加工工艺流程中最为关键的一步，它直接影响到薯条产品的最终品质。烘干程度严重，薯条水分散失过多，在经油炸后薯条表面易形成硬壳，影响口感；若烘干程度不够，给下一步的油炸工艺造成不必要的负担。

影响烘干效果的因素主要是烘干温度、时间及均匀性。在相同的时间内烘干温度越高，水分散失速率越快，最终含水率越低；而在相同的烘干温度下，烘干时间越长，水分含量越低。如何合理地调控烘干温度及时间，选择最佳烘干温度和时间，控制好薯条的含水量是烘干工序的关键点之一。

就单根薯条而言，在烘干过程中由于体外的干燥温度高于体内，体内水分由含量高处向低处的移动，即水分由中心向表面移动并逐渐散失。若烘干温度过高，水分散失速率过快，薯条表面水分迅速丧失，而内部水分移动速度较慢，不能及时补充表层散失的水量，就会在薯条外表层逐渐形成一层硬壳。有时虽未发现硬壳的存在，但实际上硬壳已产生，表面形成致密的膜状，进一步阻止了薯条内部水分的蒸发，油炸时表层会有起泡现象发生，严重者硬壳加厚，导致同内部组织分离，这样的产品经冷冻后再次深度油炸时更易发生回软现象。

烘干过程中烘干的均匀性是本工序的难点。因为，在烘干过程中，薯条水分散失的程度与其水分分布梯度、烘干时气温和薯条表面的温度差等因素有关，同时，马铃薯块茎各部分水分含量不完全相同对薯条的烘干造成一定的影响。表 3－7 为一样品马铃薯块茎不同部位的水分分布实测值，不同部位其含水量指标值最大相差约 8.4 个百分点。

表 3－7　马铃薯块茎中各层的成分（%，湿基）

	从外表到中心的块茎分层（以 3mm 分）						
	1	2	3	4	5	6	7
水分	77.4	70.4	69.07	70.4	71.3	72.9	76.3
干物质	22.6	29.6	30.3	29.6	28.7	27.1	23.7

烘干前原料含水量不同，形成较大的水分梯度将会导致烘干后薯条产品烘干效果的不均匀性；如果再考虑烘干设备腔体内气流分布、温度分布以及物料摊铺方式的不同，均会对烘干效果造成较大的影响。因此，不同的薯条甚至同一薯条不同的部位其烘干的效果也会存在较大的差异。

为获得较均一的烘干效果，需要选用合适的烘干温度及烘干强度，保证水分在薯条内部迁移比较均匀，烘干后表面水分同心部水分相差不是很大，不会导致表面形成硬壳，薯条油炸后表面质量和颜色也比较理想。

以下针对不同温度、时间下薯条降水率的变化情况，以及预烘干时间与烘干温度、时间对薯条干燥过程的影响情况进行分析。

（1）不同温度、时间下薯条降水率的变化情况　如图 3－16、图 3－17 所示，降水率随着烘干温度的增加和烘干时间的延长而增加。为了得到良好品质的马铃薯条，烘干去除部分水分有利于油炸工艺对薯条品质的保障，但薯条水分散失过多，油炸后薯条表面易形成硬壳，影响口感；但若烘干程度不够，会增加油炸的过程，从而影响产品品质。一般来说，烘干需要使降水率达到 5%～10%，因此，如何合理地利用烘干温度及时间，控制好

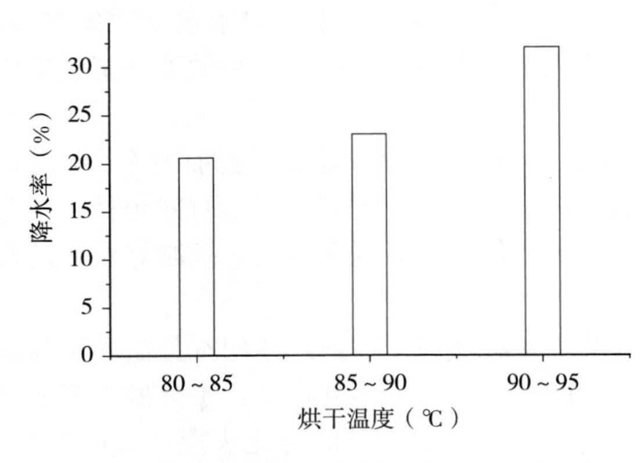

图 3-16 不同温度条件下烘干 30min 的降水率

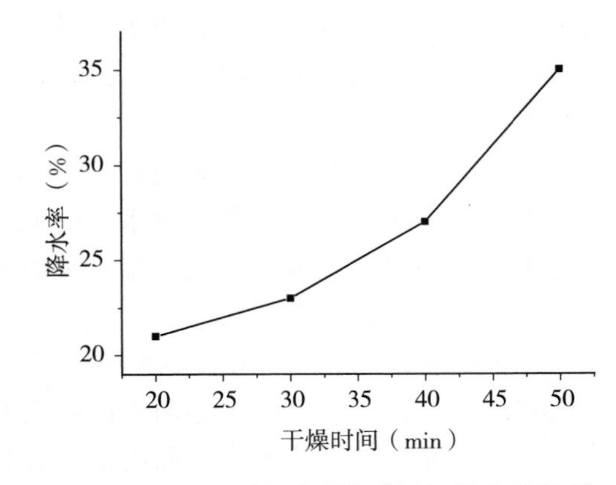

图 3-17 85～90℃下干燥时间与降水的关系

薯条的降水量成为生产良好品质薯条的关键，通过上面的试验，选择 80～95℃、20～30min 的范围进行下一步的正交实验。

（2）**预烘干时间与烘干温度、时间对薯条干燥过程的影响** 通过试验发现，薯条漂烫后直接烘干，由于薯条内大量自由水的存在，会给烘干带来额外的负担。

若在烘干之前首先去除薯条表面的部分表面水，烘干效率会有很大提高。为此，笔者设计了正交试验来确定最佳烘干工艺及最佳烘干温度及时间（表 3-8），同时采用 60℃下预烘干，以烘干过程中薯条本身的降水量及外观性状作为评价指标。试验结果如表 3-9 所示。可以看出影响降水率的最主要因素是烘干温度。

表 3-8 烘干试验设计

因素	风干时间 A（min）	烘干温度 B（℃）	烘干时间 C（min）
水平	0	80～85	20
	5	85～90	30
	10	90～95	40

表 3-9 正交试验分析表

试验号	A	B	C	降水量（%）
1	1	1	1	19.24
2	1	2	2	23.0
3	1	3	3	35.8
4	2	1	2	24.88
5	2	2	3	35.0
6	2	3	1	31.2
7	3	1	3	28.2
8	3	2	1	27.56

（续）

试验号	A	B	C	降水量（%）
9	3	3	2	47.65
Ⅰ	78.04	72.32	78	T=Ⅰ+Ⅱ+Ⅲ=272.53
Ⅱ	91.08	85.56	95.53	
Ⅲ	103.41	114.65	99	
Ⅰ-3	26.01	24.11	26	
Ⅱ-3	30.36	28.52	31.84	
Ⅲ-3	34.47	38.22	33	
极差	8.46	14.11	7.00	

正交分析直观图如图3-18、图3-19、图3-20所示，在设定的预烘干时间和烘干温度下，预烘干时间越长、烘干温度越高，越利于降水率增加，但是对烘干时间却并非如此，时间过长降水率并无明显增加，这是由于水分测定是在烘干后静置30min之后进行的，在此期间内过分干燥的薯条在空气平衡湿度的作用下发生回潮现象，从而导致此种现象的产生。因此烘干时间要在30min之内。在满足一定降水量的要求下，干燥时间越短所需要的干燥温度就要求越高。

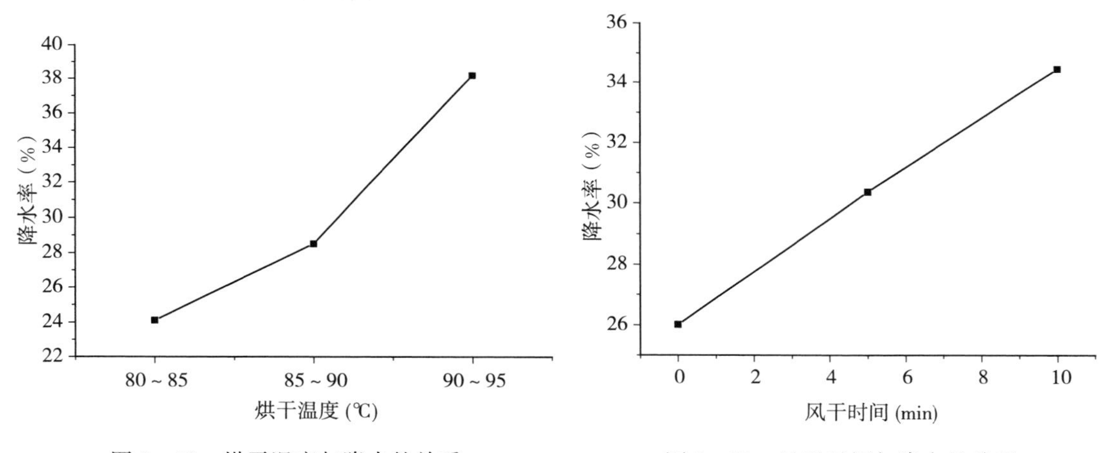

图3-18 烘干温度与降水的关系　　图3-19 风干时间与降水的关系

烘干温度过高，水分散失速率过快，薯条表面水分迅速丧失，外表层形成一层硬壳，表面形成致密的膜状，阻止了薯条内部水分的蒸发，油炸时表层会有起泡现象发生，严重者硬壳加厚导致与内部组织分离，更易发生回软现象。

不难看出烘干前首先将薯条进行预烘干除去部分表面水分是非常有必要的，它既可有效提高烘干效果，又能加速内部水向表面的移动速率。由试验得出最佳干燥条件为：60℃预烘干约5 min，85～90 ℃烘干约20 min，此时薯条水分降低约25%。

3.2.3.5 油炸对薯条品质的影响

通常薯条加工所用油为棕榈油。

油炸工段的作用是进一步降低薯条的含水量，同时在油脂的作用下产生良好的风味。在油炸过程中，油温及油炸时间对薯条品质也有很大的影响。只有符合要求的烘干薯条进入油炸机中，经油炸加工才能达到提高产品成品率、降低成本的目的。

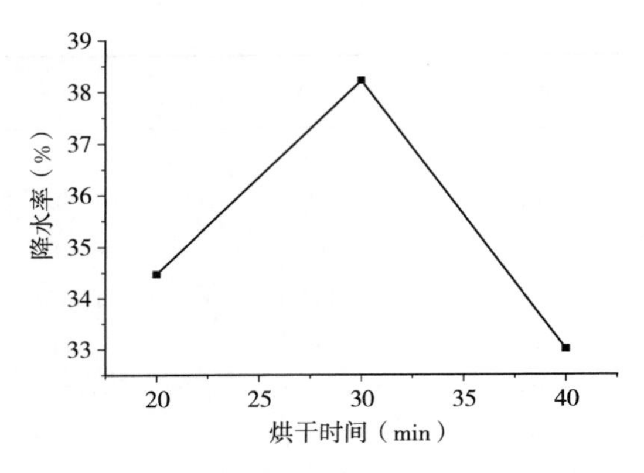

图 3-20　烘干时间与降水的关系

当薯条经油炸后含水量在 60%～70%，外表呈白色或黄白色，表层无气泡、焦硬现象时即达到产品的要求。如果是黄肉原料，油炸后薯条呈黄色，尖端部分允许有少量焦色。一般情况下，油温选择越低，油炸时间越长，产品的含油量相对较高；油温越高，油炸时间越短，产品含油量相对较低，但油温过高对油的品质会产生不良的影响，降低油的使用寿命，因此，油炸温度及时间应进行合理搭配。

表 3-10　各温度下油炸产品的含油量及品质评定

温度（℃）	150	155	160	165	170	175	180	185	190
含油量（%）	8.92	8.26	7.25	6.84	5.67	4.78	4.35	4.01	3.84
感官评分	6.8	7.0	7.5	8.7	9.2	9.4	9.1	8.8	8.5

由图 3-21 和表 3-10 可知，油炸温度越高，所需要的油炸时间越短，且随着油炸温度升高时间缩短，含油量低，但含油量太少又缺少特有的油脂气味，因而，需要选择适当的参数。

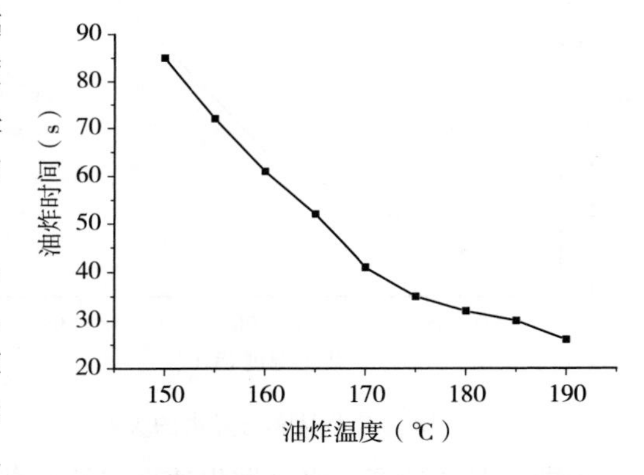

图 3-21　不同油炸温度下所需要的油炸时间

油脂变化的产物主要为多种羰基化合物，这种产物自身可以参加构成食品的煎炸香气，同时可与原料中的氨基化合物反应，生成了挥发性香气物质。值得一提的是，不同油脂煎炸同一原料，可以获得不同的香气，这主要与各油脂的脂肪酸组成不同和所含风味物不同有关，油炸食品的特有香味成分被确定为 2，4-葵二烯醛。

由试验可知（表 3-10），含油量应控制在 5%左右，此时品质评定的感官评分最高，因此，一般选择 170～175℃、油炸时间 35～40s，此时，能得到含油量较低而风味最优的产品。不同品种的马铃薯原料，其加工薯条时最佳的油炸温度和油炸时间是各不相同的，需要工艺实验进行调整。

此外，需要注意的是：煎炸油在长时间的高温状态下会发生酸价、过氧化值等指标升高的现象，如果酸价或过氧化值超过食用标准则必须进行更换新油。为防止煎炸油氧化酸败，在生产工艺允许的前提下降低油炸温度对提高油的品质、防止劣化、降低成本很有帮助。

以上几道工艺环节是整个生产线的关键，直接决定产品的质量，而各个工艺参数之间又相互影响，因此，在生产中，应根据实际情况灵活进行调整配合，以保证最佳的产品质量。

3.2.4 速冻薯条产品质量标准

迄今为止，速冻薯条产品在我国尚未制定有相应的国家和行业标准，各生产企业自行制定产品的企业标准，供生产经营活动中执行。

（1）**感官要求** 见表3-11。

表3-11 感官要求

项目	要求
气味	具有薯条的特殊香味，无油哈喇味及其他异味
形态	条形整齐，冷藏状态下允许有轻微的冻粘连和有微量的冰晶体，可以有5%的碎屑
色泽	色泽基本均匀，无油炸过焦的颜色
杂质	无肉眼可见的杂质、异物

（2）**理化指标** 见表3-12。

表3-12 理化指标

项目	指标
水分（%）	60～70
脂肪（%）≤	8
SO_2 残留量（g/kg）≤	0.01
焦磷酸钠含量（g/kg）≤	1
酸价 [以脂肪计，（KOH）mg/g] ≤	3.0
过氧化值（以脂肪计，g/100g）≤	0.25

（3）**微生物、有害金属限量** 需要指出的是，菌落总数和大肠菌群指标是参照国家标准GB 19295—2011《食品安全国家标准 速冻面米制品》之规定（表3-13），而不是人们所认为的油炸食品卫生要求。

表3-13 微生物限量及有害金属限量

项目	指标
菌落总数（cfu/g）≤	100 000
大肠菌群（cfu/g）≤	100
致病菌（指肠道致病菌及致病性球菌）	不得检出
砷（以As计，mg/kg）≤	0.5
铅（以Pb计，mg/kg）≤	0.5

(4) **包装与贮藏** 薯条产品的包装容器和材料应符合国家相关的卫生标准和有关规定。产品应贮存在−18℃以下的冷藏库内，温度波动要求控制在2℃以内。不得与有毒、有害、有异味的物品或其他杂物混贮。在符合标准规定的包装、运输、贮存条件下，−18℃冷藏保质期18个月。

3.2.5 马铃薯速冻薯条加工专用设备

3.2.5.1 切条设备

薯条加工中的切条设备主要有两种，一种是机械式切条机，另一种是水力切条机，经过拣选、去皮、修整后的块茎进入切条机，被切成要求尺寸的长条。

(1) **水力切条机** 水力切条机是一种先进的切条设备，能够按照薯茎长度方向切出更长的直条，截面尺寸更为准确，而且碎条率较低。

1) *水力切条机的主要结构* 一套水力切条机包括如下几大部分：

①循环物料泵。这是用来输送马铃薯的专用泵，马铃薯可以和水一起通过该泵，使马铃薯在管道中产生一定的速度和压力而顺利通过塔形组合刀具。该泵的输送能力较大，但在该处最大输送量不应超过6 000kg/h，否则会引起马铃薯的破碎。马铃薯的长度应不大于150mm，直径不大于80mm。过长也会引起破碎的增加，直径过大，马铃薯则通过困难，若加工较大马铃薯则需选用更大通道的泵。

②导向锥管。第一级导向，它和切刀室中的渐缩管配合将马铃薯沿长度方向导引，进入第二级导向，即进入橡胶渐变管。

③切条刀室。在切刀室中安装有一个带有渐变管的管架、一组塔形组合刀具及一套用于快速锁定刀具和管架的机构。如图3-22所示。

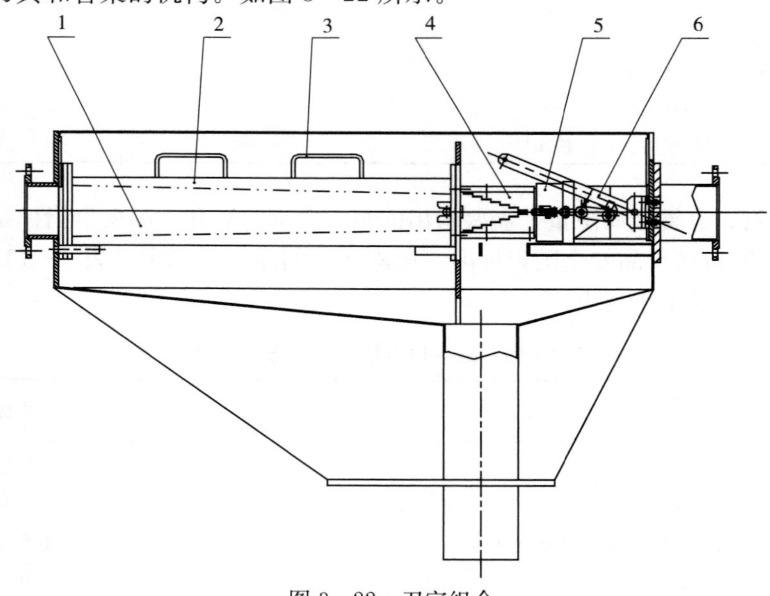

图3-22 刀室组合

1. 渐变管 2. 管架 3. 提手 4. 塔形组合刀具 5. 辅助固定装置 6. 快速锁定机构

④水流减速器。用于将高速的水流减速，防止脱水时高速的水流造成薯条的损害。

⑤脱水筛。将水和薯条分离，水循环使用，薯条进入下一工序。本机采用重力脱水筛完成脱水工作。

⑥回水贮罐。经重力曲面筛分离出的水进入该罐，同时工作过程中损失的水量也在该罐中得到补充，使系统的水位保持不变，满足生产需要。

⑦输送槽（物料喂入口）。是回水贮罐和缓冲贮槽的连接段，也是该机的物料喂入口。

⑧缓冲贮槽。底部有物料输送管，也是物料泵的供水槽。

⑨水流传感器。用于检测水流的速度，以便判断系统是否发生塞堵，当系统发生塞堵时水泵自动停机，此时故障灯亮，需要操作人员排除故障后，按下复位按钮，重新开机。

用水力切条机可以将马铃薯及其他根茎类的蔬菜切成条形、薄片或扇形等。

2）*水力切条机的工作原理* 水力切条机由马铃薯泵、橡胶导向管、组合切刀、重力曲筛和回水箱组成。工作时按尺寸大小分级贮藏的原料，用水流传送到切条机的进料槽，进料槽同重力曲筛下的回水贮罐相连接。一台专用的物料泵，将马铃薯连同水一起泵出进料槽，水流用做传送介质，通过管道马铃薯被传送到切刀室中。在切刀室中，有一个圆锥形的管将马铃薯定位，在压力的作用下马铃薯沿长度方向通过塔形组合刀具，完成形状的切制。薯条和水流的速度通过减速器减速后，再由重力曲筛完成薯条和水流的分离。水和薯条的速度必须被减下来，否则在薯条脱水时，较高的流速将对薯条有损害作用（图3-23）。

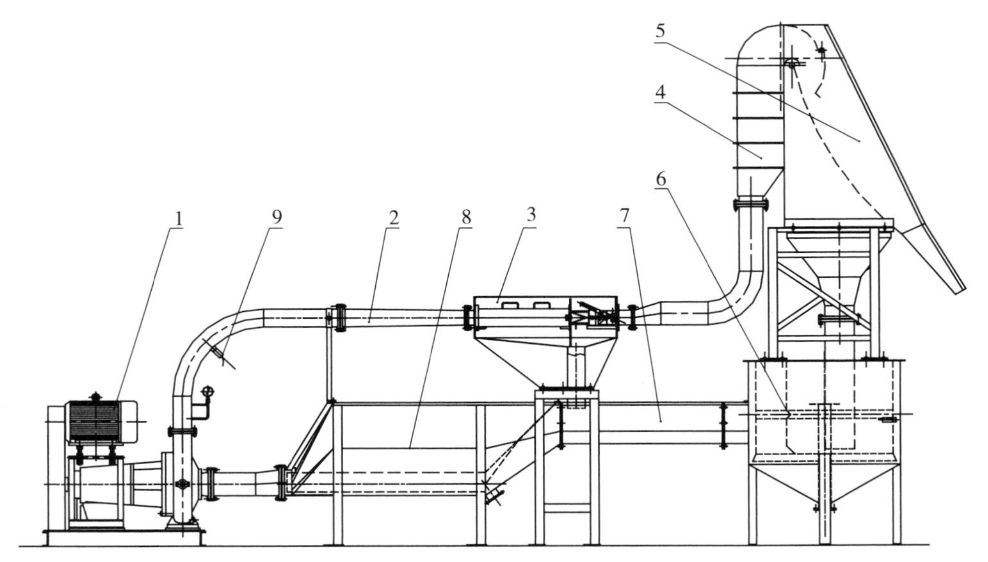

图3-23 水力切条机总体布置图

1. 循环物料泵 2. 导向锥管 3. 切条刀室 4. 水流减速器 5. 脱水筛 6. 回水贮罐 7. 输送槽 8. 缓冲槽 9. 水流传感器

水力切条机的另一个优点是薯条在水中完成切割，不与空气发生接触，因此薯条表面不会产生氧化褐变；并且，由于水流的作用，切条时在薯条表面产生的游离淀粉大部分能够被冲洗下去，有利于后续的加工。

(2) **机械式切条机** 机械式切条机是利用机械装置产生的离心力作用在薯茎上，利用切割装置先切制成片，再切制成条。因为离心力的作用和结构限制，切制的薯条要么不能按长度方向切割，要么存在一定的弧形弯曲，甚至出现菱形、楔形条。所以，机械式切条机一般只用于小型加工规模。

1）*机械式切条机的主要结构* 机械式切条机主要由进料斗、推进叶轮、离心腔体、定刀装置、动刀装置、电机与传动装置及机架等部件组成（图3-24）。

2）*机械式切条机的工作原理* 进料斗将马铃薯送进推进叶轮的中心部位，电机和传动机构使叶轮产生较高速度的旋转，薯茎由于叶轮离心力的作用紧贴在腔体圆周弧板上，随推进叶轮一道旋转，经厚度导向板后，遇到定刀装置后被切制成片状，成片状的原料被连续地推至动刀装置处，由旋转的动刀切制成条状后排出机体。

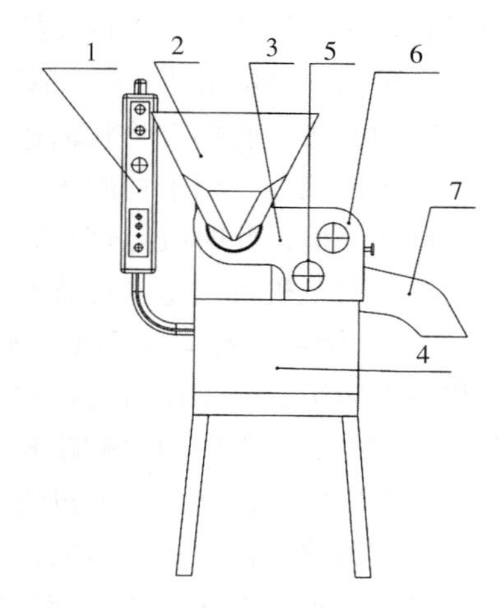

图3-24 立式切条机
1. 电控开关 2. 进料斗 3. 机体 4. 电机
5. 切片刀 6. 切条刀 7. 出料口

在切制不同规格的薯条时，首先要使用旋钮调整厚度导向板与离心腔体之间的间隙，即调整切片的厚度，通过试切检验厚度是否合适，然后选择对应规格的动刀装置，安装完毕后检验切割效果。

影响机械式切条机切条质量的因素主要有推进叶轮的转速、厚度导向板的稳定性、动刀辊的转速和结构以及切刀刃口的质量。机械式切条机工作状态的调整非常关键，调整不当时会产生大量的菱形条、薄片条、楔形条甚至碎条，造成原料的浪费。

3.2.5.2 分级设备

马铃薯完成切制成型后，在薯条中混有一定数量的碎屑、短条、薄片等不规则形状的薯条。为了提高产品质量，需要将它们与合格薯条分离开来，另行处理。薯条加工所用的分级设备主要包括薯条的长度分级机和厚度分级机两类。

(1) **长度分级机** 长度分级机主要用于条状物料（薯条）的长度分级工序。该机型采用振动分级和概率筛原理进行设计，将脱水后的切条按照长度进行分级，将长度小于规格要求的碎条和短条分离出去，由废条收集箱接受，长度合乎要求的薯条进入下一道工序。

1）*长度分级机的主要结构* 长度分级机主要由机架、上层筛板、下层筛板、废料斗、减震弹簧及振动电机等部件组成。设备的主要结构见图3-25。

2）*长度分级机的工作原理* 长度分级机是根据振动原理采用概率分布进行设计和分级工作的。分级筛板分为上、下两层，按照薯条长度的概率分布对上层筛板的网孔进行适当配置，使薯条原料在上、下两层筛板上平均布料，提高对原料的处理能力。薯条进入筛板后，同时由于振动电机产生的振动力作用在网板面上，使薯条作平行前移的平掷运动；同时由于网孔的不同分布和组合，一部分薯条从上层网面被分配进入到下层网面，并在下层网面上完成分级工作；剩余部分则在上层网板上完成长度分级任务，这样长度不合格的

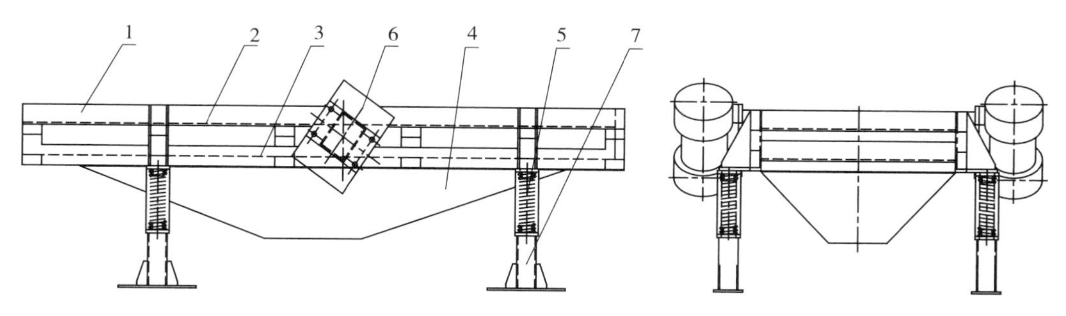

图 3-25 长度分级机结构简图

1. 筛板架 2. 上层筛板 3. 下层筛板 4. 废料斗 5. 减震弹簧 6. 震动电机 7. 弹簧支架

薯条将经过网板上的筛孔滑落到废料斗中被收集起来，达到分离短条和碎条的目的。

分级机的振幅调整很重要。振幅调整过大时会产生向上的抛掷运动，导致较长的薯条被抛起后直接落入板孔中随废条一起被收集为边角料，使原料成本上升；振幅调整过小时，分级机的生产率达不到要求，甚至产生堵料现象。

(2) 厚度分级机 厚度分级机主要用于马铃薯在切制成条时可能产生厚度小于切条规格要求的情况下。这种情形主要有两种，一是切条时产生的薄条，二是厚度不合要求的边角条。

1) 厚度分级机的主要结构 厚度分级机主要由输送辊、间隙调整机构、动力传动机构及废料收集斗等部件组成。

2) 厚度分级机的工作原理 厚度分级机的工作原理主要是利用输送辊之间的间隙将厚度不合格的薯条漏落下来后收集，合格薯条沿输送辊上表面继续前行，实现物料的分离或分级。

工作时输送辊在动力传动机构的作用下同时作向前输送的运转，薯条被送到由若干个输送辊组成的输送面，随着辊的转动向前移动，输送辊之间的间隙就是分级的规格，厚度小于该间隙的薯条被分离出来。可以通过改变输送辊之间的间隙，达到调整分级规格的目的。

对于厚度分级机性能而言，保证所有输送辊之间间隙的一致和输送辊有效送料（不夹料）是两个最关键的因素。

3.2.5.3 漂烫设备

漂烫设备主要用来对马铃薯（果蔬）进行漂烫杀青灭酶，防止马铃薯（果蔬）在加工过程中的褐变产生，起到软化组织、表面护色的作用。薯条生产中常采用连续进料的网带式漂烫机和螺旋式漂烫机。

(1) 网带式漂烫机

1) 网带式漂烫机的主要结构 网带式漂烫机通常采用蒸汽直接加热、网带输送的方式，因此结构简单，成本低。主要结构由：浸泡槽机体与机架、输送网带、护料侧板、蒸汽分配管系统、减速电机与传动、线性气动薄膜调节阀、温度传感器与电器控制等部件组成。图 3-26 为常见的网带式漂烫机简图。

2）网带式漂烫机的工作过程

开始工作前，利用气动薄膜调节阀和温度控制等部件启动加热系统，将蒸汽通过分配管嘴送入到充满水的浸泡槽体中，对漂烫水均匀加热至要求温度，其后水温由温度控制装置进行自动调控。薯条进入漂烫槽落于输送带网面上，网面在电机的作用下连续地向前移动，漂烫水对薯条进行高温漂烫。在传送带的两侧安装有护料板，防止产品从边缘掉入到槽底。这些导向板由聚四氟材料制成，可以防止产品的粘连。输送网带的后段为一爬升网面，薯条随网带脱离水面并输送到后续设备中。

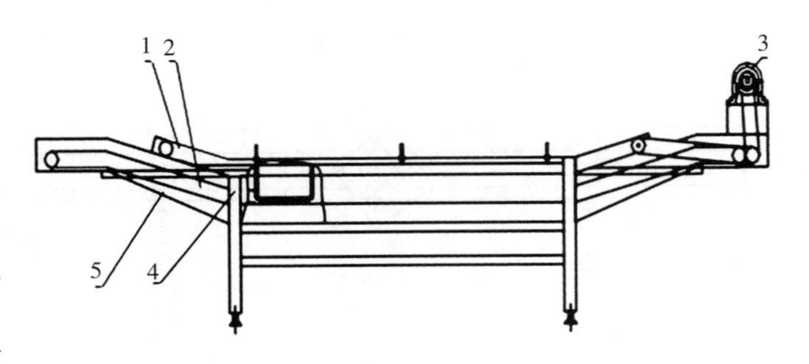

图 3－26　网带式漂烫机简图

1. 上网带总装　2. 下网带总装　3. 电机　4. 底架　5. 水槽

因为薯条在漂烫过程中与网面相对静止，造成薯条之间也相对静止，因此，相互接触的薯条表面不易受热，可能产生漂烫不匀的现象。这是网带式漂烫机的结构缺陷。

（2）螺旋式漂烫机

1）螺旋式漂烫机的主要结构　螺旋式漂烫机主要由：机体与机架、螺旋叶片、圆弧网板、出料翻斗、减速电机与传动、气动薄膜调节阀、蒸汽分配管系统、温度传感器与电器控制等部件组成。见图 3－27。

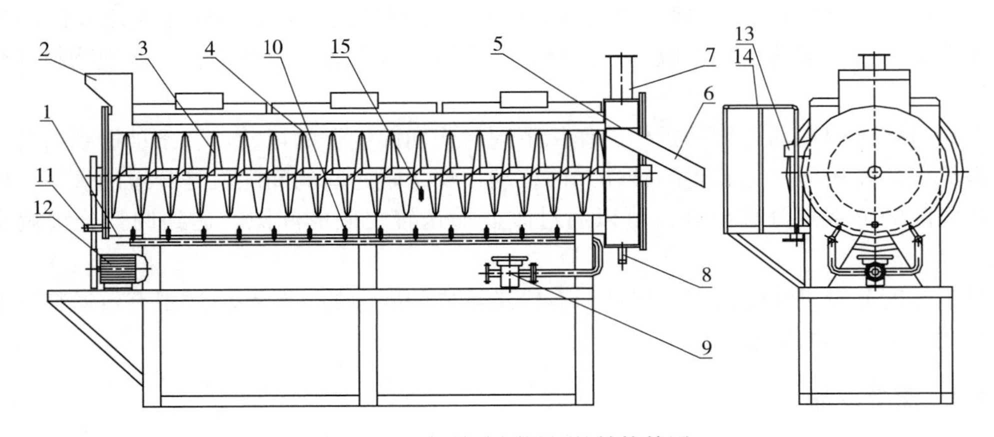

图 3－27　螺旋式漂烫机的结构简图

1. 机体架　2. 进料斗　3. 螺旋叶片　4. 圆弧网　5. 出料翻斗　6. 出料斗　7. 排汽管　8. 排污管口
9. 气动薄膜调节阀　10. 蒸汽分配管口　11. 进水管口　12. 减速电机　13. 溢流管口　14. 操作台架
15. 温度传感器

2）螺旋式漂烫机的工作原理　通常以蒸汽为热源，由管路送至气动薄膜调节阀经分配管与排汽孔进入漂烫机容腔底部，对腔体内的漂烫液进行加热至适宜的温度；经切条（切片、切段）的马铃薯（果蔬）原料从喂料口进入到漂烫机内的螺旋推进器中，由于螺旋作用物料在一定温度的漂烫液中产生旋进式的向前移动，经过一定时间后由出料斗送出。螺旋推进器由螺旋叶片和外层圆弧网板组成，外层网板随螺旋叶片整体转动，物料在其内部由于螺旋叶片的导向和转动向前移动，形成旋进方式，克服了常见的螺旋与机体之间因旋转对物料产生的伤害。机体底部分布两排喷气孔和蒸汽管道，保证在机体轴向方向对漂烫液的均匀加热，满足温度均匀分布的要求。

本机可根据不同物料的特点和加工工艺，调整螺旋速度，以满足不同物料在不同漂烫温度的情况下对漂烫时间的要求。

螺旋式漂烫机的加热也可以采用外循环方式进行。加热时腔体内的漂烫液由水泵抽出到管道中，经汽水混合器（或热交换器）进行加热后从分配管口处进入腔体，实现对物料的加热过程。漂烫液的温度由温度传感器测定后反馈到控制器，根据温差的大小按比例确定蒸汽阀门的开启程度，达到稳定、平衡的要求。

3.2.5.4 调理设备

调理机主要用来对马铃薯物料在调理液的作用下进行表面组织结构调理，改善物料的品质及表面颜色的均匀性，达到加工工艺所要求的某些特殊标准。

1）*螺旋式调理机的主要结构* 螺旋式调理机主机结构部件主要有：机体与机架、螺旋输送叶片、出料翻斗与出料口、减速器与齿轮传动、电机与变频调速器、液位控制器、进液/水管路与阀门、操作台等，见图 3－28。

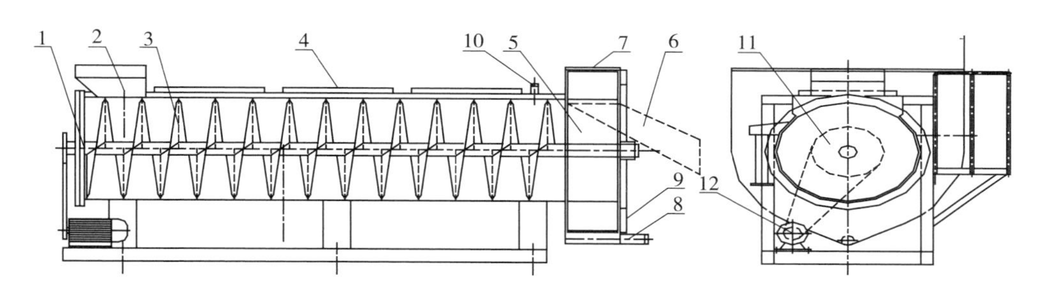

图 3－28 调理机结构简图

1. 机体架 2. 进料斗 3. 螺旋叶片 4. 腔体盖 5. 出料翻斗 6. 出料斗 7. 翻斗盖板 8. 放水管口 9. 排污清理窗口 10. 进水（进液）管口 11. 传动齿轮 12. 减速电机

2）*螺旋式调理机的工作原理* 经切条（切片、切段）的马铃薯原料从喂料口进入到调理机的内腔中，在螺旋推进作用下物料在一定温度的调理液中以旋推式向前移动。薯条的相对移动，有利于提高浸泡的均匀性。此机可根据不同物料的特点和加工要求，调整螺旋速度，以满足不同物料对调理浸泡时间的要求，适合于生产线配套。如果调理工艺要求在一定的温度下对物料进行浸泡处理，则对调理液可以采用外循环方式进行换热控温，与漂烫机的循环加热基本一致。

通常以调配罐（2 个）、卫生泵和管路等作为辅助装置。调配罐为直径一定的不锈钢罐，配置有蒸汽加热管、搅拌叶片、电机等部件，罐内加水后由蒸汽加热管加热至适宜温度，人工添加适量的调理剂后进行充分搅拌，制成工艺要求的调配液，然后由卫生泵输送到调理主机中对物料进行浸泡调理处理。两个调配罐轮换调制，保证适时供应主机所需的调配液。

在工作过程中，浸泡液会消耗减少，浓度也会下降，需要根据具体情况用搅拌罐内的备用溶液予以补充。浸泡液长期使用时，有可能因细菌的污染而变质，需要根据实际情况全部或部分更新。

3.2.5.5 烘干脱水设备

根据工艺要求，漂烫后的薯条应进行烘干脱水处理，使薯条脱除去一部分水分，并达到水分分布均匀、表层无硬壳、无焦干的要求。因此，在生产中通常采用网带式烘干机进行脱水处理。

（1）**网带式烘干机的主要结构** 网带式烘干机分为单层和多层网带形式，总体结构基本相同，主要由烘干箱体、输送网带、循环风机、热交换器、排湿风机、电器控制等部件组成。

1）烘干箱体 充填保温材料的箱体与循环风机、风道等构成保温隔热的腔体。

2）输送网带 承载并输送薯条，达到输送过程中完成烘干脱水的过程。

3）循环风机 将加热后的空气吸入并排出，与箱体、风道等形成均匀的气流组织，对网带上的薯条进行加热干燥。

4）热交换器 其作用是将锅炉送来的蒸汽通过管道及其表面压合的金属翅片，与流过的空气进行热量交换，达到加热空气的目的。

5）排湿风机 将加热箱体中的空气抽出并排出，使热空气维持一定的干燥程度，达到干燥脱水的效果。

6）电器控制 一方面控制网带运行速度，调控干燥的时间；另一方面对烘干温度进行测定和调控，以及对所有电机的运行进行保护和控制。

（2）**网带式烘干机的工作过程** 网带式烘干机通常制作成若干个通风加热单元的箱式结构，输送网带串穿于其中。每个通风加热单元基本部件相同，气流组织相对隔离，气流方向也可以相互交错。在工作中，先开启循环风机，然后对换热器送入蒸汽，箱体内的空气在流动过程中被加热到所需的温度。在风机和风道的作用下，在箱体内产生均匀的气流组织，气流由下向上或由上向下穿过网面并对网面上的薯条进行干燥脱水。为了减少热能消耗，穿越网带的气体可以重新回到循环风机进口，重新加热成热空气，回收热空气的余热，循环利用。为了保证干燥效果，防止循环空气的湿度过高，必须排除一定数量的热空气，同时补充引入干燥的室内空气，维持热空气在一定的湿度下，有利薯条在干燥时水分的蒸发。所以，排湿风机连续不断地将部分湿空气抽出箱体，并排至室外。

为了提高热能利用率、减少设备占地面积，输送网带可以做成多层网带结构形式，薯条从上层网带前行后掉入下一层网带反向运行，形成多层往返输送过程。因此，在相同的烘干时间内提高了薯条的运行速度，同时增加了薯条的翻转次数，有利于提高烘干的均匀程度。

采用单元机构的带式干燥机其烘干温度可以分区控制，实行变温烘干。这样既可实现设备生产能力的最大化，同时又能保证产品不会因为温度原因造成产品变色烧焦等现象。

烘干是本工段最为关键的工艺环节，直接影响薯条产品的最终品质。烘干机网带的材质、机构形式以及烘干的温度、时间等因素都会影响到产品质量。薯条烘干过程中应重点注意网带粘料和烘干均匀性等问题，适时调整工艺参数以保障最终产品质量的均匀一致性。

3.2.5.6 油炸设备

速冻薯条的油炸工序要求设备不仅能满足油炸过程中的热量交换以及连续、均匀地完成薯条的油炸操作；而且，还应具备对油煎炸过程中产生杂质的自动、有效去除功能，以保证煎炸油的品质，提高煎炸油使用寿命。此外，还应具有便于清洗的综合功能。

（1）油炸机的主要结构 薯条油炸机作为一个系统，主要由油炸主机、自动除渣机、精滤机、螺旋板式换热器、循环油泵、贮油罐、输油管路等组成。图 3－29 为通用油炸机的示意图。

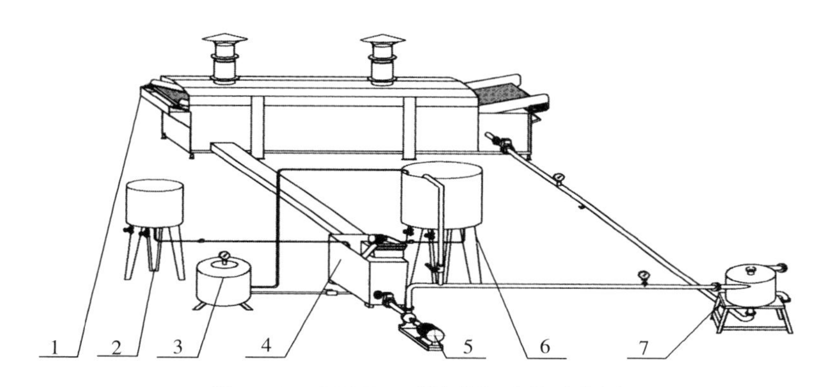

图 3－29 YZW60 型油炸机系统示意图

1. 油炸主机 2. 小贮油罐 3. 精滤机 4. 自动除渣机 5. 循环油泵 6. 大贮油罐 7. 螺旋板式换热器

炸锅上的煎炸油进油管有两个进油口，通过管路上的阀门可以进行流量及其分流调节。在油炸过程中应根据油炸情况，调整油槽内的油流和油温分布。

油锅排烟罩位于进、出料口之间。空气中的氧与煎炸油面的接触，会造成油的氧化和酸败。因此，在满足排烟条件下，尽量防止新鲜空气进入排烟罩。

油槽中的油面应保证薯条被浸没在油中。当油面高度设置后，油量不够时，电磁阀会自动打开放油，放油速度不满足需要时，可开启贮油罐出油旁路阀门向循环油路补充煎炸油。

小贮油罐用于装新油，大贮油罐用于装旧油。贮油罐内装有盘管，当使用蒸汽加热时，如果锅炉压力过高，进盘管前应经安装的减压阀减压。

自动除渣机通过链条式网带循环将渣滓从不断流入的煎炸油中带出，渣滓通过压缩空气喷管吹入集渣箱。

（2）油炸机的工作原理

1）煎炸油的预热和加热 速冻薯条煎炸油常用棕榈油，其常温下是固态，凝固点在 30～50℃。因此，在工作之前应进行化油、预热和加热操作。

煎炸油的化油和预热由贮油罐中的加热器通入蒸汽后进行加热来完成，油脂完全熔化后并达到60～70℃时通过出油管阀门进入油循环管路进行加热，待油面达到规定高度时，关闭贮油罐出油阀，贮油罐停止放油。

油的加热循环过程：加热介质经管路进入热交换器传热层，再回至加热炉或将蒸汽冷凝水排出，进行介质加热循环。预热后的煎炸油通过循环油泵经自动除渣机送至螺旋板式换热器受热层，加热后再送至油炸主机的油槽中，进行循环加热。这样煎炸油在循环过程中被逐渐加热，升至要求的工作温度。螺旋板式换热器出口处的油温由供给换热器的加热介质温度决定，当出口油温为190 ℃左右时，加热介质温度为198℃左右（蒸汽压力要求为1.4MPa；供给换热器的蒸汽压力不允许超过1.5MPa）。

2）*油炸工作过程* 开始工作前，先启动加热炉，加热导热介质（蒸汽或导热油）至要求温度。

炸锅内煎炸油温度达到工艺要求后，开始进料。同时调节换热器传热介质的加热系统，使其与物料量匹配，保持煎炸油温度稳定。

产品进入充满炸用油的油槽，沉底之前落于传送带面上。传送带贯穿油槽全长，传送带的运动使产品与其表面之间的接触最小，这样可以防止产品与带面之间的粘连。在传送带的两侧安装有导向板，防止产品从边缘掉入到槽底。这些导向板由聚四氟材料制成，可以防止产品的粘连。该油炸机的烟囱安置在进、出料两端，这样由外界进入的空气（以及氧气）不能经过炸用油表面，这使炸用油的损失降到最低。

在油炸过程中，如果耗油较多，导致油位下降，那么补油电磁阀就会开启，煎炸油从储油罐流向除渣器箱体，执行向循环油系统的注油过程，油位达到要求后电磁阀自动关闭，停止补油。

为了保持油的品质，在工作过程中或停机后也可以进行煎炸油的精制过滤。精滤时，打开精滤机进油阀门，煎炸油在负压作用下进入过滤室。过滤室由过滤网、导油圈、分隔圈、过滤纸、助滤剂等组成，一般由3～5个过滤室组成过滤系统，分别独立地对煎炸油进行过滤。油在通过过滤层时，被过滤纸和助滤剂隔除了所含带的极细小的微粒杂质，达到精制过滤的目的。过滤后的油被送入储油罐中，再经过电磁阀等控制返回到除渣器中，参与工作循环。

油炸主机还装有螺旋提升器，其固定在油槽支架上，使油烟罩可以自动提升，与此同时油炸槽被降低，这样使传送带和油槽的清洗工作更为方便。

3）*循环油路的调节控制方法* 油炸机系统的循环油路是利用管路和阀门、管件将有关设备串、并连起来，保证煎炸油中的杂质被有效过滤和换热器中的热量传递到油炸主机内。循环油路的组成参见图3－30。

4）*设备的清洗* 设备的清洗工作在煎炸油被抽回贮油罐之后，每周进行一次。清洗工作的主要部位是主机的传送带和油槽、除渣机和换热器。目的是除去残留的杂质和油污，减少杂质对油的损害，保持设备的卫生标准。一般采用一次洗涤、两到三次清洗方式，第一次洗涤时应使用温热水，并可适当加入符合食品卫生条件的洗涤剂，提高效果；清洗则可用清水进行冲刷。热交换器在清洗后注意通过泄油口将热交换器管内的水放净、控干。

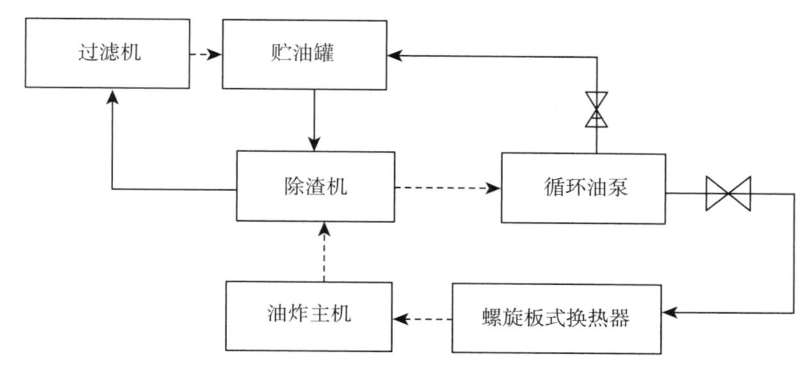

图 3-30 循环油路组成图

3.2.5.7 脱油设备

脱油设备目的在于将油炸后薯条表面附着的明油脱离下来，减少薯条的含油量，特别是表层的含油量，防止薯条在后续工序中因为表面含油发生粘连。一般采用振动脱油方式。

（1）**脱油机的主要结构** 振动脱油机主要由振动机架、森克网板、蒸汽夹层套、电加热装置、集油箱、减震簧、振动电机、蒸汽连接管等部件组成，见图 3-31。

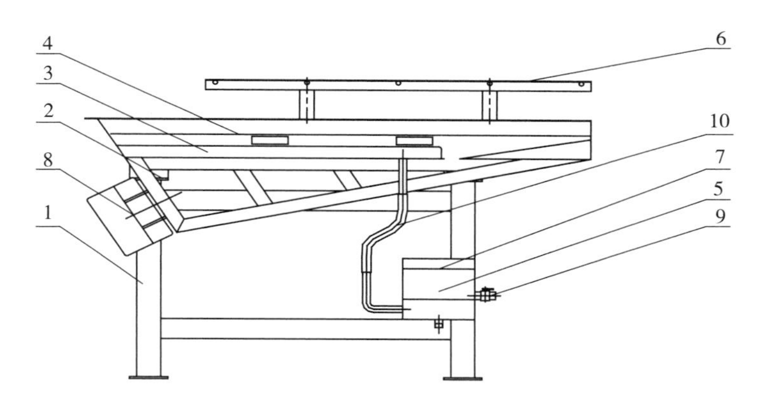

图 3-31 脱油机结构简图

1. 振动机架 2. 橡胶弹簧 3. 蒸汽夹层套 4. 森克脱油网 5. 集油箱 6. 电加热装置 7. 过滤网 8. 振动电机 9. 出油阀门 10. 集油管

（2）**脱油机的工作原理** 振动脱油机根据振动分离原理进行设计。分级筛板采用森克网，间距为 5mm，丝条为上宽下窄的梯形截面，有利于脱离下来的浮油快速离开网面后收集起来，提高脱油的效果。油炸后的薯条趁热进入振动脱油机的筛面后，首先利用薯条表面浮油在较高温度下的流动性，结合振动电机在网板面上产生的振动力作用，使薯条作向前的振动和抛掷运动，并在与筛面的碰撞过程中将薯条表面的浮油甩落下来，由下层的接油盘和集油箱收集起来，达到将薯条表面的浮油分离的目的。为了保证脱油效果，工作过程中必须保持筛面温度不低于60～80℃，这时通过蒸汽夹层套和电加热装置来加热和维持筛面温度。薯条经过振动的筛面不停沥出明油，该油经过过滤进入集油箱，由人工定期将浮油收集、过滤处理后返回油炸机中继续使用。

3.2.5.8 速冻设备

油炸后的薯条进行速冻的目的是为了保持薯条的新鲜程度，延长产品的保质贮藏期。薯条在－32℃下、12～15min内被冻至－18℃，可以使薯条冻结时内部结冰晶体组织均匀，保证薯条在再次深度油炸后其芯部松软，达到外焦里嫩、芯部不空的口感。

（1）速冻机的主要结构 薯条速冻设备主要采用平面网带式，速冻机由保温库体、空气冷却器、机械传动装置、风道系统、电气控制系统和制冷机组组成。

1）*保温库体* 采用硬质聚氨酯夹心隔热板拼装而成。库板厚度120mm，表面采用彩钢板，聚氨酯的密度达到42kg/m^3；底板上铺接水盘，采用2mm厚防滑防锈铝板。前后两侧库板开有进出货口，用于安装机械传动输送装置，另两个侧面设有检修门；门框四周装有防冻电热丝；库内顶部装有防潮吸顶灯。库体结构要求保温隔热性能优良。

2）*空气冷却器* 由蒸发器、静压室、接水盘和轴流风机组成。当制冷剂为R22时，蒸发器为铜管套铝片；当制冷剂为R717时，蒸发器为钢管套钢片热浸锌或铝管铝片。为了紧凑结构和延长融霜周期，蒸发器采用不同间距的翅片管。蒸发器装有高效低噪轴流风机，气流组织精心设计，空气流速分布合理，空气冷却器采用热氨（氟）或水融霜方式。

3）*机械传动输送装置* 由机架、驱动电机、减速机、不锈钢输送链网、超高分子聚乙烯导轨和张紧装置组成。机架全部采用不锈钢制作，全部连接为可拆卸结构，现场装配。链网的松紧程度通过调整涨紧装置进行调节。当链网上积有赃物时，可在进料口利用自动冲洗风干装置自动冲洗，也可用清洁水人工冲洗。

4）*制冷系统* 生产率较小的制冷系统可以采用以活塞式双级压缩机为主机，配置高效油分离器、风冷式冷凝器、贮液罐、制冷管路与调控阀门，以及机组控制器等组成制冷系统，使用R22为制冷剂。生产率较大的制冷系统则应采用以螺杆式压缩机为主机，配置油分离器、蒸发式冷凝器、贮液罐、中间冷却器、制冷管路与调控阀门等组件，使用氨液（NH_3）为制冷剂，这样的机组制冷效率高，设备成本低。

5）*电气控制系统* 包括控制柜、变频电源、电机、照明系统、电热防冻系统、数字温度显示器、过流继电器等。控制系统不仅承担所有电机的起停与运行保护功能，同时具备速冻时间的无级调整、工作温度数字显示和控制、制冷压缩机组的自动监视，以及系统工作压力、介质温度和运转保护等功能，保障系统设备连续稳定地正常工作。

（2）速冻机的工作原理 传送带电机经过减速机减速后驱动主动轴转动，主动轴上转鼓拖动不锈钢链网做平面运动。传送带贯穿于保温库板制作的隔热维护结构（库体）中，薯条从进料段摊铺到输送网面上，随链网从速冻机库体内穿行。库体内的空气经蒸发器冷却后达到－35℃以下，在轴流风机的强制作用下不断循环，从输送网带底面穿过物料层，强力地吹拂物料表面，使物料温度迅速降低，达到快速冻结目的。当物料中心温度低于－18℃或满足冷冻工艺要求时由输送网带从出料段自动输出，完成全部冻结过程。配套制冷机组不断地向库体内的蒸发器提供高压液态制冷剂，制冷剂在蒸发器内与空气发生热交换，使库内空气冷却，自身被蒸发为气态，然后流回到制冷机组中被再次压缩后又经冷凝器冷凝成高压液态的制冷剂，重新进入库内蒸发器，完成连续制冷过程。

薯条速冻机的输送带一般采用两段式传送带，并具有调速装置可以分别进行速冻时间的调整。前一段输送带冻结时间调整为3～5min，后段带的冻结时间为6～10min，这种速度配置有利于防止薯条产生冻黏现象。速冻间的温度则由制冷设备进行调控。采用螺杆压缩的制冷机组蒸发温度应调定在－38℃左右，制冷量则应根据薯条的产量使用能量调节器来调整。

速冻过程中应注意薯条是否发生冻黏现象。当传送带上薯条料层厚度过大、上料不均匀，或者进料温度偏高、循环风速过低都会加重冻黏现象。

3.2.5.9 计量包装设备

速冻薯条的计量包装设备应该根据生产量来确定采用人工称量包装还是自动计量包装方式。一般地，产量在300kg/h以下时采用人工称量包装方式，配置若干台电子秤、塑料膜封口机等设备即可。自动计量包装时则采用卷膜式自动包装机。

（1）**自动包装机的主要结构** 自动包装整套机组主要包含6个部件：自动包装主机、组合电子秤、Z型物料输送机、振动送料机、支撑平台、成品输送机等。适用要求计量精度高、易碎的散状物体的包装。见图3－32。

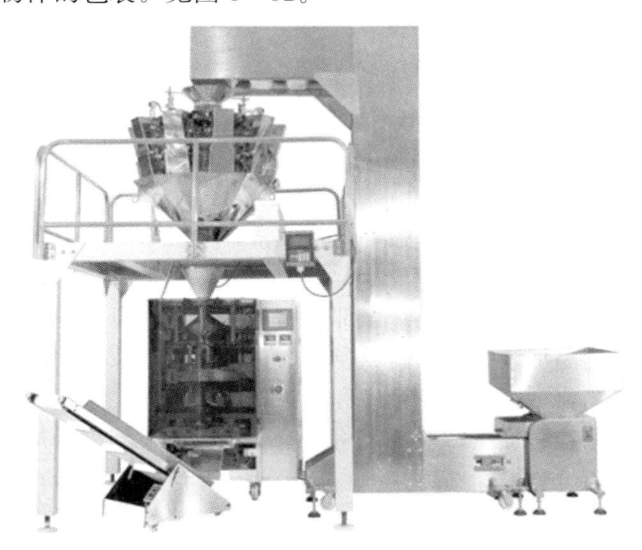

图3－32 计量包装设备实际图片

1）自动包装主机 采用PLC全电脑控制系统，与计量装置配套即可自动完成计量、送料、充填制袋、日期打印的全部包装过程。

2）组合电子秤 由贮料斗、振动盘、称重斗、电脑计量与控制等装置组成，通过电脑对各个称重斗中的物料进行称重计量，然后从所有的重量组合中计算选择出符合包装规格的最佳组合，并投放出去。

3）Z型物料输送机　提升机通过链条的传动带动料斗提升，用于垂直输送颗粒及小块状的物料，具有提升量大、提升度高等优点。

4）振动送料机　以振动方式将物料从料库输送至物料输送机。与物料接触部分用304不锈钢制成，装配无级调节器调整输送量。

5）成品输送机　将自动包装好的成品袋输送至包装后检测设备或打包平台。

（2）自动包装机的工作过程和原理　速冻后的薯条经输送带送到振动送料机，在其料斗中存贮一定的物料并通过振动，达到向Z型物料输送机连续均匀送料的目的；Z型输送机通过由链条串联起来的一系列料斗将薯条提升一定的垂直高度后送入组合电子秤的贮料仓；电子秤在电子感应控制装置的作用下，由气动元件对振动盘、称重斗的进料、排料进行控制。因为电子秤采用多头（套）振动盘、称重斗同时称重，电脑装置将每一个斗内的重量进行组合计算并瞬时选出最佳组合，满足设定的重量规格要求；气动执行机构将电脑确定的组合重量同时排出，物料进入自动包装机。包装机使用食品级包装卷膜，在成型器进行制袋、装料、排气、封口、切割、走膜和打印日期等作业，完成包装工作。装袋后薯条由成品输送机送至后续的工作台，进行装箱。

包装设备应单独安装在包装间并与生产车间隔断，温度应控制在5～10℃，尽量低一点为好；未包装的速冻薯条在外暴露时间应尽量缩短，成品装箱后，应及时送入周转冷库中贮藏。封闭的包装空间一方面可减少外部的湿气因结露而过多地进入包装，也可以尽量避免速冻薯条过快地升温，造成冷冻薯条受热回软、吸潮结霜现象的发生。

3.3　马铃薯全粉加工技术

马铃薯全粉是一种完全不同于马铃薯淀粉的产品，是以优质马铃薯为原料，经过去皮、切片、蒸煮、混合/制泥、干燥、筛分等多道工序制成，绝大部分的马铃薯细胞保持完整，所含的维生素、矿物质、氨基酸、微量元素、纤维素等营养物质绝大部分被保留下来，产品的游离淀粉很少。

因全粉将马铃薯原有的色、香、味全部保留，且产品具有很高的质量稳定性，用途广泛，可以作为高品质食品加工的原辅料或复水后直接食用。按采用的加工工艺和产品的外形不同而分成两类产品：马铃薯雪花全粉和马铃薯颗粒全粉。

国外一些主要的马铃薯加工企业都是将马铃薯全粉加工与薯条加工结合起来进行。因马铃薯薯条品质标准最重要的指标之一就是要求薯条有一定的长度（一般应≥50mm），达不到该长度的薯条即为不合格产品，而生产过程中这类不合格薯条可占到20%～30%。为解决这一问题，国外马铃薯薯条加工企业多并联其薯条生产线，再建一条雪花全粉生产线，原料就是薯条生产线上的不合格薯条，生产出来的全粉价值远高于这些不合格薯条以低价出售或生产其他产品的价值。

一般来说，加工马铃薯片和马铃薯条的原料是完全可以进行全粉生产的，而且对块茎形态与大小的要求没有加工薯片和薯条严格。

3.3.1 原料要求

马铃薯全粉生产的首要条件是对马铃薯原料的选取，优质原料不仅可以生产出合格的产品，而且对于节能降耗、提高出品率都具有直接的实际价值。

在选购原料时，一般应选择土块、杂质含量少，薯皮薄，光洁完整，无损伤、无虫蛀、无病斑的成熟新鲜马铃薯。每一批原料的品种应单一纯正，薯块外形应规则整齐，芽眼浅而少，果肉浅黄色或白色，其干物质含量≥20%，还原糖含量≤0.2%，直径≥40mm，长度≥50mm。如果是贮存一定时间的原料，如有发芽、发绿、霉变的马铃薯，必须严格将发芽、变绿或霉变的部分削掉或者完全剔除，以保证马铃薯制品的茄碱苷含量不超过0.02%，否则将不符合卫生要求。

为保证加工制品的品质和提高原料的利用率，加工不同薯类食品最好选用不同的薯类加工专用品种。加工全粉型优质专用品种，在降低还原糖含量的同时，要提高淀粉含量、营养成分含量及干物质总量。生产上选用的马铃薯块茎的相对密度一般应在1.06～1.08，原料薯相对密度每增加0.005，最终产量将增加1%。

3.3.2 马铃薯全粉加工工艺流程

3.3.2.1 马铃薯颗粒全粉

通常采用国际先进的回填工艺进行生产。将去皮、切片、蒸煮后的马铃薯与回填的足够量的预先干燥的马铃薯颗粒全粉充分混合，使其成为水分均匀适中的"潮湿的混合物"，经过调质、气流干燥和沸腾干燥，制成成粒性良好的颗粒全粉。该工艺的特点是最大限度地保持了马铃薯细胞组织的完整性，使细胞破碎率最小，游离淀粉释放量最少，保持了马铃薯原有的风味和营养价值，产品风味和营养更接近新鲜马铃薯。其工艺流程如下：

马铃薯→去石除杂→清洗→去皮→分离→冲洗→拣选→切片→漂洗→预煮→冷却→蒸煮→混合制泥→调质→筛分→气流干燥→筛分→沸腾干燥→筛分→计量包装→成品

3.3.2.2 马铃薯雪花全粉

马铃薯经清洗、去皮、切片、蒸煮、挤压制泥后上滚筒干燥机进行干燥，再按使用要求粉碎成不同粒度的片状粉料即得到雪花全粉。该工艺基本保持了马铃薯细胞组织的完整性和马铃薯原有的风味和营养价值。工艺流程如下：

马铃薯→去石除杂→清洗→去皮→分离→冲洗→拣选→切片→漂洗→预煮→冷却→蒸煮→挤压制泥→滚筒干燥→粉碎→计量包装→成品

颗粒全粉和雪花全粉是按其加工方式划分的。颗粒全粉由于其较高的干燥能耗、较低的出品率，生产成本和销售价格均高于雪花全粉，但因其特有的加工工艺，更好地保持了马铃薯原有的细胞颗粒、风味和营养价值，其复水性、香味等品质指标均优于雪花全粉，所以专用于高品质马铃薯食品的加工，如用其加工薯泥、复合薯片等食品。

在国外，雪花全粉是速冻薯条企业的下脚料综合生产加工的产品，不设专门的雪花粉厂。因其生产工艺较简单，能耗较低，故雪花全粉价格低于颗粒全粉。雪花全粉品质优良，性价比高，其应用范围大于颗粒全粉。目前，我国已实现了高品质马铃薯颗粒全粉、雪花全粉的国产化加工，拓宽了马铃薯深加工的领域，为产业化发展提供了可靠的技术支持。

3.3.3 马铃薯全粉加工技术关键控制

3.3.3.1 原料清理

将马铃薯去石除杂，清洗干净。去石除杂、表面清洗是保障产品灰分指标的重要工序，采用流送槽、立式去石提升机、圆筒式清洗机或去石清洗机，通过对马铃薯水流冲洗、自身和相互摩擦、与圆筒体摩擦及比重分离，将原料表面的泥沙清洗干净，使石块沉降，达到去石除杂、清洗干净的目的。

3.3.3.2 去皮

可采用机械摩擦去皮和蒸汽去皮。摩擦去皮设备相对简单，一次性投资少，但设备处理能力低，去皮损失较大。马铃薯在推进过程中，表皮通过与砂辊摩擦和自身翻滚、自身摩擦将皮层去掉。根据去皮效果，可调整物料的推进速度。马铃薯形状不规则、皮层厚或芽眼深时，需磨削皮层深度较大，要放慢推进速度。

蒸汽去皮是当前国际先进的去皮方法，可以避免摩擦去皮的损失和化学去皮的污染。该方法是在压力容器中用高压蒸汽对马铃薯进行短时高温处理，使马铃薯外部皮层细胞在高压突然解除后被爆破。一般蒸汽压力0.6MPa以上，设备结构保证充入高压蒸汽时，每个马铃薯受热均匀，放汽时瞬间减压，进排料方便快捷。蒸汽爆皮后的马铃薯由螺旋输送机均匀喂入毛刷式去皮机，在去皮机内去除松皮，并冲洗去皮后的马铃薯，清除其他附着物和释放的淀粉。蒸汽去皮机效率高，产量大，去皮损失小，但设备相对复杂。

3.3.3.3 切片

马铃薯切片后蒸煮可提高生产率和减少蒸煮时的能量消耗，以满足在蒸煮过程中薯泥成熟度均匀的要求。经过人工拣选、修整后，把合格的去皮马铃薯切成10～15mm的厚片输送入下道工序。采用卧式转盘切片机，马铃薯由料斗进入转盘被离心力甩到转盘外沿，并在转盘带动下与刀片相切，完成切片作业。调整厚度调节板上的调整、紧固螺栓即可改变切片厚度，满足生产工艺要求。

3.3.3.4 预煮和冷却

预煮是将马铃薯在75～80℃水浴中轻微淀粉糊化，这样不会大量破坏细胞膜，却能改变细胞间聚合力，使蒸煮后细胞更易分离，同时抑制酶褐变，起到杀青作用。预煮后薯片进行冷却处理，使糊化的淀粉老化。采用螺旋式预煮机和冷却机，预煮机介质水加热采用蒸汽与水混合，冷却机采用逆流换水，即料流、冷却水流向相反，提高冷却效率。

通常预煮的工艺参数：温度75～80℃，时间15～25min；冷却的工艺参数：温度15～23℃，时间15～25min。最佳温度和时间根据马铃薯的品种、固形物含量不同而进行调整。

3.3.3.5 蒸煮

蒸煮是马铃薯全粉生产中的关键工序，马铃薯的蒸煮程度直接影响产品的质量和产量。采用螺旋式蒸煮机，在蒸煮机底部注入蒸汽，螺旋推进物料使其获得均一的热量，连续均匀地蒸煮。生产雪花全粉时，薯片蒸熟度达到80%～85%即可。

通常蒸煮的工艺参数为：温度95～105℃，时间35～60min。最佳温度和时间根据马铃薯的品种、固形物含量不同而进行调整。

3.3.3.6 混合/制泥

这一工序颗粒全粉制泥采用混合干粉搓碎回填法。

颗粒全粉的生产工艺是先将蒸煮过的薯片加入适量经过预干燥过筛的颗粒粉，利用多维混合机柔和地将薯片搓碎混合均匀后，制成潮湿的小颗粒，冷却到15～16℃，并保温静置1h。搓碎的薯片和混合的干粉中细胞破碎越少，成粒性就越好，否则细胞破碎会释放出游离淀粉，游离淀粉膨胀会使产品发黏或呈糊状，难以成粒。填加到薯片（泥）中的干颗粒粉也称为回填粉，回填粉中单细胞颗粒含量多，能更多地吸收新鲜薯泥中的水分，并提高产品质量。

通过采用搓碎与回填并保温静置的方法，能明显地改善由搓碎薯泥和回填物形成的潮湿混合物的成粒性，满足颗粒全粉成粒性好的要求，并使潮湿混合物的水分含量由45%降低到35%，有利于后序干燥。静置过程可能发生的结块现象，可以通过预干燥前的混合搅拌解决。

雪花全粉制泥工序则采用螺旋制泥机挤出制泥。蒸煮过的薯片进入制泥机，通过变螺距使其挤碎成泥，进入后序薄膜干燥工序。生产雪花全粉时，薯片蒸熟度达到80%～85%即可，利于后序滚筒干燥机的操作。

3.3.3.7 干燥和筛分

制备颗粒全粉的薯泥干燥分两段进行，即预干燥和最后干燥。预干燥采用气流干燥设备，气流干燥由一个向上流动的热空气垂直管道构成，使含水35%的潮湿混合料进入干燥器底部，由热空气向上吹送，使之在上升过程中和在顶端的反向锥体扩散器中悬浮得以干燥。潮湿混合物颗粒经气流干燥至本身重量轻到可以被吹出扩散器时进入收集箱，同时其含水量也降低到12%～13%，进行筛分。第一层筛面配30目筛，第二层筛面配60～80目筛，一层筛下物、二层筛上物为回填物，返回待搓碎的薯片混合机中，二层筛下物进入流化床干燥器进行干燥，此种干燥器是由一个多孔陶制床或很细密的筛网的小室组成。为防止薯泥结块，气体从流化槽底部孔眼向上吹，细粒呈悬浮状通过流化槽，停留时间10～

30min，可使薯泥含水量降至7%～9%。

雪花全粉生产中薯泥的干燥，利用滚筒干燥机进行。滚筒干燥机主要工作部件为干燥滚筒，周向分布4～5个布料辊，逐级将薯泥碾压到物料薄膜上，物料干燥后由刮刀将薄膜片刮下，经粗粉碎再由螺旋输送机输送至粉碎机，按要求粉碎到一定粒度。粉碎粒度不宜太细，否则会使碎片周围的细胞破裂，游离出的自由淀粉增多，使产品复水后黏度增加。物料成膜厚度和质量与前段切片、预煮、冷却、蒸煮等工艺相关，调整工艺参数时，应几道工艺联合调整，保证雪花全粉的产量和质量。

3.3.3.8 防褐处理和贮藏

全粉在贮藏期间有两种变化，一种是非酶褐变，另一种是氧化变质。防非酶褐变的措施：全粉的贮藏温度低对控制非酶褐变有效；全粉中加入适量硫酸盐（约200mg/kg）也可有效防止非酶褐变；降低全粉的含水量也有助于抑制非酶褐变；选择含还原糖低的马铃薯原料对防止薯泥非酶褐变有利。

防止全粉贮藏期间氧化变质的措施：添加适量抗氧化剂，如叔丁基对羟基茴香醚、2，6-二叔丁基对甲酚等，与部分成品薯泥混合，制成5 000mg/kg抗氧化混合物，然后再添加进成品全粉中，使之达到合适的标准浓度，全粉可存放一年以上。

3.3.4 马铃薯全粉技术标准及检测方法

马铃薯全粉的生产涉及一系列环节，可以说是一个系统工程，只有从原料的选择、贮运，生产加工，到最后产品包装贮藏的所有环节严格控制，才能生产出高质量的产品。

3.3.4.1 马铃薯全粉技术标准

（1）产品加工标准

1）*生产设备* 生产线所配套的加工设备、电气控制设备必须是符合相应标准的合格产品，配套的水、电、汽、压缩空气供应设施须满足生产线的使用要求。生产线上所有与物料接触的加工设备零部件均要求为不锈钢材料制作。

2）*主要工艺参数* 根据加工品种的不同，确定不同的工艺参数，保证产品质量和生产的经济高效。

蒸汽去皮：0.8～1.2MPa，时间80～100s；

切片：厚度10～15mm；

预煮：温度75～82℃，时间15～30min；

冷却：温度15～23℃，时间15～30min，薯片中心温度15～20℃；

蒸煮：温度95～105℃，时间35～60min；

干燥：蒸汽压力0.6～0.8MPa，时间30～60s。

（2）产品质量标准及检测方法 目前国内尚无马铃薯颗粒全粉、雪花全粉质量国家标准，以下指标（表3-14）参考国内外同类企业标准制定。

表 3-14　马铃薯全粉质量指标

	指标名称	颗粒粉	雪花粉
感官指标	色泽	乳白色或淡黄色	乳白色或淡黄色
	细度	≤0.25mm	按用户要求
	斑点	≤100 个/g	≤15 个/g
	气味和口感	具有天然土豆风味	具有天然土豆风味
	外观	呈膨松粉状，不发黏	呈膨松粉状，不发黏
理化指标	水分含量	≤9%	≤9%
	容重	0.75～0.85kg/L	0.15～0.75kg/L
	二氧化硫残留量	≤30mg/kg	≤30mg/kg
	游离淀粉	≤4%	≤15%
卫生指标	细菌总数	≤50 000 个/g	≤50 000 个/g
	酵母菌和霉菌	≤100 个/g	≤100 个/g
	致病菌	不得检出	不得检出
	贮存期	1 年	1 年

3.3.4.2　马铃薯全粉质量检测方法

(1) 马铃薯全粉水分含量的测定

1) 原理　采用比水的沸点稍高的温度（105℃）加热试样一定时间，让水分充分蒸发，至试样恒重，根据试样减轻的质量计算水分含量。

2) 方法

①烘箱定温。烘箱中温度计水银球距网格约 2.5cm，调节烘箱温度（105±2)℃。

②烘干铅盒。取干净的烘干盒，放于烘箱内温度计水银球下方的网格上，烘 30～60min，取出，置于干燥器中冷却至室温，称重。复烘 30min，烘至前后两次称量值差不超过 0.002g。精确称重烘干盒（m_0），精确至 0.001g。

③烘干试样。用恒重的烘干盒精密称量试样约 5g（m_1），放入烘箱内烘 2～4h，取出，冷却，称重，复烘，至前后两次称量值不超过 0.002g（m_2）。

④结果计算：

$$水分含量=[1-(m_2-m_0)/(m_1-m_0)]\times100\%$$

(2) 游离淀粉含量的测定

1) 原理　马铃薯颗粒全粉中的游离淀粉经水提取后，通过酶解分解成葡萄糖，显色测定该分解产物，计算出相应的游离淀粉含量。

2) 试剂　①淀粉葡萄糖酶；②过氧化酶；③葡萄糖氧化酶；④苯酚；⑤4-氨基非那宗；⑥磷酸氢二钠；⑦磷酸二氢钾；⑧冰醋酸；⑨醋酸钠三水化合物；⑩柠檬酸一水化合物；⑪柠檬酸三钠二水化合物；⑫淀粉葡萄糖酶稀释液：用水将 0.46g 柠檬酸一水化合物和 0.84 g 柠檬酸钠二水化合物溶解并稀释至 100ml；⑬淀粉葡萄糖酶稀释液：0.1 ml 淀

粉葡萄糖酶原液用 50 ml 淀粉葡萄糖酶缓冲液稀释；⑭葡萄糖标准液配制：2mg/ml 葡萄糖原液：称取 200 mg 葡萄糖，用水溶解并稀释至 100ml；⑮GOP 溶液（葡萄糖显色液）：将 11.5g 磷酸氢二钠，2.5g 磷酸二氢钾，500 mg 苯酚，75 mg 4-氨基非那宗，10 mg 过氧化酶和 60 mg 葡萄糖氧化酶溶解并稀释至 500ml，溶液 pH＝7.0，保存在 4℃条件下，1 个月内有效。

3）*方法*

①样品处理液制备。用量筒量取 100ml、82℃左右的热蒸馏水至 150ml 具塞瓶内，调整水温至 65.5℃，立即向瓶中倾入 500mg 样品，并迅速振荡以免结块。间歇摇动 3min，然后用力摇动 30s，以使细胞群均匀分开。立即在过滤纸上过滤。取 4ml 过滤液和 1ml 葡萄糖酶稀释液于 10ml 容量瓶中混合均匀，在 60℃酶解 30min，冷却后加水至 10ml。

②用移液管吸取 1ml 样品处理液于 10ml 容量瓶中，加入 5mlGOP 液，在 35℃水浴中保温 45min，将显色液取出，放在暗处 10min，在分光光度计上于 505nm 处测定吸光度。

③酶空白液的制备和测定。取 1ml 淀粉葡萄糖酶稀释液于 10ml 容量瓶中，加入 4ml 蒸馏水混合均匀，在 60℃酶解 30min，冷却后加蒸馏水至 10ml。按样品处理液方式处理和测定。

④样品空白液。取样品滤液 4ml，用蒸馏水稀释至 10ml。

⑤样品空白和标准溶液的测定。取 1ml 样品空白液、1ml 葡萄糖标准溶液分别加入 10ml 的容量瓶内，并用蒸馏水定溶至 10ml，按样品测定方法显色测定。

⑥计算方法：

$$游离淀粉含量（\%）=（C_1-C_2-C_3）\times 2.5\times 0.9/W$$

式中：C_1、C_2 和 C_3 分别为样品处理液、酶空白液和样品空白（过滤液）吸收光度与工作曲线相应的葡萄糖含量（μg）；W 为样品重量（mg）；在将葡萄糖含量转换成淀粉含量时乘以因子 0.9。

（3）细度 参照 GB/T 22427.5—2008《淀粉细度测定》之方法和规定。

1）*原理* 将样品用分样筛进行筛分，得到样品通过分样筛的重量。

2）*方法*

①随机取少量样品，将其充分混合。

②称取混合好的样品 50g，精确至 0.1g，均匀倒入分样筛。

③均匀摇动分样筛，直到筛分不下为止。小心倒出分样筛上剩余物，称重精确至 0.1g。

④对同一样品进行二次测定。

⑤应以样品通过分样筛重量对样品原重量的百分比表示，为：

$$X=\frac{M_0-M_1}{M_0}$$

式中：X——样品细度（%）；

M_0——样品的原重量（g）；

M_1——样品未过筛的筛上剩余物重量（g）。

如允许差符合要求，取二次测定的算术平均值为结果，结果保留一位小数。允许差：

分析人员同时或迅速连续进行二次测定，其结果之差的绝对值，该值不应超过0.5%。

（4）**斑点的测定方法**

1）*原理* 通过肉眼观察样品，读出斑点的数量。

2）*方法*

①随机取少量样品，进行充分混合。

②称取混合好的样品10g，均匀分布在白色平板上。

③将刻有10个方形格（1cm×1cm）的无色透明板盖到已均匀分布的待测样品上，并轻轻压平。在较好的光线下，眼与透明板的距离保持30cm，用肉眼观察样品中的斑点，并进行计数，记下10个空格内样品中斑点的总数量。注意不要重复计数。

④对同一样品进行二次测定。

⑤计算：以每克样品的斑点的数量表示，为：

$$X=\frac{C}{M}\times 100$$

式中：X——样品斑点数（个/g）；

C——样品的斑点总数（个）；

M——样品的重量（g）。

如允许差符合要求，取二次测定的算术平均值为结果，结果保留一位小数。允许差：分析人员同时或迅速连续进行二次测定，其结果之差的绝对值。该值应不超过1.0。

以下指标不作为本次研究的主要控制指标，固不做详细论述。

（5）**亚硫酸盐的检测** 参照GB/T5009.34—96《食品中亚硫酸盐的测定方法》。

（6）**抗氧化剂BHA和BHT的检测** 参照GB/T5009.30—96《食品中BHA和BHT的测定方法》。

（7）**还原糖的检测** 参照GB5009.7—85《食品中还原糖的测定方法》。

（8）**焦磷酸钠的检测** 参照《马铃薯颗粒全粉质量标准及检测方法》。

（9）**灰分的检测** 参照GB5009.4—85《食品中灰分的测定方法》。

（10）**脂肪的检测** 参照GB5009.6—85《食品中脂肪的测定方法》。

（11）**粗纤维的检测** 参照GB5009.10—85《食品中粗纤维的测定方法》。

（12）**细菌总数的检测** 按GB4789.2—94《菌落总数的测定》之规定进行。

（13）**大肠杆菌的检测** 按GB4789.3—94《大肠菌群的测定》之规定进行。

（14）**酵母和霉菌的检测** 按GB4789.15—94《酵母和霉菌的计数方法》之规定进行。

（15）**金色葡萄球菌的检测** 按GB4789.10—94《金色葡萄球菌的检验方法》之规定进行。

（16）**沙门氏菌的检测** 按GB4789.4—94《沙门氏菌的检验方法》之规定进行。

3.3.5 马铃薯全粉加工专用设备

3.3.5.1 切片设备

切片设备工作原理为利用物料旋转时产生的离心力，使物料与固定立刀相切，得到切片。该机可以连续生产，其主要结构如图 3－33 所示。

物料经入料口进入转盘，电机通过皮带、带轮驱动转盘高速旋转，物料随转盘高速旋转，离心力使物料紧贴蜗壳滑动，立刀布置在出料口前，当物料与立刀相切时，设定厚度的物料被切掉，并从出料口滑出。切片工作时，要随物料加入少量清水，有助于物料的滑动、切割润滑、游离淀粉的冲洗。

切片厚度是由厚度调节板末端与立刀刃口相对距离决定的，调整好与蜗壳铰接的厚度调节板后，拧紧锁定螺栓，就可以连续工作运转。生产结束后，打开侧门开关锁及侧门，用清水将内部冲洗干净。

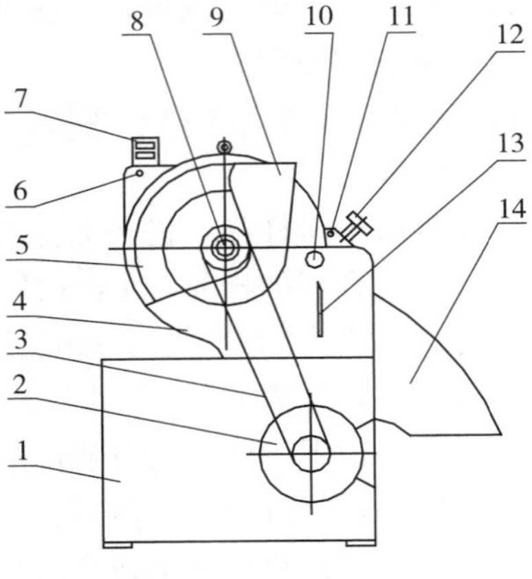

图 3－33　切片机示意图

1. 机座　2. 电机　3. 皮带、带轮　4. 蜗壳　5. 转盘　6. 调整螺钉　7. 电源开关　8. 转盘螺母　9. 入料口　10. 侧门开关锁　11. 锁定螺栓　12. 厚度调节板　13. 立切刀　14. 出料口

切片机具有坚固、使用方便、成本低和维护简便等特点，被切片处理的物料外形尺寸应小于蜗壳入口内径，进料量应连续均匀，且进料量应小于切片机处理量。根据已切片料切割面的光滑程度可以判断切刀刃口锋利、磨损情况，及时更换新切刀。

3.3.5.2　预煮设备

其原理为已经切片的片料从喂料口进入到预煮机内腔，内腔中充满了一定温度的预煮液，浸没在预煮液里的片料由螺旋推动向前缓慢移动，经过一定时间预煮后被送出。其主要结构如图 3－34 所示。

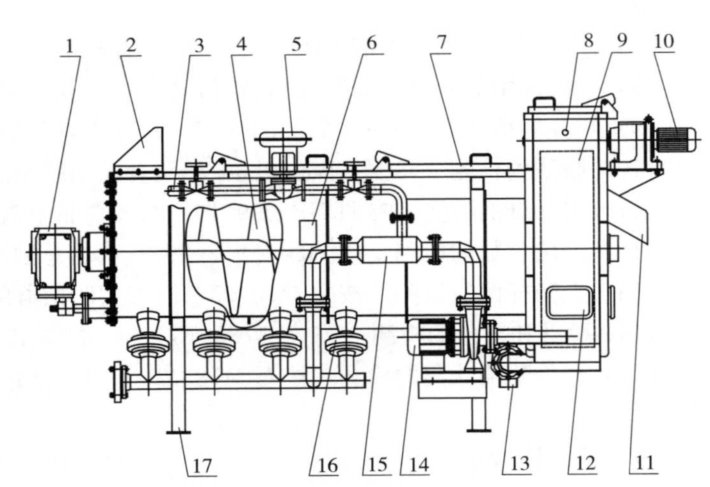

图 3－34　预煮机示意图

1. 输送减速机　2. 喂料口　3. 蒸汽入口　4. 输送螺旋　5. 气动调节阀　6. 温度传感器　7. 活动上盖　8. 进水口　9. 出料翻斗　10. 出料减速机　11. 出料口　12. 检修入孔　13. 放水口　14. 循环水泵　15. 汽水混合器　16. 热水阀　17. 壳体、机架

清水经进水口注入内腔，蒸汽经过蒸汽入口、气动调节阀、汽水混合器将预煮液加热，温度传感器随时将预煮液温度数值传递到控制电柜，根据预煮液温度设定值，气动调节阀自动控制蒸汽的进入量。预煮液由循环水泵经汽水混合器强制循环、加热，4～5 个热水阀控制着前后不同段落的进液量。已经切片的片料从喂料口进入到预煮机内腔，输送减速机驱动输送螺旋推动片料

向前缓慢移动，经过一段时间预煮，片料落入出料翻斗，出料减速机驱动出料翻斗转动，片料从出料口滑落出来。预煮机一侧配有操作平台，工作人员可以定期打开活动上盖观察预煮液液位和清澈情况，根据生产情况，定期添加清水，并适度打开放水阀让底部预煮液从放水口流出。

可根据物料的特点和加工工艺，调整螺旋速度和预煮液温度，以满足对不同品种物料预煮效果的要求。生产结束后，完全打开放水阀，将预煮液彻底排净，再用清水将内部冲洗干净。打开两侧的检修门，将壳体底部余渣去除干净。

3.3.5.3 冷却设备

其原理为经过预煮的片料从喂料口进入到冷却机内腔，内腔中充满了低于室温的冷却液，浸没在冷却液里的物料由螺旋推动向前缓慢移动，经过一定时间冷却后被送出。

该机的特点为冷却水与物料逆流运动。片料在送入冷却机后首先接触的冷却液是即将排出的冷却水，物料在随后的冷却过程中所接触的冷却水具有一定的温度下降梯度，使物料逐步降温，在物料出口位置冷却水温度最低，这样可以合理利用水温，节约用水。可根据冷却效果，调整螺旋转动速度，增加或减少冷却时间。

冷却水经出料端进水口注入内腔，液位超过喂料端的溢流水口后流出。片料从喂料口进入到冷却机内腔，输送减速机驱动输送螺旋推动片料向前缓慢移动，经过一段时间冷却，片料落入出料翻斗，出料减速机驱动出料翻斗转动，片料从出料口滑落出来。冷却机一侧配有操作平台，工作人员可以定期打开活动上盖观察冷却液液位和清澈情况，根据情况，适当调节添加的冷却水量，控制冷却液温度。如冷却机底部余渣过多，可适度打开放水阀让底部冷却液从放水口流出，并冲刷出底部余渣。其主要结构如图 3－35 所示。

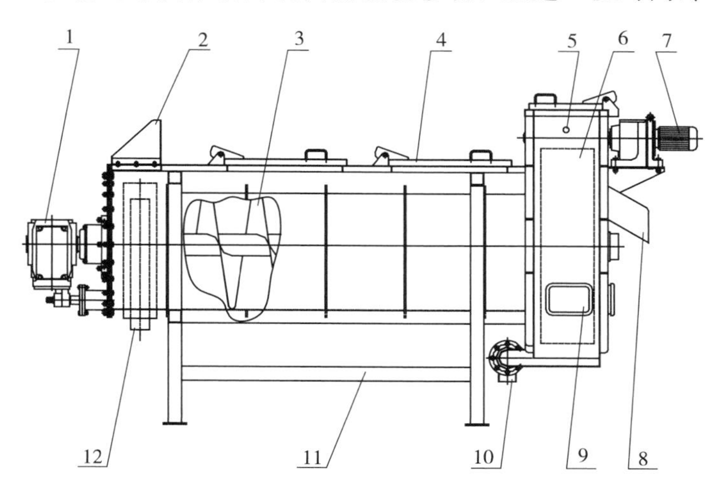

图 3－35 冷却机示意图

1. 输送减速机 2. 喂料口 3. 输送螺旋 4. 活动上盖 5. 进水口 6. 出料翻斗 7. 出料减速机 8. 出料口 9. 检修入孔 10. 放水口 11. 壳体、机架 12. 溢流水口

可根据物料的特点和加工工艺，调整螺旋速度和冷却液温度，以满足对不同品种物料冷却效果的要求。生产结束后，完全打开放水阀，将冷却液彻底排净，再用清水将内部冲洗干净。打开两侧的检修门，将壳体底部余渣去除干净。

3.3.5.4 蒸煮设备

其工作原理为片料从进口闭风器进入到蒸煮机内腔中，蒸煮机内腔中充满蒸汽，物料由螺旋推动向前缓慢移动并被蒸煮，经过一定时间后从出料口排出。

片料从进口闭风器进入到蒸煮机内腔中，被由减速机驱动的输送螺旋推动向前缓慢移动，蒸汽通过蒸汽入口、蒸汽分配管多点分散方式进入蒸煮机内腔中，蒸煮过程中产生的冷凝水沿倾斜的底部向下流，经冷凝水出口流出。在壳体中部装有温度传感器，排汽口内安置有排汽水封管，以一定的水位封住蒸汽，减少蒸汽溢出，提高蒸汽利用率。水封管转动角度可以改变水封液位高低。当蒸煮机内腔中蒸汽具有一定压力时，蒸汽就能穿透水封液面排出蒸煮机。片料一般在蒸煮机内蒸煮40～50min，即可达到煮熟的要求，最后从出料口排出。其主要结构如图3－36所示。

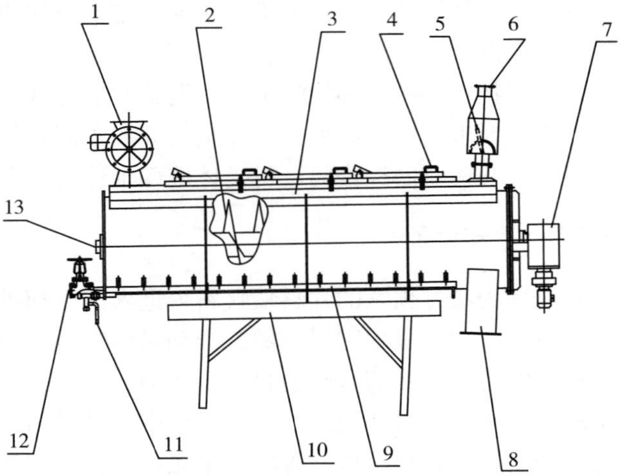

图3－36　冷却机示意图

1. 进料口闭风器　2. 输送螺旋　3. 温度传感器　4. 活动上盖　5. 排汽水封管　6. 排汽口　7. 减速机　8. 出料口　9. 蒸汽分配管　10. 壳体、机架　11. 冷凝水出口　12. 蒸汽入口　13. 润滑进水口

根据蒸煮情况，可以分别调整输送螺旋的转速和注入蒸汽量。蒸煮机一侧配有操作平台，生产结束后，工作人员可以打开活动上盖，将蒸煮机内腔底部余渣清除干净。要定期清除冷凝水管内的沉积薯渣，防止管道堵塞。

根据产量要求，可以配备单螺旋或双螺旋蒸煮机，蒸煮机外壳还可以配置保温层，以便节约热能，提高蒸煮效率。

3.3.5.5　制泥设备

其原理为经过蒸煮的片料从喂料口进入到制泥机内腔，由旋转的挤压螺旋向前推进，螺旋的螺距前后分两种，B段螺旋的螺距小于A段，因此，在B段上两螺距之间容积有所减少，其物料承受挤压力进一步增加，物料被挤压穿过制泥栅网时，剪切破碎成小颗粒的薯泥。

制泥机喂料口与蒸煮机出料口紧密连接，片料从喂料口进入到制泥机内腔，减速机驱动挤压螺旋将片料向前推进，片料进入B段后，所承受挤压力进一步增加，物料被挤压穿过制泥栅网时，剪切破碎成小颗粒的薯泥从出料口落下。其主要结构如图3－37所示。

出料口上开有转动侧门，生产过程中，可打开侧门检查制泥效果，并判断蒸煮机的蒸煮质量。生产结束后，可以将制泥栅网向上取出，将挤压螺旋端部剩余薯泥去除干净。

3.3.5.6　干燥设备

马铃薯雪花全粉是采用滚筒干燥机对薯泥进行干燥，其原理为利用注入滚筒内腔蒸汽传递到滚筒表面的热能，将其表面薄薄的薯泥迅速脱水干燥。

滚筒干燥机要求安装在混凝土基础上，具有组合轴承的机座和电控柜，蒸汽通过旋转接头及空心轴注入主滚筒内腔，热能传递到主滚筒表面达到170℃以上，由螺旋输送机或

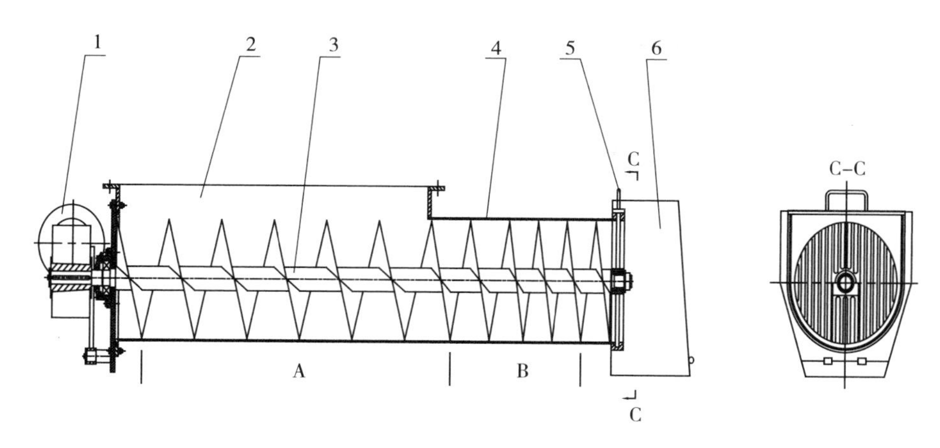

图 3－37 制泥机示意图

1. 减速机 2. 喂料口 3. 挤压螺旋 4. 壳体 5. 制泥栅网 6. 出料口

容积泵将马铃薯泥送到滚筒布料器系统，布料器沿主滚筒纵向均匀分布薯泥，滚筒布料器可实现正反向转动。4 个辅助滚筒将马铃薯泥逐级碾入主滚筒及辅助滚筒之间，在主滚筒表面形成一层薯泥薄膜。驱动装置驱动主滚筒以 2～8r/min 的转速转动，辅助滚筒由主滚筒的齿轮同步驱动。主滚筒内腔产生的冷凝水采用虹吸管并利用筒内蒸汽的压力与疏水阀之间的压差，使之连续地通过旋转接头排出筒外。黏结在主滚筒表面的薄膜得到迅速干燥，刮刀装置连续将干燥的薄膜刮下，并落入导料箱、破碎及输送装置中，大部分被蒸发的水汽由主排汽罩组合排出，主滚筒下部与导料箱之间的水气由辅助排气管路排出。最下部的辅助滚筒上主要粘连的是芽眼、皮渣等废料，定期刮下的废料由废料输送装置排出。其主要结构如图 3－38 所示。

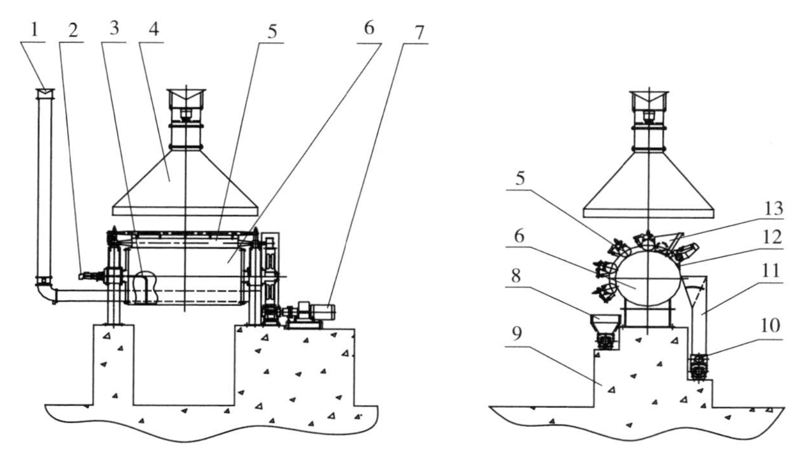

图 3－38 滚筒干燥机示意图

1. 辅助排汽管路 2. 旋转接头 3. 冷凝水虹吸管 4. 主排汽罩组合 5. 辅助滚筒 6. 主滚筒 7. 驱动装置 8. 废料输送装置 9. 混凝土基础 10. 破碎及输送装置 11. 导料箱 12. 刮刀装置 13. 布料器系统

配备导料箱具有如下优点：脱离主滚筒表面的成型片料在穿过导料箱的过程中仍有进

一步干燥的效果，从而延长了干燥时间，提高了整机的干燥效率。靠主滚筒一侧是铰接侧板，若生产不正常、产生不合格产品时，可迅速旋转侧板封闭导料箱的入口，分离出不合格产品，避免了不合格产品进入破碎及输送装置中，有效地防止了不合格产品与合格产品混合，减少了雪花全粉斑点数量。

根据蒸汽压力高低、薯泥含水多少，通过变频调整主滚筒转速，保证雪花全粉产品水分指标的均匀一致。

滚筒干燥机对物料的干燥是物料以膜状形式黏附于滚筒表面为前提的，因而物料在滚筒上的成膜厚度对干燥产品的质量有直接影响。膜形成的厚度与物料的性质（形态、表面张力、黏附力、黏度等）、滚筒的转速、筒壁温度、筒壁材料等因素有关。

滚筒干燥机的主滚筒是合金铸铁的压力容器，因此，主滚筒升压、降压要严格按照相关要求进行调整；在主滚筒表面温度较高时，严禁用冷水冲洗主滚筒表面，否则，筒壁局部聚冷收缩极易造成裂纹而损坏。

3.3.5.7 筛分设备

马铃薯雪花全粉主要采用筒筛，对于干燥的大块片料进行筛分和除杂。其工作原理为转动的粉碎打板将大块片料破碎成雪花状小片，通过筛孔排出机外。

筒筛具有机架，减速机驱动粉碎打板高速旋转，干燥的大块片料进入入料口由喂料螺旋推入筒筛内腔，它由两片圆弧筛网组成，内腔高速旋转的粉碎打板连续撞击片料，直至其破碎成雪花状小片，通过筛网孔落入出料斗，出料斗出口装有关风器，有效地降低了随雪花片排出的粉尘。壳体上的排气口可以捆扎布袋，能够收集大部分粉尘。没有从筛网孔落下的硬片、湿料从废料出口排出，转动废料活门的开度，可以调整废料排出的量。两端轴承座上配有进气嘴，在生产过程中连续不断地注入压缩空气，可以有效地阻止粉尘进入轴承内部。可以通过更换不同大小孔眼的弧形筛网，调整雪花片的尺寸，满足用户的各种要求。其主要结构如图 3－39 所示。

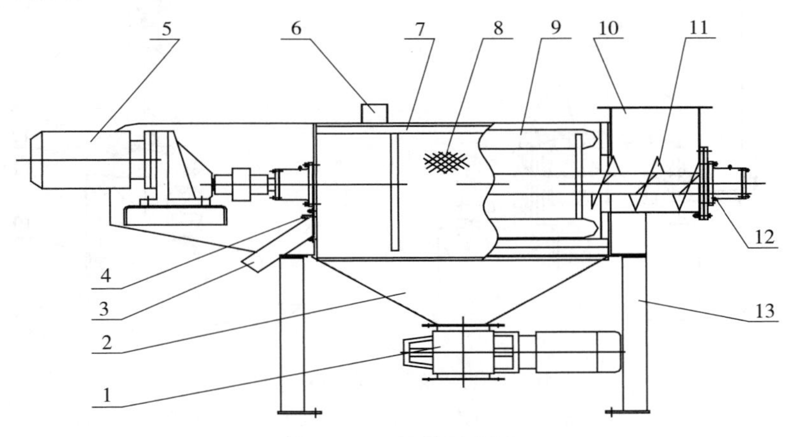

图 3－39 筒筛示意图

1. 出料口关风器 2. 出料斗 3. 废料出口 4. 废料活门 5. 减速机 6. 排气口 7. 压紧杆 8. 弧形筛网 9. 粉碎打板 10. 入料口 11. 喂料螺旋 12. 进气嘴 13. 壳体、机架

3.3.5.8 计量包装设备

计量包装系统主要通过称重、装袋、缝包工序，完成计量包装工作。其主要结构如图3-40所示。

物料由提升机输送到圆锥底的料仓内，当料仓内物料达到一定料位时，三速给料结构开始工作，称重装袋结构开始计量包装袋内物料重量，当达到设定重量时，称重装袋结构自动松袋，包装袋经过缝包机时完成封口。最后，传送皮带将包装袋输送出来。在确保计量精度的同时，控制仪可以显示出班产累计、包数等，并具自动存储，存储数据不受停电影响。

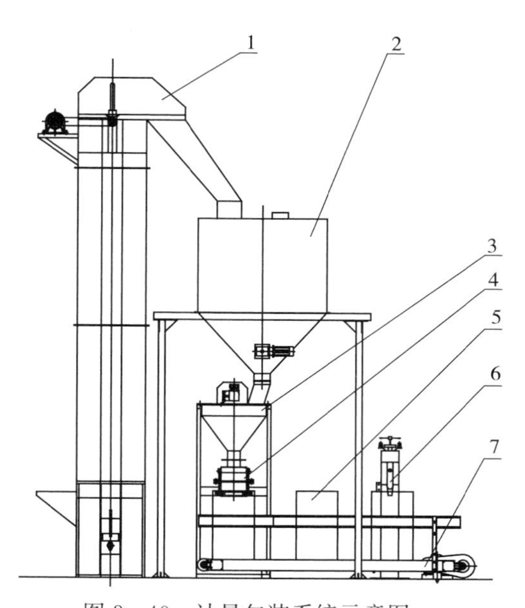

图3-40 计量包装系统示意图

1. 提升机 2. 料仓 3. 给料结构 4. 称重装袋结构 5. 包装袋 6. 缝包机 7. 传送皮带

3.3.6 马铃薯全粉生产线

3.3.6.1 马铃薯雪花全粉生产线

目前，国内外马铃薯雪花全粉生产工艺基本一致，主要经过去皮、切片、蒸煮、制泥、滚筒干燥、制粉等工序。国产的马铃薯雪花全粉生产线的技术工艺与进口欧美国家的生产线基本相同，生产能力为成品100～800kg/h，在国内占有50%的市场份额，并已开始出口。国产马铃薯雪花全粉生产线具有价格低廉、售后服务及时、适合国情等优越性。其生产线主要设备如表3-15所列。

表3-15 马铃薯雪花全粉生产线主要设备

序号	设备名称	序号	设备名称
1	去石清洗机	15	提升机
2	清洗机	16	皮带秤
3	提升机	17	蒸煮机
4	蒸汽去皮机	18	制泥机
5	提升机	19	提升机
6	皮渣分离机	20	滚筒干燥机
7	皮浆泵	21	提升机
8	拣选带	22	筒筛
9	提升机	23	拣选带
10	切片机	24	提升机
11	水力输送系统	25	粉碎机
12	漂烫机	26	成品仓
13	冷却机	27	提升机
14	水力输送系统	28	计量包装系统

雪花全粉生产线示意如图 3－41 所示。

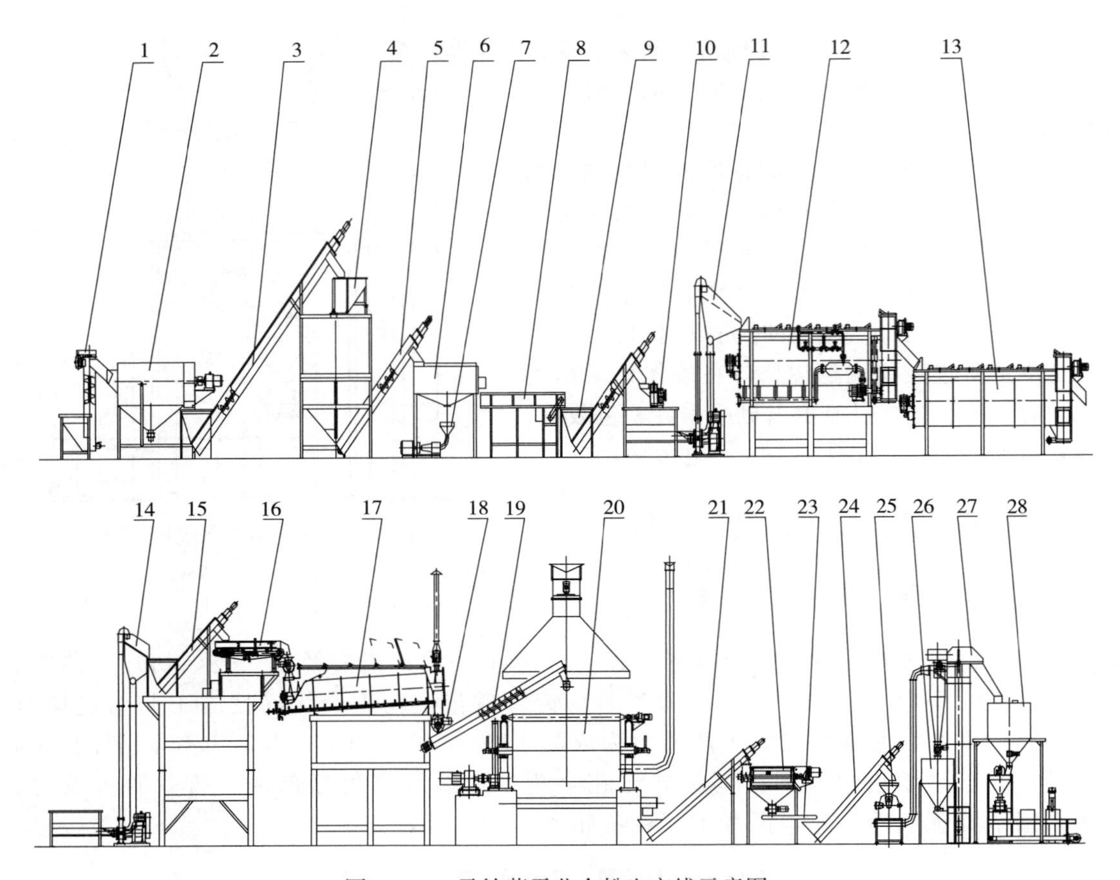

图 3－41 马铃薯雪花全粉生产线示意图

1. 去石清洗机 2. 清洗机 3、5、9、15、19、21、24、27. 提升机 4. 蒸汽去皮机 6. 皮渣分离机 7. 皮浆泵 8、23. 拣选带 10. 切片机 11. 水力输送系统 12. 漂烫机 13. 冷却机 14. 水力输送系统 16. 皮带秤 17. 蒸煮机 18. 制泥机 20. 滚筒干燥机 22. 筒筛 25. 粉碎机 26. 成品仓 28. 计量包装系统

3.3.6.2 马铃薯颗粒全粉生产线

马铃薯颗粒全粉主要采用“回填法”生产，经过去皮、切片、蒸煮、回填拌粉、气流干燥、沸腾干燥等工序。颗粒全粉在生产后半段与雪花全粉生产工艺完全不同，大大减少了细胞破碎率，同时减少了游离淀粉游离出来，基本保持了细胞的完整。颗粒全粉成品经一定比例复水制成的薯泥，其口感、口味更接近新鲜薯泥。因其工艺复杂，设备数量多，耗能大，生产线和运行成本都高，使其推广应用受到限制。

目前，马铃薯颗粒全粉生产线在国内仅有 1～2 条，生产能力为成品 100～500kg/h。其生产线主要设备如表 3－16 所列。

表 3-16 马铃薯颗粒全粉生产线主要设备

序号	设备名称	序号	设备名称
1	去石清洗机	15	提升机
2	清洗机	16	皮带秤
3	提升机	17	蒸煮机
4	蒸汽去皮机	18	制泥机
5	提升机	19	回填仓
6	皮渣分离机	20	回填拌粉机
7	皮浆泵	21	提升机
8	拣选带	22	气流干燥机
9	提升机	23	筛分机
10	切片机	24	提升机
11	水力输送系统	25	沸腾干燥机
12	漂烫机	26	成品筛
13	冷却机	27	提升机
14	水力输送系统	28	计量包装系统

颗粒全粉生产线示意如图 3-42 所示。

3.3.7 马铃薯全粉市场应用

马铃薯全粉加工过程中的几个关键工序最大限度地保持了马铃薯细胞不被破坏，产品不仅保留鲜薯特有的风味和品质，而且保持了马铃薯的全价营养，具有很高的质量稳定性，可以作为高品质食品加工的原、辅料或复水后直接食用，其复水性及口感良好。马铃薯全粉既是诸多马铃薯食品的基本原料，又是马铃薯进行贮藏的首选产品，具有工业加工的生产特征。

随着人民生活水平不断提高，马铃薯全粉的应用越来越广泛，并且逐步走入百姓家庭。油炸马铃薯休闲食品正从直接切片、切条油炸的鲜薯产品向以马铃薯全粉为原辅料的方向发展，以全粉作为薯类食品加工的基础原料，现已逐渐成为薯类食品加工业的主流。以全粉作原料较之以鲜薯为原料加工的产品，具有成型整齐、口感好、包装运输方便等优点。从产品特性看，马铃薯全粉可以作为多种加工产品的基础原料，可以改善产品加工性状、口感和营养价值。

据国外有关资料报道和近 10 年来国内外马铃薯加工情况的调查研究及分析，利用马铃薯全粉为原辅料加工的食品可达 100 多种，主要有以下几类：

（1）旅游、快餐全粉食品；

（2）油炸食品（油炸薯片、薯条）；

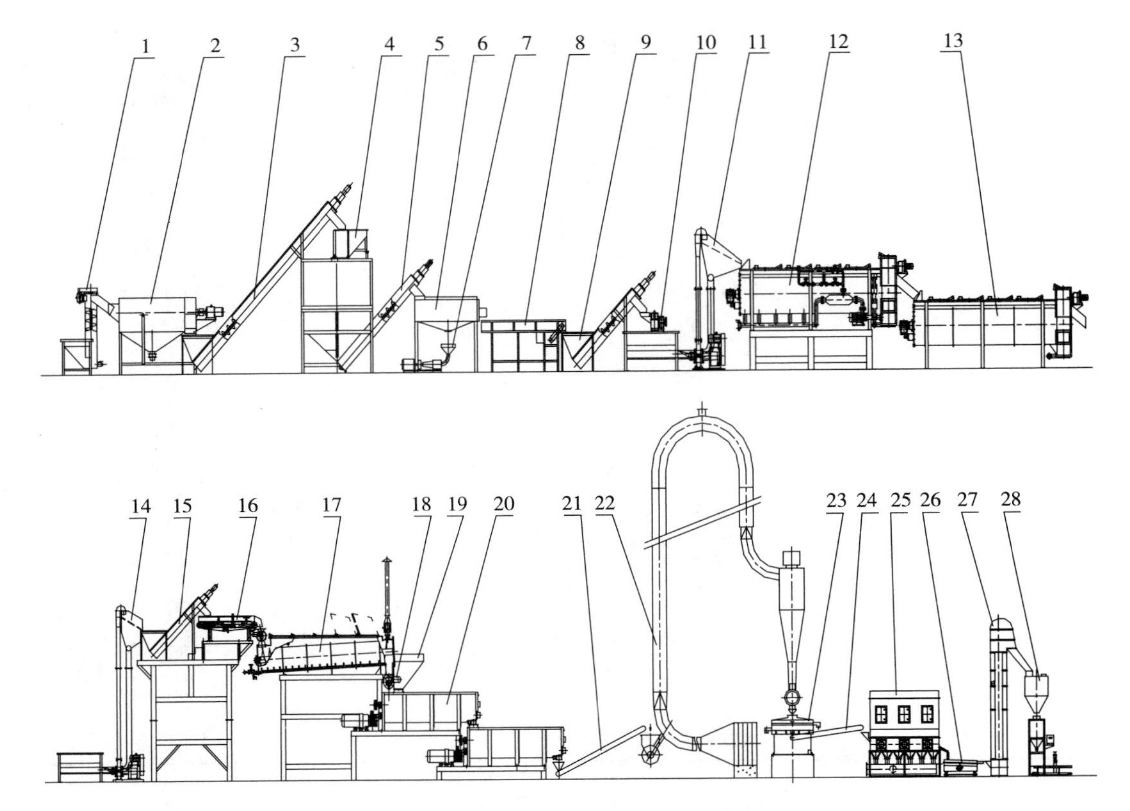

图 3－42　马铃薯颗粒全粉生产线示意图

1. 去石清洗机　2. 清洗机　3、5、9、15、21、24、27. 提升机　4. 蒸汽去皮机　6. 皮渣分离机　7. 皮浆泵　8. 拣选带　10. 切片机　11. 水力输送系统　12. 漂烫机　13. 冷却机　14. 水力输送系统　16. 皮带秤　17. 蒸煮机　18. 制泥机　19. 回填仓　20. 回填拌粉机　22. 气流干燥机　23. 筛分机　25. 沸腾干燥机　26. 成品筛　28. 计量包装系统

（3）冷冻制品（马铃薯饼、马铃薯丸子）；

（4）食品添加剂（烘烤食品、冰淇淋、雪糕、冷冻食品、各种副食品）；

（5）食品调味剂；

（6）膨化食品、儿童食品、婴儿冲调食品；

（7）马铃薯全粉湿制品（马铃薯泥、马铃薯糊精、马铃薯饮料）。

马铃薯全粉用途广泛，市场需求量大。目前，国际上很多以马铃薯加工业为主体的大型集团公司，如美国辛普劳公司、百事食品公司、宝洁公司、加拿大麦肯公司、纳贝斯克日本公司等，每年对全粉需求量非常大。而国内同类企业如北京百事公司、北京联华食品公司、上海快餐食品集团、上海曙光食品集团及上海益民膨化食品厂、福建亲亲食品集团、汕头圆圆食品公司等，还有各大城市西餐业，对全粉需求量也越来越大。据专家预测，我国休闲食品市场增长量每年达到 20%。近年国内快餐业的迅猛发展，对全粉的需求量还在增加。随着我国马铃薯生产和加工产业的技术进步，全粉加工业将迎来快速发展时期。

3.4 马铃薯油炸薯片生产技术

3.4.1 油炸马铃薯片国内外研究现状

油炸马铃薯片又叫油炸土豆片，于100年前在美国问世。随着马铃薯炸片的需求量迅速增加，至1995年北美生产的马铃薯已有10%用于炸片生产。国外先进的油炸生产技术主要以美国热控HEAT&CONTROL公司及欧洲H&H等一些公司为主。设备生产能力一般都向大型化发展，已有成品500kg/h甚至1 000kg/h的生产线。早期的油炸生产线设备采用锅底直燃式加热，该方式易造成煎炸油局部过热，现已基本淘汰。目前油炸形式主要采用炸锅体外间接加热式，该方式有利于延长煎炸油的使用时间，加热均匀，操作简单。燃料可采用煤、天然气、柴油，也可采用蒸汽加热。

在我国，国产的油炸土豆片生产线设备，有间断式和连续式两种类型。间断式设备多数是由其他设备拼凑或由膨化食品生产线改装而成，多为小企业或个体经营者使用。连续式目前有两种形式：①油炸机为锅底直燃式加热；②油炸机采用体外间接加热式。产量一般都偏高。炸油寿命普遍在1周左右，与国外先进技术尚有一定差距。

从产值来讲，油炸土豆片比鲜薯增值5～6倍，是一个利润较高的行业。制约国内油炸土豆片生产发展的因素除了马铃薯品种、加工工艺外，很重要的原因是国内缺少适于油炸土豆片加工的设备。国外设备虽然很成熟，但由于引进费用过高，不完全适合我国目前的国情。

3.4.2 油炸马铃薯片加工工艺

3.4.2.1 原料要求

炸薯片的成功与否，或品质的好坏，60%～70%取决于马铃薯本身。如果马铃薯原料不适，即使最好的加工装备也生产不出好的薯片。原料选得好，这炸薯片也就成功了一半。

油炸薯片对原料有如下要求：

（1）最大长度≤90mm、最小直径≥40mm；

（2）还原糖含量≤0.2%；

（3）干物质含量应在20%～23%；

（4）块茎的密度在1.081～1.095之间（或淀粉含量14.3%～17.3%）。

推荐品种：大西洋（Atlantic）、斯诺顿（Snowden）、夏波蒂（Shapedy）等国外引进品种；国内品种有克新1号、陇薯3号等。

3.4.2.2 马铃薯油炸薯片加工工艺流程

（1）工艺流程

原料→清洗→去皮→修剪→切片→漂洗→漂烫→脱水→油炸→脱油→拣选→调味→冷

却→包装

(2) 工艺要点

1) *原料* 原料在投入生产之前首先需对其成分进行测定，关键是还原糖含量的测定，当还原糖含量高于0.3%时不易进行生产，仍需继续预置，直到糖分达到标准时为止。还要求无霉变腐烂，无发芽、虫害等现象。

2) *清洗* 清洗采用滚笼式清洗机，去除土豆表面泥土及赃物。

3) *去皮* 采用机械去皮法去除表皮进入修剪工序。在炸鲜薯片的加工中，多采用摩擦去皮法，如用碳硅砂去皮机进行去皮。薯块上少量未去的皮在分级输送带上进行修整，并拣出有损伤的马铃薯。采用机械摩擦去皮方式，一般一次投料为30～40kg，去皮时间根据原料的新鲜程度而定，多为3～8min。去皮后的马铃薯要求外皮除尽，外表光洁。去皮时间不宜过长，以免去皮过度，增大物料损失率。

4) *修剪* 将上一工序中未彻底去皮的土豆进一步清理，去除原料上芽眼、霉变等不宜食用的部分，并将个别不规则的原料整形。

5) *切片* 以均匀速度将原料送入离心式切片机，将合格的去皮马铃薯切成薄片，厚度控制在1.1～1.5mm。薄片的尺寸和厚度应当均匀一致，而且表面要平滑，否则会影响油炸后的颜色和含水量，如太厚的切片不能炸透等。切片机刀片必须锋利，因为钝刀会损坏许多薯片表面细胞，从而会在洗涤时造成干物质的大量损失。目前市场上有平片和波纹片两种片形。

6) *漂洗* 切后的薯片应立即进行漂洗，露放在空气中易发生变色。通过漂洗除去薯片表面游离淀粉和可溶性物质，避免薯片在油炸时互相粘连。

7) *漂烫* 在80～85℃的热水中漂烫2～3min，以降低薯片表面细胞中的糖分，有利于油炸后获得色泽均一且较浅的产品。

8) *护色* 将护色液加入漂烫水中进行护色，要达到破坏酶的活性、改善组织结构的目的。另外，在护色液中要加入少量添加剂。

9) *脱水* 去除薯片表面水分，热风温度50～60℃，以免增加油炸时间，加大成品的含油率。

10) *油炸* 油温185～190℃，油炸120～180s，使薯片达到所要求的品质。油炸是炸鲜薯片和炸薯片的关键工序。油炸前应将烫漂后的薯片尽量晾干，因为薯片表面和内部的水越少，所需油炸的时间越短，产品中的含油量也就越低。油炸所用的油脂必须是精炼油脂，如精炼玉米油、花生油、米糠油、菜籽油等。为防止成品在放置时与空气接触和受光影响而引起氧化酸败，一方面，炸油应选择不易被氧化酸败的高稳定性油，如米糠油具有不易酸败的特点，棕榈油具有稳定性高的特点，氢化油的稳定性最高；另一方面，要往炸油中加入适量抗氧化剂如BHT（二丁基羟甲基苯，食品级，用量为炸油的0.02%）和抗氧化增效剂柠檬酸（用量为炸油的0.05%）。从油的风味来比较，米糠油、菜籽油等液体油油味太浓，棕榈油等固体油比较清淡，氢化油有奶油风味。所以米糠油60%～75%，棕榈油10%～25%，氢化油15%～20%的混合油为较合适的炸油组成，具有防止酸败和风味好的特点。若单独用一种液体油，氢化油的添加比例应不低于30%。

油炸马铃薯薯片有连续式和间歇式两种方法。连续式多由大型厂采用，间歇式多由小型厂采用。油的加热，通常采用热交换器预先将油加热，再用泵将热油压入锅内再用火加热。薯片在锅内油炸时，几乎全部淹没于油中，油炸温度应自动控制在170～175℃，波动不应大于±2℃，油炸时间约3min。将薯片从锅内输出，一般采用的是不锈钢制的网状式输送机。

薯片在油炸过程中放出大量的热蒸汽，由排气筒排出室外。炸油使用一定时间后要及时更换，并对油锅进行彻底的清洗。因为炸油使用时间长了，在油面上布满细泡，使得薯片难以炸透，此种现象称为炸油发生了疲乏现象。

11）脱油　采用热风吹以降低薯片中的含油量。油炸薯片是高油分食品，在保证产品质量的前提下，应尽量降低其含油率。从原料选择到生产的各个过程都会对产品的含油率有所影响。马铃薯的比重越高，油炸片的含油率就越低；油炸前将薯片烘烤，使其水分降低25%，油脂含量可减少6%～8%；生薯片在85℃的5%氯化钠溶液中浸泡132s，其含油量由凉水浸泡过的油炸薯片的36.8%降低到34.3%；切片越薄，含油量越高；在一定范围内，温度越高，吸油量越少；薯片还原糖量较高时，油温一般低些好，在油温不变时，薯片油炸时间长，其含油量增高。油炸后的片料，经过振动脱油机除去表面余油，可适当降低含油率，延长产品保质期。

12）拣选　将油炸后的不合格品通过人工拣出。

13）调味　油炸后的薯片通过调味机着味后，制成各种风味的产品。所用的调味料均为复合型调味料，国际市场比较流行的风味有咖喱、辣味等。我国目前炸薯片用的调味料有五香牛肉、鸡味、牛肉味、麻辣味、烧烤味、番茄味等，一般加入量为1.5%～2.0%。

14）冷却　将着味后的薯片冷却至室温后，方可包装。

15）包装　为便于产品保存、运输和保鲜，调味好的炸薯片经冷却、过磅后，进行包装。包装袋应由无毒、无臭材料制成。为延长保质期，多采用铝塑复合袋真空充氮或普通充气包装，以防止产品在运销过程中破碎。

3.4.3　马铃薯油炸薯片加工专用设备

3.4.3.1　切片设备

早期的切片机是间歇式的。切片机刀片由电机或人工带动旋转，人工喂料并提供切削压力，工作是间歇式的。这种切片机由于价格低廉，在餐饮业和小型加工企业还有使用。

马铃薯片生产厂商普遍使用连续式机械切片机。连续式机械切片机根据切削压力分为重力式和离心力式。

重力式切片机利用物料的重力使其压在旋转的刀刃上，如图3-43所示，在重力作用下物料顺滑道溜下，被逐个送入定

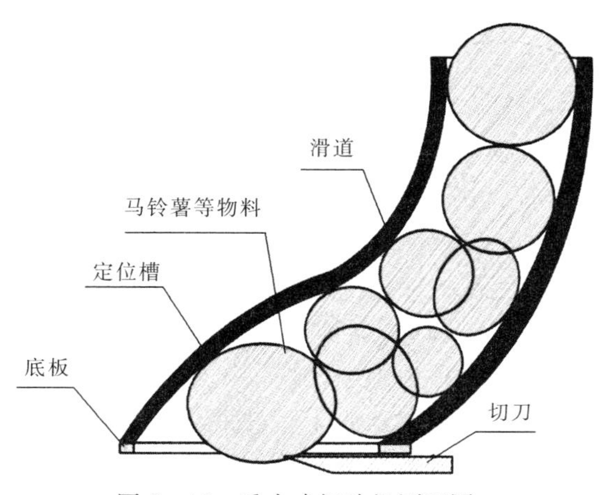

图3-43　重力式切片机原理图

位槽，在旋转切刀的切削力作用下被压紧在定位槽中，随之被旋转的切刀切下。

图 3－44 是重力式切片机结构示意图，工作时动力由电机通过皮带轮和圆锥齿轮传给刀盘，切刀随着刀盘的旋转在水平面切削物料。物料顺滑道溜下，逐个被送入定位槽，压紧在定位槽中，被切成片后垂直落下。这种切片机刀片是平行于物料切削面，因此从原理上看，切片厚度较均匀。但对滑道光洁度要求较高。由于物料重力、尺寸、圆整度及光滑度的差异，使切削精度受到影响。处理量较离心力式切片机稍低。

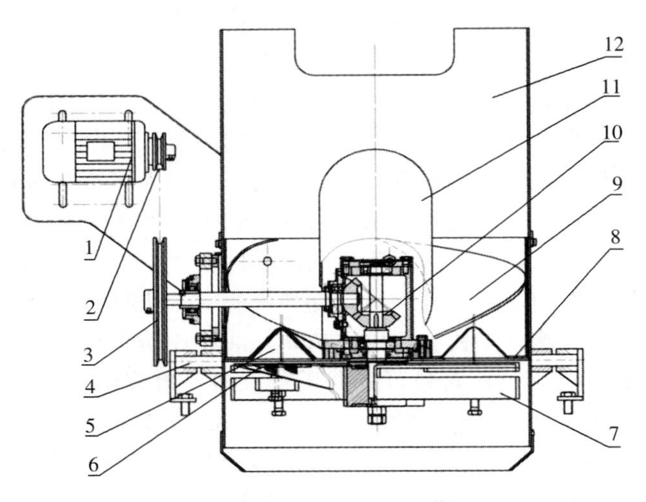

图 3－44　重力式切片机结构示意图

1. 电机　2. 小皮带轮　3. 大皮带轮　4. 整机翻转轴及支座　5. 定位槽　6. 切刀　7. 刀盘　8. 底板　9. 滑道　10. 圆锥齿轮　11. 防护罩　12. 储料箱

离心力式切片机依靠物料的旋转离心力使其压在旋转的刀刃上。离心力式切片机有单刀式和 8 刀式两种。

（1）**单刀离心力式切片机**　如图 3－45 所示，主要由电机、皮带轮、锥齿轮、进料斗、推料转盘、刀体支座、装有切刀的刀体等部件组成。

工作时动力由电机通过皮带轮传给推料转盘，带动其旋转。待物料由料斗进入到推料转盘上，并于转盘带动下转动，在离心力作用下压向切刀，切刀在物料圆周运动的切点的垂直面切削物料。物料被切成片后沿出料防护罩方向垂直落下，完成切片工艺。

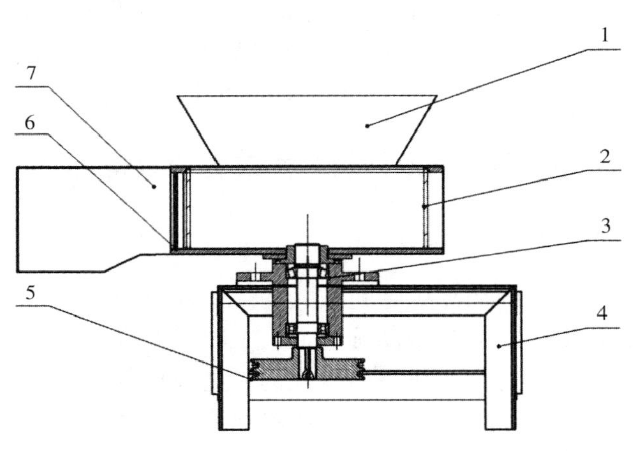

图 3－45　单刀离心力式切片机结构示意图

1. 进料斗　2. 推料转盘　3. 刀体支座　4. 机架　5. 皮带轮　6. 刀体　7. 出料防护罩

（2）**8 刀离心力式切片机**　如图 3－46 所示，主要由电机、皮带轮、锥齿轮、进料斗、推料转盘、刀体支座、8 套装有切刀的刀体等部件组成。8 套刀在与物料圆周运动的切线平行处，沿圆周方向均匀分布安装。

工作时动力由电机提供，经皮带、锥齿轮传动，带动推料转盘旋转，待物料由料斗进入到推料转盘上，并于转盘带动下沿刀架内侧转动，在离心力作用下压向切刀，切刀在物料圆周运动的切点的垂直面切削物料。物料被切成片后垂直落下，完成切片工艺。

调整刀头上的调整螺钉，使刀片间隙一致后，紧固好紧固螺栓，便能切出均匀厚度的产品。

这种切片机刀片多、效率高、生产能力大，片的光滑度和厚度精确度都较好。但机械组成较复杂，成本较高对加工精度要求高。对于刀片间隙的调节，由于8个片刀的间隙互相影响，使调节相对较繁琐。

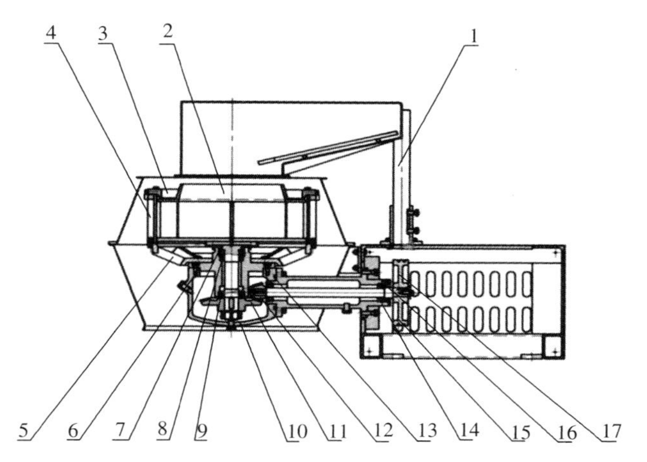

图3-46　8刀离心力式切片机结构示意图

1. 进料斗　2. 推料转盘　3. 刀体上支座　4. 刀体　5. 刀体下支座　6、13. O型圈　7. 密封圈　8. 密封圈　9. 轴承　10. 齿轮箱　11. 大锥齿轮　12. 小锥齿轮　14. 轴承　15. V形带　16. 密封圈　17. 皮带轮

3.4.3.2　漂洗设备

漂洗设备分为网带式和滚筒式。网带式漂洗机采用循环网带通过喷淋和水槽洗去淀粉与碎渣。采用这种形式漂洗投资较低，但薯片反面冲洗不理想，漂洗效果稍差。

滚筒式漂洗机的结构见图3-47。它是由输料网带、水槽、滚筒和进料槽等组成。滚筒上分布有孔洞，内壁装有片状螺旋，滚筒出口装有导料板与网带输送机衔接。当滚筒以均匀速度转动时，水流对物料进行翻动和输送，达到清洗的目的。

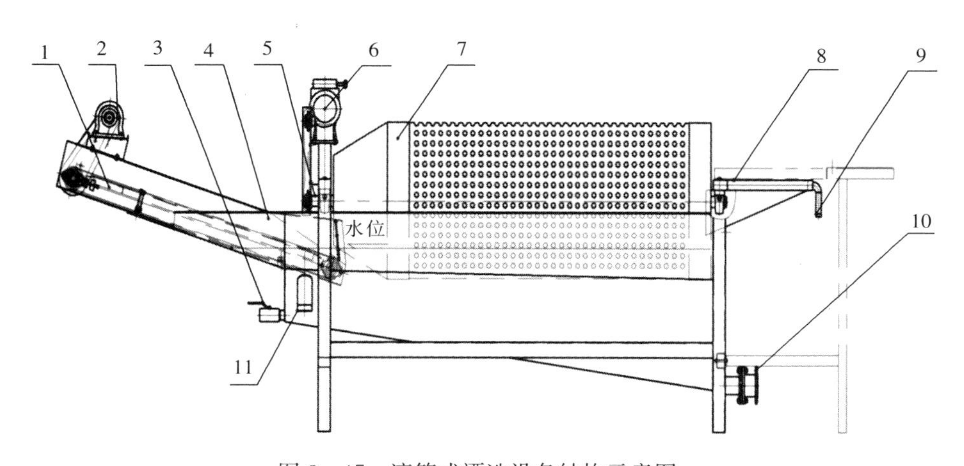

图3-47　滚筒式漂洗设备结构示意图

1. 输料网带　2. 输料减速机　3. 进水口　4. 水槽　5. 传动链　6. 滚筒减速机　7. 滚筒　8. 进料槽　9. 冲料水管　10. 排水口　11. 溢流口

滚筒式漂洗机结构简单，操作方便，性能好，效率高，可连续作业。主要用于整土豆、土豆切块和土豆切片的漂洗。根据物料漂洗程度的不同要求，可以相应调节变速机的速度以改变转筒的转速，从而满足物料的漂洗时间和漂洗效果。

使用时盛水槽中应注入足够的水量。转筒转动后，从进料斗喂入物料，喂入量应均匀，不宜过多，否则物料拥挤，影响漂洗效果。

物料喂入料斗时，应同时启动水泵，不断地向料斗泵水，将物料连续均匀地送入转筒进行漂洗。

物料在转筒中漂洗的时间，根据漂洗程度的要求，调节变速机转速从而改变转筒的转速。

变速机调速时，应在启动运转后调节，切勿在停机状态下调速。

物料漂洗至出口端时，由导料板，逐次把物料捞起，倒入输送网带上，随网带边输送边沥水。

水槽中的水，应随时观察是否混浊，如已混浊并影响漂洗效果时，应及时排放更换，并将槽底碎渣排出。

输送网带的高度，根据需要可通过前端的左右两个螺栓调节。

3.4.3.3 漂烫设备

滚筒式漂烫机的工作原理及结构与滚筒式漂洗机大致相同。其结构见图 3－48，主要由输料网带、水槽、滚筒和进料槽等组成。但增加了进汽管和保温罩，保温罩上装有排汽筒。机体比漂洗机要长些来增加漂烫时间。输料网带上装有脱水系统，以减少进入油炸机的水分。

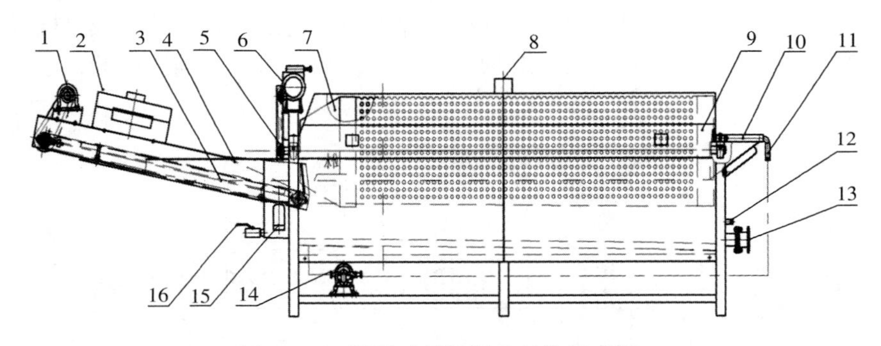

图 3－48 滚筒式漂烫设备结构示意图

1. 输料减速机 2. 脱水系统 3. 输料网带进水口 4. 水槽 5. 传动链 6. 滚筒减速机 7. 滚筒 8. 排汽筒 9. 保温罩 10. 进料槽 11. 冲料水管 12. 进汽管 13. 排水口 14. 循环水泵 15. 溢流口 16. 进水口

使用时盛水槽中应注入足够的水量，然后接通高温蒸汽与水混合加热，水温应达到 85～95℃，并在漂烫过程中保持此温度。

转筒转动后，从进料斗喂入物料，喂入量应均匀，不宜过多，否则物料拥挤，影响漂烫效果。

物料喂入料斗时，应同时启动水泵，不断地把水槽中的热水泵入料斗，将物料连续均匀地送入转筒进行漂烫。

物料在转筒中漂烫的时间，一般为 40～60s。根据漂烫程度的要求，调节变速机转速从而改变转筒的转速，以调整漂烫的时间。

物料漂烫至出口端时，由导料板逐次把物料捞起，倒入输送网带上，在网带始端，由喷水管喷洒冷水，将物料冲洗并降温，然后随网带的移动边输送边沥水，并启动风刀，向物料吹热风，加快物料表面水分的蒸发。

水槽中应随时补充水、蒸汽，保持要求的水温，随时观察水是否混浊，及时排放补充。

输送网带的高低，根据需要可通过前端的左右两个螺栓调节。

3.4.3.4 油炸设备

油炸设备有间歇式和连续式两种。前者用于小规模加工，后者用于大规模生产。

早期的连续油炸机采用锅底直接加热方式。该方式会造成煎炸油局部过热，易引起火灾，且设备操作、维修难度较大，现已基本淘汰。

目前炸机主流设计均采用炸锅体外间接加热方式，如图3-49和图3-50）两种方式。其特点是可利用煤、柴油、天然气等多种燃料加热炸油，炸油循环加热，油温容易控制。对油炸马铃薯片生产可大大减少粘片现象，提高产品合格率。

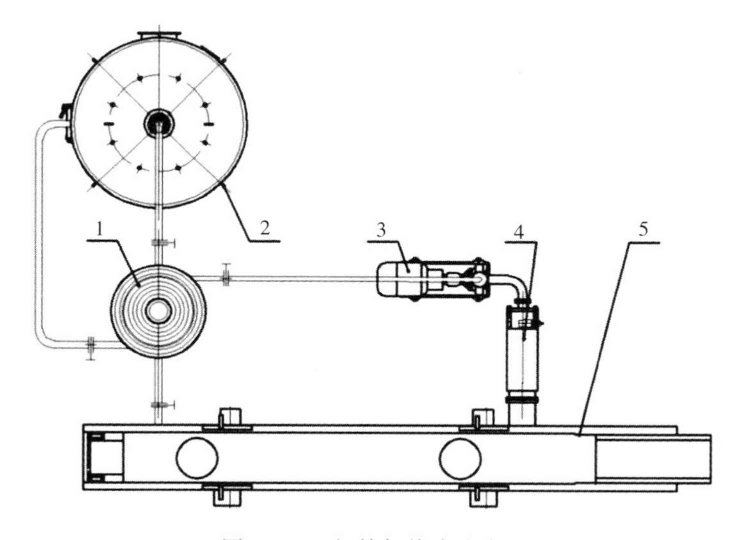

图3-49 间接加热式油炸机

1. 热交换器 2. 导热油炉 3. 循环油泵 4. 除渣器 5. 油炸机

采用炸锅体外间接加热方式的炸机，由于火焰直接加热输油管壁，容易造成煎炸油局部过热，如图3-49。

采用换热器方式加热煎炸油的炸机，加热均匀，可避免煎炸油局部过热，有利于延长煎炸油的使用时间，如图3-50。

连续式马铃薯片油炸机由拨料机构、传动链条、油炸减速器、排烟囱、烟罩、压料网带、出料链条及出料减速器等组成，如图3-51。

将已切好的薯片，送入油槽中，马铃薯片进入油炸机后，在油槽的前段处于自由状态。随后进入拨轮搅拌段，使薯片水分进一步蒸发，拨料机构的作用就是将上浮的薯片压入油内，翻动薯片防止粘连，且使薯片受热均匀。经过拨轮的薯片水分大量蒸发，此时薯片处于上浮状态，如果不使其继续进入炸油中就会导致露出油面的一面的水分蒸发不彻

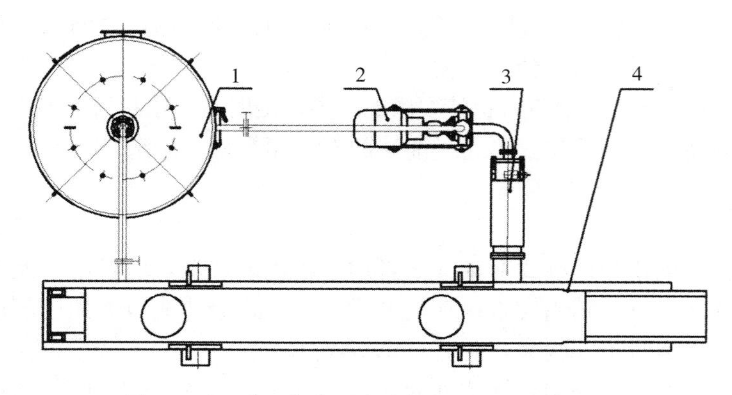

图 3-50　采用换热器方式加热煎炸油的炸机
1. 导热油炉　2. 循环油泵　3. 除渣器　4. 油炸机

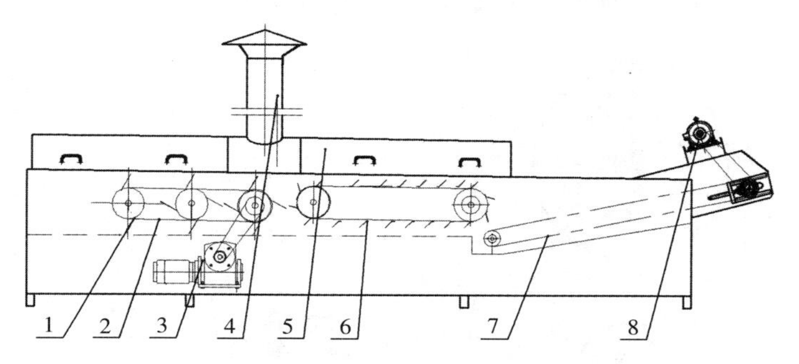

图 3-51　连续式马铃薯片油炸机
1. 拨料机构　2. 传动链条　3. 油炸减速器　4. 排烟囱　5. 烟罩
6. 压料网带　7. 出料链条　8. 出料减速器

底，造成薯片夹生。因此在拨轮区后面设置压带，使薯片在该区仍处于炸油中进行水分蒸发、干燥，压料带上设置有拨板，防止薯片在该区的滞留，保证按一定时间出料。该段的速度应和前段拨轮的线速度一致，保证上段进入的薯片顺利送出，速度的不匹配会造成薯片在油槽内的堆积。之后薯片将送入出料带，出料带主要是将薯片从油槽中带出，满足连续生产的需要。由于薯片到达该段时水分含量基本上达到了要求，已经不会产生粘连等现象。当薯片从高温油中送出后，薯片表面的油分和一些水分还要在此蒸发，经过此段的减速停留，薯片一方面可以沥去表面油分，另一方面使薯片脆度增加，产生酥脆感。最后完成油炸的薯片，送入下道工序。

油炸水蒸气通过排烟囱排出，冷凝水通过收集器下排。在高温油中，煎炸油温度可以高达 190℃，而马铃薯片温度仅为 100℃，即水在常压下从液态变为蒸汽的相变温度。有水存在时，马铃薯片表面会形成一层蒸汽膜，不会因脱水过度而使温度过高导致炸焦。换句话说，有水蒸气膜存在，就不会炸焦。因此，马铃薯片都保持一定的含水量。

3.4.3.5　调味设备

根据调料输送的形式，调味设备分为振动式、螺旋片式、螺旋弹簧式、气雾式等。

拌料多采用滚筒形式。滚筒式调料机适用范围广泛，除可对油炸马铃薯片进行调料外，还可对其他膨化小食品进行调料入味。

薯片生产线上滚筒式调料机见图3-52，主要由调料传动机构、防护罩、调料机构支架、调料盒、拨料机构、撒料机构、拌料滚筒、物料翻动机构、滚筒机架、减速器、滚轮等组成。撒料机构由喂料螺旋及调料管组成。喂料螺旋安装在调料管内，调料管的筒壁上均匀地设有若干调味粉出口。通过调节调料传动机构可以控制出料口的调味粉流量，以适应生产不同口味薯片的需要。工作时，动力经调料传动机构传给拨料机构和撒料机构，调料从料斗通过拨料机构和撒料机构均匀地送入滚筒。这样，由于滚筒的旋转，物料和调料被混合均匀，即达到调料入味的目的。喂料螺旋转速可无级调速，从而实现调料喂入量的无级调节。

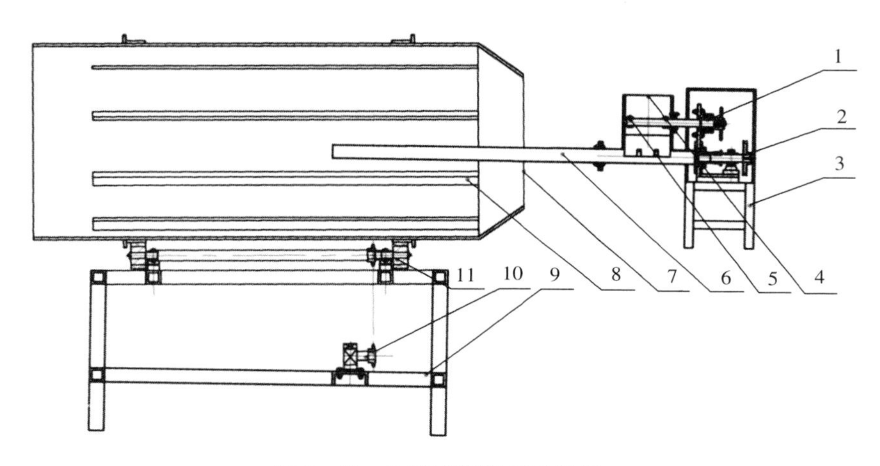

图3-52 滚筒式调料机示意图

1. 调料传动机构 2. 防护罩 3. 调料机构支架 4. 调料盒 5. 拨料机构 6. 撒料机构 7. 拌料滚筒 8. 物料翻动机构 9. 滚筒机架 10. 减速器 11. 滚轮

3.4.3.6 计量包装设备

计量包装设备分为容积式计量包装设备和称重式自动化包装设备。

(1) 容积式定量包装计量装置 容积式定量包装计量装置仅适用于密度稳定、容量较小的粉状、颗粒状等物料包装计量。其结构简单，计量速度快，成本低，但准确度亦低(一般只能达到1.5%～3%)。主要有以下几种类型：

①容杯式定量包装计量装置，又分为固定和可调容杯式定量包装计量装置两种。

②转鼓式定量包装计量装置。

③柱塞式定量包装计量装置。

④螺杆式定量包装计量装置等。

(2) 称重式动态定量包装计量装置 称重式动态定量包装计量装置主要用于薯片、膨化食品、小食品、糖果、饼干及其他一些食品或药品等规则或不规则颗粒物料的包装计量。连续称重式计量实质上是定时计量，通过闭环控制系统，控制物料的稳定流量及其流动时间，间隔进行计量。

与容积式定量包装计量装置相比，称重式动态定量包装计量装置虽然结构复杂、计量速度稍慢、设备投资大，但是单机不仅能够满足多品种、多计量的粉粒和不规则形状产品的包装要求，而且计量准确。随着科技进步和组合秤的使用，不仅提高了称重式动态计量装置的计量速度，而且大大降低了成本。

图 3－53 是称重组合式定量包装机结构示意图。它是由振动给料斗、Z 形提升机、组合秤进料斗、分配料斗（10 或 14 个）、称重斗（10 或 14 个）、整理斗、包装机进料斗、反领式充气包装机、成品输出带等组成。工作时物料经振动给料斗、Z 形提升机、进料斗进入组合称，通过传感机构测得某个分配料斗的料已清空即通过自动进给机构补充。传感器测得各称重料斗内物料的重量，从 14 个进料斗中选其中 4 个组合成为 1 个包装袋的物料重量。通过电脑计算，从大量组合方式中瞬时选出其中 1 个最佳重量组合。这种组合称重计量方式精度非常高。在称重的同时，即刻打开这四个称重料斗仓门，物料进入包装机进料斗。在反领式充气包装机内完成制袋、进料、充气、封口、切断等工艺，落入成品输出带送出。

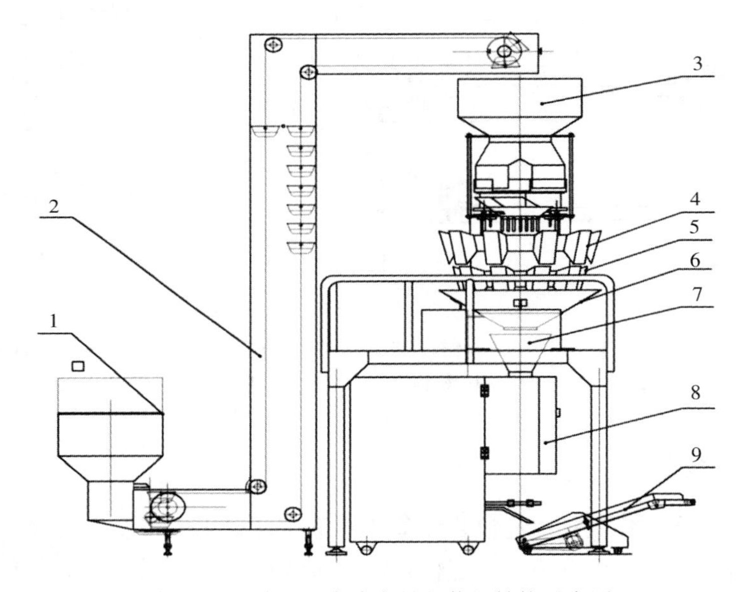

图 3－53　称重组合式定量包装机结构示意图

1. 振动给料斗　2. Z 形提升机　3. 组合秤进料斗　4. 分配斗　5. 称重料斗
6. 整理斗　7. 包装机进料斗　8. 反领式充气包装机　9. 成品输出带

3.4.3.7　马铃薯油炸薯片生产线

马铃薯油炸薯片生产线通常都具备清洗机、给料机、去皮机、修剪输送机、提升机、切片机、漂洗机、漂烫机、脱水系统、油炸锅、加热炉、电控柜、热交换器、除渣机、储油器、脱油系统、拣选输送机、调料机、高温煎炸油泵等设备。

生产过程要求设备能保证整个流程马铃薯片受保护，不会因褐变造成颜色变深。要求设备能无级控制生产节奏，有停止点；要求设备有自动安全防护机构，出现故障能够自动停机；要求设备有质量反馈机构、质量检验设备；要求设备便于清洗；要求设备停电时能够排出炸机内物料。由于煎炸油常温状态基本呈固态，因此需要有化油设施。

3.4.4 油炸马铃薯片产品标准和质量控制

3.4.4.1 油炸马铃薯片产品标准

（1）**油炸薯片产品感官品评标准** 油炸薯片产品感官品评标准见表3-17。

表3-17 油炸薯片产品感官品评标准

感官得分	5	4	3	2	1
色泽	淡黄色，均匀一致	淡黄色	黄色，边缘略有褐色	黄色，边缘褐变超过2/3	黄色，褐变严重
酥脆度	非常酥脆	比较酥脆	酥脆	一般	较硬
口感	含油量较低，口感无油腻	含油量适中	含油量稍高	含油量较高，表面有油腻感	含油量高，口感油腻
破碎程度	完整	略有破碎	轻度破碎	破碎较严重	破碎严重

（2）**理化标准** 油炸薯片产品理化标准指标见表3-18。

表3-18 油炸薯片产品理化指标

成分	蛋白质	灰分	纤维	糖	水分	脂肪
含量（%）	3.6	2.5	0.9	45	4.2	43.8

（3）**卫生标准** 油炸薯片产品大肠菌群不高于100个/g；致病菌不得检出。

3.4.4.2 油炸马铃薯片质量控制

在油炸马铃薯片的生产中，主要关键的共性质量控制技术有酶褐变控制技术、货架期保质技术及卫生安全保证技术等。油含量控制技术是油炸马铃薯片中关键的控制技术。

在马铃薯的食品加工过程，油炸是常用的一道加工工艺，通过油炸不仅可以灭酶灭菌，获得油炸食品的特有色泽，同时获得油炸食品独特的香气和风味。目前，低能量食品特别是低脂肪食品的发展极为迅速，公众对膳食营养最为关注的影响因素就是食品中脂肪含量，减少脂肪的摄入被推荐为提高自身健康的重要途径之一。

因此，许多专家学者致力于降低油炸产品的脂肪含量及脂肪吸收机理的研究，指出影响油含量的因素有油的品质、表面活性剂、氧化作用、重复油炸，减少油和食品之间的张力、产品表面粗糙增加表面积、降低油炸温度、多孔性、组成成分、较高的温度、较小的厚度、预干燥等因素。对常压深层油炸脂肪的吸收与油炸参数、油的品质以及预处理技术等因素进行了研究。

目前，国外在常压深层油炸过程中，对降低产品脂肪含量的研究主要有以下几个方面：第一，改良油炸技术，包括优化油炸参数与离心脱油工艺，或采用预干燥技术、真空低温油炸技术、微波干燥和远红外与油炸结合技术；第二，应用各种涂膜技术。由于食品的表面特性可以影响脂肪的吸收，许多学者致力于研究各种可食性涂膜材料，主要包括：多糖，如改性淀粉、CMC、明胶、果胶、葡聚糖等，有很多相关的文献与专利资料；第三，通过改良油炸介质。油炸介质质量的改变与脂肪的吸收有关，其黏度等特性可以影响脂肪的含量。

3.5 鲜切马铃薯产品加工技术

3.5.1 国内外净鲜蔬菜发展情况

3.5.1.1 国外鲜切蔬菜发展的历史

鲜切蔬菜（fresh - cut fruits and vegetables）又名轻度加工蔬菜（minimally processed fruits and vegetables），是一种新型蔬菜加工产品。鲜切蔬菜是指新鲜蔬菜采后经挑选、清洗、整理、去皮、切分和包装等工序而加工成具有新鲜蔬菜品质的产品，是一种新型的加工产品，国际上称之为第四类蔬菜。与传统加工产品相比，不进行剧烈加工处理的蔬菜，既新鲜干净又方便省时，深受现代生活欢迎。在生活节奏不断加快的今天，鲜切蔬菜的消费市场必将随着社会经济发展而迅速发展壮大。鲜切蔬菜相对于未加工的蔬菜而言更易变质，因此在生产过程中各环节都必须严格控制质量。

鲜切蔬菜加工产业于20世纪50年代起源于美国，80年代开始在发达国家快速发展，当时大部分产品仅供给团体膳食和快餐业。现今，随着社会的进步、经济的发展和科技水平以及人们生活水平的提高，鲜切菜产业得到了迅速地发展。鲜切菜的产量和所占的市场份额也都在迅速增加。法国1985年生产鲜切菜仅400多t，而到1989年已经达到35 000t；美国鲜切菜和切割蔬菜销售额达到了200亿美元。20世纪末，日本市场的鲜切菜率几乎达到了100%，英国的鲜切菜约占蔬菜总销售量的85%。在生产流通和管理体系上，日本和欧美的许多工业化国家普遍建立了现代化鲜切菜商品化处理体系，形成了以HACCP为中心的产品质量管理和保障体系。

3.5.1.2 我国蔬菜加工产业的现状

我国鲜切蔬菜研究始于20世纪90年代，发展迅速但在关键技术方面的研究相对薄弱，产品品种少。我国地域横跨热带、亚热带、温带和寒带，气候多样，适合于不同类型蔬菜的生长，蔬菜品种十分丰富，四季都有新鲜蔬菜供应。我国的蔬菜种植面积和产量均居世界首位，人均蔬菜占有量已达300kg，而世界人均占有量仅为102kg。我国蔬菜产量虽大，但是工业化程度却比较落后。主要表现在两个方面：第一，腐烂损失严重，长期以来仅重视采前栽培、病虫害的防治，忽视采后贮运、加工及产地基础设施建设，不能很好地解决产地蔬菜分选、分级、清洗、预冷、冷藏、运输等问题，致使蔬菜在采后流通过程中的损失相当严重，我国每年因处理不当而造成的蔬菜腐烂损失率达到30%～40%，而发达国家平均损耗率不到7%。第二，蔬菜产品缺少规格化、标准化管理，大部分蔬菜仍以原始状态上市，未实施采后商品化处理，致使产品品质不高、市场售价低、竞争力差，造成了人力、物力、财力的极大浪费。因此，大力发展蔬菜采后保鲜加工业，减少损耗，提高产品档次，是目前我国蔬菜产业发展的重点。

3.5.2 净鲜马铃薯半成品特性分析

3.5.2.1 鲜切蔬菜的生理特性及储藏期的品质变化

新鲜蔬菜作为一个生命活体，采后仍进行正常的新陈代谢，切分后，蔬菜组织结构严重破坏，细胞膜系统受损严重，机体正常生命活动发生紊乱导致诸多不良反应的发生，引起一系列的感官及营养品质下降，细胞破裂使水分散失速率急剧上升造成产品感官上脱水萎蔫、皱缩、干化，失去新鲜状态；组织挫伤有利于加速一些代谢活动，典型表现为乙烯合成和呼吸作用的加速，呼吸作用增强促进机体贮藏物质降解，加速衰老坏败进程，降低产品质量及缩短货架期。鲜切蔬菜在贮藏加工中主要的品质变化有：颜色变化、组织失水、软化、溃败、水解、微生物污染等。在净鲜马铃薯半成品所有品质变化中，以酶促褐变、微生物污染和组织软化最为严重。

3.5.2.2 影响马铃薯鲜切丝、丁半成品保鲜效果的主要因素

马铃薯是蔬菜中较好贮运保鲜的品种，一般在采后能耐贮藏4～5个月或更长时间，原因是它有休眠期，此时的呼吸强度非常低。再者，带皮马铃薯具有良好的功能结构，它的周皮隔绝了外界的水、气、热，木栓形成层则长期保持着生长和分裂能力，当马铃薯发生伤口时，就会形成愈伤组织，保护伤口。但是，一旦切割后马铃薯失去了皮层的保护，破坏了细胞膜结构，影响细胞膜通透性，导致隔离的酚类物质流出与空气接触致使颜色改变，引起一系列不利的生理生化反应，失去了新鲜产品特征，严重影响了净鲜马铃薯半成品的流通和市场拓展。因此，对于净鲜马铃薯半成品从原料切割到最终产品的各个生产环节都是影响其产品品质的关键环节。

切割：马铃薯的组织受到机械伤害，薯块失去了皮层的保护作用，与空气接触易产生褐变、加快水分的损失、营养物质外流、加速衰老变质、易受外界微生物污染。

酶促褐变：净鲜马铃薯半成品的主要质量问题是褐变，褐变造成外观变差、产生不良风味，降低了产品的商品价值。酶促褐变的产生必须具备三个条件：酚类物质、多酚氧化酶（PPO）和氧气，过程如图3-54所示。

微生物污染：净鲜马铃薯半成品一般处于高湿的加工环境中，没有经过加热等前处理，营养物质外流，为微生物的生长繁殖提供了良好的营养基础。净鲜马铃薯半成品表面的微生物数量通常在103～106cfu/g，引起切割组织腐烂变质的主要是细菌和真菌，一般来说，切割面只有腐败菌，而无致病菌。但在环境条件改变下，可能会导致一些致病菌生长，并产生毒素危及人类健康，必须严格控制微生物的数量和种类，以确保产品的安全性。

储藏温度：储藏温度是影响净鲜马铃薯半成品品质的一个关键因素。温度升高，会促

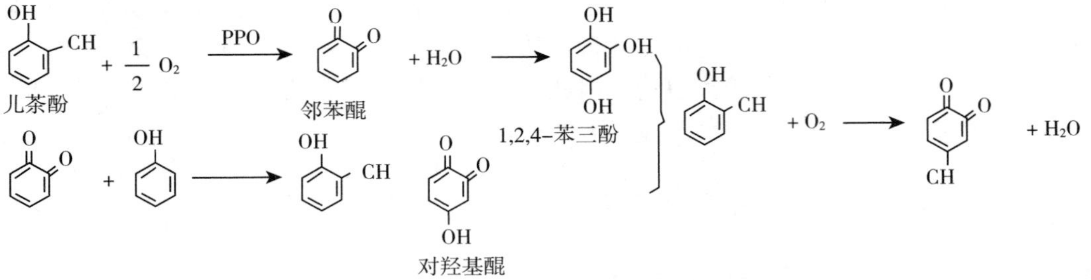

图 3-54 酶促褐变过程

进切割面的呼吸作用而使生理生化反应加速，不利于净鲜马铃薯半成品的品质保证；温度过低也会引起净鲜马铃薯半成品不同程度的冷害发生。适当的低温（2～7℃），可以有效地延缓组织细胞的新陈代谢速率，抑制微生物的生长繁殖，降低 PPO 的活性，延长净鲜马铃薯半成品的货架期。

包装方式：净鲜马铃薯半成品加工后如果暴露于空气中，就会发生失水萎蔫、切割面褐变，通过合适的包装可以防止或减轻这些不利变化。包装材料通常都是采用透明的塑料薄膜，可以使消费者清楚地看到产品的新鲜程度、清洁状况等。常用的包装薄膜是聚乙烯（PE）、聚丙烯（PP）、低密度聚乙烯（LDPE）、复合包装膜乙烯-乙酸乙烯共聚物（EVA）等。

3.5.2.3 净鲜马铃薯半成品的保鲜措施

净鲜马铃薯半成品要达到良好的保鲜效果，必须在从田间采收到货架销售过程中的每个环节都要做好保鲜工作，并对加工用具进行消毒处理。

（1）**优质原料的选择** 优质的品种对于净鲜马铃薯半成品加工来说非常重要。芬兰农林部曾对鲜切蔬菜的半成品加工适应性进行过相关研究，指出马铃薯如果选用品种不合适，则会出现较差的色泽及风味。有试验表明，美国引进的夏波蒂，其多酚氧化酶活性和褐变强度及还原糖（引发非酶褐变）的含量都明显低于国内品种。目前选用的加工品种一般为美国的大西洋、夏波蒂、布尔班克等。这些品种薯块大而均匀，芽眼浅，干物质含量高，还原糖、龙葵素含量低，多酚氧化酶活性低，耐贮藏性好，非常适合加工。同时，原料最好从无公害基地采购，以确保农药残留、重金属含量、化肥的施用等都符合国家标准。

（2）**消毒液的使用** 半成品处理加工过程中各种接触都可能增加感染微生物的可能性，引起交叉感染。工厂中主要污染源是切割用具，由于大部分蔬菜属于低酸性食品，高湿及较大的切割表面为微生物提供了理想的生长条件。所以必须对加工用水、设备等进行消毒处理，还要提高工作人员的卫生水平。含氯的消毒液使用最普遍，常见的形式为液体氯（Cl_2）、次氯酸钠、次氯酸钙等，但含氯盐试剂可能产生对人体有害物质，二氧化氯作为一种新型的含氯消毒剂已经广泛地应用到食品消毒中，其主要特点是：二氧化氯在常温下为气态，产品消毒处理后几乎无残留直接气化进入空气，同时少量反应残留物为氯化钠和水，完全做到无污染、无毒副残留。相对其他消毒方法如臭氧消毒等，二氧化氯具有更高的稳定性和相对低廉的使用成本，在持续消毒能力方面二氧化氯远远优于臭氧，二氧化氯更适合于应用在净鲜马铃薯半成品处理过程。

（3）**护色处理**

1）*护色剂处理方法* 切割后的马铃薯要立即浸入护色剂中。护色剂除了起到抑制微生物的作用外，还可抑制薯块的呼吸作用、酶促反应，降低褐变程度，延长货架期等。传统的护色剂中含有亚硫酸盐。亚硫酸盐能有效地抑制酶促褐变，但使用亚硫酸盐后，产品中会残留一些二氧化硫，引发哮喘，同时还会产生不良风味以及明显降低马铃薯的营养价值。美国FDA已经禁止亚硫酸盐类在某些食品生产中使用。我国GB2760—2007对亚硫酸盐的使用也作了明确的规定。目前，净鲜马铃薯半成品中应用较多的护色剂为有机酸、抗氧化剂、氯化钙的组合，但具体的配方浓度稍有差异。其保鲜机理在于有机酸可降低pH，抑制PPO的活性，抑制微生物生长；抗氧化剂是作为还原剂，将邻二醌还原成邻二酸，从而遏制多酚类物质的氧化，保持切面良好的色泽；氯化钙中的钙离子具有稳定膜系统的功能，并能够与细胞壁上果胶的游离羧基形成交叉连接，生成果胶酸钙，增加组织的硬度，从而阻止液泡中的多酚类物质外渗到细胞质中与酶类接触，降低褐变程度，同时Ca^{2+}可竞争性地螯合酶中的Cu^{2+}，进一步起到抑制褐变的作用。

2）*物理护色方法* 钝化多酚氧化酶的物理方法主要为热处理。传统加热过程传热速度慢，并存在热力滞后现象，近期研究成果表明微波处理可以有效地钝化多酚氧化酶活性。微波加热速度是传统加热方式的3～5倍，微波加热过程是交变电磁场对物料中水、蛋白质、核酸等极性分子发生作用，使极性分子产生高速取向运动，相互摩擦，导致内部温度急剧升高。在微波灭酶过程中，蛋白质在交变电场作用下产生摩擦热使酶变性失活。但后续的研究表明，马铃薯净鲜产品应用微波灭酶后口感明显缺少了净鲜产品应有的风味，故不适用。

（4）**可食性膜涂层** 最具有发展潜力的保鲜方法就是涂膜保鲜。20世纪80年代起国内外兴起了可食性膜的研究。可食性膜能被生物降解，无任何环境污染，具有简单、方便、快捷、造价低的特点，还能作为食品添加剂（如天然防腐保鲜剂、色素、风味、营养物质等）的载体，发展前景非常广阔。可食用类成膜物质主要有糖类、蛋白质类和脂类，现在国内外对壳聚糖研究较多，因为壳聚糖涂膜保鲜剂对于果蔬类保鲜包装具有显著效果。壳聚糖等甲壳素衍生物对许多植物病原菌或真菌有一定程度的直接抑制作用，并有强化植物细胞壁的作用，增强植物的防御系统。壳聚糖作为果蔬的涂膜物质除了有抑菌作用外，其保鲜机理还在于能够抑制果蔬的呼吸，减少失水，控制酶促褐变，维持果蔬的品质，从而延长货架期。

（5）**不同的包装方式** 加工后的净鲜马铃薯半成品要采用合适的包装，以减轻外界气体及微生物的影响，抑制呼吸，延缓乙烯气体的产生，降低生理生化反应速度，延缓切分组织衰老变质，提高产品的质量和稳定性。

我国市场上多见的是简易包装，即用塑料托盘盛装净鲜半成品后再用塑料保鲜膜进行密封，而国外应用较多的包装方式主要有自发调节气体包装（MAP）、减压包装（MVP）和活性包装（AP）三种。MAP包装通过调节包装单元内部的气体，降低产品的呼吸活性，抑制微生物的生长；MVP包装能营造一个低压的环境，除了能抑制生物的生长，还能加速产品内不良挥发性物质的扩散，延缓产品的衰老，延长货架期；AP 包装是利用在包装袋中加入各种气体吸收剂和释放剂，来影响产品的呼吸活性、微生物活力以及植物激素的作用浓度。不管采用何种包装方式，包装材料的透气率是一个很重要的问题。透气率大或真空度低时，产品容易发生褐变；透气率小或真空度高时，产品容易发生无氧呼吸而产生异味。郭玉蓉等的试验表明，经过同种保鲜液处理后的净鲜马铃薯半成品，用聚乙烯尼龙复合袋包装抽真空－0.08MPa，贮藏期可达 8d，比用普通保鲜膜包装的产品时间长1 倍。

（6）**冷链的采用及贮藏温度的控制**　低温是净鲜马铃薯半成品贮藏保鲜成败的关键，可使因切割引起的伤呼吸、伤乙烯增加速率尽可能降低到最小程度，有效减缓组织新陈代谢速率，延缓组织的代谢分解，同时也可使微生物生长繁殖受到抑制。国外在这一点上做得较好，已经形成了一条完整的冷链，即从田间采后就进行预冷，然后送入冷库贮藏，并在加工、流通环节中也保持低温。但是，冷链的低温并不是一成不变的，要根据不同的状态或目的做相应的调整。预冷后的马铃薯原料，如果只做短期贮藏后就加工，冷库的理想温度是 10～12℃；如果为了延长加工季节而进行长期贮藏，多采用 5～7℃的恒温库，并使用发芽抑制剂，如 CIPC。因为在温度较低的 4.4℃左右的条件下贮藏，马铃薯块茎中还原糖的含量会升高，降低切分后的品质。要使马铃薯切片质量高，块茎内还原糖含量少，也可对马铃薯原料采用变温贮藏，即先在 3.3℃的低温下贮藏 4 个月左右，然后在15℃左右的较高温下贮藏 2～4 周，再进行加工。加工时，环境的温度最好控制在 15℃以下。在此温度下，多数净鲜马铃薯半成品的呼吸和褐变都相对受到抑制，20℃以上则呼吸和褐变都严重增加。切割前马铃薯比切割后的对低温敏感得多，更容易发生冷害。净鲜马铃薯半成品的冷藏温度以 4～8℃为宜。

（7）**其他保鲜技术**　科技的发展，使各边缘学科相互融合，各种新的保鲜技术都在不断的研究开发中。利用基因工程技术、生物防腐剂、射线辐照处理及振荡磁场、微波、紫外、高压处理等，对净鲜马铃薯半成品都具有不同程度的保鲜效果。

3.5.2.4　净鲜马铃薯半成品加工中的关键问题

目前我国净鲜马铃薯半成品加工主要以作坊式生产为主，没有统一的管理体制及品质控制体系，致使产品存在着诸多问题：原料品质地域差别极大，产品质量差异性大；加工设备简陋，工艺技术水平低，产品标准不统一；加工过程管理关键控制点弱，产品品质、卫生安全无法做到有效控制；产品储运没有统一标准，储运过程中产品品质变化较大，储运环节损失率大等。以上一系列问题是行业普遍存在的问题，而就净鲜马铃薯半成品加工技术本身需要着重解决马铃薯酶促褐变的问题和货架期保质的问题。

3.5.3　马铃薯酶促褐变的抑制研究

3.5.3.1　马铃薯多酚氧化酶特性的研究

通过对马铃薯多酚氧化酶活性的研究，掌握了马铃薯多酚氧化酶活性的主要影响因素，在净鲜马铃薯丝、丁半成品的护色过程中，通过对外部环境的改变达到对马铃薯多酚氧化酶活性的抑制，以达到抑制酶促褐变发生的目的。

（1）底物专一性 在四类不同酚类底物的反应体系中分别加入酶液，于300～800nm范围内扫描结果如表3-19，可以看出，当以对苯二酚、间苯二酚、L-酪氨酸为底物时，其反应体系在300～800nm扫描范围内无吸收峰，说明这三种底物不是马铃薯多酚氧化酶的作用底物，不发生褐变反应；当底物为邻苯二酚时，反应产物在398nm波段有明显吸收峰，说明邻苯二酚是马铃薯多酚氧化酶的酚类反应底物。

（2）底物浓度对多酚氧化酶(PPO)活性的影响 通过测定，马铃薯中总酚含量约为0.096mol/L，本实验以邻苯二酚为底物模拟马铃薯中总酚含量，测定不同底物浓度对酶活性的影响。待测底物浓度分别为0.05、0.1、0.15、0.2、0.3mol/L，加入量为1ml，按照检查酶活测定方法测定活性。

表3-19 不同底物吸收波长扫描结果

	底物浓度（mol/L）	吸收峰波长（nm）
对苯二酚	0.05	—
间苯二酚	0.05	—
L-酪氨酸	0.05	—
邻苯二酚	0.05	398

通过对邻苯二酚浓度的改变，从图3-55可以看出，随着底物浓度的增加酶活增加，在浓度从0.05mol/L增加到0.1mol/L时活性增加最大，之后随着浓度的升高，酶活性增长速率减缓，同时马铃薯中总酚含量接近0.1mol/L，故选择0.1mol/L作为今后试验反应底物浓度。

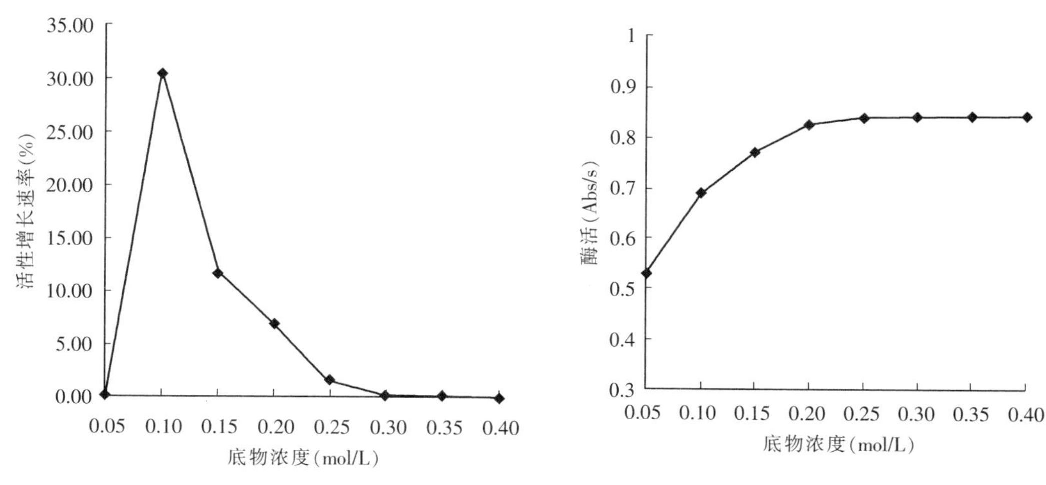

图3-55 不同底物浓度对马铃薯多酚氧化酶活性的影响

（3）pH对多酚氧化酶(PPO)活性的影响 马铃薯细胞液中自身反应环境pH为6.0。将磷酸缓冲溶液配成0.1mol/L，pH分别为4.0、4.5、5.0、5.5、6.0、6.5、7.0、7.5、8.0、8.5的梯度，用不同pH缓冲溶液分别提取酶液，按照酶活测定方法测定多酚氧化酶活性。试验结果如图 3－56 所示，多酚氧化酶活性随着 pH 的升高而增强，在 pH 达到 6 时达到最高值，pH 继续上升，酶活降低。故在净鲜马铃薯半成品加工过程中，通过添加酸性、碱性调节剂改变环境 pH，从而达到抑制多酚氧化酶活性，降低褐变强度的目的。

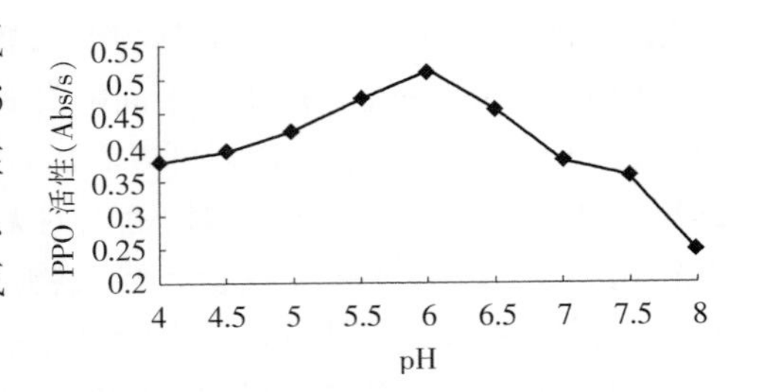

图 3－56　不同 pH 对马铃薯多酚氧化酶活性的影响

(4) 温度对多酚氧化酶(PPO) 活性的影响　以邻苯二酚为底物，分别测定不同温度条件下 PPO 的活性。测定温度分别为 0℃、10℃、20℃、30℃、40℃、50℃、60℃、70℃、80℃，温差为±1℃，反应体系在各温度下保温时间为 10min 后按照酶活测定方法测定活性，可得马铃薯多酚氧化酶的最适反应温度。试验结果如图 3－57 所示。

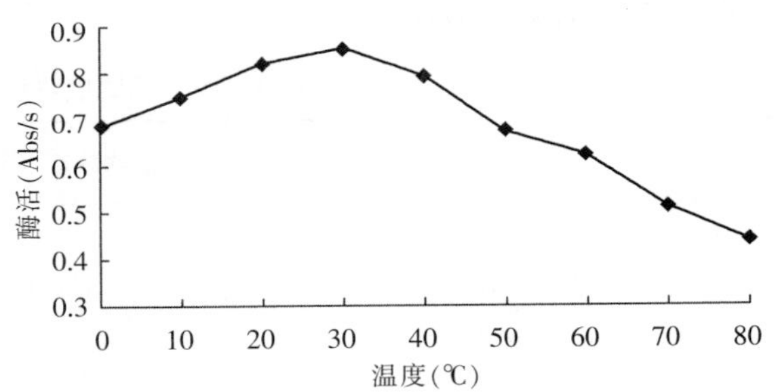

图 3－57　不同温度对马铃薯多酚氧化酶活性的影响

如图 3－57 所示，温度变化对多酚氧化酶活性有较大影响，随着温度的升高酶活性增强，在温度达到 30℃时活性最强，温度继续升高，活性降低。净菜加工过程中，操作温度主要在 20～30℃，多酚氧化酶活性处于活跃期，需要选择适当的护色工序来抑制酶活，防止褐变发生。高温可以抑制多酚氧化酶活性同时造成产品熟化，不利于保持产品鲜食价值。储藏过程中温度选择同样重要，温度过低会对原料造成冷害，加速产品腐败变质，影响产品品质，储藏温度应控制在 0～5℃，此时不会发生冷害同时对多酚氧化酶活性具有较好的抑制。

3.5.3.2　护色剂对抑制马铃薯酶促褐变效果的研究

(1) 护色剂处理时间的确定　分别选取一定浓度的碳酸氢钠 (0.1%)、氯化钙 (0.1%)、氯化钠 (1%)、抗坏血酸 (0.1%)、柠檬酸 (0.2%) 对马铃薯丝进行浸泡处理，测定浸泡 5min、10min、15min、20min、25min、30min 后对马铃薯丝 PPO 的活性抑制率，从而确定护色剂的最佳处理时间，为以后护色剂的筛选确定统一的处理条件。

试验结果如图 3－58 所示：五种试剂对马铃薯丝 PPO 的抑制作用均随着处理时间的延长逐渐地改善，处理时间 10～15min 后抑制效果变化不明显，因此在以后的试验过程中均选择处理时间为 10min。

对马铃薯丝、丁进行护色单因素试验，通过测定马铃薯多酚氧化酶活性来判定护色剂对马铃薯多酚氧化酶活性的抑制效果。马铃薯丝规格为截面 2mm×2mm，马铃薯丁规格为 10mm×10mm×10mm，浸泡时间选择 10min。

(2) 抗坏血酸对鲜切马铃薯半成品多酚氧化酶活性的影响　抗坏血酸不同浓度对鲜切马铃薯半成品 PPO 活性的影响如图 3－59 所示。随着抗坏血酸浓度的增加，对 PPO

活性的抑制率增大，当抗坏血酸浓度达到0.08%时，PPO活性抑制率达到最大，对马铃薯丝的抑制率能够达到90.6%，对马铃薯丁的抑制率能够达到68.36%，之后随着抗坏血酸浓度的增加PPO活性抑制率有所降低。分析发生这种现象的原因，可能是在一定浓度范围内抗坏血酸对PPO活性起着很好的抑制作用，但当浓度超过最佳作用范围后，抗坏血酸自身可能促进非酶褐变的发生从而在数据上降低了对PPO活性抑制率。另外，马铃薯丝的浸泡面积大于马铃薯丁，所以在图中显示为对马铃薯丝的PPO活性抑制率高于马铃薯丁，酶活性抑制效果好。抗坏血酸的最佳处理浓度为0.06%～0.12%。

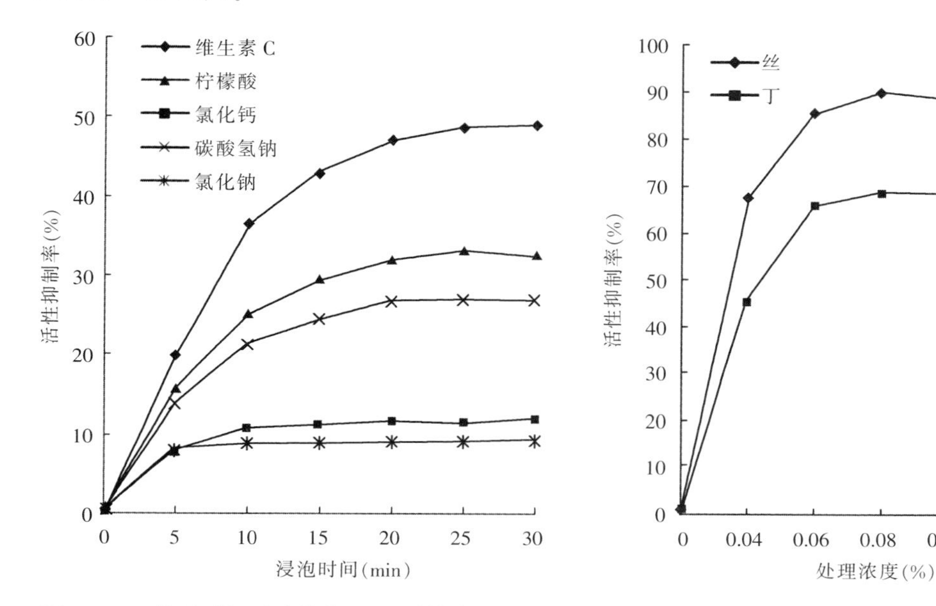

图3-58 处理时间对马铃薯PPO活性率的影响　　图3-59 抗坏血酸对马铃薯PPO活性的影响

(3) 氯化钙对鲜切马铃薯半成品多酚氧化酶活性的影响 图3-60为不同浓度氯化钙处理对鲜切马铃薯半成品多酚氧化酶活性的影响。结果显示，随着氯化钙处理浓度的升高，马铃薯多酚氧化酶活性得到了部分抑制，浓度达到0.15%后，活性抑制率变化趋于平缓。相关研究表明，氯化钙有抑制酶活性的作用，机理可能为两方面：一是钙离子可以竞争性地螯合多酚氧化酶中的铜离子；二是钙是细胞壁的重要结构成分，适量添加外源钙能够减弱细胞膜的通透性，保护细胞结构完整，从而减缓酶促褐变发生。薯丝的浸泡面积大于薯丁，所以酶活性抑制效果上薯丝高于薯丁。

(4) 氯化钠对鲜切马铃薯半成品多酚氧化酶的影响 图3-61为不同浓度氯化钠处理对鲜切马铃薯丝、丁半成品多酚氧化酶活性的影响。结果显示，随着氯化钠处理浓度的升高，马铃薯多酚氧化酶活性得到了部分抑制，氯化钠浓度为1.8%，马铃薯丝多酚氧化酶活性抑制率为15.9%，马铃薯丁多酚氧化酶活性抑制率为12.6%。一定浓度的氯化钠溶液可以去除水溶液中的氧气，使酚类底物难以与氧气发生反应，同时高浓度氯化钠对酶蛋白有一定抑制作用。从试验结果可知，氯化钠对褐变反应有一定抑制作用，但作用不明显，高浓度氯化钠溶液处理后需用大量清水冲洗表面多余盐分，否则造成产品表面失水萎蔫，味道改变。氯化钠溶液浸泡对马铃薯净鲜半成品褐变抑制能力有限，同时造成风味改变，不适宜应用到马铃薯净鲜半成品加工工艺中。

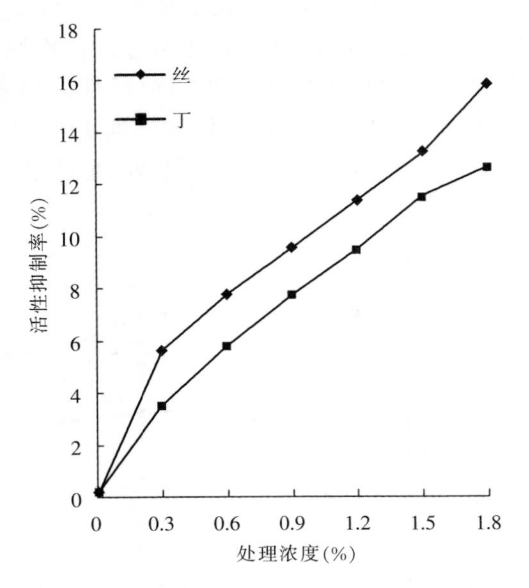

图 3-60　氯化钙对马铃薯 PPO 活性的影响

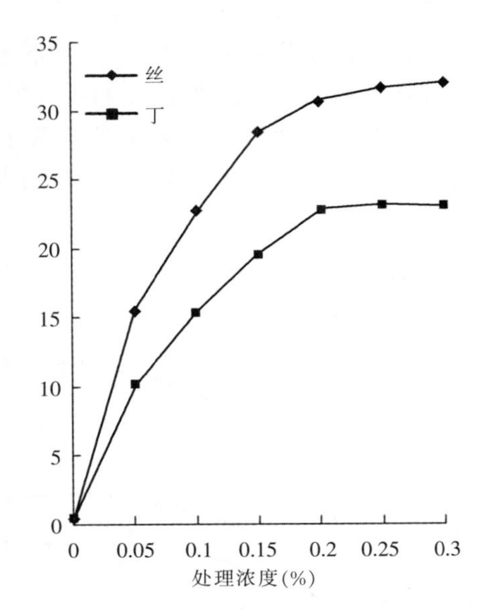

图 3-61　氯化钠对马铃薯 PPO 活性的影响

（5）**柠檬酸对鲜切马铃薯半成品多酚氧化酶活性的影响**　图 3-62 为柠檬酸不同浓度处理鲜切马铃薯丝、丁半成品对其 PPO 活性的影响，结果显示，随着柠檬酸浓度的增加，PPO 活性抑制率持续增高，在浓度达到 0.3%时，活性抑制率达到 56.89%。柠檬酸主要通过降低环境 pH 来抑制 PPO 活性，当柠檬酸浓度为 0.3%，溶液 pH 为 2.5，马铃薯半成品有轻微酸味，影响马铃薯丝、丁风味的保持。因此，柠檬酸的浓度选择应小于 0.3%。

（6）**碳酸氢钠对鲜切马铃薯半成品多酚氧化酶活性的影响**　图 3-63 为碳酸氢钠不同浓度处理鲜切马铃薯半成品，其对 PPO 活性的影响变化显示：随着碳酸氢钠浓度的增加，PPO 活性抑制率持续增高，在浓度达到 0.5%时，马铃薯丝的活性抑制率达到 29.15%，薯丁的活性抑制率达到 20.47%。碳酸氢钠水溶液为弱碱性，主要通过提高环境 pH 来抑制 PPO 活性，当碳酸氢钠浓度为 0.5%时，马铃薯半成品具有明显的碱味，影响马铃薯半成品风味的保持。因此，碳酸氢钠的浓度选择应小于 0.5%。

（7）**酸性调节剂的选择与比较**　通过马铃薯多酚氧化酶活性试验，发现改变环境 pH 可以达到抑制马铃薯多酚氧化酶活性的目的。目前国家允许使用的酸性调节剂共 17 种，其中呈酸性的调节剂有盐酸、柠檬酸、乙酸、乳酸等，呈碱性的调节剂为氢氧化钠、碳酸钠、碳酸钾、碳酸氢钠等，选择常用酸性调节剂柠檬酸和碱性调节剂碳酸氢钠进行试验。试验表明，通过改变环境 pH 对马铃薯多酚氧化酶活性均存在一定的抑制作用。酸性改良剂相比较碱性改良剂在马铃薯净菜加工中应用存在以下优势：

1）添加剂种类选择较多　酸性改良剂的种类丰富且多为天然物质，安全系数高，适用于净菜加工的碱性改良剂种类有限，多为人工合成无机盐，成本高，安全系数相对天然物质较低。酸性改良剂通过对产品环境 pH 的降低达到抑制酶活的目的，与其他护色剂的复合兼容性较好，同时酸性环境对产品的保藏货架期抑菌有一定帮助。碱性改良剂通过对产品环境 pH 的升高达到抑制酶活的目的，碱性环境下复合护色剂中为保持细胞结构添加的氯化钙易形成钙盐沉淀，降低使用效果。

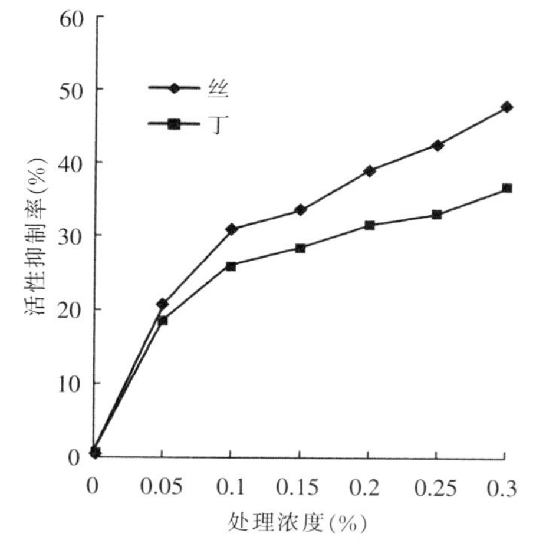

图 3－62 柠檬酸对马铃薯 PPO 活性的影响

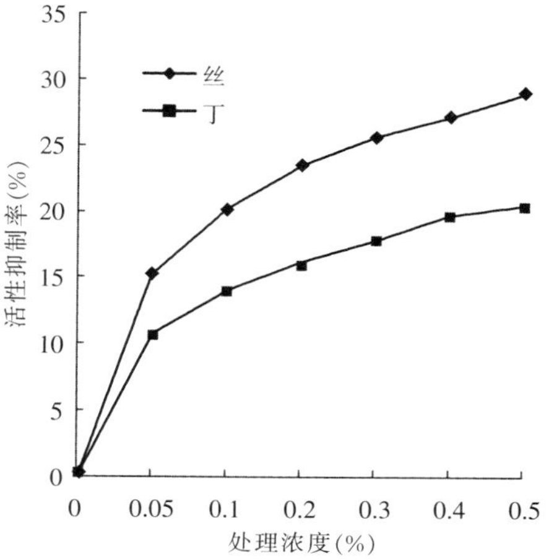

图 3－63 碳酸氢钠对马铃薯 PPO 活性的影响

2）酶活抑制效果较好 pH 酸性条件下薯丝酶活抑制效果达到 56.89％，好于 pH 碱性条件下薯丝酶活抑制效果的 29.15％。

3）产品营养物质、风味保持较佳 马铃薯中含有大量的维生素，碱性条件下维生素稳定性差，容易被破坏，蛋白类物质会随碱性条件溶出，造成营养物质流失。碱性改良剂特有的味道与口感不利于保持马铃薯原有的味道，酸性改良剂柠檬酸对马铃薯原有风味改变不大。

综上所述，酸性改良剂相比较碱性改良剂更适用于马铃薯净菜加工工艺过程，在后续加工试验中，护色方法选择添加酸性改良剂柠檬酸。

(8) 复合护色剂的确定 在单因素试验研究的基础上，通过 L9（33）正交试验设计（表 3－20）确定抗坏血酸、柠檬酸、氯化钙的最佳配比。鲜切马铃薯丝、丁半成品经复合护色剂处理后去除表面水分进行真空包装，在低温、常温贮存。通过测定 PPO 活性抑制率的变化对其处理效果进行评价，试验结果如表 3－21，表 3－22 所示。

表 3－20 氯化钙、柠檬酸、抗坏血酸正交试验设计表

水平	因素		
	氯化钙（%）	柠檬酸（%）	抗坏血酸（%）
1	0.1	0.1	0.05
2	0.2	0.2	0.10
3	0.3	0.3	0.15

表 3-21　马铃薯丝氯化钙、柠檬酸、抗坏血酸正交试验设计结果

<table>
<tr><th rowspan="2" colspan="2">试验号</th><th colspan="3">因　素</th><th colspan="3">活性抑制率（%）</th></tr>
<tr><th>氯化钙（%）</th><th>柠檬酸（%）</th><th>抗坏血酸（%）</th><th>第一天</th><th>第三天</th><th>第七天</th></tr>
<tr><td colspan="2">1</td><td>1</td><td>1</td><td>1</td><td>30.29</td><td>22.97</td><td>10.37</td></tr>
<tr><td colspan="2">2</td><td>1</td><td>2</td><td>2</td><td>44.51</td><td>42.21</td><td>25.46</td></tr>
<tr><td colspan="2">3</td><td>1</td><td>3</td><td>3</td><td>48.72</td><td>47.03</td><td>33.69</td></tr>
<tr><td colspan="2">4</td><td>2</td><td>1</td><td>2</td><td>28.06</td><td>17.62</td><td>8.58</td></tr>
<tr><td colspan="2">5</td><td>2</td><td>2</td><td>3</td><td>44.91</td><td>45.28</td><td>29.87</td></tr>
<tr><td colspan="2">6</td><td>2</td><td>3</td><td>1</td><td>39.05</td><td>35.46</td><td>22.68</td></tr>
<tr><td colspan="2">7</td><td>3</td><td>1</td><td>3</td><td>28.83</td><td>25.49</td><td>15.67</td></tr>
<tr><td colspan="2">8</td><td>3</td><td>2</td><td>1</td><td>34.69</td><td>27.53</td><td>10.93</td></tr>
<tr><td colspan="2">9</td><td>3</td><td>3</td><td>2</td><td>30.55</td><td>27.18</td><td>14.36</td></tr>
<tr><td rowspan="12">活性抑制率（%）</td><td rowspan="4">第一天</td><td>K_1　41.17</td><td>29.06</td><td>34.68</td><td rowspan="12" colspan="3">最佳组合：A1 B2 C3
氯化钙 0.1%、柠檬酸 0.2%、抗坏血酸 0.15%</td></tr>
<tr><td>K_2　37.34</td><td>41.37</td><td>34.37</td></tr>
<tr><td>K_3　31.36</td><td>39.44</td><td>40.82</td></tr>
<tr><td>R　9.82</td><td>12.31</td><td>6.45</td></tr>
<tr><td rowspan="4">第三天</td><td>K_1　37.4</td><td>22.03</td><td>28.65</td></tr>
<tr><td>K_2　32.79</td><td>38.34</td><td>29</td></tr>
<tr><td>K_3　26.73</td><td>36.56</td><td>39.27</td></tr>
<tr><td>R　10.67</td><td>14.53</td><td>10.62</td></tr>
<tr><td rowspan="4">第七天</td><td>K_1　23.17</td><td>11.54</td><td>14.66</td></tr>
<tr><td>K_2　20.38</td><td>22.09</td><td>16.13</td></tr>
<tr><td>K_3　13.65</td><td>23.58</td><td>26.41</td></tr>
<tr><td>R　9.52</td><td>12.04</td><td>11.75</td></tr>
</table>

表 3-22　马铃薯丁氯化钙、柠檬酸、抗坏血酸正交试验设计结果

试验号	因　素			活性抑制率（%）		
	氯化钙（%）	柠檬酸（%）	抗坏血酸（%）	第一天	第三天	第七天
1	1	1	1	27.36	19.56	8.31
2	1	2	2	36.58	31.45	21.67
3	1	3	3	37.31	33.68	27.69
4	2	1	2	24.86	15.68	6.14
5	2	2	3	41.39	37.46	24.86
6	2	3	1	32.89	28.61	19.34
7	3	1	3	23.68	19.63	12.69
8	3	2	1	30.12	22.43	7.56
9	3	3	2	25.69	19.67	11.36

（续）

试验号			因素		活性抑制率（%）		
			氯化钙（%）	柠檬酸（%）	抗坏血酸（%）	第一天	第三天	第七天
活性抑制率（%）	第一天	K_1	33.75	25.30	30.12	最佳组合：A1 B2 C3 氯化钙 0.1%、柠檬酸 0.2%、抗坏血酸 0.15%		
		K_2	33.05	36.03	29.04			
		K_3	26.50	31.96	34.13			
		R	7.25	10.73	5.08			
	第三天	K_1	28.23	18.29	23.53			
		K_2	27.25	30.45	22.27			
		K_3	20.58	27.32	30.26			
		R	7.65	9.03	6.72			
	第七天	K_1	19.22	9.05	11.74			
		K_2	16.78	18.03	13.06			
		K_3	10.54	19.46	21.75			
		R	8.69	10.42	10.01			

3.5.3.3 不同处理方法对产品微生物影响的研究

根据各护色剂筛选试验获得的最佳工艺参数分别对马铃薯丝（截面 2mm×2mm）和马铃薯丁（10mm×10mm×10mm）进行处理，试验设计如表 3-23 所示。样品处理后去除多余的表面水分，进行真空包装，在 4℃环境下进行贮藏，并对其贮藏期间菌落总数的变化进行测定，对感官变化进行观察。试验结果如表 3-24。

表 3-23 货架期试验条件

1	2	3	4	5	6	7	8	9
对照	0.2% $CaCl_2$	1.8% NaCl	0.3% CA	0.5% $NaHCO_3$	0.08% V_C	0.1% $CaCl_2$+0.2%CA+0.15%V_C	40mg/L ClO_2	80mg/L ClO_2
	处理20min						10min、20min	

表 3-24 货架期试验结果汇总表

试验序号	处理方法	当天（cfu/g）	马铃薯丝（cfu/g）		马铃薯丁（cfu/g）	
			3d	7d	3d	7d
1	未处理对照样	3.6×10^3	8.6×10^5	5.4×10^8	8.9×10^2	1.6×10^7
2	0.2%氯化钙	4.5×10^2	6.5×10^4	8.1×10^8	9.6×10^4	5.6×10^7
3	1.8%氯化钠	105	3.6×10^3	5.6×10^5	9.6×10^2	7.4×10^5
4	0.3%柠檬酸	7.7×10^2	8.9×10^4	8×10^6	4.5×10^4	3.6×10^6

（续）

试验序号	处理方法	当天 (cfu/g)	马铃薯丝（cfu/g）		马铃薯丁（cfu/g）	
			3d	7d	3d	7d
5	0.5%碳酸氢钠	1.5×10^2	5.6×10^5	9.3×10^7	4.3×10^4	8.4×10^7
6	0.08%抗坏血酸	8.5×10^2	6.3×10^4	6.3×10^7	6.8×10^4	5.7×10^7
7	柠檬酸 0.2%＋抗坏血酸 0.15%＋氯化钙 0.1%	1.7×10^2	6.1×10^4	1.2×10^6	7.5×10^4	3.6×10^7
8	40mg/L 二氧化氯处理时间 10min	37	4.8×10^3	4.9×10^6	5.6×10^3	1.6×10^6
9	40mg/L 二氧化氯处理时间 20min	34	5.1×10^3	6.3×10^6	4.3×10^3	3.6×10^6
10	80mg/L 二氧化氯处理时间 10min	15	3.7×10^2	4.1×10^5	2.6×10^2	5.6×10^5
11	80mg/L 二氧化氯处理时间 20min	23	4.3×10^2	5.2×10^5	3.5×10^2	4.8×10^5

从试验结果可以看出：净鲜马铃薯丝、丁在当天处理情况下菌落总数数量级在 10^3～10^4 之间，之后在低温贮藏情况下，由于低温的抑制，微生物繁殖缓慢，储藏第七天时菌落总数数量级为 10^8，同时，薯丝相对薯丁在储藏 7d 后微生物菌落总数较多，可能因为薯丝表面积大，微生物污染概率大。相比较其他护色剂，柠檬酸降低了环境 pH，对抑制微生物繁殖起到一定作用。高浓度氯化钠造成微生物渗透压失衡抑制微生物繁殖生长。通过对二氧化氯处理的菌落检测可以看出，二氧化氯对样品菌落总数的抑制有较好效果，与其他处理样品比较，菌落总数基本降低一个数量级，能够较好地保证菌落总数在低温储藏第七天时不超过规定卫生标准。同时，二氧化氯处理试验表明，样品处理时间达到 10min 后延长时间对样品菌落总数影响不大，因此选择 10min 作为处理时间。二氧化氯的使用量，由于薯丝接触面积大，相对较容易受到微生物污染，80mg/L 可以满足卫生标准（菌落总数小于 10^8）。

3.5.3.4 净鲜马铃薯丝、丁半成品生产工艺研究

（1）加工工艺描述　加工工艺操作要点如下：

1）*原料*　选择品种纯正、成熟新鲜的马铃薯。严格去除发芽、发绿、腐烂、病变薯块。如有发芽或变绿的情况，必须将发芽或变绿的部分削掉，或者完全剔除才能使用，以保证马铃薯制品的茄碱含量不超过 0.02%，否则将危及健康。

2）*去石清洗*　去除泥沙、石块、杂物等，并清洗去除马铃薯块茎表面的赃物。

3）*去皮*　去除马铃薯表皮，要求去皮干净，块茎表面光滑。

4）*修整*　去除芽眼、发绿部分，同时把形状过大、过小的原料进行修剪，利于后续成型操作。

5）*成型漂洗*　采用马铃薯切丝、切丁设备进行成型处理，切丁规格为 10mm×10mm×10mm，切丝截面规格为 2mm×2mm。成型后的马铃薯丝、丁立即进入漂洗池进行漂洗，去除马铃薯丝、丁表面的游离淀粉。漂洗池采用循环水，间歇式更换。

6）*护色*　利用复合护色剂对产品进行护色处理。护色液采用氯化钙、柠檬酸、抗坏血酸混合，处理时间为 10min。

7）消毒、杀菌　采用二氧化氯对产品进行消毒、杀菌处理。

8）沥水　采用一定的脱水设备对处理后的马铃薯丝、丁进行脱水处理，有效去除表面水分，利于货架期内的产品贮藏。

9）称重包装　对产品进行真空包装，称重后低温（4℃）贮藏。

工艺流程：

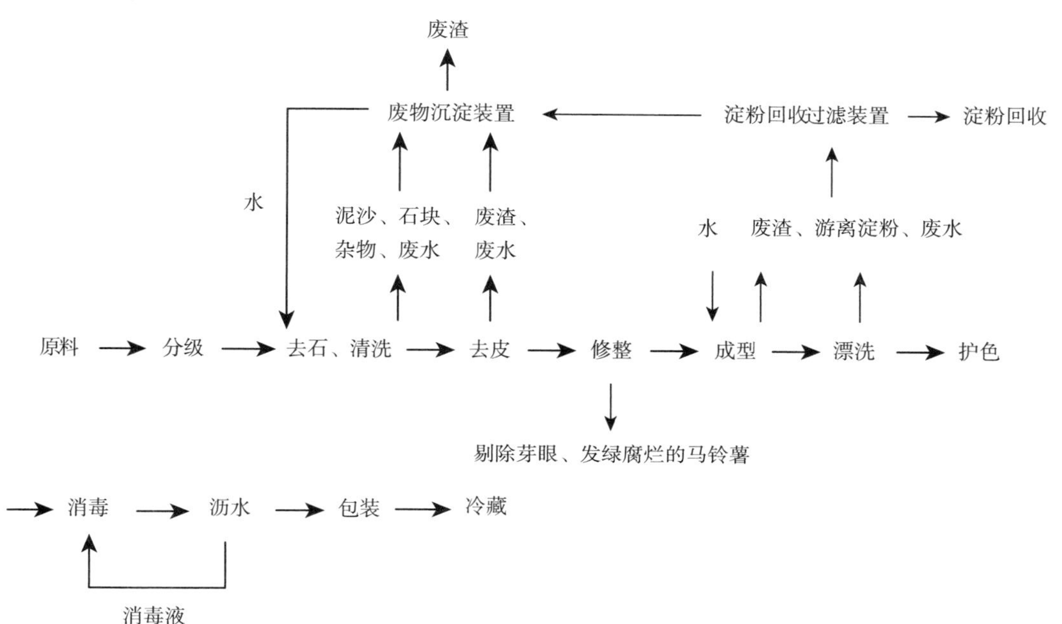

（2）**净鲜马铃薯丝半成品背伤与切制厚度的研究**　马铃薯在切制成型过程中，存在背伤，影响产品表面质量。背伤是物料在切制过程中，因刀片刃口锋利程度不同，对物料形成挤压摩擦造成物料出现表面粗糙毛刺。背伤造成细胞破碎、细胞液外流，物料表面形成毛刺影响物料整体质量。新鲜马铃薯质地脆，在切制过程中容易形成背伤，背伤处细胞液外露容易发生褐变，对马铃薯净鲜半成品品质造成较大影响。试验通过对切丝尺寸的改变，研究成型规格与背伤的关系，选择适当的成型规格进行产品生产。

试验成型方式选择切丝，对背伤与成型方式的关系进行研究。试验结果如图 3－64。

图 3－64 显示，马铃薯成型过程中随着成型规格的加大背伤加重。试验中，成型规格选择了截面 1mm×1mm、2mm×2mm、3mm×3mm 三种成型规格。1mm×1mm 规格薯丝表面光滑，背伤情况小，褐变情况不严重。2mm×2mm 规格薯丝在切制棱角处出现不光滑锯齿状（图 3－64－2），放置一段时间后出现褐变情况。3mm×3mm 规格薯丝（图 3－64－3、图 3－64－4）在薯丝表面形成倒刺锯齿状，马铃薯细胞挤压破碎严重，切制成型后不及时进行护色程序，褐变情况严重。图 3－64－1 为三种规格放置 5min 后褐变情况，图中产品褐变情况和背伤严重情况相同，成型规格越大，背伤越严重，褐变情况越严重。

通过成型规格与背伤的研究可知，在品种相同、切制刀具相同的情况下，切制规格越大背伤越严重。综合试验结果、市场需求及后续储藏过程中产品变化趋势，确定 2mm×

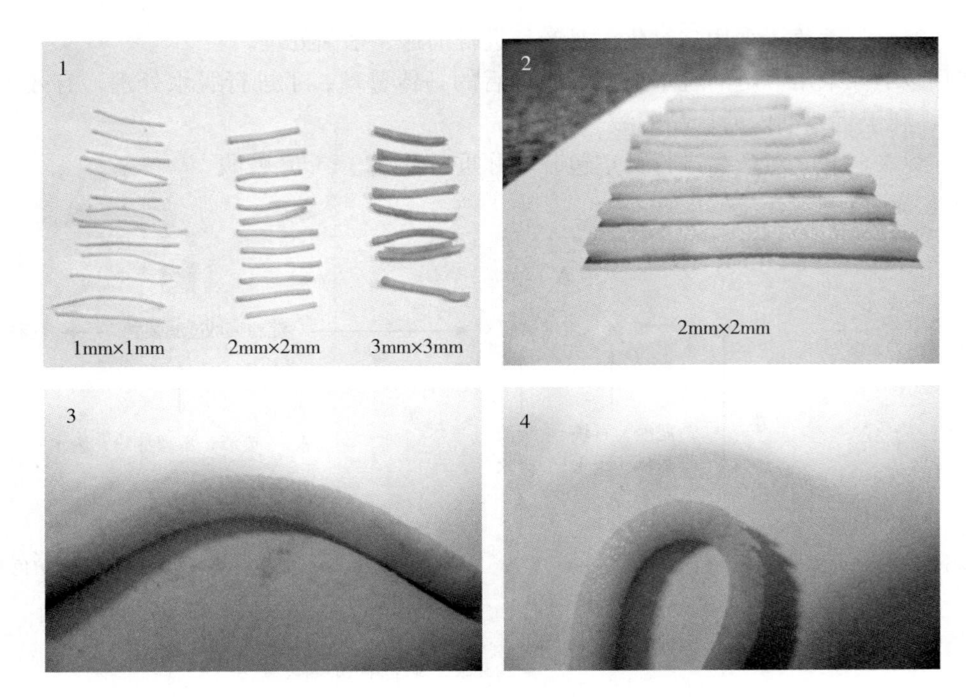

图 3-64　马铃薯丝背伤与成型规格的关系

2mm 为薯丝切制规格，在 2mm×2mm 规格下背伤对产品品质影响不大，同时保持了马铃薯原有质感，易于保存。

（3）**净鲜马铃薯丝、丁半成品包装形式的研究**　净鲜半成品包装储藏形式主要分为两种：一种为气调包装即真空包装；另一种为液体浸泡包装。试验对这两种包装储藏形式在净鲜马铃薯丝、丁半成品加工包装储藏阶段的可行性进行了研究。

马铃薯成型方式选择两种规格：截面 2mm×2mm 的薯丝及 10mm×10mm×10mm 的薯丁。包装方式选择真空包装及充液包装，充液包装液体选择复合护色剂液体，要求液体完全浸泡产品，包装中排净多余空气。储藏时间为 7d。7d 后对产品品质进行测评，测评项目为颜色、硬度。颜色采用 LAB 色差分析仪中的 L 值代表，L 值越小表明产品褐变严重。硬度采用质构仪对样品进行硬度分析。试验结果如图 3-65 至图 3-67。

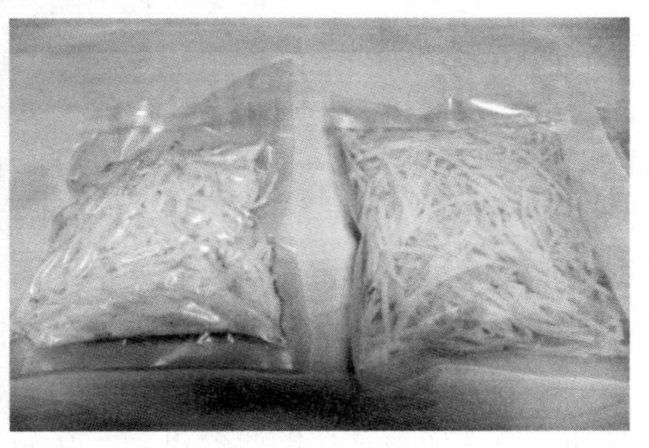

图 3-65　薯丝不同包装储藏形式产品品质变化

图 3－66　薯丁不同包装储藏形式产品品质变化

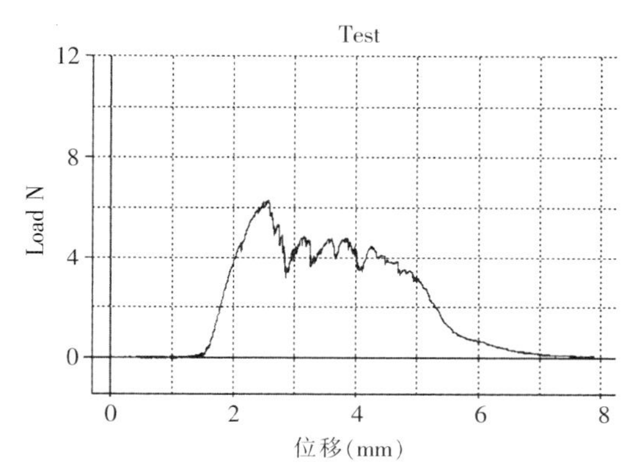

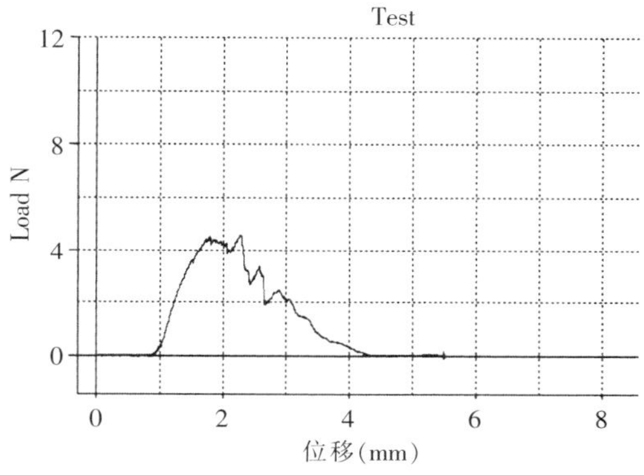

图 3－67　薯丝、薯丁不同包装储藏形式产品质构图

表 3－25　不同包装形式下储藏 7d 马铃薯丝、丁半成品颜色硬度变化

储藏时间	颜色（L 值）				硬度（N）			
	丝		丁		丝		丁	
	真空包装	充液包装	真空包装	充液包装	真空包装	充液包装	真空包装	充液包装
第一天	68	68	68	68	6.7	6.7	7.5	7.5
第二天	67	68	68	68	6.2	5.8	7.2	6.9
第三天	67	67	67	68	5.9	5.6	7.2	6.4
第四天	64	65	67	67	5.8	5.1	7.1	6.1
第五天	64	65	65	66	5.4	4.7	6.8	5.8
第六天	63	64	65	64	5.4	4.5	6.4	5.4
第七天	63	64	62	63	5.1	4.2	6.2	5.1

图 3－65、图 3－66 分别为薯丝、薯丁真空包装和充液包装下储藏 7d 前后对比图。试验结果见表 3－25，数据显示产品保存 7d 后颜色 L 值变化不大，丝、丁两种产品较好地保持了马铃薯原有的颜色、未发生明显褐变。产品质感由于两种包装形式的不同发生了较明显变化，在硬度方面真空包装相比较充液包装更好地保持了产品的硬度，真空包装保存

7d后产品较好的保持了马铃薯原有的脆度，充液包装保存7d后产品品质变化严重，失去马铃薯原有脆度。在质构图中表现为脆度的最高峰值降低，表示内部硬度的面积减小，如图3-67。真空包装与充液包装都能较好地保持产品颜色，真空包装在保持产品硬度方面拥有较大优势，最终选择真空包装为净鲜马铃薯丝、丁半成品的包装储藏形式。

（4）净鲜马铃薯丝、丁半成品货架期的研究

1）*货架期间产品品质感官评价研究*　选择成熟度一致、无病虫害的马铃薯经过清洗、去皮、成型、漂洗、沥水、护色（采用优化复合护色剂）、沥水、灭菌、包装后低温真空保藏（4℃）。通过对产品的各项指标进行检测，评测生产加工工艺的适用性。检测方法如下：

颜色：利用便携式色差仪进行LAB值测定，选取L值来反映马铃薯褐变情况，L值越小褐变越严重。

质感：采用质构仪对产品进行硬度分析，最大应力（N）反应样品脆度质感。

气味：储藏期间样品气味变化程度，以鲜薯为标准进行评价，1～10分。

出水量：对样品出水量质量进行测量，以出水量与样品总质量的比值反映出水情况。

按照成型方式不同，试验分为切丝组与切丁组

①切丝组。按照马铃薯净菜加工工艺加工马铃薯，成型方式选择切丝（截面2mm×2mm），对产品的各项指标进行评定，结果如表3-26。

表3-26　切丝组储藏期测试结果

保藏时间	颜色（L值）	脆度（N）	气味	出水量（%）
第一天	65	7	10	0.5
第二天	65	6.4	8.5	1.7
第三天	63	6.0	7.5	2.4
第四天	61	5.9	7.5	4.7
第五天	60	5.7	7	6.8
第六天	60	5.4	7	6.9
第七天	58	5.4	7	7.1

试验结果显示，由于处理过程中有护色的程序，同时低温（4℃）真空保藏，样品颜色变化不明显，没有发生明显褐变现象，储藏的第六天开始样品表面光泽度开始下降。在储藏过程中样品脆度应力变化不大，表明脆度发生了较小变化，加工过程护色剂中氯化钙的存在对马铃薯组织细胞结构起到了较好的保护作用，储藏初期脆度没有明显变化，储藏后期由于渗出液体的增加，马铃薯组织结构内外渗透压失衡，导致组织局部软化。样品气味在储藏前期没有明显变化，储藏前期保持鲜切马铃薯特有的清新气味，储藏后期细胞液的外渗以及淀粉的分解产生少量发酵气味。细胞液外渗是马铃薯净菜切丝储藏过程中对产品品质影响最大的方面，通过试验可以看出，储藏包装第三天包装袋中出现少量的渗出液，随着储藏时间的延长渗出液量少量增加。由于渗出液的浸泡，样品质感发生变化，同时细胞渗出液为微生物提供了良好的生长环境，细胞渗出液中营养物质经过微生物的无氧

呼吸作用，产生异味影响产品品质。根据试验，马铃薯净菜切丝保藏时间在 7d，时间延长品质下降。

针对切丝组出现的储藏中后期大量组织液外渗的情况，试验人员模拟人工成型与机械成型方法进行试验比较。发现在出水情况最严重的储藏第三天，人工成型相对机械成型出水量部分减少，从图 3 - 68 中不同成型方式对出水量影响可以看出，机械成型（左）、人工成型（右）储藏第三天的样品均存在出水情况，但人工成型的样品出水量明显少于机械成型的样品。造成这一现象主要是因为机械成型相对人工成型，机械成型对马铃薯内部细胞有明显的挤压作用，造成组织破碎细胞液外渗，人工成型对样品内部细胞结构损害较小。

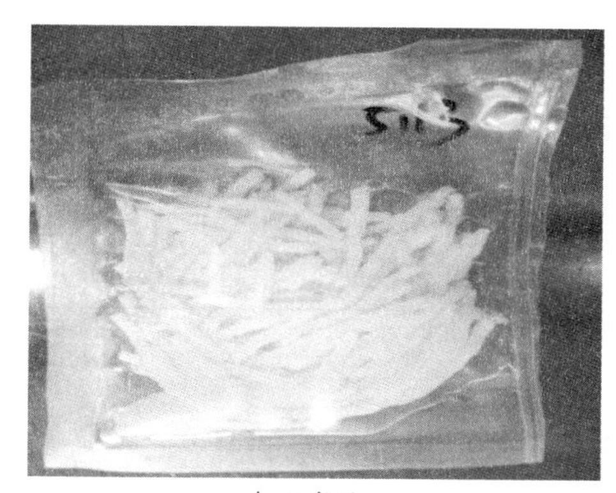
加工当天

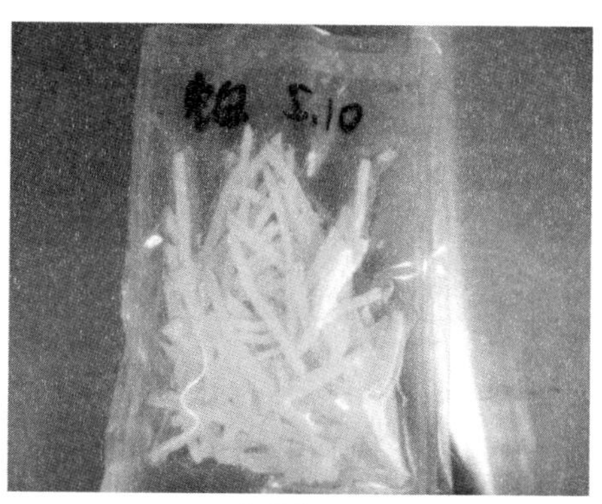
储藏第七天

不同成型方式对出水量影响

包装底部渗出液体

图 3 - 68　不同马铃薯丝成型方式储藏过程渗水情况

②切丁组。按照马铃薯净菜加工工艺加工马铃薯，成型方式选择切丁，对产品的各项指标进行评定，结果如表 3 - 27。

试验结果显示，加工工艺过程中有护色程序以及保藏过程中采用了低温真空包装保藏，样品颜色 L 值降低不明显，没有发生明显的褐变现象，后期样品颜色发灰暗，失去原有鲜亮光泽，原因可能是储藏过程中表面水分散失导致表面细胞失水失去原有光泽。处理过程中加入了氯化钙，对保持马铃薯组织结构起到了重要作用，保证了样品在保存过程中脆度不发生明显变化。样品气味在储藏前期没有明显变化，储藏前期保持鲜切马铃薯特有的清新气味，储藏后期由于细胞液的外渗以及淀粉的分解产生轻微发酵气味。切丁处理相比较切丝处理细胞破坏相对较少，在储藏过程中细胞液渗出不十分明显，储藏后期仅有少量水分渗出（图 3－69）。根据试验，马铃薯净菜切丁保藏时间为 7d，时间过长，气味变化影响产品品质。

表 3－27　切丁组储藏期测试结果

保藏时间	颜色（L 值）	脆度（N）	气味	出水量（%）
第一天	68	7.5	10	0.2
第二天	68	7.2	9	0.5
第三天	65	6.9	8	1.2
第四天	65	6.8	7	1.5
第五天	64	6.4	6	2.1
第六天	62	6.2	6	2.3
第七天	60	6.1	5	2.4

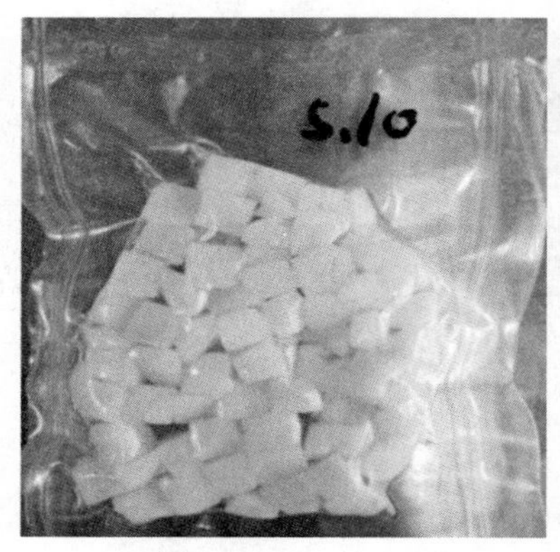

加工当天

储藏第七天

包装袋底部少量出水

图 3－69　不同马铃薯丁成型方式储藏过程渗水情况

2）保藏期间净鲜马铃薯丝、丁半成品营养物质变化的研究　对试验马铃薯样品营养物质进行检测，试验马铃薯每 100g 维生素 C 含量为 24.83mg，淀粉含量为 17.35g，蛋白质含量为 2.07g。通过对各种物质含量的检测研究储藏期间营养物质的变化。

①保藏期间维生素 C（V_C）含量变化。在切丝、切丁组试验同时对其 V_C 含量进行检测，试验结果如图 3－70、图 3－71。图 3－70 为样品所含 V_C 含量随储藏时间的变化曲线，图 3－71 为储藏过程中的 V_C 损失率。从图中可以看出，处理当天样品经过成型漂洗之后随着细胞的破碎造成大量 V_C 的损失，切丝损失率在 46%，切丁损失率在 22%。在储藏过程中，储藏第一天 V_C 含量下降幅度相比较储藏后期较大，切丝每 100g V_C 含量为 9.32mg，切丁每 100g V_C 含量为 17.40mg，随着储藏时间的延长，V_C 含量变化趋于平

缓。成型方式对产品 V_C 含量影响较大，从图 3－71 可以看出，V_C 损失率切丁要远远小于切丝，切丝在储存 6d 时 V_C 损失率在 71%，切丁在储存 6d 时 V_C 损失率在 36%。

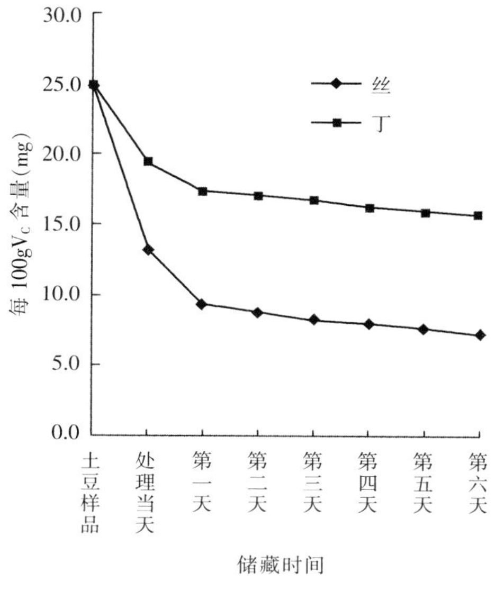

图 3－70　储藏过程中 V_C 含量变化

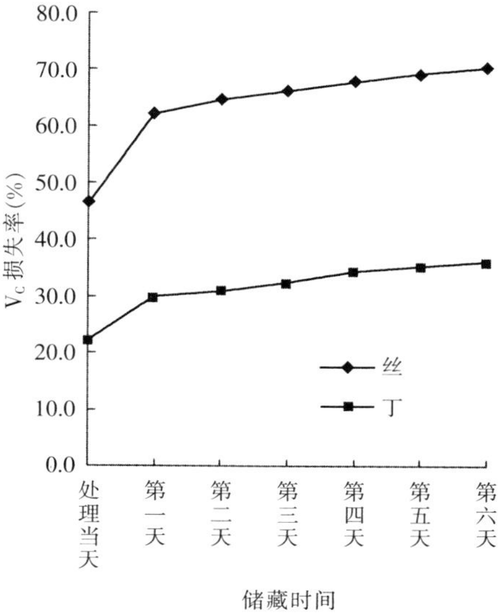

图 3－71　储藏过程中 V_C 损失率变化

②保藏期间淀粉含量的变化。在保藏试验进行的同时，对样品的淀粉含量进行测定，试验结果如图 3－72 所示。未处理土豆样品淀粉含量为 17.35%。经过成型、漂洗等工序处理后，样品的淀粉含量有了不同程度的下降，切丝样品淀粉含量降低到 14.25%，切丁样品淀粉含量降低到 16.49%。在储藏过程中由于细胞破碎、细胞液外渗，部分淀粉随之流出，在包装袋中有少量淀粉沉淀。不同成型方式对保持马铃薯净菜淀粉含量存在较大影响，细胞破坏越大淀粉损失越大。

③保藏期间蛋白质含量的变化。在保藏试验进行的同时，对样品蛋白质含量进行测定，试验结果如图 3－73 所示。蛋白质含量随着储藏时间的延长，基本不变。不同成型方式对样品蛋白质含量有一定影响，在原料相同的情况下切丁组蛋白质含量高于切丝组蛋白质含量，造成这种现象的主要原因是在切制成型过程中，部分蛋白质随着细胞破碎溶入到漂洗液中，致使蛋白质的流失。

④净鲜马铃薯丝、丁半成品货架期间微生物变化情况的研究。为了解净鲜马铃薯丝、丁半成品货架期间微生物变化情况，为确定产品最终货架期提供数据依据，根据前面确定的加工工艺加工马铃薯丝、丁半成品，真空包装低温（4℃）储藏，进行微生物菌落总数的测定，测定时间为 7d，试验结果如表 3－28 所示。产品经过 7d 的储藏，净鲜马铃薯丝、丁半成品在处理当天菌落总数（cfu/g）数量级在 10^3～10^4 之间，之后在低温贮藏条件下，样品菌落总数增长缓慢，在第七天时菌落总数数量级为 10^5。国际上对净鲜半成品的菌落总数规定为不超过 5×10^5，试验证明净鲜马铃薯丝、丁半成品加工工艺灭菌步骤效果良好，满足卫生需求，切丁产品可以满足货架期 7d 的要求，切丝产品可以满足货架期 6d 的要求。

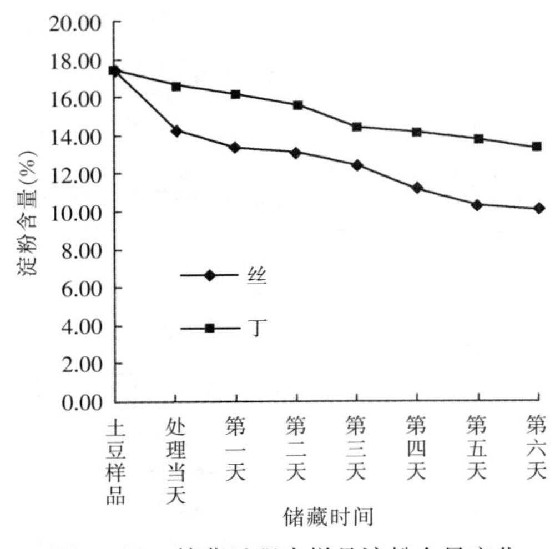

图 3－72　储藏过程中样品淀粉含量变化

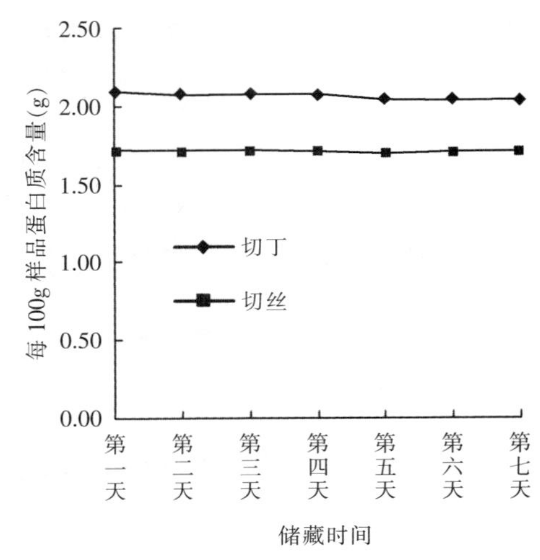

图 3－73　储藏过程中样品蛋白质含量变化

表 3－28　储藏期间净鲜马铃薯丝、丁半成品微生物菌落总数（cfu/g）变化情况

	1	2	3	4	5	6	7
切丁	2×10^3	6×10^3	1.5×10^4	2×10^4	2×10^4	2×10^4	5×10^5
切丝	6×10^3	8×10^3	3×10^4	8×10^4	2×10^5	5×10^5	8×10^5

3.5.4　净鲜马铃薯半成品质量控制

净鲜马铃薯半成品的加工和保鲜是一个综合配套的处理过程，要想获得高品质的净鲜马铃薯半成品制品，必须从原料的挑选到包装和销售全过程的每一个环节进行严格控制。同时优质的原料、正确的处理和加工方法、合理的包装和冷链运输系统都能延长净鲜马铃薯半成品的货架期，保证产品的品质。

3.5.4.1　原料影响

原料的质量对马铃薯净鲜半成品加工至关重要。由于受气候和地理环境等因素的影响，部分地区马铃薯收获季节短，因此一些马铃薯加工厂为保证生产原料的充足，必须进行原料储存。马铃薯储存得好坏，对产品的品质有很大的影响。如果原料储存不当，容易发生病害、腐烂或过度发芽等情况。马铃薯的安全储存与环境温度、湿度、通风及光照等条件有着密切关系。一般马铃薯收获后，可在田间稍加晾晒，散发部分水分，以便储运。然后在阴凉通风的室内预贮，期间应避免阳光照射，因为光照能促使马铃薯中的叶绿素及茄苷类物质的形成，降低块茎的品质，预贮时间为 10～15d。预贮后的马铃薯应进行挑拣，剔除病害、腐烂等薯块，然后送入地窖或冷库储藏，储藏的适宜温度为 4～7℃，相对湿度为 85%左右。净鲜马铃薯片、丝、丁等半成品加工原料要求干物质含量高于 18%，各地马铃薯品种不同，需根据各地原料进行试验，确定适于净鲜马铃薯半成品加工的品种。

3.5.4.2 产品褐变的控制

褐变是影响净鲜马铃薯半成品外观品质的主要现象，一般有5种可能致使产品褐变：多酚类物质的酶促褐变、美拉德反应、抗坏血酸的氧化、焦糖化反应、酯类氧化形成褐色聚合物。净鲜马铃薯半成品的褐变主要是酚类物质的酶促褐变，酶促褐变的发生需要4个条件因素，即氧气、酶、金属离子和酶作用底物。因此，有效控制这些因素，就能有效地控制褐变现象的发生。

3.5.4.3 延长货架期的条件

（1）**低温** 净化加工后的果蔬产品进行着比未加工以前更加旺盛的生命活动，呼吸代谢和微生物状况是决定净鲜马铃薯半成品货架期品质的主要因素，而温度是影响呼吸强度和微生物繁殖速度的最主要的外界因素。温度越高，呼吸强度越高，各种营养成分消耗也越快，其结果是加速细胞分解，严重降低果蔬组织本身所具有的耐藏性。低温是抑制微生物繁殖生长最有效和最安全的方法，在5℃以下环境中，各种微生物繁殖会受到明显的抑制。

温度控制是净鲜马铃薯半成品保鲜措施中最为有效的方法，但又是最难于控制掌握的关键控制点。如在产品的运输销售过程中，温度会有较大的波动，在净鲜马铃薯半成品销售过程中，目前还难于全面实行冷柜零售，超市的冷柜温度一般在7℃以上，而且不同位置温差较大。另外，消费者购买净鲜马铃薯半成品一般也不会重视产品对温度的要求这些都为实现真正的温度控制造成一定困难。

（2）**包装** 包装是净鲜半成品加工的最后一步，对产品的货架期具有重要的影响。目前，对净鲜马铃薯半成品包装研究较多的是改变气体包装（MAP）。MAP的基本原理是通过包装袋内外气体交换和袋内产品的呼吸作用被动地形成一个袋内气调环境，或者用某一特殊的混合气体（包括N_2）充入特定的包装袋，这种包装的最终目标是在包装袋内形成一个利于货架期储藏的理想气体条件，尽可能地降低产品的呼吸速率，同时又不至于对产品产生不良的影响，不产生厌氧呼吸。目前，对净鲜马铃薯半成品保鲜的适宜气体条件还缺乏系统的研究，在实际生产中，一般都参考新鲜蔬菜或水果的保鲜条件。在薯类加工半成品中采用的是五层复合PE包装袋，进行抽真空包装，排除包装袋中的空气，对延长产品的货架期起到很好的效果。

3.5.4.4 产品微生物的控制

由于马铃薯营养物质丰富，加之切分后缺少表面组织的保护，与外界接触面积增大，加工过程中更易受到二次污染，以及营养丰富的细胞液外漏，微生物容易繁殖而导致产品腐烂变质。针对微生物污染的问题，建议加工过程中可选取食品级二氧化氯为抑菌剂对产品进行杀菌处理。二氧化氯在常温下为气态，水溶液情况下有较强的氧化还原性，有较强抑菌效果，同时作用残留物为少量氯化钠和水，对人体没有毒副作用，安全有效。另外，也可适当采取一些冷杀菌技术，包括辐照、臭氧、高强度脉冲电场、紫外、红外等技术，这些处理可有效地杀灭病原菌，减少产品的腐败变质，延长货架期。

3.5.4.5 质量指标

产品质量感官指标应符合表 3-29 的要求。

表 3-29 感官指标

项目	指标
外观	表面光滑，无明显淀粉析出，无失水现象
颜色	保持马铃薯原有颜色，无明显褐变
气味	无不良气味，腐败臭味
质地	保持鲜薯脆性

卫生指标应符合《食品添加剂使用标准》（GB2760—2011）、《食品包装用聚乙烯成型品卫生标准》（GB9687—1988）等相关食品卫生标准之规定（表 3-30）。

表 3-30 卫生指标

项目	指标
无机砷（以 As 计）	≤0.05mg/kg
铅（以 Pb 计）	≤0.1mg/kg
镉（以 Cd 计）	≤0.1mg/kg
总汞（以 Hg 计）	≤0.01mg/kg
亚硝酸盐（以 $NaNO_2$ 计）	≤4mg/kg
菌落总数（cfu/g）	$\leq 5\times10^5$
大肠菌群	不得检出
致病菌	不得检出

3.6 马铃薯主食化产品加工技术

3.6.1 去皮马铃薯加工技术

去皮马铃薯是指只加工去皮而不切片的马铃薯。去皮马铃薯因其清洁卫生，使用方便，因而深受消费者的喜爱。但马铃薯去皮后容易变色和腐烂，因此，要注意严格遵守操作规程和贮藏环境，以防止变色和腐烂。一般而言，去皮马铃薯在低温下可贮藏 15d 左右。

3.6.1.1 工艺流程

品种选择→清洗、去皮→清洗→包装→冷藏

3.6.1.2 工艺要点

（1）**品种选择** 由于马铃薯去皮后容易变色，而引起变色的主要物质是多酚类。因此要选择多酚类物质含量低的品种用于加工。研究表明，夏波蒂、大西洋是良好的加工品种。其他不易变色的马铃薯品种也可用于加工去皮马铃薯。

（2）**清洗、去皮** 用清洗机将马铃薯清洗干净，再将马铃薯用砂轮式磨皮机去皮。将去皮后的马铃薯置于清水中，以防止氧化变色。再采用人工方法，将机械去皮后的马铃薯进一步清理，去掉残留的薯皮和芽眼。将清理后的马铃薯置于清水中，以防止与空气接触而氧化变色，同时去掉表面的可溶性物质，防止贮藏过程中变色和发黏。

（3）**清洗** 将去皮马铃薯用清水清洗干净，沥干表面水分。

（4）**包装** 将去皮马铃薯用托盘盛装，并用塑料薄膜密封。最好是直接用聚乙烯塑料薄膜袋真空密封包装，以延长保质期。

（5）**冷藏** 将包装好的去皮马铃薯置于0～5℃的温度下贮藏。

3.6.2 马铃薯薯饼、薯丸和薯泥加工技术

3.6.2.1 工艺流程

速冻马铃薯薯饼加工工艺流程（图3－74）：

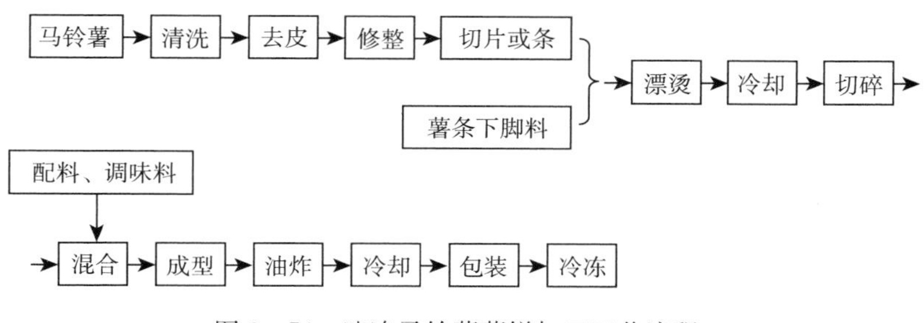

图3－74 速冻马铃薯薯饼加工工艺流程

速冻马铃薯薯丸加工工艺流程（图3－75）：

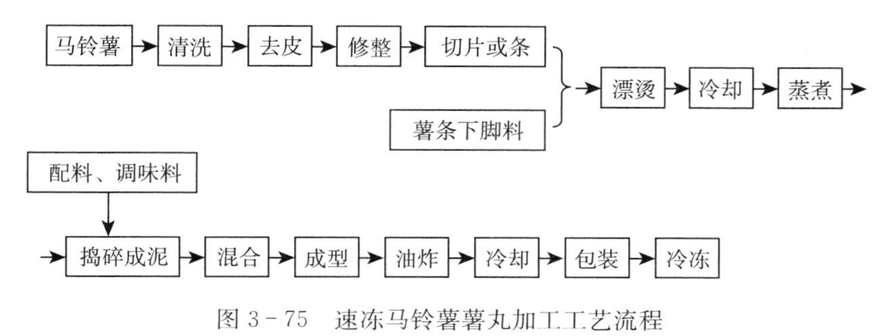

图3－75 速冻马铃薯薯丸加工工艺流程

速冻马铃薯薯泥加工工艺流程（图3－76）：

此方法生产的薯泥可作为生产其他产品的原料，经解冻、脱水处理后与其他配料混

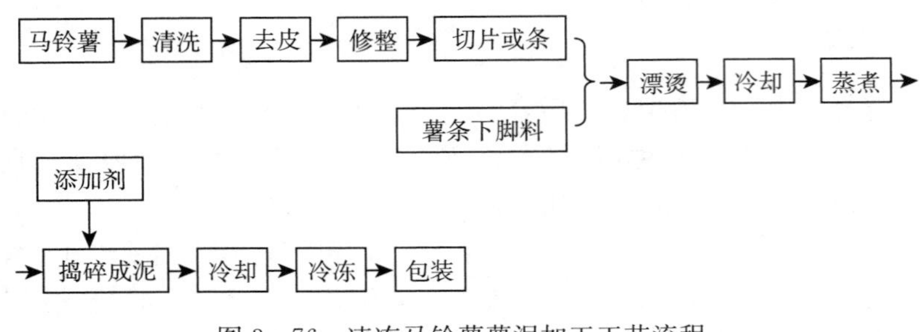

图 3-76　速冻马铃薯薯泥加工工艺流程

合，再经成型、油炸等加工工序即可生产各种薯泥产品，或经烘干、粉碎、过筛后成为颗粒全粉。

3.6.2.2　工艺要点

（1）**原料**　利用薯条生产线生产过程中产生的边角余料、短条、碎条等废料或一些不适宜加工薯条的较小的马铃薯为原料。

（2）**清洗**（指以小马铃薯为原料）　去除马铃薯表面泥土及赃物。

（3）**去皮**　采用机械去皮法去除表皮进入修整工序。

（4）**修整**　将未彻底去皮的马铃薯进一步清理，同时去除腐烂、发绿部分。

（5）**切条**　将修整后的马铃薯进行切条，对切条没有太高要求。

（6）**漂烫**　温度 80～95℃，时间 5～10min，一方面起到杀酶的作用，另一方面使马铃薯淀粉部分糊化。

（7）**冷却**　用循环水去除表面淀粉，冷却水冷却，使其中心温度达到 20℃左右，目的是使淀粉老化回生。

（8）**蒸煮**（生产薯泥、薯丸）　常压下用蒸汽进行蒸煮，使淀粉充分 α 化，以利于破碎制泥，温度 95～98℃，时间 20～30min。

（9）**破碎**（生产薯饼）　将冷却后的废条破碎成一定粒度的物料，粒度不能太大，否则影响混合效果；粒度太小，破碎较碎，物料黏度过大混合不均匀，油炸后影响产品口感。

（10）**混合**（生产薯饼）　按比例添加一定的辅料，使其与粉碎后的物料相混合，要求混合均匀，无结块。

（11）**破碎制泥**（生产薯泥）　将蒸煮后的物料破碎制泥，同时添加一定量的添加剂，使添加剂与薯泥均匀混合。

（12）**成型**（生产薯丸、薯饼）　成型应具有一定的力度，使形状完整，边缘整齐。

（13）**油炸**　目的是脱去一定量的水分，使产品复炸后具有良好的口感，油炸使产品具有良好的外观颜色。

3.6.2.3　工艺条件

马铃薯薯饼、薯丸、薯泥加工条件如表 3-31 所示。

表 3-31 工艺条件

序号	工段	工艺条件	备　注
1	漂烫	温度：80～95℃ 时间：5～10min	漂烫程度应适宜，漂烫过度，破碎时游离淀粉过多，造成物料黏度大，影响混合效果和产品口感；程度不够，影响薯饼的口感，若杀酶不完全，影响产品的外观颜色。
2	冷却	冷水冷却 20～30min	目的使糊化的马铃薯淀粉老化回生，再一次去除表面游离淀粉，在老化过程中使马铃薯细胞壁强化，降低蒸煮后的黏度，从而保证产品质量。
3	蒸煮	温度：95～98℃ 时间：20～30min	使淀粉充分 α 化，以利于破碎制泥。
4	破碎（薯饼）	添加辅料	破碎的同时添加辅料，使物料混合均匀，无结块。
5	破碎制泥	添加食品添加剂	破碎成泥状，并与添加剂混合均匀。
6	成型	利用薯饼成型机和薯丸成型机	成型应具有一定的力度，使形状完整，边缘整齐。
7	油炸	薯饼： 温度：165～175℃ 时间：1～2min 薯丸： 温度：165～175℃ 时间：1～1.5min	目的是脱去一定量的水分，使产品复炸后具有良好的口感，油炸使产品具有良好的外观颜色。

（1）**漂烫温度、时间对速冻马铃薯饼品质的影响**　漂烫一方面起到杀酶的作用，同时能有效降低糖分使油炸后所得产品色泽均匀一致；另一方面使马铃薯淀粉部分糊化，改变其组织状态，减少油炸时表面淀粉层对油的吸收。经过大量的试验研究发现，漂烫温度、时间不同对产品质量将产生较大的影响。温度过高、时间过长，漂烫程度过度，破碎时游离淀粉过多，造成物料黏度大，影响混合效果和产品口感；漂烫程度不够，不易破碎，混合后不易成型，油炸后影响薯饼的口感。另外，漂烫的时间、温度同马铃薯的品种、边角余料的形状也有很大的关系，因此在实际生产中应针对不同品种、不同料样选择不同的漂烫工艺参数。实验表明，最佳漂烫时间、温度的工艺参数为：80～95℃，5～10min。

（2）**原料破碎程度对速冻薯饼成型和口感的影响**　原料经漂烫冷却后破碎与辅料混合，经成型机成型制成薯饼。实验研究证明，漂烫冷却后原料的破碎程度对薯饼的品质有一定的影响，破碎程度较轻、粒度太大，游离淀粉较少，与辅料混合后成型较为困难，油炸时易松散；相反，破碎程度大、粒度较小，物料黏度过大，导致物料混合不均匀，成型机成型后不易脱模，油炸后的产品经解冻复炸，产品口感不酥松，因此破碎时应掌握一定的粒度。

（3）**蒸煮温度、时间对速冻薯泥品质的影响**　蒸煮即是将漂烫、冷却处理的马铃薯边角余料在常压下用蒸汽进行蒸煮，使淀粉充分 α 化，以利于破碎制泥。适宜蒸煮时间必须满足以下条件：当细胞壁软化到一定程度，使细胞分离时，细胞膜没有很大破坏。若蒸煮时间过长，细胞壁过度软化，制泥时产品黏度较大，影响口感。若以这种产品为原料制作其他马铃薯制品，同样也影响到相应产品的质量。

另外，蒸煮的时间同原料的品种、边角余料的形状有一定的关系，如在同一实验条件下（切条厚度 9mm，漂烫温度 85℃，时间 7 分钟，经流动冷却水冷却 30 分钟）进行蒸煮对比实验，结果如表 3－32。

表 3－32　不同品种和干物质含量马铃薯蒸煮试验

品种	干物质含量（%）	蒸煮时间（min）	感官结果
夏波蒂	21	25	薯条基本完整，完全软化
大西洋	22	25	薯条基本完整，完全软化
大白花	24	25	薯条部分破碎，完全软化，黏度较大
市售品种	14	25	薯条完整，略有硬心

由此可见：蒸煮的时间因原料品种及其干物质含量不同而不同，一般情况下干物质含量越高其蒸煮时间相对越短。实际生产中应根据品种不同对蒸煮时间进行适当调整，一般蒸煮时间为 20～30min。

（4）油炸温度时间对产品品质的影响　一般情况下，油温选择越低，油炸时间越长，产品的含油量相对较高；油温越高，油炸时间越短，产品含油量相对较低。但油温过高对油的品质会产生不良的影响，降低油的使用寿命，因此油炸温度及时间应进行合理搭配，经大量试验得出最佳油炸工艺参数为：

薯饼：165～175℃，1～2min；

薯丸：165～175℃，1～1.5min。

（5）食品添加剂对速冻薯泥产品品质的影响　为改善速冻薯泥产品的品质，延长保质期，在蒸煮后制泥前，应添加一些添加剂，如焦亚硫酸钠、单硬脂酸甘油酯、丁基羟基茴香醚、丁基羟基甲苯、焦磷酸钠、柠檬酸等。由于马铃薯块茎中含有丹宁，丹宁中儿茶酚在氧化酶和过氧化酶作用下氧化易变成褐黑色。因此，在蒸煮后研碎前，喷上焦亚硫酸钠溶液可有效阻止酶变和美拉德反应，并能抑制褐变从而保证产品质量。为改善产品品质防止过分粘连，还应喷上乳化剂——单硬脂酸甘油酯。单硬脂酸甘油酯能乳化来自产品游离淀粉，使产品松软。单甘酯必须以乳化的形式应用，因为只有甘油的 OH 自由基上有亲水作用，才能适宜包容自由淀粉。丁基羟基茴香醚（BHA）、丁基羟基甲苯（BHT）均为抗氧化剂，主要起抗氧化的作用，防止哈败，延长产品保质期。焦磷酸钠属于酸式磷酸盐，它能有效结合金属防止成品在存放时颜色变深。添加剂添加比例分别为：

焦亚硫酸钠（以 SO_2 浓度计）：0.004%～0.008%；丁基羟基茴香醚（BHA）：2mg/kg；丁基羟基甲苯（BHT）：2mg/kg；单硬脂酸甘油酯：0.05%～0.1%；焦磷酸

钠：0.02%；柠檬酸：20mg/kg。

3.6.2.4 生产配方

马铃薯薯饼、薯泥、薯丸生产添加辅料配方见表3-33、表3-34、表3-35。

表3-33 速冻薯饼生产配方

辅料	添加量（g/kg）	方　法
玉米面	25	将味精制成粉状，辅料首先混合均匀，原料破碎时按照所需的比例均匀地添加，使其与原料混合均匀
小麦面粉	25	
单硬脂酸甘油酯	7.5	
盐	5	
味精	2.5	
胡椒粉	2.5	

表3-34 速冻薯泥生产配方

添加剂	添加量	方　法
焦亚硫酸钠	0.004%～0.008%	准确称量所使用的添加剂，在搅拌罐中加入一定的水，加热至68℃，加入单硬脂酸甘油酯，不停地搅拌至完全乳化，缓慢加入其他添加剂于乳化剂溶液中，边加边搅拌均匀
单硬脂酸甘油酯	0.05%～0.1%	
焦磷酸钠	0.02%	
柠檬酸	20mg/kg	
BHT	2mg/kg	
BHA	2mg/kg	

表3-35 速冻薯丸生产配方

辅料	添加量（g/kg）	方　法
玉米粉	20	将味精制成粉状，辅料首先混合均匀，原料制泥过程中按照所需的比例均匀地添加，使其与原料混合均匀
颗粒粉	30	
单硬脂酸甘油酯	7.5	
盐	5	
味精	2.5	
胡椒粉	2.5	

注：其他风味的薯丸再添加其他辅料，如肉丸可添加适量的肉末，夹心薯丸可添加豆沙、枣泥等多种馅料。

3.6.2.5 薯饼、薯丸、薯泥产品质量指标

（1）薯饼

气味：具有应有的马铃薯风味，无异味。

色泽：白色或淡黄色。

形态：呈圆形或椭圆形饼状。

水分：60%～70%。

卫生指标：符合国家食品卫生标准GB7100—2003之规定。

保存期：（－18℃）18个月。

（2）薯丸

外观：形状一致，颜色均匀，呈淡黄色。

含水量：≤60%

细菌总数：≤1 000个/g

大肠杆菌：≤50个/g

致病菌：不得检出。

（3）薯泥

色泽：呈淡黄色，均匀一致，无斑点。

组织：细密均匀。

水分：80%～90%。

卫生指标：符合国家食品卫生标准GB7100—2003之规定。

3.6.3 马铃薯全粉制品加工技术

3.6.3.1 马铃薯全粉制品发展现状

对马铃薯的需求主要有三个方面，即食用、工业用和饲用。食用包括鲜食、炸薯条（片）；工业用主要利用马铃薯加工淀粉、酒精等；饲用则利用马铃薯来加工成畜禽饲料。我国马铃薯食品加工起步较晚，传统市场上多以粉丝、粉条等传统加工品为主。从20世纪80年代中后期开始，我国从欧美引进了二十多条炸薯片生产线，结束了我国马铃薯食品加工的空白。近年来马铃薯深加工业得到国家各部门大力支持，取得飞速发展。

作为马铃薯加工的主导产品，马铃薯全粉和淀粉是两种截然不同的制品，其根本区别在于：前者在加工中没有破坏植物细胞，基本上保持了细胞壁的完整性，虽经干燥脱水，但一经复水即可重新获得马铃薯泥，仍然保持了新鲜马铃薯天然的风味及固有的营养价值；而淀粉则是在破坏了马铃薯的植物细胞后提取出来的，制品不再具有马铃薯的风味和营养价值。

马铃薯颗粒全粉是以鲜马铃薯经特殊工艺及设备加工而成的颗粒状产品，此工艺极大地保证了细胞结构的完整性，使得游离淀粉极少，从而保证了马铃薯原有的风味及良好的吸水性。

马铃薯全粉既可作为最终产品，也可作为中间原料制成多种后续产品，多层次提高马铃薯产品的附加值，并可满足人们对食品质量高、品味好、价格便宜、食用方便的要求。作为食品深加工的原料，主要用于两方面：一是作为添加剂使用；二是可作为冲调马铃薯泥、马铃薯脆片等各种风味和强化食品的原料。广泛应用于制作复合薯片、坯料、薯泥、糕点、膨化食品、面包、汉堡、冷冻食品、渔饵、焙烤食品、冰淇淋及中老年营养粉等。

3.6.3.2 马铃薯全粉制品

马铃薯全粉其应用范围十分广阔，既可以制成即食食品，也可以作为其他食品的添加成分，以改善食品的风味和口感，提高食品的营养价值。

马铃薯全粉加入一定辅料，用热水冲调，可制成美味可口的即食糊；加以辅料进行油炸，可得到油炸甜食；与米渣、蛋白粉或其他辅料按一定比例混合后进行挤压膨化，可制成蛋白质含量较高、营养成分丰富、易消化、易吸收、具有良好口感和色泽的膨化食品。

马铃薯全粉是其他食品加工的基础原料，主要用途表现在两个方面：一是作为添加成分使用，如焙烤面食中加5%左右，可改善产品的品质；在某些食品中添加马铃薯全粉可增加黏度等；把马铃薯全粉掺入面粉制成面包，可以加快酵母的活化速度，增加面团涨发力，改善加工工艺性能，使面包的体积、白度和含水量均有所增加，口感柔软，延长产品的保存期。二是马铃薯全粉可做冲调马铃薯泥、马铃薯脆片等各种风味和各种营养强化食品的原料，可制成各种形状，可添加各种调味料和营养成分，制成各种休闲食品。总体上说，全粉可以开发的产品主要有以下几种：

1）各色风味的方便薯泥、薯丸和薯饼。

2）油炸薯条、薯片　将马铃薯全粉加入发酵粉、调味料、乳化剂等辅料混合搅拌、成型，进行油炸，可制得复合马铃薯油炸条或薯片。

3）速冻薯条食品　目前国内只有麦当劳及超市供应的用鲜薯做的速冻马铃薯薯条，但风味不同。

4）复合薯片　目前国外品牌占国内市场统治地位，虽有国内品牌薯片入市参与竞争，但原料马铃薯全粉还依赖进口。

5）各种形状、各色风味的休闲食品　近年来为了提高产品质量和档次，纷纷改用马铃薯全粉做原料，因此对其需求量正迅速增加。

6）婴儿食品　到目前为止，我国婴儿食品的主要原料是大米米粉。用马铃薯全粉配制婴儿食品有其独特的优点，有待于开发新产品。

7）鱼饵配料　用马铃薯全粉做鱼饵配料，香味浓郁，上钩快而多。国内著名鱼饵公司都已将全粉列为鱼饵中的基本配料。

8）焙烘食品（如面包、糕点、饼干等）的添加剂和即食汤料增稠剂。

9）膨化食品　将马铃薯全粉加入等量的玉米粉，经挤压膨化、加香调味、烘烤干燥可制成多种形状的膨化食品。

10）早餐食品　有马铃薯早餐粉、速溶马铃薯粉、马铃薯即食粥等。

11）战略储备物资　由于马铃薯全粉使用方便、保存期长、营养丰富、消化吸收率与其他食物相比为最高。欧美各国都将其作为战备储备物资。

随着人们生活水平的提高和我国食品工业的发展，马铃薯全粉的加工品将会有越来越广阔的市场，其应用范围也必将越来越大。

3.6.3.3 马铃薯全粉速溶性研究

在以马铃薯全粉为原料的各类制品的开发过程中，其中最需要解决的是马铃薯全粉的速溶性问题，在此对这个特性做深入的研究。

（1）**马铃薯全粉润湿下沉性** 准确称取10g马铃薯全粉散布在250ml、25℃水面上，在静置和搅拌两种情况下测定全部润湿下沉的时间为203s和9s，这说明马铃薯全粉的润湿下沉较慢，速溶性不是很好。

（2）**马铃薯全粉速溶性** 准确称取34g马铃薯全粉用250ml、40℃水冲调，搅动后观察冲调情况：冲调后有少量团块，杯底无沉淀。这说明马铃薯全粉能够溶解，但速溶性不是很好，有待于改进。

（3）**辅料及其比例** 马铃薯全粉营养丰富，主要含有淀粉、蛋白质、糖、脂肪、纤维、灰分、维生素、矿物质等，但从各组分所占的比重来看，蛋白质含量较低。故在添加辅料时，考虑蛋白质含量较高的物料如奶粉等，由于奶制品有其特殊的口感，可以掩盖马铃薯全粉自身的微涩口感，更增加冲调制品的黏度，增加其厚重的口感，并且提高蛋白的含量。

（4）**马铃薯全粉的粒径对速溶性的影响** 从其他的冲调制品看，有着最佳冲调性的产品其颗粒粒径在一定范围之内，由表3-36可以获得的60～80目粒径颗粒有着较好的冲调性。

表3-36 原料粉碎粒度的影响

粉碎粒度（目）	马铃薯全粉（g）	添加水量（ml）	冲调情况
60	10	60	溶解性好，不结块，润湿下沉时间60s
80	10	60	不结块，润湿下沉时间77s
100	10	60	少量结块，润湿下沉时间95s
120	10	60	少量结块，润湿下沉时间127s
140	10	60	易结块，润湿下沉时间232s

（5）**冲调水温对速溶性的影响** 水量和水温也是影响冲调性的关键因素，不同的水量和不同水温的水调配出的产品有着不同的冲调性和口感，冲调水温对冲调性的影响不是很大，但从冲调出来的口感看，60～70℃冲调出来的产品口感更佳（表3-37）。

表3-37 冲调水温的影响

混合粉量（g）	冲调水温（℃）	冲调现象
10	40	3～4个小结块，冲调性较好，口感较好
10	50	7～8个小结块，结块较小，冲调性较好，口感较好
10	60	7个小结块，结块较小，冲调性较好，口感好
10	70	6个结块，结块较大，冲调性较好，口感好
10	80	3～4个大结块，冲调性较好，口感好
10	90	暗绿色，刚配好时颜色较淡，逐渐变深，颜色感官性较差，仅有少量结块，口感较好

（6）**稳定剂和增稠剂对速溶性的影响** 选用稳定剂、增稠剂的原则是易溶解、增稠乳化效果好，用量少，无色、无味、无毒，不影响组分稳定性和产品成本。

表 3-38 增稠剂的影响

名称	混合粉量（g）	添加量（%）	冲调现象及口感
CMC-Na	10	1	冲调效果好，只有少量结块
β-环状糊精	10	1	冲调效果很好，只有很少量结块，口感细腻
卡拉胶	10	1	效果较好，有少量结块
黄原胶	10	1	很黏稠，结块较多，口感有胶感
复合	10	1	很黏稠，有结块，口感有少量胶感

如表 3-38 所示，冲调效果最好的用β-环状糊精，冲调后获得的产品口感细腻。

（7）**抗结剂对速溶性的影响** 在进行粉状物料的冲调时，增加速溶性的一个重要手段是添加抗结块剂，由于二氧化硅能解决产品因吸潮受压形成的结块，同时具有吸附作用，是一种流动促进剂，但从表 3-39 看，添加二氧化硅对冲调性的改变效果不明显，故在后续的配方中不建议添加二氧化硅。

表 3-39 二氧化硅的影响

混合粉量（g）	二氧化硅添加量（g）	冲调现象
10	0.1	有少量结块，对冲调性改变效果不明显
10	0.15	
10	0.2	
10	0.25	

（8）**冲调水量对速溶性的影响** 冲调水量是重要的影响因素之一，选择冲调水量为 4、6、8、10、12 倍进行试验，如表 3-40，可确定不同加水量获得的产品具有不同的感官性状，有着不同的口感。4～5 倍的水量添加可以获得流动性不强的固状薯泥产品，6～8 倍的添加水量可以获得较稠的薯类全粉饮料，而 9～12 倍的添加水量可以获得流动性很好的较稀的薯类固体饮料。每种产品因为水分添加量的不同获得不同的性状和口感，能添加其他辅料开发出不同的产品，如快餐薯泥制品、婴儿辅食制品、薯类固体饮料、早餐奶等产品。

表 3-40 冲调水量的影响

混合粉量（g）	添加量（ml）	冲调现象
10	40	有细小结块，颜色较暗，无流动性、泥状物质，有较强的马铃薯风味，甜味大
10	60	有细小结块，颜色较暗，有流动性、稀薯泥，有较强的马铃薯风味，甜味大
10	80	2～3 个结块，颜色较暗，流动性较好，薯味不浓，口感较差
10	100	2～3 个结块，颜色较暗，很好流动性，静置 10min 分层，口感较差
10	120	1 个结块，颜色较暗，很好流动性，静置 10min 分层，口感极差

3.6.3.4 马铃薯全粉制品加工技术

（1）**营养薯味早餐奶加工技术** 马铃薯全粉和辅料以一定的比例混合充分后进行定量包装，包装所得即为成品。马铃薯营养早餐奶工艺流程如图 3－77 所示。

图 3－77 马铃薯营养早餐奶工艺流程

（2）**薯类固型饮料和薯泥制品加工技术** 马铃薯全粉是新鲜马铃薯的脱水制品，它保持了马铃薯薯肉的色泽、风味，包含了新鲜马铃薯中除薯皮以外的全部干物质。由于加工过程中最大限度地保持了马铃薯细胞颗粒的完好性，复水后的马铃薯全粉呈新鲜马铃薯蒸熟后捣成的泥状，并具有新鲜马铃薯的营养、风味和口感。

马铃薯全粉和辅料以一定的比例混合充分后进行定量无菌包装，包装所得即为成品。加工制成营养固形饮料和薯泥制品的工艺流程如图 3－78 所示。

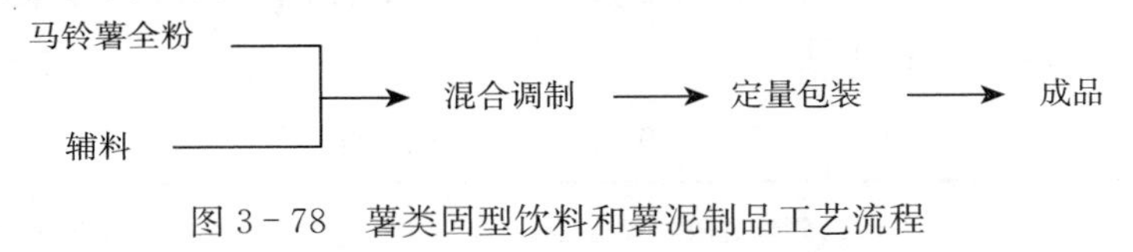

图 3－78 薯类固型饮料和薯泥制品工艺流程

3.6.4 鲜马铃薯泥加工技术

根据加工方法不同，可将马铃薯分为制成片状马铃薯泥和颗粒状马铃薯泥。片状马铃薯泥是将马铃薯去皮、蒸熟后，经干燥、粉碎而制成的鳞片状产品。食用时，可将该产品用 3～4 倍的开水或牛奶冲调。该产品还可用作加工其他食品的配料。颗粒状马铃薯泥是将马铃薯去皮、蒸熟、捣碎后，与回填的干马铃薯颗粒混合，再经干燥、粉碎等工艺而制成的颗粒状产品。该产品比一般片状马铃薯泥具有更好的颗粒性，适合加工成其他食品。

（1）工艺流程

1）片状马铃薯泥

马铃薯→清洗→去皮、修整→切片→热烫→冷却→蒸煮→磨碎→干燥→粉碎→包装→片状马铃薯泥

2）颗粒状马铃薯泥

马铃薯→清洗→去皮、修整→切片→蒸煮

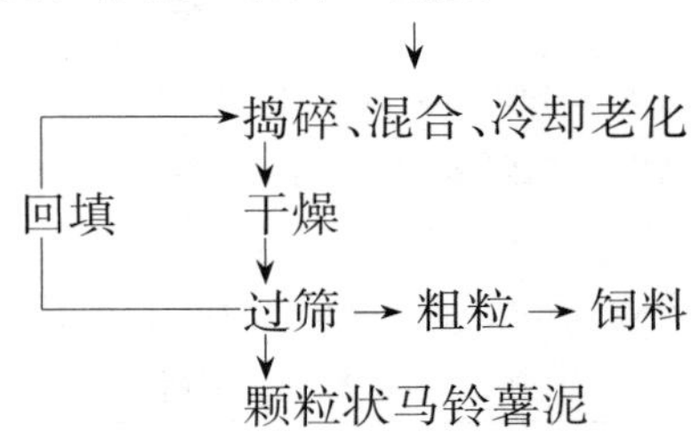

(2) 操作要点

1) 片状马铃薯泥

马铃薯：选择新鲜的马铃薯，去掉发芽、腐烂的马铃薯，将变绿的部分去掉。

清洗：将马铃薯用清水浸泡10min，再将马铃薯送入滚筒式清洗机中清洗干净。

去皮、修整：可用手工去皮、机械去皮或蒸汽去皮。手工去皮宜用不锈钢刀具削皮，否则容易变色。机械去皮一般采用磨皮机。将清洗后的马铃薯送入磨皮机中，磨去表皮。再用手工进行修整，去掉芽眼和变绿的部分。也可用蒸汽对马铃薯加热15～20min，然后去掉表皮。

切片：用不锈钢切片机将马铃薯切成1.5mm左右厚的薄片，以利于预煮和冷却时均匀受热。

热烫：热烫可以破坏马铃薯中的酶的活性，抑制产品变色。还可使马铃薯淀粉彻底糊化，冷却后再老化回生，减少薯片复水后的黏性，生产不发黏的马铃薯泥。预煮时，一般将薯片在71～74℃的热水中加热20min，也可用蒸汽加热30min左右。

冷却：用清水冷却热烫过的马铃薯片，除去薯片表面游离的马铃薯淀粉，避免其在后续加热期间发黏或烤焦现象，得到黏度适当的马铃薯泥。

蒸煮：将热烫和冷却后的马铃薯片在常压条件下用蒸汽蒸煮30min，使其淀粉充分α化。

磨碎：将蒸煮后的马铃薯立即磨碎，使用的粉碎机一般为螺旋型粉碎机。

干燥：一般采用滚筒式干燥机进行干燥，其含水量应控制在8%以下。

粉碎：将干燥后的产品用锤式粉碎机粉碎成鳞片状马铃薯泥产品。

包装：将粉碎后的产品经过自然冷却后采用聚乙烯塑料薄膜进行包装，防止其吸水潮解。

2) 颗粒状马铃薯泥

马铃薯的清洗、去皮、修整和切片：方法同普通片状马铃薯泥加工。

蒸煮：可采用常压热蒸汽加热，一般加热30～40min。

捣碎、混合、冷却老化：用捣碎机将蒸煮过的马铃薯捣碎，与回填的马铃薯细粒混合均匀。混合操作时要尽量注意避免马铃薯细胞的破碎，保持尽可能多的单细胞颗粒，使成品具有良好的成粒性。回填马铃薯细粒的目的，是为了提高马铃薯泥的成粒性。回填物中应含有一定量的单细胞颗粒，以保证回填物能吸收更多的水分。冷却老化是在一定的低温保温静置，使之成粒性得到改善，含水量降低。有研究表明，湿的物料在5.8℃静置一定时间，只能产生20%小于70目的产品，而在3.9℃静置一定时间，则能产生62%同样的产品。

干燥：可采用热风干燥，将产品的含水量降低到12%～13%过筛。

过筛：通过60～80目的颗粒可作为产品，需进一步在流化床上进行干燥，直至含水量低于8%。大于80目的颗粒可作为回填物，但大于16目的颗粒不能作为回填物，因其不能迅速地吸收水分，无法形成均匀的颗粒。粒径大的粗粒可作为饲料使用。

3.6.5 速溶早餐鲜薯粉加工技术

速溶早餐薯粉是指可直接用开水调匀、食用的薯粉。为了其能够速溶，生产中一般先将其膨化。

(1) 工艺流程

马铃薯原料→清洗→去皮→切分→热烫→冷却→干燥→膨化→调味→包装→成品

(2) 操作要点

马铃薯原料：选择无病虫害、未变绿、未发芽的新鲜马铃薯。

清洗：将马铃薯置于清洗机中用清水清洗干净。

去皮：将马铃薯用砂轮去皮机去皮。

切分：将清洗干净的马铃薯用切菜机切分成厚薄均匀的片状或大小均匀的丁状。

热烫：将切分好马铃薯片或丁用常压蒸汽热烫10～20min，使其淀粉糊化。若用热水热烫，会导致部分固形物的损失。

冷却：将热烫好的马铃薯片或丁用冷空气冷却至常温。

干燥：将马铃薯片或丁在50～60℃的温度下干燥至含水量降低到28%～35%时停止干燥。

膨化：采用双螺杆挤压膨化机进行膨化。膨化开始时物料的含水量一般为30%左右，膨化结束时一般为6%～7%。

调味：将膨化后的产品，趁热拌入调味料。

包装：产品经过自然冷却后，再进行封口包装。食用时，既可直接食用，也可用开水熔化后食用。

3.6.6 非油炸速冻马铃薯加工技术

非油炸速冻马铃薯是指将新鲜马铃薯经过清洗、热烫、冷却以后，不经过油炸而直接速冻保藏的马铃薯产品。该产品不含油脂，在冻藏条件下可长期贮藏，以满足消费者的周年需要。产品既可作为蔬菜加以烹饪，又可作为主食食用，如作为早餐食品时，只需在微波炉中加热几分钟，适当调味就可食用。本品还可作为马铃薯食品的加工原料使用。

(1) 工艺流程

原料挑选→清洗→去皮→热烫→冷却→速冻→真空包装→冻藏

(2) 操作要点

原料选择：选择无霉烂、无虫眼、无机械伤、无冻伤，没有发芽、没有变色，规格一致，无农药残留和微生物污染，成熟度适当的新鲜马铃薯为原料。

清洗：采用洗薯机或手工进行清洗，先将马铃薯用清水浸泡10min，再借助水力去除马铃薯表面的泥沙、微生物和残留农药等。

去皮：可采用手工去皮、机械去皮、热力去皮或化学去皮的方法，将马铃薯的皮去除。若遇变绿发芽的马铃薯原料，一定要将变色的部分全部削去，并将芽眼挖除。

漂洗：将去皮后的马铃薯迅速浸入水中，以防止马铃薯与空气接触而变色，同时进行漂洗。

热烫：一般有热水热烫和蒸汽热烫两种。以蒸汽热烫更适合，其干物质损失少。热烫的温度在85～100℃。热烫的时间随马铃薯块的大小不同而不同。直径大的热烫的时间要长些，热烫的程度以薯块中心刚好烫透为宜。

预冷：一般采用风冷或水冷的方式将热烫后的产品冷却到0℃左右，以加快速冻时的速率，提高产品的品质。

速冻：将预冷后的产品送入速冻机速冻，速冻的温度在－35～－30℃，以保证冻品的中心温度能在较短的时间（30min）内降至－18℃。

包装、冻藏：速冻后的马铃薯成品应尽快进行包装和装箱，以免微生物的污染，包装后的产品应在－18℃或以下进行冻藏。研究表明，影响非油炸速冻马铃薯产品质量的主要因素依次为热烫时间、热烫温度、马铃薯直径和马铃薯品种。在以大西洋、费乌里他和中薯3号为原料的正交试验研究中，选择直径为3.5、4.5、5.5、6.6cm的马铃薯原料，热烫温度分别为100℃、105℃、110℃、115℃，热烫时间分别为1、3、5、7min。结果表明，以中薯3号为原料，直径为4.5 cm的马铃薯，110 ℃蒸汽下热烫3 min，产品的品质最佳。

3.6.7 马铃薯罐头

马铃薯营养丰富，被认为是十全十美的食品。将其制成罐头，可以实现周年供应，以满足周年消费的需要。

（1）工艺流程

马铃薯→清洗→去皮→修整→热烫→冷却→分级→配汤→装罐→排气、密封→杀菌、冷却→产品

（2）操作要点

马铃薯：挑选无病虫害、未发芽和变绿的新鲜马铃薯为原料。

清洗：将马铃薯用清水清洗干净。

去皮：将马铃薯用砂轮去皮机去皮，然后再用清水清洗干净。

修整：用不锈钢刀挖去芽眼和变绿部分，并根据薯块大小将马铃薯切分成2块或4块。

热烫：将1份马铃薯倒入1份煮沸的0.1%的食品添加剂级的柠檬酸溶液中，加热至将薯块煮透为止。

冷却：迅速将薯块用冷却水冷却至常温。

分级：将薯块按大小分级，按颜色分开（分为白色和黄色），分别装罐。

配汤：配制2%～2.2%的食盐水，并加入0.01%维生素C。

装罐：按空罐大小装入一定量的薯块和盐水，要求盐水完全淹没薯块。罐顶部留有0.8cm高的空隙。

排气、密封：用真空封罐机排气、密封。

杀菌、冷却：杀菌温度一般为121℃，杀菌时间一般为30min，杀菌完成后反压冷却。

3.6.8 脱水马铃薯丁

脱水马铃薯丁是将马铃薯切成丁后，用热水烫漂使酶失活，然后干燥的产品。马铃薯

丁主要用于做汤、沙拉和马铃薯泥。

（1）加工工艺

马铃薯原料→清洗→去皮→切分→烫漂→洗涤→护色→干燥→筛分→冷却→包装

（2）操作要点

马铃薯原料：选择固形物含量高，还原糖含量低的品种用于加工，其出品率高，变色轻。原料还应当无发芽、腐烂现象。

清洗：用清水洗去马铃薯表皮的泥土污物。清洗可用清洗机进行，清洗后尽快加工。

去皮：用砂轮去皮机去皮，去皮后用清水清洗干净。将去皮后的马铃薯放置于清水之中，减少其与空气的接触，防止氧化变色。

切分：用不锈钢切菜机将马铃薯切分成适当大小的小丁。

烫漂：烫漂可用热蒸汽或热水进行。烫漂的温度在 90～100℃。用热蒸汽烫漂时，可溶性固形物损失少。烫漂的时间随薯块的大小不同而不同，一般在 10～20min。薯块越大，烫漂的时间越长。

洗涤：烫漂后，立即用冷水漂洗，以除去马铃薯丁表面的胶状物质，防止其在脱水时发生粘连现象。

护色：洗涤后的马铃薯，常需要浸泡在一定浓度的亚硫酸盐溶液中，以防止干燥时发生变色现象。但是，亚硫酸盐的浓度不能过大，否则，产品中的二氧化硫残留量会超标。《食品添加剂使用标准》（GB2760—2011）规定，脱水马铃薯产品中的二氧化硫残留量不能超过 0.4g/kg。

干燥：可采用隧道式微波干燥机进行干燥，将水分含量降低到 10%左右。再用带式热风干燥机进行干燥，使含水量降低到 2%～3%。如果直接用微波干燥机将含水量降低到 2%～3%，则会由于微波的干燥速度过快，而使产品烧焦。因此，用微波干燥时，一般需要采用分段干燥法。

筛分：根据产品标准的要求，按丁的大小和颜色进行分级，使同一级别产品的大小和颜色尽可能一致。

冷却：将干燥好的薯丁在常温下自然冷却。

包装：用聚乙烯塑料袋封口包装。将产品装箱后贮藏在阴凉、干燥、卫生的环境中。

第 4 章 马铃薯变性淀粉加工技术

4.1 国内外变性淀粉行业发展现状

4.1.1 国外变性淀粉行业发展现状

变性淀粉的开发应用已有 150 多年历史，工业化较早的是欧美国家，变性淀粉产品种类有 2 000 多种。美国作为玉米产量大国和淀粉深加工大国，淀粉年产量约 2 000 万 t，占世界总产量的 55%～60%。变性淀粉消耗淀粉总量居第 3 位，占淀粉总量的 10%以上，变性淀粉年产量为 300 万 t 左右，主要应用领域为造纸行业。

欧美等西方发达国家变性淀粉年产量约 600 万 t。亚洲的日本、泰国和中国也是变性淀粉的主要生产国。随着中国经济增长，工业产品规模不断扩大，变性淀粉的需求量也将不断增加。

4.1.2 国内变性淀粉行业发展现状

中国淀粉年产量位居世界第二，仅次于美国，但由于技术水平不高，导致国内淀粉产品过剩，销路不畅，而且从国外进口的高质量淀粉及变性淀粉产品满足不了各种工业生产的需求。因此，国内淀粉科技工作者必须重视对这方面技术的研究，尽量缩小国内淀粉加工业与世界先进水平的差距。

“十五”期间，中国淀粉行业发展取得较大成绩，淀粉产量持续快速增长，产品结构得到调整，新产品琳琅满目，淀粉品种增加了葛根和荞麦淀粉。淀粉糖由 6 个品种发展到 26 个，变性淀粉由几个常用品种发展到复合变性、两性淀粉、多孔淀粉和抗消化淀粉等百余种。

4.1.3 国内外变性淀粉行业对比

国内外变性淀粉研究水平差距的主要原因是中国对变性淀粉的研究主要是以各高等院校、科研单位为主，多是针对淀粉的基础理论知识的研究，对工业化大生产及其应用技术的研究涉及较少，产品的更新与应用技术无人问津。

据不完全统计，目前国内变性淀粉产业生产的品种中，氧化淀粉、预糊化淀粉、阳离子淀粉、酸解淀粉 4 种产品占总量的 75%左右，再加上其他约占 25%的少量产品，也仅有近 10 个品种。且国内变性淀粉产品的应用领域主要集中在造纸、食品、纺织等行业，而国外应用领域已有 30 多个行业。

国内年产变性淀粉主要品种有 20 多种，其中氧化淀粉和阳离子淀粉所占的比例最大。变性淀粉节能减排形势严峻，对清洁化生产提出了新的要求。但国内淀粉衍生物行业依旧存在很多问题：低水平重复研究现象严重，国家在这个领域的投入不足，从产品开发看，全球淀粉衍生物品种已达 2 000 多种，中国目前只有百余种；生产企业规模小，品种单一；工艺装备落后，产品质量稳定性差；缺乏系统研究。因此，在变性淀粉的研究应用上，中国的市场潜力依旧很大，有待进一步地研究开发。

4.2 变性淀粉的概念与分类

4.2.1 变性淀粉的概念

变性淀粉是指利用物理、化学和酶的手段来改变天然淀粉的性质（如：糊化温度、热黏度及其稳定性、冻融稳定性、凝胶力、成膜性、透明性等），通过切断、重排、氧化或引入取代基于淀粉分子中而制得的淀粉衍生物。变性淀粉的种类多、工艺机理复杂，其研究越来越受到重视，主要基于三个方面：①应用广泛，需求量大；②品种多，用途特殊；③采用新技术，解决生产污染，保护环境。

4.2.2 变性淀粉的分类

淀粉是一种价格低廉、资源丰富、易于取得、应用广泛的可再生资源。原淀粉因其结构和性能缺陷（如冷水不溶性，糊液在酸、热、剪切作用下不稳定等），大大限制其工业应用。随着科技进步，人们根据淀粉结构和理化性质开发淀粉变性技术，即运用物理、化学、酶或复合变性等方法，对原淀粉进行处理，使其具有适合某种特殊性质用途，这一过程称为淀粉变性，其产品称为变性淀粉。

将普通淀粉用物理或化学方法进行深加工，改变了某些葡萄糖单位的化学结构，就成为不同类型的变性淀粉。变性淀粉的种类繁多，通过不同的途径，可以获得不同的变性淀粉。

按处理方式，变性淀粉可分为以下几类（图 4－1）。

4.2.2.1 物理变性

物理变性淀粉是指通过热、机械力、物理场等物理手段对淀粉进行改性而制得。物理方法处理后得到的淀粉基产品，处理过程没有发生化学变化，按其具体的处理方法可分为预糊化淀粉、微细化淀粉、辐射处理淀粉及颗粒态冷水可溶淀粉等。通过物理变性，天然淀粉的很多物化性质都得到明显的改善，产品应用范围得到扩大。由于物理变性没有添加任何有害物质，所以通过物理变性的淀粉作为食品添加剂越来越受到消费者的关注。近年来，各种现代高新技术的应用，为淀粉的物理法变性开拓了新的发展方向。

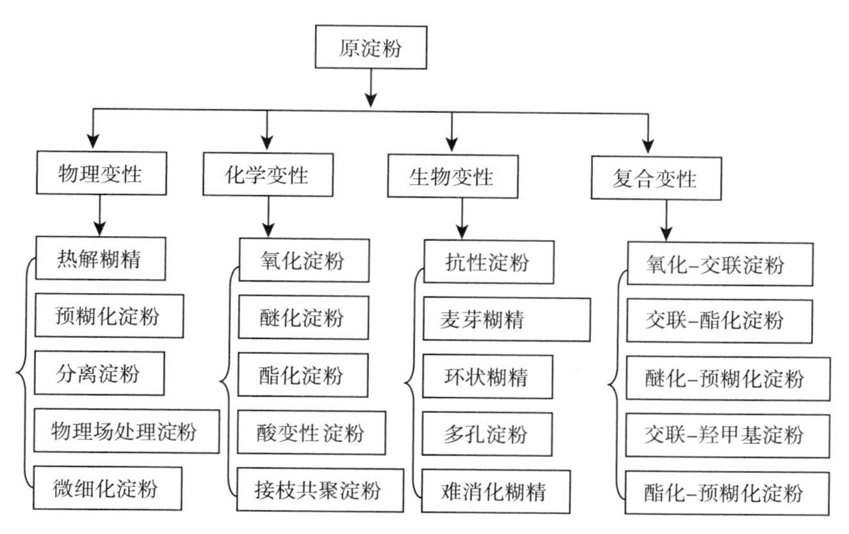

图 4-1 淀粉变性技术分类

4.2.2.2 化学变性

化学变性淀粉是将原淀粉经过化学试剂处理，发生结构变化而改变其性质，达到应用的要求。总体上可把化学变性淀粉分为两大类：一类是变性后淀粉的分子量降低，如酸解淀粉、氧化淀粉等；另一类是变性后淀粉的分子量增加，如交联淀粉、酯化淀粉、羧甲基淀粉及羟烷基淀粉等。

4.2.2.3 生物变性

生物变性淀粉主要是指酶变性淀粉。酶变性是通过酶作用改变淀粉的颗粒特性，如链长分布及糊的性质等特性，进而满足工业应用需要。通过酶改性技术生产的淀粉有抗性淀粉、缓慢消化淀粉及多孔淀粉等。

4.2.2.4 复合变性

复合变性是指将淀粉采用两种或两种以上的方法进行处理，可以是多次化学变性处理制备的复合变性淀粉，如氧化-交联淀粉、交联-酯化淀粉等；也可以是物理变性与化学变性相结合制备的变性淀粉，如醚化-预糊化淀粉等。采用复合变性得到的变性淀粉具有每种变性淀粉各自的优点。

4.2.3 马铃薯变性淀粉的应用

变性淀粉的生产与应用已有 150 多年的历史，但以近 20 年的发展最为迅速。目前，发达国家已不再直接使用原淀粉，在食品、造纸、纺织、塑料、医药卫生、污水处理、制革工业等领域都使用变性淀粉。我国从 20 世纪 80 年代中期开始加快变性淀粉的生产，目前有生产厂 150 多家，年产量 20 多万 t。由于变性淀粉的用量越来越大，现已成为一种重要的化工原料，有广阔的市场前景。

4.2.3.1 食品工业

在食品工业中，变性淀粉是重要原料之一，应用于多方面，目前已有1 000多种食用变性淀粉作为增稠剂、稳定剂、保水剂、成胶剂、黏合剂、防黏剂、上光剂、膨化剂等，用于罐头、肉制品、乳品、糖果、糕点、方便面、调味品、冷食、饮料等产品的加工中，可为食品提供优良质构，提高淀粉的增稠、悬浮、保水和稳定能力，使食品具有令人满意的感官品质和食用品质，同时还能延长食品货架稳定性和保质期，而且通过应用食用变性淀粉，使食品种类更加丰富多彩，新品种层出不穷。常用的变性淀粉有冷水可溶淀粉、糊精、酸变性淀粉、交联淀粉、羟丙基淀粉、羧甲基淀粉及淀粉磷酸酯等。如在方便面、面条等面类制品中的应用，被公认为是不可缺少的品质改良剂。在方便面生产中添加一定量的变性淀粉可提高面条的复水性，使其口感爽滑筋道，久泡不断条，不浑汤。同时，用在面条的加工过程中，可提高面团的延展性，缩短蒸煮时间，降低面饼的吸油率。而在挂面中添加少量的变性淀粉可改善其口感，增强爽滑性。如速冻水饺、速冻汤圆、速冻包子等速冻食品，其一般需要经过预冷、冷冻、冷藏和使用前的解冻过程，这个过程伴有复杂的流体与固体之间的相互转换，为保证在这个过程中细胞之间不生成大的冰晶体，减少细胞内水分析出，使成品解冻后汁液减少，往往需要在速冻食品中添加一些品质改良剂，变性淀粉就是其中之一。

与天然淀粉相比，它具有以下特性和作用：

1）强吸水性、保水性及一定的乳化作用，可有效地分散游离水，降低流体物质表面张力，控制流体的聚集，防止大冰晶的形成，安全渡过玻璃体转化过程，从而保证产品品质。

2）较低的糊化温度和良好的成膜性，使饺子在煮制过程中，变性淀粉较其他淀粉先糊化而形成膜，可阻碍其他淀粉的溶出，因而避免浑汤现象的发生。

3）颜色洁白，可使饺子表面洁白光滑，弥补低档面粉的不足，改善饺子的外观，提高饺子的档次。在调味酱中，变性淀粉的主要功能是增稠稳定，提供结构支撑，防止水分释出。由于天然淀粉是通过氢键来连接，在加工过程中受到热、剪切力等作用，氢键很容易断裂，淀粉颗粒破碎，造成酱料黏度低、易析水、结构差。经过交联和稳定化处理的变性淀粉用于酱类增稠，可使酱体呈良好的构型，特别是在遇到高酸度（低pH）、高温、加热时间较长、强搅拌或均化时。当酱体在室温或较低温度下贮存时，交联和稳定化处理的变性淀粉，能使酱体保持良好的构型，酱体不分层，不出水，货架期稳定。不同变性淀粉可提供不同的结构，以满足不同的需要。如短丝结构使酱体更细腻，长丝结构使酱体流动性更好。另外，还可以用在乳制品中增强口感、稳定体系。在烘焙食品中作为保水剂，提高烘焙性能；在果浆果粉系列中作为黏着剂或口感调整剂；在涂抹制品中使制品透明度高，表面有光泽；在饮料中作为口感增强剂等。

4.2.3.2 造纸工业

在造纸工业中，纸制品的基本成分是纤维素，如在纤维浆液中加入某种变性淀粉，不仅可以保持纸张固有的特性，还可给纸张增添一些特殊性能，如增强纸张的抗拉强度，增加纸的光泽度，改善耐油墨性能和印刷性能，减少磨损和掉毛。造纸工业用变性淀粉主要有次氯酸盐氧化淀粉、酸解淀粉、阳离子淀粉、淀粉磷酸酯、淀粉醋酸酯。其中应用最多的是阳离子淀粉，因为阳离子淀粉和带有负电荷的纤维素相互作用，对纸的质量具有明显的改善作用。

变性淀粉应用于造纸工业的主要作用如下：

1）用于湿部添加。在造纸之前，加入一定量经糊化的变性淀粉糊液，使其与纤维作用，起到增强、助滤、助留等作用。变性淀粉的加入能提高细小纤维、填料的留着率，提高成纸的灰分、白度和不透明度，同时还可节约能耗，减少湿部断头，减轻纸厂三废污染等。

2）用于层间喷涂，改善纸板间结合强度。用专用喷嘴，均匀地喷在纸层上，经过烘干，将淀粉颗粒糊化，起到黏结作用。

3）用于纸张的表面施胶，能改善施胶效果，节约施胶剂用量，尤其可作为中性抄纸的配套助剂。

4）用于涂布加工纸。用于涂布印刷纸中作胶黏剂，代替价格昂贵的合成树脂、干酪素，能明显降低涂布加工纸的生产成本。变性淀粉除能显著提高纸的干、湿强度外，还能增加纸的平滑度、挺度以及填料的留着率，从而改善了纸的手感和施胶度。尤其我国以草浆造纸为主，变性淀粉的应用将会给造纸工业带来显著的经济效益。

4.2.3.3 纺织工业

在纺织工业中应用的变性淀粉有交联淀粉、淀粉醚、淀粉酯、阳离子淀粉及淀粉接枝共聚物等，主要应用于以下3个方面：

1）*用作经纱浆料*　经纱上浆后，通过增加单纤维间黏结力，来提高纱线的强度和纱线的平滑性，从而降低纱线断裂。目前，用于经纱浆料的变性淀粉有：酸处理淀粉、氧化淀粉、羟丙基淀粉、羟乙基淀粉、羟甲基淀粉、阳离子淀粉、尿素淀粉、磷酸酯淀粉、醋酸酯淀粉及接支淀粉。变性淀粉浆黏度稳定，上浆后浆膜光滑坚韧，渗透性、被覆性好，浆液不结皮，浆斑、并线、疵点少。变性淀粉不但用于涤/棉混纺纤维的浆料，而且还可用做黏胶纤维、麻、涤/麻纤维的经纱浆料。

2）*用作印染用的糊料*　在纺织印染中，由于水溶性染料没有黏性，不能成型，容易渗化，因此不能直接用作纺织印染溶液，必须采用一种稠厚的传递介质，这种介质就是糊料，糊料与染料调成色浆，才能在花色版上刮印，形成轮廓清晰的花纹图案。羟甲基淀粉、羟丙基淀粉、羟乙基淀粉、磷酸酯淀粉、黄糊精和接支淀粉可用作印染糊料。在国内只有少数几种变性淀粉糊料，如黄糊精、羟甲基淀粉、羟丙基淀粉、羟乙基淀粉。

3）*用做织物的整理剂*　聚酯纤维用做衣料时，不能吸汗，易吸附油污，衣料易带电。以前用亲水性物质进行加工处理，耐水性不好，用接支淀粉进行处理，纤维具有耐久的亲水性。

4.2.3.4 塑料工业

利用淀粉和变性淀粉生产可降解塑料不仅是淀粉深加工所面临的前所未有的机遇，且是治理“白色污染”，保护环境和生态平衡有效途径之一，具有巨大经济效益、社会效益和生态效益。美国国家农业应用研究中心研究人员在以淀粉为原料的生物降解塑料研究中，主要从两方面入手：一是用淀粉和其他聚合物，尤其是生物降解材料，制成塑料薄膜或注塑成各种制品。例如淀粉和聚乙烯丙烯酸（EAA）制成吹塑膜，含淀粉高达60%时，仍显示良好防水性能，不加增塑剂也有良好柔韧性。二是将淀粉和聚甲基丙烯酸（PMA）、聚苯乙烯接枝形成共聚物。

4.2.3.5 医药工业

在医药生产中离不开变性淀粉，主要作为片剂的赋形剂（按作用分为：稀释剂、吸收剂、黏合剂、润滑剂和崩解剂）和药用辅料，羟乙基淀粉、羟丙基淀粉用作代血浆。多孔淀粉、环糊精和淀粉微球作为一种高效、无毒、安全吸附剂被广泛应用于医药制剂行业。作为片剂和微胶囊基材，多孔淀粉和环糊精将药剂吸附在淀粉孔中，可延缓释放药剂和防止药剂散失，提高其使用效果。多孔淀粉和环糊精作为一种优良药物制剂基材，增强药物稳定性，避免目的药物受光、热、空气和化学环境影响；改善、提高目的药物释放度；防止高倍率均质稀释药物或密度大的药物均质混合粉体分离；掩盖刺激味，掩除药物苦味及其他不良气味；便于药物保存和使用。如肠溶性药品在特定环境下释放所含药物，以多孔淀粉和环糊精作载体，吸附药品如阿司匹林、止汗药，控制药物在特殊时间及特定条件下释放，安全性高，加工容易，吸着效果好。因此，可利用淀粉微球减少药物种种不良反应，改善药物某些物理性质，提高药物选择性，从而提高药物治疗指数。

4.2.3.6 污水处理

淀粉变性絮凝剂在我国的研究已取得了较好的进展。淀粉絮凝剂的合成通常是通过淀粉上羟基的酯化、醚化和氧化等方法实现的。淀粉的阳离子化、阴离子化和制备两性絮凝剂，是目前应用较为普遍的种类，除此之外，还有在淀粉分子上接枝共聚的方法。

D. Sableviciene 等以 N-（2，3-环氧丙基）三甲基氯化铵为醚化剂，合成高取代度马铃薯阳离子淀粉，处理50g/L 的高岭土的浊水，试验取得了成功。S. Pal 等合成了一系列阳离子淀粉，对硅土悬浮物具有良好的絮凝效果。裘兆蓉等合成了一种高密度阳离子高分子絮凝剂，该絮凝剂相对分子质量为66万时，对石油污水的澄清效果比相对分子质量为800万的聚丙烯酰胺絮凝剂效果好。笔者合成了一种马铃薯阳离子变性淀粉处理马铃薯加工废水，其COD去除率达到60%以上。

4.2.3.7 制革工业

淀粉通过氧化作用后可以得到双醛淀粉，双醛淀粉是一种多醛基化合物，可以与皮革中蛋白质的氨基、亚氨基物质发生交联，因此可用来鞣革。另外，变性淀粉还可以作为填充剂、涂饰剂。变性淀粉用作复鞣剂在国内外已有广泛的研究，吕生华等用经过酶适当降解的淀粉与乙烯基类单体接枝聚合反应，得到了一种性能优异的变性淀粉复鞣剂，对降低制革工业污染具有积极意义。

4.2.3.8 其他用途

在精细化工中，变性淀粉用于化妆品、洗涤剂、清洁剂、文具用品、黏合剂、涂料、建筑材料、皮革助剂等；在石油钻井工业中，变性淀粉作为油田化学剂中的水溶性聚合物，用于石油钻井液、压裂液和油气生产的各种场合；在工业废水处理中作为絮凝剂、离子交换剂和螯合剂等；在农业中用于生产生物可降解地膜、超吸水剂、土壤的稳定剂和调节剂等。在铸造、建材、饲料等行业也有广泛的应用。

4.3 变性淀粉的加工方法

变性淀粉的种类已有 2 000 多种。按生产工艺分为液相反应工艺（又称湿法工艺）、固相反应工艺（又称干法工艺）和干湿法相结合分步反应工艺，各工艺的优缺点比较如表 4－1 所示。

表 4－1 变性淀粉合成方法的比较

方法	湿法	干法	半干法
H_2O（%）	>40	<20	20～40
优点	反应均匀，条件温和，设备简单	工艺简单，无需后处理，不需加抗凝剂，反应效率高	兼有干法、湿法的优点
缺点	反应时间长，反应效率低，需加抗凝剂，后处理复杂，且三废严重	反应不均匀，对设备要求高（需加防爆装置）	反应时间长，有污染物排放
适合条件	适宜制备低取代度产品	适宜制备高取代度产品	高、低取代度产品均适宜

目前，我国变性淀粉生产中化学法占 72%左右，物理法占 20%左右，其余为生物法（或酶法）。生产工艺上主要以湿法为主。但随着人们环保意识的增强和控制产品生产成本的需要，干法工艺成为最有前途的生产方法。

4.3.1 湿法

湿法生产变性淀粉即将淀粉分散在水和其他液体介质中，配成一定浓度的悬浮液，在一定温度、pH、时间等条件下与化学试剂进行氧化、酸化、醚化、交联等反应，生成变性淀粉。生产工艺流程如图 4－2。

4.3.2 干法

干法生产变性淀粉即淀粉在含少量水（淀粉通常含水 20%左右）或少量有机溶剂或化学试剂下，在一定温度、pH、时间等条件下生成变性淀粉的一种生产方法。工艺流程如图 4－3。

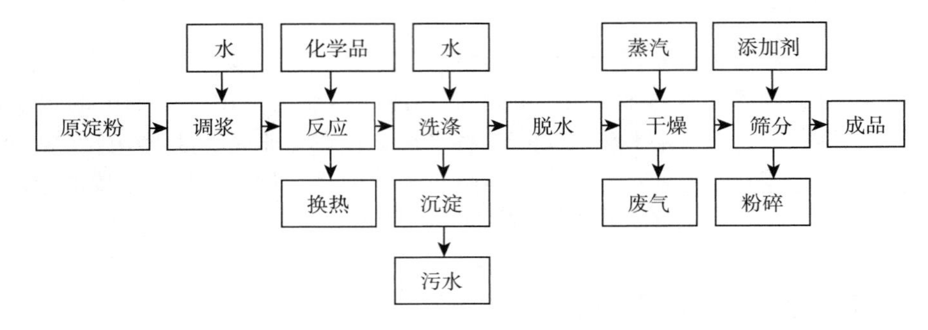

图 4－2　湿法工艺流程图

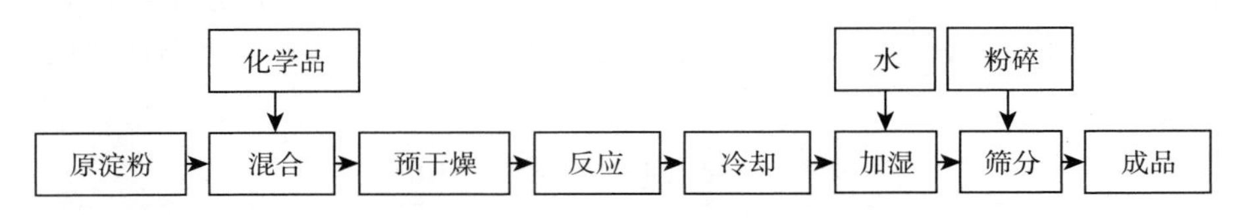

图 4－3　干法工艺流程图

从工艺流程分析和生产实际看，湿法工艺最大的优点是几乎所有种类的变性淀粉都可以用此方法生产。但湿法工艺存在如下明显的缺点：

1）工艺用水消耗较大（约 1t 变性淀粉耗水 2.8t，湿调浆占总量的 60%～65%，洗涤占总量的 30%～35%）；

2）化学试剂消耗量大，因大量的工艺用水不得不加大试剂量达到理想的反应（如摩尔比、pH 等）；

3）变性淀粉损失较大（约相当淀粉总量 6%～9%）。原因是湿法工艺中，用脱水机甩去大部分水，部分小颗粒淀粉随水损失；

4）富含有机物和无机物的有害工业废水排放量大（大约生产 1t 变性淀粉产生 2t 废水）；

5）反应时间长，生产流程繁琐，能耗较大；

6）由于以上原因，造成生产全过程控制复杂，成本高。

相对于湿法工艺，干法工艺简单，几乎不用水，收率高，无污染，是一种很有发展前景的生产方法，是变性淀粉工艺、设备发展的方向。但是，目前干法生产工艺也存在着明显问题：

1）物料和化学试剂混合不均匀，反应不均一；

2）为了获得良好的混合效果，经常将化学试剂用大量水稀释，在常温下与淀粉于混合器中混合，混合后系统中含水约 40%。而含水 40%的湿淀粉在高的反应温度下必然出现淀粉糊化。所以，要进行预干燥，降低系统水分至 5%～20%，这就造成了能源的浪费。

3）现有技术很难提供反应所需的理想条件，反应工艺和装置复杂，反应时间长，难以进行连续的工艺操作，反应中淀粉易糊化，副反应较多。

4.3.3 涡流反应加工法

针对变性淀粉各种生产工艺存在的问题，目前，国际上采用涡轮旋流技术来解决混合不均、反应不一致、化学试剂用量大、反应效率低、能耗高等问题，并消除不需要的糊化和副反应，提高产品质量。

涡流技术已广泛应用于航天航空、冶金、电力、国防、原子能和化工等各行业。在食品行业应用尚处于新的研究阶段，主要从化工行业过渡到食品加工行业，利用涡流机理理论设计的涡轮装置实现淀粉的混合、预干燥和反应处理。涡流装置主要工作原理是基于物料的薄层形成，物料依靠强涡流在容器内连续移动并依附在缸体的柱状内表面上，形成气—固两相薄层圆柱流面，依靠此种薄层，可以提高能量交换效率。在薄层物料反应、干燥过程中，通过热交换所提供的条件以及80℃的温度下，可发生湿球现象。因此，可弥补目前干法和湿法工艺的不足，为大部分种类淀粉的变性提供快速、准确的条件。

该工艺流程是由三个主要操作单元构成的一个连续工作过程，即混合单元、预干燥单元和反应调制单元（图4－4）。根据不同变性淀粉的工艺要求，将这三个单元进行单元参数调整和单元组合，而每一单元均使用结构基本相同的涡流装置。混合单元的主要作用是将含水量低于20％的淀粉物料和化学反应试剂不间断地送入圆柱形的涡流装置进行最均匀的混合。预干燥单元的主要作用是根据淀粉反应的工艺是否需要抑制糊化或水解等反应而迅速降低水分到准确的要求值。反应调制单元的主要作用是依据化学反应机理和终产品要求，提供准确的工艺反应所需的条件参数。

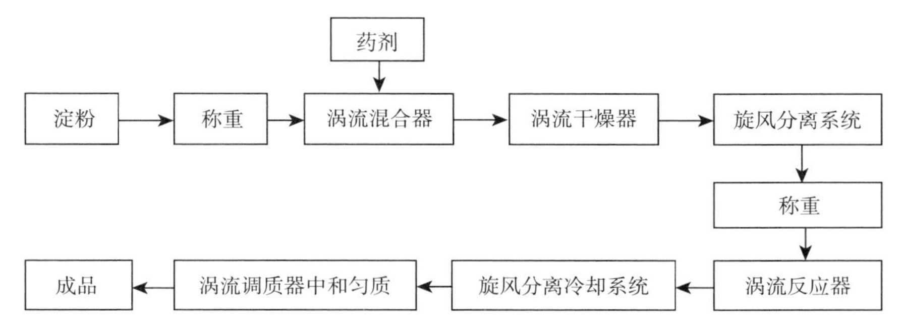

图4－4 干法变性淀粉工艺流程

涡流装置的组成主要包括：带有夹套（或不带）的圆柱壳体组件、带有许多叶片转子的及热空气输送系统。淀粉和化学试剂由风机和雾化泵分别从入口送入装置中，转速为300～1 500r/min的转子叶片，将不断流入的物料（淀粉和化学试剂）颗粒分散开来（根据需要可以有一个加热或冷却的保温夹套使柱体达到预先设定的温度），形成一种连续的、薄的、圆柱状的、动态的、高湍流的流动层。在流体层中，淀粉颗粒和用于变性的化学试剂在叶轮的机械搅拌作用下保持密切接触，此圆柱薄层中正在反应的淀粉和试剂的混合物紧贴着反应器的内壁流向出口。另外，淀粉和试剂通过气—固两相流体形式被补进反应器，通过叶轮离心作用，试剂形成雾状，同时淀粉颗粒呈高分散状态，从而确保形成薄的、圆柱状的流动层。

4.3.4 微波加工法

除了较常用的湿法、干法、溶剂法、滚筒法生产变性淀粉外，国内外现在研究较多的还有微波法、挤压法等。微波法是利用微波能和高频辐射技术，实现淀粉变性的化学反应过程。大量研究表明，微波作用下的有机反应速度较传统的方法有数倍、数十倍甚至上千倍的增加。据介绍，将小麦淀粉、氢氧化钠、一氯乙酸和乙醇溶液混合，在输入反应体系的微波功率为100W的情况下，混合物接受辐射来制备羧甲基淀粉。结果表明，反应迅速，只需5min左右就能达到一般传统方法反应4～5h的效果，而且能量损失小，控制方便。在其他条件相同的情况下与传统方法比较，产生的羧甲基淀粉在一些宏观现象和各个反应因素影响上也基本一致。也有人发明了用微波干法制备阳离子淀粉技术，即淀粉在碱催化剂存在下，与具有流行性基团阳离子醚化剂按（97～80）：（3～20）比例混合，在微波合成装置中成功地用干法制备出取代度为0.02～0.075的阳离子淀粉，产品性能优良。生产的淀粉变性微波机是由隧道式矩形多模腔反应器、能量抑制器、微波发生器、非接触式红外测温和测水系统、计算机控制系统、传动系统、冷却和排风系统及电源所组成，这种设备能制备出性能优良的变性淀粉，能满足化学变性过程中的能量需要和提高淀粉变性的反应速度。这是一种干法制备变性淀粉的先进的工业化生产设备，具有广泛的应用前景。尽管如此，目前微波技术在变性淀粉的生产实践中应用尚少。

4.3.5 挤压加工法

挤压法是使用集输送、混合、加热、加压等多种单元操作于一体的挤压膨化机实现淀粉的变性，挤压膨化加工技术已被应用于淀粉深加工领域之中，并以其设备配套简单、占地小、操作方便、适应性强的特点，逐渐引起人们的关注。已有报道表明，可用它作为制备淀粉磷酸酯和焦糖色素的设备，通过对挤压机结构等参数和工艺条件的调整，能制备出性能和质量很好的淀粉磷酸酯和焦糖色素。这种设备的优点是：可以把几个化学过程操作放在单一的设备中进行，时空产量高；化学反应在一个相对干的环境下，短时间内与淀粉的糊化同时发生；设备配套简单、占地小、操作方便、适应性强；可大量连续生产多种类型的变性淀粉；无污水产生。

如上所述，变性淀粉种类及生产工艺逐步多样化，生产控制水平也逐步提高，部分关键设备已实现国产化，变性淀粉生产工艺与装备技术，已由20世纪80年代中期仅以湿法生产变性淀粉或焙炒法生产糊精两种工艺为主，发展成了湿法、干法、溶剂法、滚筒法并存，并出现了两种或两种以上工艺手段并用（如修饰预糊化淀粉）的变性淀粉生产工艺，实现了湿法变性淀粉工艺设备全部国产化。部分企业已在工艺流程上配置了工业pH计、温度计、流量计等检测仪器和利用模拟屏显示生产全过程，全方位管理控制湿法变性淀粉生产全过程，从而保证了产品质量的稳定性。干法生产变性淀粉已基本摆脱了焙炒或烘房、烘箱式工艺，而基本实现了设备化生产，开发出了混合机外加加热套和隧道式穿流干燥器作反应器的变性淀粉干法生产工艺，减轻了变性淀粉生产的劳动强度，增强了工艺参数的可操作性和重现性。

目前国内外均采用比较成熟的湿法工艺生产变性淀粉，其设备也是常规的化工设备，生产上存在许多不足，如生产周期长、工序多、次序低、原材料消耗大、能耗大、污染大。近年来，一些发达国家已相继研制了干法生产变性淀粉的设备，但热源仍采用热传导方式，因此能耗仍然较大，而且设备庞大。尽管，微波法和挤压法有如上所述的特点，但均存在的问题是：反应不需要的糊化产生时不易控制，以及反应不均匀。涡流技术及装备应用于淀粉的变性工艺，通过改变传热、传质的方式，提供更准确、更理想的工艺条件，大大缩短反应时间，然而该技术也仅处于起步阶段。

4.4 淀粉变性技术及相关设备

4.4.1 物理变性淀粉加工技术

物理变性是通过物理方法使淀粉微晶结构发生变化，生成工业所需要功能性质变性淀粉。淀粉物理变性方法包括烟熏、预糊化、超高辐射、机械研磨、湿热处理等。

4.4.1.1 预糊化淀粉

预糊化淀粉又称α淀粉，它具有方便、经济、黏性大、黏弹性高、在冷水中迅速糊化等特点，在食品、造纸等行业有广泛应用。预糊化淀粉常用生产方法有滚筒干燥法、喷雾干燥法、挤压膨胀法。本节主要介绍滚筒法加工预糊化淀粉技术。

（1）**预糊化淀粉的加工机理** 在含有一定水分的湿淀粉乳中，淀粉颗粒一直都在可逆地进行着水分吸收，当加有化学试剂和随温度升高时，淀粉颗粒将不可逆地吸收大量水分而发生水合作用，淀粉分子间的氢键被破坏，淀粉颗粒的体积比原来增加上百倍，而且黏度也增加许多倍。这种水分子的介入和氢键断裂首先发生在颗粒的非结晶区，当淀粉糊温度继续上升时，则非结晶的水分子作用达到某一极限值，随后水合作用发生于结晶区。完成水合作用的淀粉颗粒已失去了原形，完整的颗粒结构被破坏，甚至还有一些淀粉分子溶于水。此时的淀粉颗粒在偏光显微镜下观察已完全失去了原有的偏光十字特性。这一过程就是淀粉糊化的机理。完全糊化的淀粉如在高温下迅速干燥蒸发掉挤入淀粉颗粒中使氢键断开的水分子，将得到氢键仍然断开、多孔状、无明显结晶现象的淀粉颗粒，这就是预糊化淀粉的这种多孔的、氢键断裂的结构，才使其能重新而且快速地溶于冷水而形成高黏度、高膨胀性淀粉糊，使用起来很方便。

（2）**预糊化淀粉的性能** 预糊化淀粉的性能指标可以用黏度、粒径、α化度、白度等指标来衡量，具体说明如下：

1）黏度 预糊化淀粉一般用来作黏合剂，因而黏度指标特别重要。不同原料品种的淀粉糊因其分子链结构不同而具有不同的黏度值；同一原料用不同方法加工的预糊化淀粉的黏度值也不一样。黏度可用布拉班德（Brabender）黏度计、转子黏度计、恩氏（Engles）黏度计、肖氏黏度计等测量。黏度与浓度、温度、粒径等密切相关。不同的测量方法测量精度及测量单位是不同的。

2）粒径　预糊化淀粉的成品粒径直接影响着产品的黏度、溶解能力及成糊表面的光洁度。一般来说，粒径越小则产品的溶解速度越快、成糊的黏度越高，而且表面光洁度高。但太细则由于淀粉表面溶解速度太快形成膜，从而阻止内部淀粉颗粒的溶解。一般来说，具有一定用途的预糊化淀粉不仅有一定的粒径要求，而且还有一定的粒径分布范围。预糊化淀粉的粒径通常用筛分方法来测量，并用所通过筛子的目数及比例来表示。

3）α化度　α化度是指一定数目的产品中预糊化淀粉所占的比例。α化度直接影响产品的质量，因为原淀粉正是通过α化度来达到所需要求的。国外市场上销售的预糊化淀粉必须达到一定的α化度（如80%），否则不予销售。目前，酶法是公认的精确测量α化度的方法，尽管它测得的只是相对值。

4）白度　白度是预糊化淀粉的外观色泽指标，这一指标在医药、纺织、造纸及一些食品的应用上要求较严。白度一般用比色法及蓝光反射率来测量或表示。可用专门白度仪测定。

5）含水量　预糊化淀粉的终水分与原料品种密切相关，通常7%～8%限定含水量是保持预糊化淀粉颗粒呈氢键断裂的多孔状而不致老化最重要的条件之一，否则即使完全糊化的淀粉也会很快老化。常见水分测量法有烘干法、蒸馏法、卡尔·费休法。

除了上述指标外，还有容重、pH、凝胶强度及弹性等指标，这些指标在特殊场合特别重要。

（3）预糊化淀粉的加工工艺　糊化和迅速干燥是加工预糊化淀粉的关键，即使完全糊化了的淀粉，如不迅速干燥，也会因氢键的重新结合而老化。根据预糊化淀粉加工的机理，国内外已采用的加工方法有多种，其中滚筒法最常见。

原理：将一定浓度的淀粉乳以一定方式敷于温度很高的滚筒表面，淀粉乳在连续旋转的滚筒表面上连续糊化，继而进一步被干燥。形成的预糊化淀粉薄片用刮刀刮下，经粉碎后，得到预糊化淀粉成品。工艺流程如图4－5。

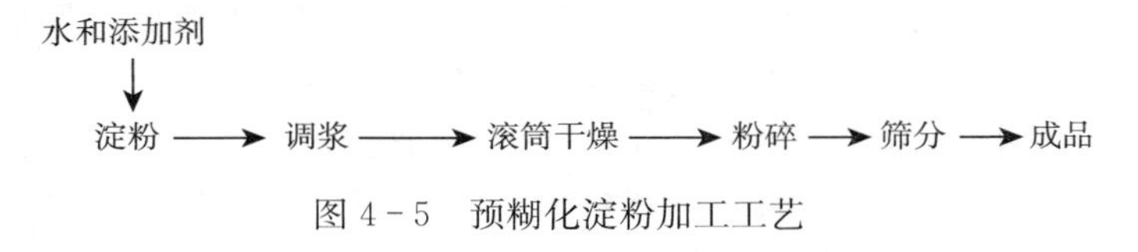

图4－5　预糊化淀粉加工工艺

（4）关键技术和设备　用滚筒法生产预糊化淀粉的影响因素有：滚筒材料、滚筒表面温度（蒸汽压力）、浆液浓度、滚筒转速、布膜厚度、原料品种、调浆水质、添加剂类型、环境空气的温度和流速等。实践证明：只有这些参数达到较好配合状态时，才能生产出合格的预糊化淀粉。滚筒法生产预糊化淀粉的关键设备是滚筒干燥机。滚筒干燥机有单滚筒和双滚筒之分，其中单滚筒具有布膜方式任选和有效干燥面积大等优点。其主要构成如下：

1）主滚筒

①滚筒干燥机核心部件为大滚筒，大滚筒是承压7.84×10^{5} Pa的耐压铸造压力容器。

②国外滚筒铸造一般均采用离心铸造，离心铸造质密性好，成功概率较高，而目前国内普遍采用铸模浇铸，其成功概率较低。

③国外滚筒干燥机主滚筒材质标号为GG30，主要组分与我国的铸铁牌号HT300相当，根据主滚筒的耐压情况添加合金元素如Cu、Ni等。

④目前国外均采用铸铁制造滚筒，铸铁制造滚筒的优点是：受热均匀，热传导好，变形小。

⑤主滚筒内部结构采用的是一端进汽，另一端畚斗式排水结构，特点是冷凝水及时彻底排出，提高了滚筒表面的热效率。

2）刮刀系统　刮刀系统对滚筒干燥机来说尤为重要，它要把干燥后黏结在主滚筒表面的物料全部刮下。它的设计关键有三点：一是刮刀的施压要均匀可调；二是刀架刚性要好，刀片要有一定的弹性，刀刃与滚筒表面贴合紧密均匀，刀片的硬度与主滚筒表面的硬度要有一定的差值；三是刮刀的切入角要合适。采用气囊式刮刀能够很好地满足以上3个要求，气囊式刮刀可以通过调节气囊内气压来连续平稳调节刮刀的压力；刀架的刚性更好，由于采用1.5～1.9mm厚的带锯钢，具有很好的弹性，加之气囊加压可以使刀片形成一定的纺锤形状，因而刀刃与滚筒表面贴合更好，同时带锯钢与滚筒表面硬度存在着合适的硬度差。另外，此刀片非常廉价，不必重复使用。

3）布料小滚筒　小滚筒系统是滚筒干燥机的关键组成部分，对滚筒干燥机的工作影响极大。由于小滚筒需要冷却，否则会影响淀粉的糊化质量，对不断旋转的小滚筒进行循环水冷却，技术上实现起来难度较大。同时由于小滚筒受热膨胀所带来的问题，如何确定和调节布膜压力等一系列问题均比较难解决。它的设计难点之一是如何在旋转的同时让冷却水通过小滚筒内部，难点之二是小滚筒与大滚筒的间隙要可调，压力可调，并且这种压力不能是硬性的，超过规定压力时小滚筒应自动升起，以避免在浆料中混入坚硬杂质时损伤大滚筒表面。

4）电器设计

①滚筒干燥机的电气设计为：滚筒主电机采用变频调速系统控制，根据工艺要求整机实现PLC控制。

②进料系统布料器电机具有限位互锁正反方向运动。

5）双滚筒设备工作原理和优势　双滚筒设备有着和单滚筒设备一致的大滚筒结构和布料小滚筒系统，但其有两个大滚筒的结构确定了其有着单滚筒不可比拟的优势。把调浆完毕的料浆，由料泵直接泵入到布料器系统中，布料器在电动机的牵引下沿双滚筒纵向方向往复运动，将料浆布在大滚筒与大滚筒、大滚筒与小滚筒之间，料浆经过大滚筒及小滚筒的转动，碾压成一定厚度的薄膜并黏结在大滚筒的表面。单一调频电机驱动大齿轮，双滚筒以2～8r/min的转速转动，小滚筒由一端的小齿轮与大齿轮啮合实现传动。由于双滚筒内通有7.84×10^{5}Pa的饱和蒸汽，对黏在滚筒表面的薄膜不断地进行干燥，当转至刮刀装置位置时，薄膜被刮下，并落入破碎及输送装置中，被干燥蒸发的水分由排气系统排出。其优势可总结如下：可加工不同黏度的产品，适用范围更宽广；双滚筒的应用使干燥高黏度产品时布膜更均匀，可避免黏稠产品布膜时结块，产品品质更高；较高的产能。小滚筒与大滚筒之间、大滚筒与大滚筒之间间隙无级精准调整，可取得不同膜厚的产品。

4.4.1.2 颗粒状冷水可溶淀粉

由于预糊化淀粉呈现非颗粒状，存在光泽度差、对加工条件可变性小等缺点，复水后糊的状态及性质与用原淀粉制成的糊差异较大，因而影响其应用效果。一种新型颗粒状冷水可溶淀粉，能保持原淀粉的颗粒状态，其复水后的糊与用原淀粉制成的糊性质基本相同。颗粒状冷水可溶淀粉的生产工艺在某种意义上讲是对预糊化淀粉生产工艺的改进。主要生产方法有含水多元醇溶液处理法、酒精碱溶液法、高温高压酒精溶液热处理法、脉冲喷气法和高压喷射喷雾干燥法等。

4.4.1.3 淀粉的超声波转化

超声波是一种频率很高的声波。高聚物在超声波的作用下，大分子链会产生降解，在链的断裂处形成自由基，这些自由基与氧或其他自由基的接受体可进行反应，当有单体存在时，便引发单体聚合，产生嵌段或接枝共聚物。

将淀粉配制成一定浓度的悬浊液倒入超声波发生器的溶液箱内，调节频率至液面产生许多脉冲波纹，在某一确定的功率下，处理一定时间即可。研究表明，淀粉经超声波处理后，其大分子链断裂而导致分子质量降低，使得浆膜强度降低，断裂伸长率降低，但水溶性增强。这表明浆膜的吸湿性增加，从而使得浆膜变得比较柔软，导致耐磨性有所提高。

4.4.2 化学变性淀粉加工技术

淀粉衍生物的制取，常采用化学方法，即利用淀粉分子中具有的许多醇羟基，能与多种化学试剂起反应，引入各种基团生成酚和醚衍生物；或与具有多元官能团的化合物反应得交联淀粉；或与人工合成的高分子单体经接枝反应得共聚物。由于化学试剂的不同，反应条件的不同，取代程度或聚合程度的不同，所以能制得不同的淀粉衍生产品，以符合各种用途的要求。其中有两大类：一类是使淀粉分子量下降，如酸解淀粉、氧化淀粉、焙烤糊精等；另一类是使淀粉分子质量增加，如交联淀粉、酯化淀粉、醚化淀粉、接枝共聚淀粉等。

淀粉化学变性方法有：氧化、交联、阳离子化、羧甲基化、接枝及两性和多元变性等。

4.4.2.1 氧化淀粉

氧化淀粉的原料主要是薯类和玉米淀粉。氧化剂的作用一般分为两类：漂白作用和氧化作用。现已报道的氧化剂有下列三大类：

（1）**酸性试剂** 硝酸、铬酸、高锰酸盐、过氧化氢、卤化物（氟、氯、溴、碘）、卤氧酸（次氯酸、氯化钠、氯酸、高碘酸）、其他的过氧化物（过硼酸钠、过硫酸铵、过氧醋酸、乙酰化过氧化氢、过氧脂肪酸）及光照辐射、臭氧等。

（2）**碱性氧化试剂** 碱性次卤酸盐（碱性次氯酸盐、碱性次溴酸盐、碱性次碘酸盐）、碱性亚氯酸盐、碱性高锰酸盐、碱性过氧化物、碱性氧化汞、碱性过硫酸盐等。

(3) **中性试剂** 溴、碘等。

目前，工业上从操作方便和经济性考虑，通常是采用碱性次氯酸盐作为氧化剂。通过调节各种反应参数：氧化剂浓度、添加氧化剂的速度和方法、可抑制淀粉膨胀的试剂的添加、pH 和温度等来控制氧化程度，制备出具有不同性能的多种产品。

下面以次氯酸盐作为氧化剂介绍氧化淀粉的制备及反应机理。

正如前面已经提到的，虽然有许多的氧化反应试剂，但目前在生产氧化淀粉中使用最多的是碱性次氯酸盐。次氯酸氧化淀粉也称“氯酸化淀粉”。

氧化淀粉具有低黏度、高溶散的性质，并在水溶液中具有抗黏度增加或抗胶凝能力。淀粉在氧化反应中会发生解聚反应，除了产生低黏度、高溶散性质外，还在淀粉分子中生成羰基和羧基，使得直链淀粉的凝沉作用降至最低，从而具有黏度的稳定性。

(1) **制备** 氧化剂是通过将氯溶散在稀氢氧化钠溶液中，然后冷却至 4℃左右而制得。氢氧化物和次氯酸盐在试剂溶液中的浓度必须加以控制，因为过量的氢氧化钠和有效氯浓度是关系到获得最终变性产品种类的决定因素。高于 30℃的温度会导致产生不需要的氯酸盐。

$$2NaOH + Cl_2 \longrightarrow NaOCl + H_2O$$

淀粉的次氯酸盐氧化反应是在控制 pH、温度、次氯酸盐、碱及淀粉的浓度下，于悬浮液中与碱性的次氯酸钠溶液进行反应。通常，氧化反应的作业就在薯类淀粉工厂中进行，精制后的淀粉乳 18～24 波美度（约 33%～44%干淀粉），直接送到反应罐中，反应罐的每次处理能力为 1～4.5t 薯类淀粉。反应罐安装有一台高效搅拌器，以保持淀粉呈悬浮液状态并能够迅速、均匀地与氧化剂混合。用大约 3%的氢氧化钠溶液将 pH 调到 8～10，在规定的时间内，加入含有 5%～10%有效氯的次氯酸盐溶液。在反应过程中，pH 是通过添加稀氢氧化钠溶液来中和反应中所产生的酸性物质而加以控制。通过调节次氯酸盐溶液的加入速度，将放热的氧化反应的温度控制在 21～38℃。调节不同的反应时间、温度、pH、淀粉和次氯酸盐浓度及添加次氯酸盐的速度，可制备出不同性质的产品。

当氧化反应达到所要求程度时（通常用黏度测定计测定），就将 pH 降低至 5～7 以下，并用亚硫酸钠溶液或二氧化硫气体使过量的氯失效而停止反应。然后通过过滤和离心分离处理从反应混合物中分离淀粉，洗涤除去可溶性反应副产品、盐及碳水化合物等产品。

(2) **氧化反应机理** 现今，对直链淀粉和支链淀粉的次氯酸盐氧化反应、氯对淀粉和纤维素的作用以及支链淀粉的次溴酸盐氧化反应和溴氧化反应都已进行了研究。

研究表明，氧化剂深深地渗透到颗粒中，主要是在颗粒的非结晶区进行反应，这可以通过氧化淀粉的双折射及 X 射线图没有发生变化这一现象来说明。它还显示出可能在某些淀粉分子中会发生剧烈的局部反应，导致了分子的高度降解和酸裂解作用而产生碎片，这些碎片可溶于碱性反应溶剂中，当洗涤氧化淀粉时它们就被洗掉。氧化淀粉中产生碎裂和裂解被认为是局部的过度氧化作用而造成的。

支链淀粉的次氯酸盐氧化反应速度明显地受 pH 的影响。当 pH 为 7 时，反应速度最快，pH 为 11～13 时，反应速度就非常缓慢。用颗粒非薯类淀粉也可以得到相同的结果。反应速度随着 pH 从 7.5 至 10 的增加而降低，pH 在 10～11.7 时，反应速度保持不变。

在支链淀粉和直链淀粉的反应中可得到同样结果。

根据次氯酸盐氧化反应的机理可用来解释在酸或碱条件下反应速度降低的原因。在酸性溶剂中，次氯酸盐很快转变成对淀粉分子中羟基起反应的氯，并很快形成次氯酸酯和氯化氢，然后酯又分解为酮基和氯化氢分子。在这两个反应过程下，氢原子作为质子从氧和碳原子中游离出来。这样，在酸性溶剂中就会有过剩质子，随着酸性的增加，质子的释放将受阻碍，反应速度也就所谓降低。在碱性条件下将会有带负电荷的淀粉盐离子产生，它随着 pH 的增加而增加。在较高的 pH 情况下，带负电荷的次氯酸盐离子将占主导地位。由于排斥力作用，两个带负电的离子之间的反应将是困难的。因此，pH 的升高，氧化速度将受到阻碍。在中性、微酸或碱性条件下，次氯酸盐基本上是未离解的形式，淀粉则呈中性。未离解的次氯酸盐将产生次氯酸酯和水，酯分解后就产生氧化产品和氯化氢。任何次氯酸盐负离子的存在都以相同的方式对不离解的羟基起作用。

pH 为 9 或为 10 的条件下溴化物和钴离子对马铃薯淀粉的次氯酸盐氧化反应具有催化作用。经测定，当有效氯含量减少时，氧化作用的速度就增加，接近于正常情况下 pH 为 7 时的反应速度。由于次氯酸盐反应媒介的有效氯含量从 30g/L 降为 3g/L，所以 pH 为 9～11 时的反应速度要比 pH 为 7 时快得多。硫酸镍对次氯酸盐的氧化也具有催化作用。

应该指出，次氯酸盐氧化淀粉颗粒，氧化反应主要发生在颗粒的非结晶区。扫描式电子显微镜观察表明，当用约含 6%有效氯的次氯酸盐进行氧化反应时，玉米淀粉颗粒的表面是没有变化的，只有达到 8%有效氯时才有一些明显的变化，在马铃薯淀粉中也可看到同样的结果。光显微镜观察表明，马铃薯淀粉颗粒中的淀粉核出现裂缝扩大时，随着次氯酸盐氧化处理的增加，裂缝将延伸到颗粒的端部并发生膨胀。这表明氧化反应发生在颗粒的内部，同时也发生在颗粒的外部。扫描式电子显微镜观察表明，经过次氯酸盐氧化后的马铃薯淀粉颗粒是空心的。

王彦斌、苏琼分别以次氯酸钠、双氧水和高锰酸钾作氧化剂，以玉米淀粉为原料，制备了 3 种玉米氧化淀粉黏胶，研究了氧化反应的原理及氧化剂种类、pH、温度、催化剂对产品性能和经济效益的影响，结果表明在酸性条件下用高锰酸钾氧化玉米淀粉是制备涂料成膜物质的有效途径。李兆丰、顾正彪以玉米淀粉为原料、盐酸为酸解催化剂、过硫酸铵作为氧化剂，在较短时间里得到黏度较低并具有一定氧化程度的酸解氧化淀粉，其冷糊黏度较低，且抗凝沉性较好，在一定程度上克服酸解淀粉缺陷。

4.4.2.2 交联淀粉

交联淀粉是指淀粉与具有两个或多个官能团的化学试剂反应，使不同淀粉分子羟基间联结在一起所得的衍生物。交联形式有酰化交联、酯化交联和醚化交联等。制备方法通常是将交联剂加到碱性淀粉乳中，在 20～50℃下反应，达到取代度要求后，再经中和、过滤、洗涤、干燥得合格产品。交联剂有双或三盐基化合物、卤化物、醛类、混合酸酐和氨基亚氨基化合物五大类。经交联的淀粉加强了分子间的氢键，使淀粉分子更紧密地结合在一起，可明显改变淀粉的糊化和溶胀性质，胶化温度和糊的黏度升高，稳定性提高，成膜强度提高。利用薯类淀粉为基本原料生产的交联淀粉，可称为薯基交联淀粉。

(1) 薯基交联淀粉的制备

1) 基本原理 淀粉通过醚化或酯化反应交联的化学反应分别表示如下：甲醛和环氧氯丙烷的反应为醚化，三偏磷酸钠和三氯氧磷为酯化。

①基本反应原理

$$\text{淀粉—OH} + \text{HO—淀粉} \xrightarrow{\text{交联剂 X}} \text{淀粉—O—X—O—淀粉}$$

②甲醛作为交联剂的反应

$$2\,\text{淀粉—OH} + CH_2=O \longrightarrow \text{淀粉—O—}CH_2\text{—O—淀粉} + H_2O$$

③环氧氯丙烷作为交联剂的反应

$$2St—OH + \underset{\text{(环氧)}}{H_2C\overset{O}{—}CH}—CH_2Cl \longrightarrow St—O—CH_2—\overset{OH}{\overset{|}{CH}}—CH_2—O—St + HCl$$

④三氯氧磷作为交联剂的反应

$$POCl_3 + StOH \xrightarrow{NaOH} St\overset{O}{\overset{\|}{O}}\underset{ONa}{\underset{|}{P}}OSt + NaCl$$

⑤混合酸酐作为交联剂的反应

$$StOH + CH_3\overset{O}{\overset{\|}{C}}O\overset{O}{\overset{\|}{C}}(CH_2)n\overset{O}{\overset{\|}{C}}O\overset{O}{\overset{\|}{C}}CH_3 \xrightarrow[pH8]{NaOH} StO\overset{O}{\overset{\|}{C}}(CH_2)n\overset{O}{\overset{\|}{C}}OSt + CH_3\overset{O}{\overset{\|}{C}}ONa$$

⑥三偏磷酸钠作为交联剂的反应

$$2StOH + Na_3P_3O_9 \xrightarrow{NaOH} StO\underset{ONa}{\underset{|}{\overset{O}{\overset{\|}{P}}}}OSt + Na_2H_2P_2O_7$$

应用不同交联剂，反应速度存在较大差异。三氯氧磷和己二酸与醋酸混合酐的反应速度很快，未与淀粉起反应的部分试剂很快被水解。三偏磷酸钠的反应速度较慢，环氧氯丙烷更慢。在较强碱性和较高温度下反应，环氧氯丙烷反应速度加快。曾比较三偏磷酸钠、三氯氧磷和环氧氯丙烷交联淀粉提高糊黏度稳定性的效果，试验结果表明，环氧氯丙烷的效果最好，极少用量（淀粉的0.01%）即取得很好的效果。

2) 生产工艺 制取交联淀粉的反应条件很大程度上取决于使用的双官能团或多官能团试剂。一般情况下，大多数反应是在淀粉悬浮液中进行的，采用湿法生产工艺，反应温度从室温到50℃左右，处于中性至适当碱性条件下。通常为了促进反应可用一些碱，但碱性过大，会使淀粉糊化或膨胀。完成交联反应后，应中和淀粉悬浮液，进行过滤、洗涤和干燥，以得到交联淀粉。常用的多功能交联剂有三氯氧磷、三偏磷酸钠、环氧氯丙烷等。

①使用甲醛为交联剂的工艺。加甲醛或多聚甲醛于马铃薯淀粉乳中，甲醛用量为淀粉绝干质量的0.09%～0.14%，用酸调pH至1.6～2.0，加热到40℃左右，反应3～6h后，用碳酸钠中和pH至6.5，加氢氧化铵或亚硫酸氢钠与剩余的甲醛起反应，再经过滤、水

洗、干燥。

②使用环氧氯丙烷为交联剂的工艺。100g 甘薯淀粉（绝干）与 150ml 碱性硫酸钠溶液（每 100ml 碱性硫酸钠溶液中含有 0.66g 氢氧化钠和 16.66g 无水硫酸钠）搅拌混合成悬浮液。硫酸钠的作用是抑制淀粉颗粒的膨胀。溶解需要量（20～900mg）的环氧氯丙烷于 50ml 碱性硫酸钠溶液中，在 3～5min 内滴入淀粉乳中，在 25℃保持搅拌反应 18h，用稀酸中和、过滤、洗涤、干燥后得成品。环氧氯丙烷交联淀粉的反应效率在较高淀粉浓度、NaOH 与淀粉的摩尔比为 0.5～1.0 时最高，温度上升，反应速度快，但在低温下反应均匀，气化环氧氯丙烷的反应效率高。成品淀粉颗粒仍保持有偏光十字，表明结晶结构没有发生变化，交联反应发生在非结晶区。

③使用三偏磷酸钠为交联剂的工艺。木薯淀粉 180g（水分含量 10%），加入到 325ml 三偏磷酸钠水溶液中（含三偏磷酸钠 3.3g），用碳酸钠调 pH 为 10.2，将淀粉乳加热到 50℃进行反应 80min。不时取样，样品经中和到 pH 为 6.7，过滤、水洗、干燥，测定黏度。结果表明，随反应进行，黏度逐渐增高，当反应进行到 50min 时达到最高值，以后逐渐降低，糊变“短”，透明度降低。反应进行到 24h，得到高度交联的产品。此时沸水加热也不糊化，无黏度。反应 50min 的产品含磷 0.03%，适合纸制品用胶黏剂。

酯化交联反应受 pH 影响较大。把 180g 木薯淀粉（含水分 10%）混入 325ml 水中，其中溶有 1g 三偏磷酸钠，调至不同 pH，在 50℃加热，不同时间取样测定黏度。结果表明：pH 降低对酯化反应有很强的抑制作用，pH＝11 时，反应 5min 黏度达到最高值；pH＝10 时，需要 80min；pH＝9 时，需要 180min；而 pH＝8 时，需要 24h。若酯化至高交联程度时，在 pH＝11 时，需要反应时间 2h；在 pH＝10 时，需 3h；在 pH＝9 时，需要 48h；而在 pH＝8 时，即使反应很长时间也达不到这样高的交联程度。

④用三氯氧磷为交联剂的工艺。配制木薯淀粉乳浓度 30%～40%，用氢氧化钠溶液调 pH 至 11 左右，加入氯化钠，在持续搅拌的条件下，加热到反应温度，使反应体系温度达到平衡后，加入定量的三氯氧磷，三氯氧磷用量为淀粉的 0.015%～0.030%，反应一定时间。反应结束后，用 2%的盐酸溶液调节淀粉乳的 pH 在 6.5 左右，过滤、洗涤、干燥后即得成品。在室温条件下保持搅拌反应 2h，调 pH 到 5，停止反应，过滤、水洗、干燥即得产品。

⑤己二酸和醋酸混合酐为交联剂。马铃薯淀粉 100 份混于 145 份水中，加入 45 份己二酸和醋酸酐（1 份己二酸和 30 份醋酸酐）溶液进行反应，可得己二酸交联淀粉。产品的冷冻和冻融稳定性较高，可用于食品行业。

3）基本特性

①颗粒。交联后，在室温下用显微镜检测水中或甘油中的淀粉，发现淀粉颗粒的外形没有改变。只有当颗粒受热或糊化状态时，才显出交联作用对颗粒的影响。

②糊化特性。交联淀粉特性的改变取决于交联程度（图 4－6）。原淀粉在热水中加热时，氢键将被削弱，如果黏度上升到顶峰，则表示已溶胀颗粒达到了最大的水合作用；若继续加热时维持颗粒在一起的氢键遭到破坏，使已溶胀的颗粒崩溃、分裂且黏度下降。交联淀粉颗粒随氢键变弱而溶胀，但是颗粒破裂后，化学键的交联可保证充分的颗粒完整性，使已溶胀的颗粒保持完整，并使黏度损失降低到最小甚至没有。若交联程度是中等，

就有足够的交联键阻止颗粒溶胀，所以实际黏度是降低的。在高交联度时，则交联键几乎完全阻止颗粒在沸水中膨胀，所以实际黏度是降低的。

③糊特性。交联作用对淀粉糊特性具有极大的影响，在水中加热时，颗粒开始溶胀，形成一种短油膏状质构。然而，由于颗粒崩碎释放出支链淀粉，质构变得黏着而有弹性。通过用在水中加热时不断裂的化学键增强颗粒，淀粉颗粒足以抵抗破碎，并使淀粉糊形成一种具有极好食品增稠作用的短糊油膏状流变学特性。

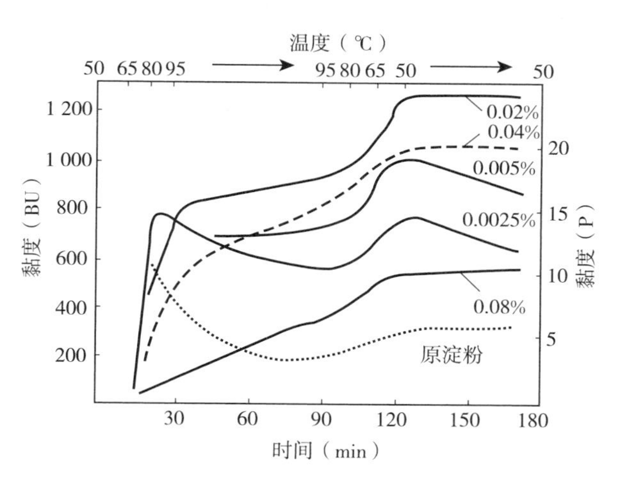

图 4－6　交联作用对淀粉黏度特性的影响

④抗剪切性。烧煮过的交联淀粉的分散液其抗剪切性大于原淀粉，原淀粉的溶胀颗粒对剪切是敏感的，受剪切时，迅速破裂，黏度降低。这种对剪切的敏感性可通过交联作用得到克服。

⑤薄膜性质。用沸水烧煮一定时间的薯类原淀粉的分散液所制得的薄膜表明：随着烧煮时间的延长，薄膜的抗张强度不断地下降。在溶液烧煮初期，以分子状分散的直链淀粉是淀粉薄膜具有优良抗张强度的主要原因。但在继续烧煮时，颗粒破裂成碎片，释放出支链淀粉，便削弱了薄膜的抗张强度。交联淀粉薄膜没有原淀粉那种抗张强度下降的情况，这是由于直链淀粉的特性。显然，交联作用提供最大的薄膜强度，它不仅可以有效地改善原淀粉的薄膜强度，也可用来改善转化淀粉的薄膜强度。

4.4.2.3　双醛淀粉

高碘酸和高碘酸盐对淀粉分子中的1，2-乙二醇结构具有特殊的氧化切断作用，从而产生双醛淀粉。在反应过程中，高碘酸还原成碘酸，将碘酸通过电解作用再转化成高碘酸，可用来氧化生成双醛淀粉。这种再循环的氧化技术奠定了制取双醛淀粉的现代经济工艺。双醛结构还可被水解或还原成赤丁四醇、乙二醇、乙二醛等许多衍生物。这种结构表明，由于葡萄糖单体的残基里有2个羰基而具有很高的化学活性，因此，可用作天然合成高分子的交联剂。对双醛淀粉性能的要求取决于它们与各种合成胺基或氨基的天然和合成聚合物的交联能力。双醛淀粉不溶于冷水而溶于热水，产生不溶性的薄膜或纤丝。

以薯类淀粉为基料生产双醛淀粉的一般工艺为：将马铃薯淀粉（或是甘薯淀粉、木薯淀粉）悬浊在高碘酸溶液中，调 pH 至 1.2 左右，控制温度在 30～40℃进行反应（高碘酸量可根据氧化程度的要求来调节），大约 3h 后结束，停止搅拌。反应液静置沉淀约 1h，将上清液（含 75%左右的碘酸）泵抽到再生电解槽装置处理，或反应液经离心机分离，分离出碘酸液泵抽后进行处理。淀粉经洗涤干燥即成制品。碘酸溶液经浓缩后，电解氧化制成高碘酸液。将碘酸再生成高碘酸的电解氧化技术是决定生产成本的关键。

4.4.2.4 酯化淀粉

淀粉分子中具有许多醇羟基，能通过这些羟基的反应生成酯类衍生物。酯类衍生物分无机酸酯和有机酸酯两类。有机酸酯主要是淀粉醋酸酯、黄原酸酯。无机酸酯主要是淀粉磷酸酯、硫酸酯和硝酸酯等。烯基琥珀酸酯为一种半酯。淀粉经过酯化作用，起到冻融稳定及具有其他性能。

（1）薯类淀粉基料生产醋酸酯淀粉

1）基本原理　淀粉分子中的葡萄糖单位的 C_2、C_3 和 C_6 上具有羟基，在碱性条件下，能被有机酸如醋酸，还有醋酸酐、醋酸乙烯、氯化乙烯等酯化剂取代，制得低取代度醋酸酯淀粉。

①醋酸酐作为酯化剂

$$(CH_3-\overset{\overset{O}{\|}}{C})_2O + \xrightarrow[OH^-]{StOH} CH_3-\overset{\overset{O}{\|}}{C}-OSt + NaOAc$$

副反应：在反应过程中，醋酸酐和生成的淀粉醋酸酯受碱的作用发生水解反应：

$$(CH_3CO)_2O + H_2O \xrightarrow{NaOH} 2CH_3COONa$$

$$St-O\overset{\overset{O}{\|}}{C}CH_3 + H_2O \xrightarrow{NaOH} St-OH + CH_3COONa$$

②醋酸乙烯作为酯化剂。通过碱性催化酯基转移反应，醋酸乙烯能作用于淀粉，生成淀粉醋酸酯衍生物。副产物为乙醛。

$$CH_3-\overset{\overset{O}{\|}}{C}-O-CH=CH_2 \xrightarrow[B^-]{} CH_3-\overset{\overset{O}{\|}}{C}-O-St + CH_3CHO$$

副反应：在反应过程中，醋酸乙烯和生成的淀粉醋酸酯受碱的作用发生水解反应：

$$CH_2-CHO\overset{\overset{O}{\|}}{C}CH_3 + H_2O \xrightarrow{NaOH} CH_3COONa + CH_3CHO$$

$$St-O\overset{\overset{O}{\|}}{C}CH_3 + H_2O \xrightarrow{NaOH} St-OH + CH_3COONa$$

2）生产方法

①用醋酸酐制备醋酸酯淀粉。将马铃薯淀粉用水调成 40%淀粉乳，持续搅拌，滴入 3%氢氧化钠溶液调 pH 至 8.0。使用过高浓度的氢氧化钠溶液会引起淀粉颗粒局部糊化，增加以后过滤的困难，应当避免。缓慢加入需要的醋酸酐。为了防止无水醋酸和生成的酯水解，最好在室温下同时加入 3%氢氧化钠以保持 pH8.0～8.4。反应一定时间后，用 0.5mol/L 盐酸溶液调节使 pH 为 4.5，过滤后，加水洗涤，再洗涤，然后干燥，即得醋

酸酯淀粉。醋酸酐的用量决定于要求的取代度。反应效率约70%，使用0.1mol（10.2g）醋酸酐，可得取代度0.07的产品。制备更低取代产品，可降低酯酸酐用量；但制备较高取代产品，不宜再增加醋酸酐用量，因为还需要增加碱液用量而调整pH，体积增大，冲稀醋酸酐浓度，降低反应效率。为避免这种不足，可采用先过滤除去水分，再将滤饼混入150ml蒸馏水中，最后加入醋酸酐进行乙酰化。此操作重复多次。制造取代度高的淀粉，也可将淀粉在60%的吡啶溶液中于115℃回流1h，使淀粉在没有糊化情况下而活化，加入醋酸酐，可以获得一种三醋酸酐产品。若制备更高取代度产品，最好先糊化淀粉，再乙酰化。糊化淀粉较颗粒淀粉易被乙酰化，试剂的反应效率也较高。用5%醋酸酐试验，颗粒和糊化淀粉的反应效率分别为81%和90%。酯酸酐的添加速度应控制适当，过慢则生成的淀粉醋酸酯又会水解，过快则乙酰化反应不易均匀进行，也降低反应效率。另一种方法是，将淀粉乳在90～100℃条件下蒸煮使淀粉颗粒破裂，再经强烈的剪切搅拌作用，破坏膨胀的淀粉颗粒，用乙醇沉淀回收、洗涤，最后在减压状态下干燥到水分含量约5%以下。

②用醋酸乙烯制备醋酸酯淀粉。通过碱性催化酯基转移反应，醋酸乙烯能作用于木薯淀粉，易于生成淀粉醋酸酯衍生物，这是工业生产常用方法。醋酸乙烯相对分子质量为86，其质量的50%能起乙酰化反应，高于醋酸酐的42%。

将木薯淀粉分散在含有碳酸钠的水中，然后加入需要量的醋酸乙烯，溶液pH调节到7.5～12.5，在温度24℃下反应1h，过滤、水洗、烘干，即得醋酸酯淀粉和一种乙醛副产品。应用醋酸乙烯制备颗粒淀粉或糊化淀粉都需要有水分存在，水分质量分数在10%以下，反应效率低，为2%～5%。混合醋酸乙烯、淀粉和碳酸钠，水分含量10%，在24℃反应1h，反应效率2%；水分含量15%，反应效率43%；水分含量65%，反应效率增高到73%（水分含量是以占干基淀粉百分比表示的）

用碱金属氢氧化物、季铵氢化物、氢氧化铵和脂肪铵作催化剂，但最好用碳酸钠为缓冲剂，反应pH也最好控制在9～10，这样反应效率可以达到65%～70%。在24～46℃反应速度快。混合10g淀粉（水分含量12%）于150ml水中，含0.057mol碳酸钠。在38℃，加入醋酸乙烯10g，保持搅拌反应1h。用稀硫酸调pH至6～7，过滤、水洗、干燥。在反应过程中pH由10降至8.6，产品含乙酰基3.6%，反应效率65%～70%。用氢氧化钠、氢氧化钾或氢氧化锂在pH 9.5～12.2条件下进行反应，效率低，只为45%～55%；用氢氧化铵在pH10.1～11.4条件下进行反应，效率约为45%。

（2）薯类淀粉基生产磷酸淀粉

1）概述　淀粉和磷酸酯化试剂反应生成淀粉磷酸酯是淀粉中的葡萄糖残基中的羟基与磷酸根发生酯化形成的，是磷酸的酯化衍生物，有单酯型和交联型两种。通常将单酯称为淀粉磷酸单酯或磷酸淀粉，而将多酯称为淀粉磷酸双酯或交联淀粉。研究表明，天然原淀粉含有少量磷，自然界中存在的天然淀粉磷酸酯是由植物中存在的淀粉与磷酸酯化酶合成的，如马铃薯淀粉的含磷量在0.07%～0.09%，以酯的形式存在，相当于每212～273个葡萄糖单位含有一个正磷酸基。总磷量的60%～70%与C_6相连，其余则位于葡萄糖残基的C_3上。与原淀粉相比，磷酸酯淀粉易糊化，且具有较高透明度和糊黏度、较强胶黏性及稳定性强、凝沉性弱等特点，主要用于食品、造纸、纺织等领域。

磷酸酯淀粉一般是用正磷酸盐（NaH_2PO_4/Na_2HPO_4）、焦磷酸盐（$Na_3HP_2O_7$）、偏

磷酸盐（$Na_4P_2O_7$）、三聚磷酸钠（$Na_5P_2O_{10}$）、三氯氧磷（$POCl_3$）或有机含磷试剂等与淀粉混合在一定条件下反应，经洗涤、干燥等步骤得到。其中，淀粉与磷酸盐生成磷酸单酯淀粉的反应式如下：

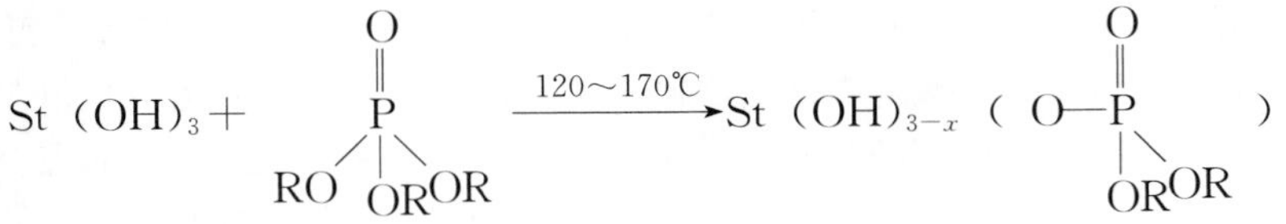

$$St(OH)_3 + O{=}P(OR)_3 \xrightarrow{120\sim170℃} St(OH)_{3-x}(\ O{-}P({=}O)(OR)_2\ )$$

R ＝ H/碱金属　　$x=0/1/2$

淀粉与三氯氧磷反应可生成磷酸双酯淀粉（交联磷酸酯淀粉）：

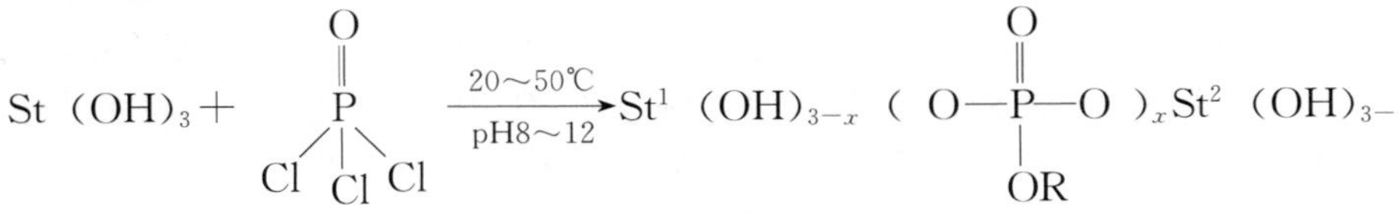

$$St(OH)_3 + O{=}PCl_3 \xrightarrow[pH8\sim12]{20\sim50℃} St^1(OH)_{3-x}(\ O{-}P({=}O)(OR){-}O\ )_x St^2(OH)_{3-}$$

$x=0/1/2$

另外，在反应体系中添加尿素［$CO(NH_2)_2$］可以提高淀粉和磷酸盐之间的反应效果及加快反应速度，但也可产生带氨基甲酸基团的磷酸酯淀粉。

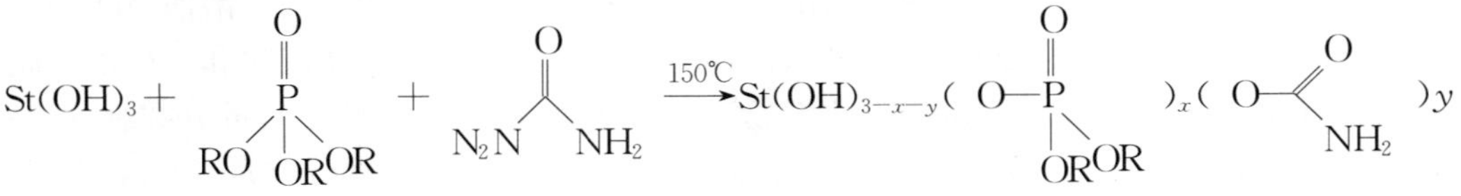

$$St(OH)_3 + O{=}P(OR)_3 + N_2N{-}C({=}O){-}NH_2 \xrightarrow{150℃} St(OH)_{3-x-y}(\ O{-}P({=}O)(OR)_2\ )_x(\ O{-}C({=}O){-}NH_2\ )y$$

x，$y=0$，1/1，1

淀粉属于高分子物质，由于其结构及分子质量有特殊性，因此只有小部分淀粉基团能参与反应，且产物较为复杂，一般为混合物。三聚磷酸钠制取淀粉磷酸酯的反应式如下：

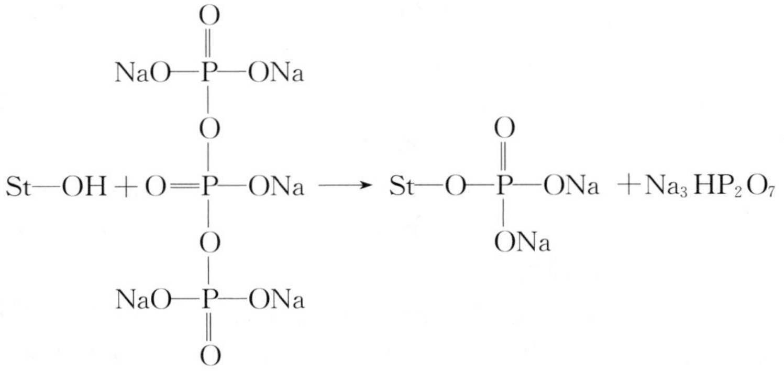

$$St{-}OH + O{=}P(ONa)[O{-}P({=}O)(ONa)_2]_2 \longrightarrow St{-}O{-}P({=}O)(ONa)_2 + Na_3HP_2O_7$$

$$St{-}OH + Na_3HP_2O_7 \longrightarrow St{-}O{-}PO_3HNa + Na_2HPO_4$$

单酯型磷酸酯淀粉随取代度的升高糊化越容易，从取代度 0.05 左右起就能在冷水中润胀，其糊液透明，表现出高分子电解质所特有的高黏度和结构特性。在淀粉磷酸酯化过程中，pH 对单酯型磷酸酯淀粉的生成比例有着至关重要的作用，用混合正磷酸盐为酯化剂生成磷酸单酯淀粉的 pH 范围在 5.0～6.5。

淀粉磷酸单酯目前在工业上应用最广泛，因此，对淀粉磷酸单酯的深入研究是十分有意义的。淀粉磷酸酯的制备有湿法、干法和半干法，以湿法生产为主的优点是化学试剂与淀粉能够充分混匀，产品质量稳定，生产控制容易。但也有明显的缺陷，即产品的收率低、生产用水量大、污水需处理，因而成本高。干法生产变性淀粉是淀粉在含少量水的情况下，将化学试剂与催化剂的混合溶液喷到干淀粉上，充分混合后，在一定温度下反应1～3h。半干法工艺是指淀粉和磷酸盐的混合在液相中进行，但反应在固相中进行的一种方法；干法是指在固相中进行反应，与湿法比较，干法生产变性淀粉具有工艺简单、反应效率高、能耗低、环境污染小等优点，并且干法是一种零排放的清洁工艺，更符合现代环保的要求。

2）*磷酸酯淀粉的制备* 称取一定量马铃薯（干基）置于500ml烧杯里在烘箱中干燥至水分含量为3%以下，然后将一定配比的磷酸酯化试剂（正磷酸盐/三聚磷酸钠/磷酸与焦磷酸钠）与尿素溶解并用盐酸或氢氧化钠调节pH至4～7，再将溶液均匀喷入干淀粉中，边喷边搅拌，静置24h左右，再在烘箱中将水分降至10%左右，碾磨后将带有磷酸盐的淀粉放入电热鼓风干燥箱中，在120～160℃的条件下加热反应1～3h，从而生成不同取代度的磷酸酯淀粉。

（3）薯类淀粉基生产烯基琥珀酸酯淀粉 天然淀粉分子的亲水性很强，但对疏水性物质没有亲和力，因此，淀粉在乳状液体系中使用仅仅能给予体系一定的黏度，这种黏性有助于从物理学上减慢油从水相中分离出来的过程。但是，变性后淀粉分子中包含有疏水基团及亲水基团时，则淀粉分子被吸引到乳液中水及油滴的界面。结果，在油滴周围形成了一层较坚韧的、有较大内聚力的、连续的且不容易破裂的液膜。这就使得分散相的聚结及分离出来比较困难。因此，这些具有平衡的疏水基及亲水基的淀粉衍生物在稳定乳液方面优于未变性原淀粉。

1）*基本原理* Caldwell和Wurzburg成功制备以木薯淀粉为基物的乳液稳定剂，该产品具有已取代过的二元羧酸的多糖衍生物。此研究包括采用具有下列结构式的环状的二元羧酸酐处理淀粉：

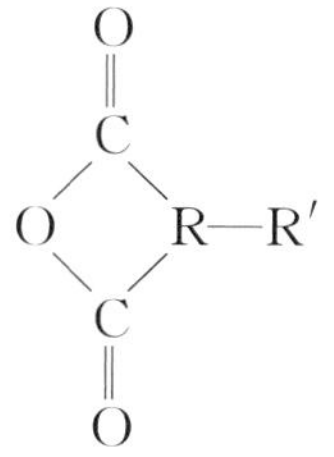

$$\begin{array}{c} O \\ \| \\ C \\ \diagup \quad \diagdown \\ O \qquad\quad R—R' \\ \diagdown \quad \diagup \\ C \\ \| \\ O \end{array}$$

式中，R代表一个二亚甲基或三亚甲基；R′代表取代基，通常是两个长的烃链。取代环状的二羧酸酐可得丁二酐，其中取代基疏水链是含有5～18个碳原子的烷基或烯基。

在碱性条件下，试剂与悬浮在水中的淀粉混合，通过酯化反应制得这种淀粉衍生物。可用下列结构式表示：

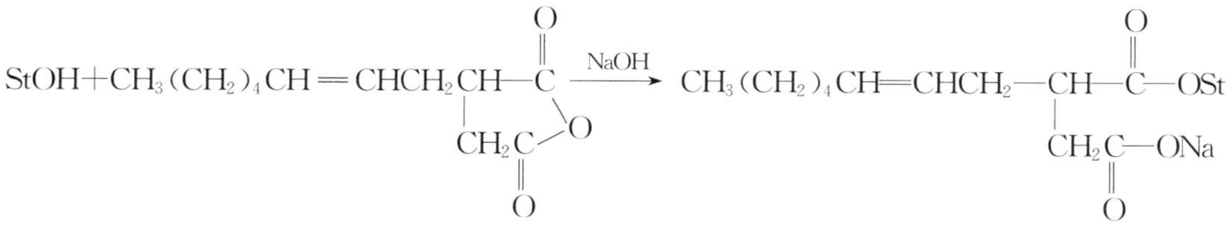

$$StOH + CH_3(CH_2)_4CH{=}CHCH_2\underset{\displaystyle \underset{\displaystyle \overset{\|}{\underset{O}{}}}{CH_2C}\diagup O}{\overset{|}{CH}}—\overset{\overset{\displaystyle O}{\|}}{C}\diagdown \xrightarrow{NaOH} CH_3(CH_2)_4CH{=}CHCH_2—\underset{\underset{\displaystyle CH_2\underset{\underset{\displaystyle O}{\|}}{C}—ONa}{|}}{CH}—\overset{\overset{\displaystyle O}{\|}}{C}—OSt$$

辛烯基琥珀酸淀粉酯（SOS）的分子结构为：

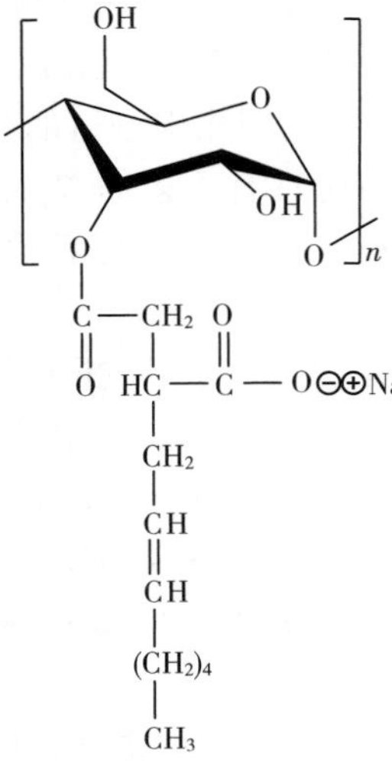

2）生产工艺　这类产品最重要的衍生物是烯基丁二酸酯，在食品、药物及工业应用方面有多种用途。这种酐的最大允许处理量是3%，取代度约为0.02。取代程度可以用相似于淀粉丁二酸酯所使用的方法来测定。以木薯淀粉为原料和辛烯基琥珀酸酐（OSA，下同）反应制备的方法如下：

将5份碳酸钠溶解在150份水中后，加入100份淀粉搅拌悬浮在碱液中，混合均匀后再加入10份癸烯基丁二酸酐，室温下连续搅拌14h，反应完成后用稀盐酸调整pH至7，过滤、洗涤、干燥。此工艺可用于处理各种原淀粉、酸变性淀粉、糊精及其他衍生物。

4.4.2.5　薯类淀粉基生产醚化淀粉

利用薯类淀粉为基本材料，将淀粉的羟基与活性物质反应生成淀粉取代基醚，包括羟甲基淀粉、羟烷基淀粉、阳离子淀粉等，均称为醚化淀粉。由于淀粉的醚化作用提高了黏度稳定性，且在强碱性条件下醚键不易发生水解，因此醚化淀粉在许多工业领域中得以应用。

（1）薯类淀粉为基料生产羧甲基淀粉　马铃薯淀粉在碱性条件下与一氯乙酸或其钠盐起醚化反应生成羟甲基淀粉，工业生产主要为低取代产品，取代度约在0.9以下，应用于食品、纺织、造纸、医药及其他领域。

1）羧烷化反应机制　淀粉与一氯乙酸在氢氧化钠存在下起醚化反应，为双分子亲核取代反应，葡萄糖单位中醇羟基被羧甲基取代，所得产物为羧甲基淀粉钠，习惯上称为羧甲基淀粉。反应方程式如下：

$$淀粉—OH+NaOH \longrightarrow 淀粉—ONa+H_2O$$

$$淀粉—ONa+ClCH_2COOH+NaOH \longrightarrow 淀粉—O—CH_2COONa+NaCl+H_2O$$

羧甲基化反应主要发生在C_2和C_3的羟基上，随着取代度的提高，反应逐步发生在C_6原子上。这可用淀粉和高碘酸钠反应测定羧甲基在C_2、C_3和C_6上的取代比例来证明。羧甲基取代优先发生在C_2和C_3原子上，C_2和C_3原子上的羟基能被高碘酸钠定量地氧化成醛基，被羧甲基取代后则不能被氧化，如表4-2所示。

表4-2　羧甲基化取代比例

取代度	$NaIO_4$ 消耗（mol）	C_2和C_3取代	C_1取代	羧甲基淀粉平均相对分子质量
0.25	0.65	0.79	0.21	182.6
0.5	0.52	0.7	0.3	202.7
0.96	0.28	0.55	0.45	239

2）生产工艺　羧甲基淀粉在取代度0.1以下（含0.1）不溶于冷水，用碱性淀粉乳制备。加氢氧化钠溶液（500g/L）、一氯乙酸于淀粉乳中，在低于糊化温度条件下保持搅拌起反应，过滤、清洗、干燥。为了提高醚化取代度，可先用环氧氯丙烷或三氯氧磷处理淀粉，使其发生适度交联，提高其糊化温度，再进行醚化，所得产物仍能保持颗粒状，不溶于冷水，易于过滤、清洗。

应用能与水混溶的有机溶剂为介质（有机溶剂的作用是保持淀粉不溶解），在少量水分存在的条件下进行醚化，能提高取代度和反应效率，产品仍保持颗粒状态。一氯乙酸和氢氧化钠都是水溶解，还必须有少量水分存在。常用有机溶剂为甲醇、乙醇、丙酮、异丙醇等。不同条件下比较甲醇、丙酮和异丙醇对取代度、产率、纯度和黏度的影响，试验结果表明，甲醇效果较差，丙酮和异丙醇较好且两者效果相同。异丙醇不挥发，更适用，在30℃反应24h，反应效率>90%；在反应效率为40%时，只需几小时。反应时间过长，产物变黏，过滤、清洗困难。

制备冷水能溶解的羧甲基淀粉用半干法，使用少量水溶解氢氧化钠和一氯乙酸，喷淀粉，成均匀混合物，得到的产物仍能保持原淀粉颗粒结构，流动性高，易溶于冷水，不结块。马铃薯淀粉100份，含有一般水分，先通氮气，喷24.6份的40%氢氧化钠溶液，保持23℃、5min，再喷16份的75%一氯乙酸溶液，34℃、4h后，温度自行上升到48℃，在此期间保持通入氮气，控制速度使反应物水分降低到约18.5%。再于60～65℃反应1h，70～75℃反应1h，80～85℃反应2.5h，冷却至室温，得到的羧甲基淀粉含水分7%、质量分数8%、pH 9.7。

（2）薯类淀粉为基料生产羟烷基淀粉　木薯淀粉与环氧烷化合物反应能够生成羟烷基淀粉醚衍生物，工业上生产的羟乙基淀粉和羟丙基淀粉可应用于食品、造纸及其他领域。

1）羟乙基淀粉

①醚化反应机制。常见的羟乙基淀粉通常是分子取代度（MS）小于0.2的低取代度产品，是由淀粉和环氧乙烷在碱性条件下反应制得。反应方程式如下：

$$\text{淀粉—OH} + H_2C\overset{O}{\diagdown\!\diagup}CH_2 \xrightarrow{OH^-} \text{淀粉—O—}CH_2CH_2OH$$

该反应是淀粉的羟乙基化亲核取代反应。首先氢氧根离子从淀粉羟基中夺取一个质子，带有负电荷的淀粉作用于环氧乙烷使环开裂，生成一个烷氧负离子，烷氧负离子再从水分子中吸引一个质子形成羟乙基淀粉。游离的氢氧根离子继续反应。

在这个反应过程中，环氧乙烷能和淀粉脱水葡萄糖基三个羟基中的任何一个羟基反应，还能和已取代的羟乙基进一步反应生成多氧乙基侧链。反应方程式为：

$$\text{淀粉—O—}CH_2CH_2OH + n\ H_2C\overset{O}{\diagdown\!\diagup}CH_2 \xrightarrow{OH^-} \text{淀粉—O}\!\left(CH_2Ch_2O\right)_nCH_2CH_2OH$$

因此，该反应的反应程度一般不用取代度表示，而是用分子取代度（DS）表示，即每个脱水葡萄糖基和环氧乙烷反应的分子数有可能高于3。但由于工业上通常生产低取代度产品，即MS<0.2的产品，因此MS＝DS。

环氧乙烷作醚化试剂的副反应如下：

$$H_2C\overset{O}{\diagup\diagdown}CH_2 + H_2O \longrightarrow HOCH_2CH_2OH$$

$$H_2C\overset{O}{\diagup\diagdown}CH_2 + OH^- + H_2O \longrightarrow HOCH_2CH_2OH + OH$$

环氧乙烷水解生成乙二醇的反应和碱的浓度密切相关，一般情况下有 25%～50%的环氧乙烷发生水解。

②生产工艺。淀粉颗粒和糊化淀粉都易与环氧乙烷起醚化反应生成部分取代的羟乙基淀粉衍生物。羟乙基淀粉的制备方法分为：湿法、干法和有机溶剂法。工业上生产低取代度产品（MS<0.1）用湿法，其优点是能在较高质量分数（35%～45%）进行，控制反应容易，产品仍保持颗粒状，易于过滤、水洗和干燥。制备较高取代度产品，不宜用湿法工艺，用有机溶剂法或干法工艺。

a. 湿法工艺生产的羟乙基淀粉主要为 MS 0.05～0.1 低取代度产品，羟乙基含量 1.3%～2.6%。来自马铃薯淀粉车间的淀粉乳（质量分数 35%～45%），加入氢氧化钠，其量为干淀粉的 1%～2%。为避免局部过碱（可能引起淀粉颗粒糊化），还须加硫酸钠或氯化钠盐，才能加较高量的氢氧化钠以提高反应效率。硫酸钠或氯化钠可先加入淀粉乳，再加入碱，也可与碱同时加入。先配制成含 30%氢氧化钠和 26%氯化钠盐的混合溶液，加入淀粉乳中，有利于混合均匀。环氧乙烷的沸点低（10.7℃），易于挥发，与空气混合又可能引起爆炸，所以用密闭反应器，以避免损失和危险。将环氧乙烷用管引入淀粉乳中（有利于促进溶解），加入环氧乙烷之前先通氮气于淀粉乳中，排除空气，防止在反应器顶部形成爆炸性混合气体，有利于安全。反应在 25～50℃（低于糊化温度）进行，温度过高可能引起淀粉颗粒膨胀，反应完成后过滤困难，温度过低则反应速度慢，时间太长。反应完成后，中和、过滤、水洗、干燥，反应效率 70%～90%。因反应条件存在差异，应用此淀粉乳湿法，增加盐用量，也能获得较高取代度的羟乙基淀粉。取代度 MS 0.6 产品还易过滤，但难水洗，因为盐被洗掉后滤饼易膨胀，再水洗、干燥都困难。若滤饼中盐不被洗掉，应低温干燥，不至糊化。

b. 有机溶剂法制备较高取代度羟乙基淀粉。在醇液中进行，醇分子虽然也有羟基，但因为淀粉吸收碱，羟基反应活性高，环氧乙烷优先与淀粉发生醚化反应。现介绍一种实验室制备 MS0.5 羟乙基淀粉方法：于密闭反应器中，混合搅拌甘薯淀粉（含水分 10%）100g，氢氧化钠 3g，水 7.7g，异丙醇 100g，环氧乙烷 15g，44℃反应 24h。用乙酸中和，真空抽滤，用 80%乙醇洗涤到不含乙酸钠和其他有机副产物为止。分散滤饼，室温干燥。环氧乙烷的反应效率 80%～90%。提高环氧乙烷的用量比例，能得到取代度更高的产品。因为取代度增高，产品在低脂肪醇中的溶解度也增高，并且具有热塑性和水溶性。

制备较高取代度的羟乙基淀粉可在脂肪酮液中进行，如丙酮或甲基乙基酮。甘薯淀粉（含水量 5%）混于丙酮中，浓度 40%，持续搅拌，加入 15%氢氧化钠液，到氢氧化钠溶液添加量达淀粉量的 2.5%为止。陆续加入环氧乙烷，在 50℃反应，在反应过程中，添加丙酮保持流动性，易于搅拌。用酸中和，过滤除去丙酮，干燥。产品含羟乙基可达 38%，MS2.2，仍保持颗粒状，但遇冷水立即糊化。

c. 通过用环氧乙烷和少量碱性催化剂作用于马铃薯干淀粉的方法，是常用制备较高取代度羟乙基淀粉的方法，称为干法工艺。工业马铃薯干淀粉含有10%～13%水分，催化剂易于渗透到颗粒内部。催化剂用氢氧化钠与氯化钠，也可单独使用氯化钠，起到“潜在”碱催化剂作用。氯化钠与环氧乙烷和水发生反应生成氯乙醇和氢氧化钠，后者起碱性催化作用。反应完成后用有机溶剂清洗，产品仍保持颗粒状。甚至取代度高到冷水能溶解程度也是如此，才能用叔胺或季铵碱作为催化剂。叔胺与环氧乙烷起反应生成季铵碱，具有强催化作用。

应用干法工艺亦可制备低取代度羟乙基淀粉或马铃薯全粉。配制浓碱液，喷入干淀粉或谷物粉，搅拌混合，进行羟乙基化；混合干氢氧化钠粉与淀粉或马铃薯全粉，放置一定时间后，进行羟乙基化。这种羟乙基谷物粉的成本低，适于造纸、纺织及其他工业应用。

2）羟丙基淀粉

①醚化反应机制。羟丙基淀粉的醚化机制与羟乙基淀粉类似，是环氧丙烷在碱性条件下与淀粉发生反应制得的。由于环氧丙烷环张力大，易开环反应，其活性大于环氧乙烷。该反应也是亲核取代反应，取代反应主要发生在淀粉分子中脱水葡萄糖基的 C_2 原子的仲羟基上，C_3 和 C_6 原子上羟基的反应程度较小。C_2、C_3、C_6 各个原子羟基的反应常数为33，5，6。反应方程式如下：

$$\text{淀粉—OH} + NaOH \longrightarrow \text{淀粉—O—Na} + H_2O$$

$$\text{淀粉 ONa} + H_2\overset{\overset{O}{\diagup\diagdown}}{C\text{—}}CHCH_3 \xrightarrow{NaOH} \text{淀粉}OCH_2\overset{\overset{OH}{|}}{C}HCH_3 + NaOH$$

除上述主要反应外，还有副反应发生，已取代的羟丙基淀粉和环氧丙烷反应可生成多氧丙基侧链，反应方程式如下：

$$\text{淀粉—}OCH_2\overset{\overset{OH}{|}}{C}HCH_3 + n\ H_2\overset{\overset{O}{\diagup\diagdown}}{C\text{—}}CHCH_3 \xrightarrow{OH^-} \text{淀粉}\ (CH_2\overset{\overset{OH}{|}}{C}H\text{—}O)_n CH_2\overset{\overset{CH_3}{|}}{C}H\text{—}OH$$

②生产工艺。羟丙基淀粉的制备方法与羟乙基淀粉相似，归纳起来有湿法、干法和溶剂法。工业上普遍应用淀粉乳湿法生产，MS≤0.1。此方法的优点是淀粉能保持颗粒状态，反应完成后易于过滤，水洗后得到纯度高的产品。来自马铃薯淀粉车间的淀粉乳浓度35%～45%，加入硫酸钠抑制淀粉颗粒膨胀，用量为干淀粉重的5%～10%。加入氢氧化钠，其量约为干淀粉重1%，配为5%溶液，保持激烈搅拌，淀粉乳加入碱液。也可混些硫酸钠于碱液中，以防止加碱液时引起淀粉颗粒膨胀。将环氧丙烷加入淀粉乳，其量为干淀粉重6%～10%，密封反应器，持续搅拌，在40～50℃反应24h，环氧丙烷反应效率约为60%。因环氧烷烃与空气混合有引起爆炸可能，故需先通入氮气排除空气，并在密闭反应器中进行。

碱性淀粉乳加入环氧丙烷后，于18℃保持30min，再升高反应温度至49℃能提高醚化效率，得到较高取代度的产品。制备方法：马铃薯淀粉乳含淀粉500g（水分10%），800ml水，5g氢氧化钠，70g硫酸钠，50ml环氧丙烷，在18℃条件下保持搅拌30min。升温到49℃，反应8h，盐酸中和至pH5.5，过滤、水洗、干燥，得到羟丙基淀粉，DS0.050。重复此反应（不需要18℃保持30min的步骤），所得羟丙基淀粉DS为0.035。

羟丙基淀粉主要应用于食品工业中，对所使用的试剂和产品质量，食品卫生法都有严格规定。氯化钠与环氧丙烷发生反应生成氯丙醇，美国食品法规定氯丙醇残余量在5 mg/L以下。

较高取代度（羟丙基含量20%～30%）马铃薯羟丙基淀粉，可通过预热淀粉乳，提高淀粉的膨胀糊化稳定性，再进行碱性醚化而制得。所得产品仍保持颗粒状，易于过滤、水洗、干燥。制备方法：马铃薯淀粉乳浓度35%、pH 6.5，保持搅拌，于55℃加热20h，淀粉糊化稳定性增高，糊化温度提高约10℃。再加环氧丙烷，用量为淀粉的30%，分两次加入，氢氧化钠用量为淀粉的1.5%，硫酸钠为水的20%，淀粉与水比为30∶70，38℃反应24h，所得产品含羟丙基17.6%、MS为0.7。

制备更高取代度、在冷水能溶解的羟丙基淀粉，可用干法工艺。将氢氧化钠磨成粉末，与淀粉混合均匀，含水分为干淀粉的7%～10%。先通氮气于压力反应器中，再引入环氧丙烷气，压力为3×10^5Pa，85℃起反应。加完环氧丙烷后压力降低。反应完成后再引入氮气，用干柠檬酸调pH。若产品供食品应用则用水与乙醇混合液清洗，水与乙醇比例为0.1～0.7∶1。除去副产物得到无味、无臭产品。

羟丙基醚化可在有机溶剂中进行，为制备高取代度产品的常用方法，常用的有机溶剂为低级脂肪醇、甲醇、乙醇、异丙醇及丙酮等。实验制备MS约为0.5的羟丙基淀粉的方法为：混合玉米淀粉（水分10%）100g，氢氧化钠3g，水7.7g，2-异丙醇100g，环氧丙烷25g，在密闭反应器中于50℃反应48h。提高环氧丙烷的用量比例，能获得更高取代度产品。

③性质和应用。羟丙基具有亲水性，能减弱淀粉颗粒结构的内部氢键强度，使其易于膨胀和糊化，取代度增高，糊化温度降低，最后能在冷水中膨胀。MS由0.4增加到1.0，在冷水中分散好，更高取代度产品的醇溶解度增高，能溶于甲醇或乙醇。羟丙基淀粉糊化容易，所得糊透明度高、流动性强、凝沉性弱、稳定性好。冷却时黏度虽然也有所增高，但重新加热后，仍能恢复原来的热黏度和透明度。糊的冻融稳定性高，在低温存放或冷冻再融化，重复多次，仍能保持原来胶体结构，无水分析出，这是因为羟丙基的亲水性能保持糊中水分的缘故。糊的成膜性好，膜透明、柔韧、平滑，耐折性好。羟丙基为非离子型，受电解质的影响小，能在较宽pH条件下使用。取代醚键的稳定性高，在水解、氧化、交联等化学反应过程中取代基不会脱落，这种性质有利于复合变性加工。

羟丙基淀粉糊黏度稳定是最大优点，主要用在多种食品中作为增稠剂，特别是用于冷冻食品和方便食品中。羟丙基淀粉也是好的悬浮剂，加在浓缩橙汁中，流动性好，放置也不分层或沉淀。因为对电解质和不同pH影响的稳定性高，适合应用于含盐量高和酸性食品中。由于其较好的相容性，能与其他增稠剂共用，如与卡拉胶共用于乳制品中，与果胶共用于沙拉油中。

复合变性羟丙基淀粉产品具有更好的性能，可应用于食品加工中，特别是用三氯氧磷、环氧氯丙烷、偏磷酸钠的交联复合变性产品。这类交联复合变性产品在常温下受热黏度低，在高温受热黏度高，并且稳定，特别适于罐头类食品中作为增稠剂和胶黏剂。羟丙基醚化再经乙酰化的复合变性产品为口香糖的良好基料，弹性和咀嚼性好，羟丙基和乙酰基MS分别为3～6和0.5～0.9。

羟丙基淀粉的非食品工业应用，主要是利用其良好成膜性，如用于纺织和造纸工业上浆和施胶，以及用于洗涤剂中防止污物沉淀，用于石油钻泥中防止失水，并用作建筑材料的胶黏剂、涂料或有机液体的凝胶剂。

(3) 薯类淀粉为基料生产阳离子型淀粉 淀粉与胺类化合物反应生成含有氨基和铵基的醚类衍生物，氮原子上带有正电荷，称为阳离子型淀粉，在造纸、纺织、食品和其他工业上都有应用。阳离子型淀粉分有不同的几种，最主要的是叔胺醚和季铵醚，还有伯胺醚、仲胺醚等。

1) 醚化反应机制

①叔胺烷基淀粉醚。用β-卤代烷、2，3-环氧丙基或3-氯-2-羟丙基叔胺，在强碱性条件下处理淀粉乳，淀粉的羟基醚化形成叔胺醚，再用酸处理转化游离的胺基为阳离子型叔胺盐。用来制造叔胺烷基淀粉的卤代胺包括2-甲胺乙基氯、2-乙胺乙基氯、2-甲胺异丙基氯等。以2-乙胺乙基氯为例反应式如下：

$$\text{淀粉—OH}+\text{Cl—}CH_2CH_2N(C_2H_5)_2 \xrightarrow{-OH} \text{淀粉—O—}CH_2CH_2N(C_2H_5)_2+H_2O+Cl^-$$

$$\text{淀粉—O—}CH_2CH_2N(C_2H_5)_2 \xrightarrow{HCl} [\text{淀粉—O—}CH_2CH_2NH(C_2H_5)_2]^+Cl^-$$

②季铵烷基淀粉醚。叔胺或叔胺盐易与环氧氯丙烷生成具有环氧结构的季铵盐，再与淀粉起醚化反应得季铵淀粉醚。反应式如下所示：

$$(CH_3)_3N+\text{Cl—}CH_2\text{—}\underset{\diagdown O \diagup}{HC\text{—}CH_2} \longrightarrow [\underset{\diagdown O \diagup}{H_2C\text{—}CH}CH_2N(CH_3)_3]^+Cl^-$$

$$\text{淀粉—OH}+[\underset{\diagdown O \diagup}{H_2C\text{—}CH}CH_2N(CH_3)_3]^+Cl^- \longrightarrow [\text{淀粉—O—}CH_2\text{—}CHCH_2N(CH_3)_3]^+Cl^-$$

叔胺与环氧氯丙烷反应后必须用真空蒸馏法或溶剂抽提法除去剩余的环氧氯丙烷或副产物，如1，3-二氯丙醇等，以避免与淀粉发生交联反应。发生交联反应会降低阳离子型淀粉的分散性和应用效果。也可使用3-氯-2-羟丙基三甲基季铵盐为醚化剂，它在水中稳定，但加入碱后，很快转变成反应活性高的环氧结构（如下式所示），这个转变是可逆的，因pH而定。

$$[\text{Cl—}\underset{\displaystyle |\atop OH}{CH_2}OH\text{—}CH_2N(CH_3)_3]^+Cl^- +NaOH \rightleftharpoons [\underset{\diagdown O \diagup}{H_2C\text{—}CH}CH_2N(CH_3)_3]^+Cl^- +NaOH$$

2) 生产工艺

①叔胺烷基淀粉醚。通常采用湿法，以水为反应介质，先将马铃薯淀粉调成质量分数为35%～40%的淀粉乳。由于反应是在碱性条件（pH10～11）下进行，必须在反应介质中加入10%左右的氯化钠，抑制淀粉颗粒膨胀。加入醚化剂后将反应温度控制在40～50℃范围内。反应时间视取代度要求来确定，一般为4～24h。反应结束后，用盐酸中和至pH 5.5～7.0，然后离心、洗涤、干燥。

醚化剂用量随要求的取代度、碱性高低和反应温度而不同。用量为每摩尔绝干淀粉约0.07mol，产品的取代度约0.05。要严格控制反应的pH，在反应过程中，一部分碱被消耗，必要时需添加碱保持要求的pH，氢氧化钠用量约为每摩尔淀粉0.1mol。尽管制备叔胺烷基淀粉醚所用的阳离子试剂成本较低，但由于叔胺烷基淀粉醚只有在酸性条件下呈强阳离子性，因而在使用上受到一定限制。

②季铵烷基淀粉醚。与叔胺淀粉醚相比，季铵淀粉醚阳离子性较强，且在广泛的 pH 范围内均可使用，制备方法也备受重视，一般用湿法、干法和半干法，极少使用有机溶剂法。

湿法是目前使用最普遍的方法：容积 250ml 的密闭容器，具有搅拌器，在水浴中保持 50℃，加入 133ml 蒸馏水，50g Na_2SO_4 和 2.8g NaOH，完全溶解以后，加 81g 甘薯淀粉（以绝干质量计），搅拌 5min，加入 8.3ml 3-氯-2-羟丙基三甲基季铵氯（内含 4.71g 即 0.025mol 活性试剂），反应 4h，取代度达 0.04 以上，反应效率 84%。

有机溶剂法所用溶剂是低碳醇，此法专用制备具有冷溶性的高取代度阳离子型淀粉。干法一般将淀粉与试剂混合，60%左右干燥至基本无水（<1%），于 120～150℃反应 1h 得到产品。干法反应转化率较低，只有 40%～50%，且产品中含有杂质及盐类，难以保证质量。但工艺简单，基本无“三废”，不必添加催化剂与抗胶凝剂，生产成本低。半干法是利用碱催化剂与阳离子试剂一起和淀粉均匀混合，在 60～90℃反应 1～3h，反应转化率达 75%～95%。季铵盐醚化剂没有挥发性，适于用干法或半干法制备阳离子型淀粉。

③伯胺烷基淀粉醚和仲胺烷基淀粉醚。具有伯胺烷基或仲胺烷基的淀粉醚比叔胺醚和季铵醚难以制备。这是因为具有 2-卤乙基或 2，3-环氧丙基的伯胺醚化剂或仲胺醚化剂本身发生缩聚反应，影响与淀粉发生醚化反应。但是含有较大的基团，如叔丁基或环己基的 2，3-环氧丙基仲胺能与淀粉发生反应生成仲胺醚，反应效率还相当高，这是由于大基团的存在阻碍了缩聚反应的发生。

制备工艺：混合干淀粉或半干淀粉与汽化的环亚胺乙烷，于 75～120℃加热，不需要催化剂。例如，43g 环亚胺乙烷与 180g 木薯淀粉（含水分 10%），于 90～100℃加热 4h 得到 2-胺乙基淀粉，取代度 0.26。此产品既对带有负电荷的胶体（如海藻酸、羧甲基纤维素等）具有好的絮凝作用，也对带有负电荷的矿物质具有好的絮凝作用。

双取代的氨基氰（R_2HCN）（如二甲基、二烯丙基、二苄基氨基氰等）能在强碱性催化条件下与淀粉发生反应生成具有亚氨基（═NH）的淀粉醚衍生物，用酸使亚氨基质子化成亚氨盐，具有阳离子性。

制备亚氨烷基淀粉使用马铃薯颗粒淀粉、淀粉糊或含有 15%～20%水分的淀粉为原料。由颗粒淀粉制得的产品在水中煮沸糊化不完全，因为有少量交联反应或发生氢键结合的缘故。而淀粉糊制得的产品糊化完全，则是因为糊化淀粉较颗粒淀粉难以发生交联反应的缘故。

4.4.2.6 薯类淀粉基生产接枝淀粉

淀粉经物理或化学方法引发，与丙烯腈、丙烯酰胺、丙烯酸、乙酸乙烯、甲基丙烯酸甲酯、丁二烯、苯乙烯及其他多种人工合成分子单体起接枝共聚反应，生成的共聚物具有天然和人工合成两类高分子性质，为新型化工产品，用途多。

（1）**接枝共聚反应** 接枝共聚反应是合成单体发生聚合反应，生成高分子链，经共价化学键接枝到淀粉分子链上。简单表示如下：

```
—AGU— (AGU)n—AGU—
          |      |
—M—M—M      M—M—M—
```

结构中AGU为淀粉链的脱水葡萄糖基，相对分子质量为162；M为接枝共聚反应中所使用的单体的重复单元，如$CH_2=CHX$。当X=—COOH、—$CONH_2$、—$COOCH_2NR_3$时，产品是水溶性的，可用作增稠剂、吸收剂、施胶剂和絮凝剂；当X=—CN、—COOR、—C_6H_5时，产品是水不溶性的，可用作树脂和塑料。淀粉接枝共聚物所采用的命名法是由Ceresa建议的，人工合成单体在接枝反应中，一部分聚合成高分子链，接枝到淀粉分子链上，另一部分聚合，没有接枝到淀粉分子上，后一种聚合高分子称为均聚物；接枝淀粉与均聚物的混合物称为共聚物，接枝量占单体聚合总量的比率称为接枝效率（%）。例如，单体聚合量为100，其中60%是接枝到淀粉分子链上，则接枝效率为60%。在接枝反应中，接枝效率越高越好。若是接枝效率低，则产物主要是淀粉和均聚物的混合物，共聚物少。共聚物含有接枝高分子的质量分数称为接枝百分率。

共聚物具有淀粉和接枝高分子两者的性质，随接枝百分率、接枝频率和接枝高分子链平均相对分子质量的大小而有所不同。接枝频率为接枝链之间的平均葡萄糖基数目，由接枝百分率和共聚物平均相对分子质量计算而得。用酸或酶法水解掉共聚物中的淀粉部分，剩下的合成高分子部分，用黏度法或渗透压力法测定平均相对分子质量。

制备共聚物可用颗粒淀粉、糊化淀粉或变性淀粉为原料，一般使用颗粒淀粉，所得共聚物产品仍保有颗粒的原来结构，甚至在高接枝百分率情况下也是如此。接枝的合成高分子有的为水不溶性的，如聚丙烯腈、聚丙烯酸甲酯等；有的为水溶性的，如聚丙烯酸、聚丙烯酰胺等。这两类不同合成高分子与淀粉的共聚物在溶液性质方面存在差别。水不溶性的合成高分子与淀粉生成的共聚物不溶于水，甚至在水中较长时间受热仍保持颗粒状。用降解的淀粉（如糊精）为原料，共聚物具有高溶解度，在冷水中能溶解，随淀粉的水解程度而定。

制备淀粉接枝共聚物，一般用物理或化学引发方法，使淀粉分子上产生活性高的自由基。常用的物理引发方法是用放射性元素（^{60}Co）γ-射线照射和电子束照射。化学引发方法是利用氧化还原反应，最常用的化学引发剂是铈离子，如硝酸铵铈离子[$Ce(NH_4)_2(NO_3)_6$]，铈离子（Ⅳ价）氧化淀粉生成络合结构的中间体淀粉-Ce（Ⅳ），分解产生自由基，与单体发生接枝反应，生成淀粉-Ce（Ⅳ）络合结构，Ce（Ⅳ）被还原成Ce（Ⅲ），一个氢原子被氧化，生成淀粉自由基，葡萄糖基的C_2—C_3键断裂，淀粉自由基与单体发生接枝反应，自由基也能再被Ce（Ⅳ）氧化而消失。

（2）生产工艺

1）吸水性接枝共聚物　有许多单体和淀粉接枝共聚后得到具有很强吸水性的产品，其中最典型的是淀粉和丙烯腈的接枝共聚。工艺流程如图4-7所示。

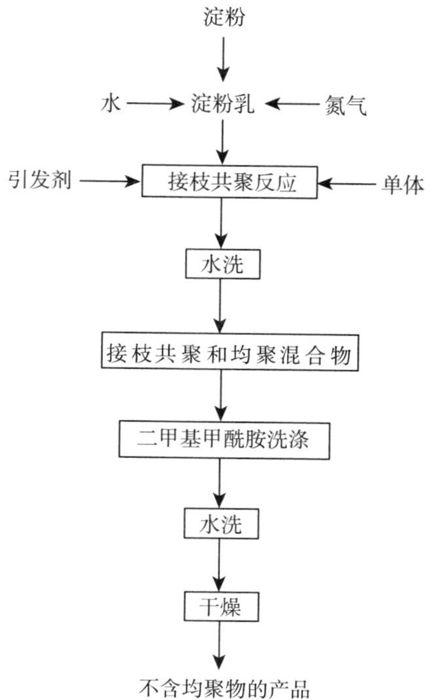

图4-7　吸水性接枝共聚物生产工艺流程

得到的接枝共聚物是含有氰基取代基的高分子化合物，不具有吸水性，经皂化水解后氰基可转变成酰氨基、羧酸基或盐等亲水基团，赋予产品亲水性。然后用酸中和至pH2～3，转变成酸性，经沉淀、离心分离、洗涤，最后用碱调至弱酸性 pH 为 6～7，在 110℃下干燥得到产品。

例如，将玉米淀粉加入水中，打浆均匀，加入四口烧瓶中，通氮气约 30min，加入硝酸铈铵，然后加入丙烯腈。在 35℃下保持不停搅拌反应 1h，过滤，水洗多次，80～90℃干燥得到共聚物。共聚物中含有丙烯腈均聚物，用二甲基甲酰胺溶解除去，即将共聚物混于二甲基甲酰胺溶液中，在室温下静置 3d，不时搅拌，换新二甲基甲酰胺 2 次，检查无均聚物丙烯腈，过滤、水洗、干燥，得到不含均聚物的接枝共聚物。

2）*水溶性接枝共聚物* 最常见的水溶性接枝共聚物是淀粉和丙烯酰胺、丙烯酸和几种氨基取代的阳离子型单体的接枝共聚物产品，该产品具有热水分散性，可用作增稠剂、絮凝剂和吸收剂。这类接枝共聚反应的引发剂一般用^{60}Co或电子来照射。铈盐引发效果较差，聚合效率较低。淀粉被辐射后产生自由基加入到丙烯酰胺水溶液或丙烯酰胺含水的有机溶剂中，可制得接枝效率较高的产品。一种大规模的生产工艺是：把 0.3～0.5cm 的淀粉薄层，在氮气保护下经电子辐射加到反应釜中，同时加入丙烯酰胺溶液，反应 30min，共聚物含聚丙烯酰胺量随丙烯酰胺与淀粉分子比例增加而提高，分子比 1∶1，吸收剂量 15～20μGy 时，共聚物中聚丙烯酰胺含量高达 25%。

例如，30 份淀粉与 400 份水调成淀粉乳，升温到 80℃，通氮气 1h，将生成的凝胶冷至 30℃，再和 1 200 份甲醇、70 份丙烯酰胺、30 份硝酸铈盐溶液和 0.1 份的 N，N-二甲基双丙烯酰胺混合，在 35℃下搅拌 3h，干燥后得到淀粉-丙烯酰胺接枝共聚物。

3）*热塑性高分子接枝共聚物* 淀粉和其他高聚物共混、嵌段和接枝复合，可制得淀粉塑料树脂。如淀粉和热塑性丙烯酸酯、甲基丙烯酸酯、苯乙烯接枝共聚制得的共聚物具有热塑性，能热压成塑料或薄膜，可制成农膜、包装袋、吸塑产品。这些产品具有优良的生物降解性，接枝共聚工艺简单，而且淀粉原料来自于自然。这类产品在替代以石油为原料的产品后，无论是在资源、生态方面，还是经济效益，都具有十分重要的意义。

苯乙烯与淀粉的接枝共聚可以由^{60}Co照射，过硫酸钾、过氧化氢、Fe^{2+}、Cu^{2+}、Zn^{2+}等相结合的体系引发。如苯乙烯、淀粉与水及乙二醇、乙腈、乙醇、丙酮、二甲基甲酰胺等有机溶剂相混合，得到半固体状的糊，用^{60}Co照射，吸收剂量 10μGy，结果得到接枝增至 24%～29%的接枝共聚物。

丙烯酸甲酯与淀粉（颗粒淀粉或糊化淀粉）的接枝共聚可用铈离子引发，制得含 40%～75%聚丙烯甲酯量的接枝共聚物，其中均聚物 7%～20%。甲基丙烯酸烷酯与淀粉的接枝共聚，可用各种游离基引发体系，且具有良好的接枝效率，如用过氧化氢—硫酸亚铁—抗坏血酸体系、高铈离子、过氧化氢—亚铁离子，或臭氧处理，或过钒酸钾引发。

4）*其他接枝共聚产品* 除以上介绍的接枝共聚物之外，还有以乙酸乙烯为单体，以丙烯酸和丙烯酰胺、甲基丙烯酸和乙酸乙烯、丙烯酸甲酯和丙烯酰胺合并共聚的。例如，乙酸乙烯用^{60}Co引发和淀粉接枝共聚，吸收剂量为 101μGy 时，所得共聚物接枝百分率为 35%，接枝效率为 40%。

将经物理改性后的玉米淀粉和水置于四口烧瓶中，搅拌均匀后通氮气 10～20min，预热至一定温度，加入过硫酸铵作引发剂，30min后缓慢滴加乙酸乙烯酯，在预定温度下恒温2～3h，然后加入2～3滴5%的对苯二酚溶液，倒出生成物，烘干得到淀粉-乙酸乙烯酯接枝共聚物。

淀粉-丙烯酸-丙烯酰胺共聚物合成工艺：丙烯酸用氢氧化钠溶液中和（中和度为80%），加入丙烯酰胺、玉米淀粉及碳酸钙，搅拌，缓慢升温至50℃，加入引发剂，充分搅拌后倒入搪瓷盘中，置于80℃干燥箱中聚合、干燥，经粉碎后即可得到产品。

4.4.2.7 两性及多元变性淀粉

两性及多元变性淀粉的合成分两步法和一步法。两步法是在两个反应中分别引入阴离子和阳离子基团，阴离子化过程包括磷酸酯化、硫酸酯化和羧基化等，目前研究多集中在磷酸酯化及羧基化，而阳离子化是指淀粉与含有氨基、亚氨基及铵等的试剂反应，从而显示正电性的过程，通常在商业中广泛使用的衍生物是季铵类醚化物。一步法反应中阴、阳离子化同时进行，可简化反应及后处理过程。但由于阴、阳离子化试剂间可能存在相互作用及反应条件不同，会给此过程的应用带来一定的限制。

陈夫山等人研究了两性淀粉在中性条件下对漂白麦草浆的助流作用，两性淀粉阴离子取代度在0.024～0.026时，随着两性淀粉阳离子取代度的增加，填料留着率增加，加入1%的两性淀粉，填料留着率可从38%提高到73.1%。张有全等人采用一步法制备的两性淀粉作为增强剂应用于废纸浆抄纸中，可使耐破指数、抗张指数及裂断长最大提高分别为54.81%、42.76%、37.53%。另外，多元改性淀粉还广泛用于纺织、水处理、食品和医药等工业领域。

4.4.3 生物变性淀粉

生物变性淀粉是指通过生物方法处理淀粉得到的精细化工产品，如酶降解淀粉、酶处理环糊精及淀粉发酵制品等。

4.4.3.1 抗性淀粉

1993年，Euresta将抗性淀粉定义为：不被健康人体小肠所吸收的淀粉及其分解物的总称。还有学者将抗性淀粉定义为：一种不能在人体小肠中消化、吸收，而可以在大肠中被微生物菌丛发酵的淀粉。上述两种定义虽然略有差异，其本质具有共同性，即说明了此种淀粉的抗酶解特性。抗性实际指的就是抗小肠内淀粉酶的作用。

（1）抗性淀粉的形成机制 抗性淀粉在工业上应用必须具备两个先决条件：一是对淀粉分解酶有抗性；二是对热稳定，在一般烹煮中不易被破坏。Eerlingen和Delcour等提出了两种抗性淀粉的形成模式：微胞体模式（micelle model）及层状模式（lamella model）。微胞体模式主要是直链淀粉在回凝过程中，彼此间形成双螺旋结合，而不同的微胞体，由直链淀粉未形成双螺旋的链相接在一起，最后成为一个较紧密的结晶区域。层状模式主要是直链淀粉在回凝过程中，凝集的双螺旋聚合链发生了折叠的现象，形成层状的紧密结构。

（2）抗性淀粉制备的典型工艺

1）热处理方法制备抗性淀粉

①平衡水分含量湿热处理制备抗性淀粉。热处理是食品加工中常用的工艺手段，因此，研究湿热处理对淀粉理化性能的影响具有较强的现实意义。采用不同的热处理温度（100～160℃）处理原淀粉，是制备抗性淀粉的基本工艺之一。

②过量水分含量压热处理制备抗性淀粉。与湿热处理最大的区别是淀粉乳的水分含量，压热处理是在高于平衡水分含量条件下进行的，淀粉经历了充分的糊化、老化过程。因此，有利于抗性淀粉的形成。

2）酶脱支法制备抗性淀粉　通常采用的酶是普鲁兰酶，普鲁兰酶是一种内切酶，能水解支链淀粉、糖原和糊精中的 α-1，6 糖苷键，生成直链淀粉。

①酶用量对普鲁兰酶的作用效果有较大的影响。加大酶用量会使淀粉分子脱支过度形成短的直连淀粉链及低聚糖，无法形成抗性淀粉；酶用量不足，则淀粉分子脱支不完全，支链淀粉的支叉结构阻碍直链淀粉互相接近，同样会降低抗性淀粉的得率。因此，普鲁兰酶脱支的正交实验选择酶用量为 2.0U/g 左右。

②脱支时间对抗性淀粉的得率影响也比较大。脱支时间过短，普鲁兰酶作用不充分，脱支效果差。脱支时间过长则淀粉脱支过度，也使淀粉得率明显降低。因此，脱支时间选择在 8h 左右。

③pH 对抗性淀粉得率的影响较大。抗性淀粉得率随着普鲁兰酶作用 pH 的增加而逐渐增大，当 pH 达到 4.5 时得率最大，继续增加 pH，抗性淀粉得率下降。这表明普鲁兰酶的最适 pH 在 4.5～5.0。

④脱支温度对抗性淀粉得率的影响较小。在 50～65℃，抗性淀粉得率基本稳定，在 60℃时得率稍高。因此，在脱支处理时，可选定 55～60℃进行。

4.4.3.2　缓慢消化淀粉

缓慢消化淀粉指能在小肠中被完全消化吸收但速度较慢的淀粉，主要指一些生的未经糊化的淀粉。国外对缓慢消化淀粉的加工与生产方法已有许多报道，但国内目前尚未见报道。现主要有如下 4 种方法可制备缓慢消化淀粉。

（1）**热处理**　包括热液处理、微波加热等方法。S. I. Shin 等报道将甘薯淀粉的水分含量调整到 50%，并在温度 55℃加热处理 12h 后形成最高含量为 31%的缓慢消化非糊化淀粉粒。A. K. Andersona 等把蜡质大米淀粉和非蜡质大米淀粉水分调到 20%后，在淀粉结晶区的熔融温度下采用微波加热 60min 后，得到热稳定性较好的缓慢消化淀粉。

（2）**酶脱支处理**　H. S. Guraya 等采用普鲁兰酶脱支处理大米淀粉制备缓慢消化淀粉，其制备工艺为：每 100g 蜡质淀粉用 2g 或 10g 普鲁兰酶处理不同时间后在 1℃储藏，可获得不同得率的缓慢消化淀粉。Hamaker B. R. 等报道，天然淀粉或商业化淀粉通过控制 α-淀粉酶水解制备缓慢消化淀粉。

（3）**化学变性**　B. W. Wolf 等采用普通淀粉（直链淀粉 27%）、蜡质玉米和角质蜡质玉米（直链淀粉 0%）及高直链淀粉（直链淀粉 50%），经过环氧丙烷交联或糊精化改性来制备缓慢消化淀粉。S. I. Shin 等采用柠檬酸处理大米淀粉制备缓慢消化淀粉，通过相应曲面方程优化得到的反应条件为：反应温度 128.4℃，反应时间 13.8h，柠檬酸 2.62mmol，淀粉 20g。

（4）**复合变性** 主要有酶法-物理法、交联-醚化法、酯化-物理法等。Xianzhong Han 等通过将普通玉米淀粉糊化后进行压热和酶水解复合处理来开发一种热稳定的低血糖淀粉。Jungah Han 等把蜡质玉米淀粉先交联再羟丙基化或乙酰化处理得到的缓慢消化淀粉比单一交联处理多，且交联-羟丙基化改性得到缓慢消化淀粉最高含量为 21%。同时将不同淀粉先后经过辛烯基琥珀酸酐酯化和干热处理后得到缓慢消化淀粉含量分别为：蜡质玉米 47%，普通玉米 38%，木薯 46%，马铃薯 33%。

4.4.3.3 难消化糊精

难消化糊精是一种低热量葡聚糖，由淀粉加工而成，属低分子水溶性膳食纤维。根据膳食纤维含量不同，难消化糊精分为Ⅰ型和Ⅱ型两种。由于其含有抗人体消化酶（如胰淀粉酶、葡萄糖淀粉酶等）作用的难消化成分，在消化道里不会被消化吸收，可直接进入大肠。因此，它是一种低热量食品原料，可作为膳食纤维发挥各种生理功能。在日本，松谷化学工业株式会社开发出了难消化糊精，并取得了日本政府特定保健用食品原料的认定。

制备方法：难消化糊精，是各种淀粉在盐酸存在下，粉末状态在 130～180℃的高温下加热分解，变成焙烤糊精。把焙烤糊精溶解在水中，和普通糊精一样经过 α-淀粉酶的水解，再通过活性炭的脱色、离子交换树脂的脱盐精制、液体色谱分离装置的分离，最后经过喷雾干燥等工艺制成（难消化糊精含量 85%～95%）。生产工艺流程如下：

淀粉→加酸热解→酶水解→脱色→离子交换→浓缩→喷雾干燥→Ⅰ型难消化糊精→酶水解→色谱柱分离→Ⅱ型难消化糊精

4.4.3.4 环状糊精

环状糊精又称为环聚葡萄糖、Schardinger 糊精等，是环糊精糖基转移酶作用于淀粉生成由 6 个以上葡萄糖通过 α-1，4-糖苷键连接而成的环状低聚麦芽糖。环状糊精一般由6～12个葡萄糖组成，其中以含 6～8 个葡萄糖的 α-CD、β-CD 和 γ-CD 最为常见。环状糊精分子结构是由脱水葡萄糖单位组成的分子洞穴结构，分子洞穴内表面呈疏水性，外表面呈亲水性，因此其分子空腔具有包接客体分子的独特功能。

制备方法：关于环状糊精的制备方法已有很多报道，但都为酶法生产，化学合成的方法成本较高，目前还未见有报道。目前日本在环状糊精的生产与应用方面处于世界领先地位，是国际市场环状糊精的主要出口国。催化淀粉水解成环状糊精的环糊精糖基转移酶（CGTase）是一种有几种催化功能的多糖合成酶，可从多种微生物中获得，但目前常用于工业化生产的菌种一般只有软腐芽孢杆菌、嗜碱芽孢杆菌、嗜脂芽孢杆菌等少数几种。环状糊精的生产过程通常包括三个主要阶段：一是制备生产环状糊精的 CGTase；二是利用该酶将淀粉糊水解产生环状糊精；三是环状糊精的提取和精制。制备环状糊精的底物原料包括玉米淀粉、木薯淀粉和马铃薯淀粉等，不同原料的环状糊精收率不同。

4.4.4 复合变性淀粉

采用两种以上处理方法得到的变性淀粉称为复合变性淀粉。这样生产出来的产品集两种变性方法的优点于一体，产品的质量大大地提高，如氧化交联、酯化交联等。胡剑等采用氧化法制备超顺磁性高直链交联淀粉及高直链交联羧甲基淀粉，通过X-衍射、扫描电镜、古埃磁天平分析结果表明，氧化法生成磁性离子体达到纳米级（11.16～31.26nm），在淀粉中分布比较均匀，经交联羧甲基化改性后制备磁性淀粉中磁性粒子磁化率，相比交联改性后制备磁性淀粉中磁性粒子提高3～4倍。冯承、张燕萍用滚筒干燥法快速制备交联羧甲基淀粉，并对产品相关性能进行研究，该法制得交联羧甲基淀粉，其黏度、黏度稳定性、吸水性及抗压保水性能优异。鲁玉侠在催化剂6%氢氧化钠水溶液存在下，以玉米淀粉为原料，以环氧氯丙烷为交联剂，以N-（2，3环氧丙基）-三甲基氯化铵为阳离子化试剂（GTA），制备交联阳离子淀粉（CCS），制得交联阳离子淀粉对某些阴离子具有优异脱色效果。陈永胜等以次氯酸钠为氧化剂制备氧化淀粉，淀粉经氧化处理后，引入羧基基团，淀粉糊黏度降低，流动性高，透明度增加，凝沉性较弱，表现出良好流动性、成膜性等性能。曾洁等研究酶解对玉米氧化淀粉应用性质影响，玉米淀粉采用少量次氯酸钠氧化和α-淀粉酶水解处理，在酶浓度为0.015%以下，温度60～65℃，酶反应时间为0～8min时，可得粉状颗粒产品。测定结果表明，淀粉抗老化性、抗凝沉性及耐酸性得到极大改善。

当前变性技术的前沿是发展组合变性技术，如将酸变性、氧化变性与衍生取代结合；衍生取代与交联作用结合；预糊化后再进行接枝反应等。

4.5 变性淀粉质量控制和产品标准

4.5.1 变性淀粉通用的质量评价方法

4.5.1.1 颗粒特性

不同来源和种类的淀粉一般具有特定的颗粒形貌，可用于对淀粉的来源和特性进行初步判断。淀粉经过变性处理后，一般会造成颗粒特性的改变，而这些改变往往又与淀粉的性质变化密切相关，在实际测定中可采用光学显微镜、偏光显微镜、电子显微镜以及原子力显微镜进行观察，比较与原淀粉的差异，从而为研究变性后淀粉的性质变化提供依据。

4.5.1.2 热焓特性

分析淀粉的热焓特性可采用TG（热-重分析）、DTA（差热分析）和DSC（差示扫描量热分析）等方法进行，其中最普遍采用的方法是DSC法。淀粉在相变过程（糊化、老化、玻璃花转变、复合物形成等）中要吸收或放出能量，这些过程在DSC曲线上表现为吸热峰或放热峰，峰面积的大小与相变的焓值对应。原淀粉进行DSC测定时，特征峰的参数是相对固定的，而经过变性处理后，无论是相变焓值还是出峰位置及参数都将发生变化，据此可对淀粉的糊化、老化及玻璃化转变等特性进行分析和推断。

4.5.1.3 结晶特性

淀粉是典型的二相结构，颗粒内具有结晶区和不定型区。一般原淀粉的结晶区占25%～30%，不定型区占70%～75%。对淀粉进行变性处理后，将在一定程度上改变原淀粉结晶区和不定型区的结构和比例，从而对淀粉的性质产生影响。一般可通过X射线衍射分析的方法测定淀粉的结晶度，从而反映改性对淀粉结晶特性的影响。通常测定淀粉的结晶度应在平衡水含量进行，水分过高或过低都将影响测定结果的准确性。

4.5.1.4 糊的性质

（1）**黏度** 黏度是反映淀粉性质的重要指标，其测定可用恩氏黏度计、流度计、毛细管黏度计、旋转黏度计等仪器进行。其中以后两种方法测定的黏度作为依据最为理想，也符合国际标准的要求。但后两种仪器价格昂贵，维修及运行成本较高。变性淀粉糊为非牛顿流体性质，其黏度测定不太适合用管式黏度计。因此，一般测定可采用旋转黏度计进行。测定过程中要注意取样浓度、糊化方式和步骤、温度、转子规格、转速等对测定结果的影响。

（2）**溶解性** 淀粉分子有众多的羟基，亲水性很强，但淀粉颗粒却不溶于水，这是因为羟基之间通过氢键结合的缘故。在实际应用中，是把淀粉溶解于一定温度的水中，使其分散成均一稳定的淀粉糊。在此过程中天然淀粉发生溶胀，直链淀粉分子从淀粉粒中向水中扩散，形成胶体溶液，而支链淀粉则仍保留在淀粉粒中。这是由于天然淀粉中的支链淀粉构成连续有序的立体网络，直链淀粉螺旋分子伸展成直线形分散于其中。当形成的胶体溶液冷却后，直链淀粉即沉淀析出，不能再分散于热水中；如果溶胀后的淀粉粒在热水中再加热，支链淀粉便分散成稳定的黏稠胶体溶液，冷却后也无变化。淀粉的溶解特性测定：通常将一定质量淀粉分散在水中形成淀粉乳，置于离心管中，在一定温度下水浴加热30min，然后离心，将上清液于130℃烘干并称重。溶解率用上清液干重与起始淀粉质量比值来表示。

（3）**膨胀力** 淀粉吸收膨胀能力在不同品种之间存在差别。膨胀力的测定：分散一定质量的淀粉于水中形成淀粉乳，置于离心管中，在一定温度下水浴加热30min，然后离心。膨胀力为湿淀粉质量与起始淀粉质量比值。

（4）**透明度** 在一些食品的加工中要求淀粉具有较好的透明度，以使食品具有良好的色泽和质地。淀粉透明度的测定：一般将淀粉配成1%（质量浓度）的淀粉乳，放入沸水中加热糊化并保温15min，冷却至室温或放入冰箱内降温至4℃，用722型光栅分光光度计，以蒸馏水为空白，在波长650nm处测其透光率。同一样品测定3次，取平均值。以透光率来表示淀粉糊的透明度，透光率越高，糊的透明度也越高。

4.5.2 变性淀粉主要标准

标准号	标准名称	标准内容	适用范围
GB/T20375—2006	变性淀粉 羧甲基淀粉中羧甲基含量的测定	规定了羟甲基淀粉中羟甲基含量的测定方法	适用于测定羟甲基质量分数为1.6%～10.0%之间的样品
GB/T20374—2006	变性淀粉 氧化淀粉羧基含量的测定	规定了氧化淀粉羧基含量的测定方法	适用于测定羧基含量最高质量分数为1%的样品
GB/T20376—2006	变性淀粉中羟丙基含量的测定 质子核磁共振波谱法	规定了用核磁共振波谱法测定颗粒状变性淀粉中羟丙基含量的方法	—
GB/T20373—2006	变性淀粉中乙酰基含量的测定 酶法	规定了用酶法制定颗粒和冷水可溶性变性淀粉中乙酰基含量的方法。可测定总的和游离的乙酰基含量，通过计算得结合的乙酰基含量	适用于测定乙酰基含量不超过质量分数的2%的样品
GB/T20377—2006	变性淀粉 乙酰化二淀粉己二酸酯中己二酸含量的测定 气相色谱法	规定了气相色谱法测定乙酰化二淀粉己二酸酯中己二酸总量和游离量的测定方法	—

第5章 马铃薯淀粉加工废水废渣处理与资源化利用技术

5.1 马铃薯废渣处理与资源化利用技术

马铃薯淀粉所具有的优良特性，使其在食品、化工、纺织、医药、饲料、造纸等许多方面得到广泛的应用。改革开放以后，我国淀粉工业发展较快，平均年增长率为14%，2005年，全国淀粉总产量已达700万t。近年来，马铃薯淀粉生产发展迅速，生产规模向大型化发展。目前，全国马铃薯淀粉生产能力约为80万t。然而，由于提取淀粉后的淀粉渣含有大量水分，水分含量高达87%～92%，渣中水分不仅紧紧结合在纤维和果胶上，而且未破坏的细胞也能通过细胞膜吸收水分，并具有很高的黏性；淀粉颗粒、纤维等物质相互重叠，阻塞了排水的物理通道；各种胶体物质均匀分布，有一定的黏稠性以及表面张力和各固相物质间的毛细管作用等，增加了排水阻力；蛋白质和大多数胶体物质的亲水性以及纤维表面的负电荷和水中的正电荷相互吸引，分子间和离子间的作用力，使固液分离困难；另外，还有纤维的重吸现象。因此，要采用机械方法除去水分是很困难的。马铃薯加工渣量很大，一般每生产1t淀粉产生6.5t废渣，渣里含有蛋白质、氨基酸、糖类等物质，易被微生物利用，造成严重的环境污染。

据报道，可利用薯渣的主要微生物有33种（28种细菌、4种真菌、1种酵母），有的是需氧型，有的是厌氧型。如果将渣排放到水域或田里，将导致严重的环境污染问题。废渣液中COD平均值为40 000～50 000mg/L，按我国污水排放标准，一级标准COD在100mg/L以下。因此，每立方米废水排放到水中，将会造成200～250m^{3}地表水COD值超标。在加工旺季，果渣和薯渣相对集中，渣皮堆积如山，很易被微生物分解，腐烂发臭，严重污染环境。所以，将薯渣和果渣进行处理利用，作为开辟蛋白饲料的新资源，变废为宝，不仅减少环境污染，而且具有较好的社会效益和经济效益。

国外研究了利用马铃薯淀粉厂的废水、废渣和小麦淀粉厂的废水发酵生产啤酒酵母、纤维素酶、乙醇、丁醇、羧甲基纤维素酸、木聚糖酶等。通过发酵生产的酶，再将土豆纤维水解成葡萄糖、木糖，然后利用水解产物生产单细胞蛋白。国内也进行了利用混菌固态发酵薯渣生产单细胞蛋白的研究，即添加少量麸皮和尿素，利用几种菌种不同的生物特性，混合发酵24h，使产品粗蛋白含量升高。据报道，有的蛋白含量能达到42%以上。

此外，也可采用物理和化学方法处理。由于薯渣含水率高达90%，目前采用高温高压处理，而后忽然减压，使细胞壁粉粒破坏，然后进行喷雾干燥，得含水率<10%的薯渣粉料。另一方法是薯渣在常压高温下，被转化为胶体，这种胶可部分或完全取代目前所用的化学合成胶制造纤维板。这种胶无毒，并且可完全生物降解，不会造成工业污染。

上述这些方法大多还在实验阶段，个别在小试阶段。这些工艺方法各有利弊，但还不具备大规模投入实际生产的条件，其主要原因是投资大、不经济、效益差。在环境保护和能源危机的双重冲击下，资源的综合化利用成为新的发展趋势。而作为一种可深入利用的资源，马铃薯薯渣有以下几个明显的特点：

1）量大、集中，便于收集和加工；

2）含有大量的有机质、氨基酸、糖分、Ca、Mg、Si及各种微量元素；

3）量大，用一般方法难以处理。

马铃薯薯渣处理势在必行，而我国马铃薯淀粉加工企业规模小，季节性加工，一般的发酵设备和水处理设备及工艺也不适宜马铃薯淀粉厂的废渣、废水处理。因此，必须根据马铃薯薯渣的特点，设计出投资小、管理费用低、运行可靠的工艺和设备才能满足目前的需要。

5.1.1 马铃薯淀粉加工废渣的特征

5.1.1.1 主要成分

马铃薯渣主要含有水、细胞碎片、残余淀粉颗粒和薯皮细胞或细胞结合物，其化学成分包括淀粉、纤维素、半纤维素、果胶、游离氨基酸、寡肽、多肽和灰分。有些资料还认为含有阿拉伯半乳糖。其成分与含量在不同的资料中略有不同，但可以肯定其中的残余淀粉含量较高，纤维素、果胶含量也较高。马铃薯渣干物质成分如表5-1所示。

表5-1 马铃薯废渣干物质成分

成分	纤维	半纤维	淀粉	蛋白	果胶	灰分与其他
含量（%）	20～25	10～15	30～40	4～5	15～20	0.3～0.5

5.1.1.2 流体性质

薯渣含水量很高，达80%左右，但不具备液态流体性质，而表现出典型胶体的理化特性。从胶体中除去水分是非常困难的，成本高、耗能多。如果加压去除约10%的水分，体系就表现出类似蛋白软糖的性质。水分虽然不是牢固地与细胞壁碎片中的纤维和果胶结合，但是它被嵌入在残余完整细胞中，需要通过细胞膜交换到外界除去。有报道显示可以通过加入细胞壁降解酶来解决这个问题，但是薯渣的量很大，从成本的角度考虑，这种方法并不可行。

5.1.1.3 微生物性质

F. Mayer和J. O. Hillebrandt通过培养基筛选，发现薯渣中的自带菌共15类33种菌种，其中28种细菌、4种霉菌和1种酵母菌。由于薯渣中含有多种微生物，因此，除去薯渣中的水分，使其转化成利于长期储存，抗微生物污染的形式是非常必要的，也利于运输和进一步利用。

5.1.2 马铃薯淀粉加工废渣的资源化利用技术

对于薯渣的利用，国内外学者做了多方面的尝试，用薯渣来生产酶、酒精、饲料、可降解塑料，以及制作柠檬酸钙，制取麦芽糖，提取低脂果胶，制作醋、酱油、白酒，制备膳食纤维等。目前，对于马铃薯渣的开发主要包括发酵法、理化法和混合法。发酵法是用马铃薯渣作为培养基，引入微生物进行发酵，制备各种生物制剂和有机物料；理化法是用物理、化学和酶法对薯渣进行处理或从薯渣中提取有效成分；混合法是把酶处理和发酵两种方法综合。国内对于马铃薯渣的处理利用研究还处于起步阶段，主要集中在提取有效成分如膳食纤维、果胶等及作为发酵培养基。

5.1.2.1 马铃薯薯渣国内外研究现状

马铃薯薯渣自身的特点为其综合利用造成了一定困难，其含水量大且水渣结合紧密，用普通方法难以分离，用烘干法能耗较大得不偿失，即使分离出薯渣，由于其粗纤维含量高，蛋白含量低，质量差，直接作饲料，动物也不易消化吸收。因此，对于薯渣的利用，国内外学者做了多方面的尝试和研究探讨。

（1）国外研究现状 如美国一年马铃薯加工企业的废弃物达450多万t，且数量逐渐增长，已经超过目前废弃物处理方法的负荷。因此，国外对废弃物处理的研究非常重视，也取得了一些研究成果。

1）生产酒精　在国外，薯渣最多的利用是将其通过生物发酵的方法生产燃料级酒精。在Grand Forks，North Dakota每天产生770t的薯渣，若将这些薯渣充分利用，能转换成将近4万t的燃料级酒精，具有较高的经济价值。工艺流程：首先将薯渣变成小颗粒，经加热，调节PH后用多种酶进行处理，随后将淀粉还原成糊精，冷却，再添加另一种酶将糊精还原成糖，糖经酵母发酵成酒精。酒精蒸馏去水后进一步脱水，可作为动物饲料。P. K. R. Kumar等接种镰刀菌（*Fusarium oxysporuni* 841）分批补料发酵马铃薯渣，将其转化成乙酸和酒精，并对分批补料发酵中补料、补氮、通气的时间间隔及羧甲基酶、纤维素、木聚糖酶的活性和产量做了详细地研究。

2）生产酶　U. Klingspohn等用稀硫酸处理马铃薯淀粉渣，通过离心机分离，将果胶和淀粉从纤维素及半纤维素中分离出来，以分离的纤维素及半纤维素和马铃薯废汁液为培养基，接种里氏木霉（*Trichodema reesei*）生产纤维素酶。另外，U. Klingspohn等还利用康氏木霉（*Trichoderma*）水解成葡萄糖、木糖，然后利用水解产物生产单细胞蛋白。S. S. Yang利用薯渣等富含纤维素的废弃物，添加20%米糠、2.5%（$(NH_4)_2SO_4$）、1.0% $CaCO_3$、2% $MgSO_4 \cdot 7H_2O$、0.5% KH_2PO_4 以及少量氨基酸配制培养基，培养基水分含量保持在64%～67%，利用链霉菌对其在25～30℃条件下进行固态发酵生产土霉素进行了研究。

3）生产饲料　1970 年以后，日本大部分淀粉厂都建立了饲料加工厂或饲料加工车间。如北海道羊蹄淀粉饲料厂日处理马铃薯 1 000t，产 200t 淀粉，50t 饲料，饲料中主要成分是马铃薯淀粉渣，其次是含量 18%的蛋白质，这都是从加工淀粉的废弃物中分离出来的。湿粉渣经过脱水、干燥，与浓缩蛋白混合，再经过干燥、粉碎制成精饲料。

4）生产可降解塑料　美国伊利诺伊州的 Argonne 国家试验室从 1988 年开始就致力于这方面的研究。这项研究首先将马铃薯渣等含淀粉的废弃物在高温条件下经 α-淀粉酶处理，将长链的淀粉分子转化为短链，再经过葡萄淀粉酶糖化成葡萄糖。葡萄糖经乳酸菌发酵 48h 后，95%的葡萄糖转化为乳酸，发酵后乳酸经过炭滤进一步纯化制成可降解的塑料。关于这方面的研究，Argonne 国家试验室还在一直不断地改进和更新这项技术。

（2）国内研究现状

1）制作醋、酱油、白酒　高平等研究了利用薯渣制作醋的加工工艺，工艺流程如下：

薯渣配料→润水→蒸料→冷却→加曲、酵母→糖化、酒精发酵→翻醅→醋酸→发酵→成熟加盐→熏醅→淋醋→陈酿→杀菌→包装→成品

张福元、武淑贤也对薯渣制作食醋的加工工艺进行了研究，结果表明，100kg 干薯渣出饴糖 40～50kg，这些饴糖可进一步酿造出 300～400kg 4°食醋。

2）制备膳食纤维、果胶　吕金顺等对马铃薯提取淀粉后的薯渣，进行了开发研究，利用其制备膳食纤维，其工艺流程为：

马铃薯渣→除杂→α-淀粉酶解→酸解→碱解功能化→漂白→冷冻干燥→超微粉碎→成品→包装

按此工艺生产的产品具有较好的生理功能。

靳利娥等也在利用马铃薯薯渣制备膳食纤维方面进行了研究。其利用生物蛋白酶和脂肪酶对生产马铃薯淀粉过程中产生的马铃薯渣在近中性条件下进行水解，制备成高纯的食用性马铃薯纤维粉，产量高达 57.8%。在加工过程中，所用试剂在食品中残留量为零，这种纤维粉可以直接食用，也可加入微量元素制备成强化食用纤维粉。

陈改荣等对利用盐沉淀法从马铃薯渣中提取果胶的加工工艺进行了研究，其工艺是以马铃薯渣为原料，采用水溶液萃取、硫酸铝提取果胶的方法，探讨了萃取温度、萃取时间、萃取液量、溶液 pH 及硫酸铝用量对果胶产量的影响，获得了适宜的加工工艺条件。郑燕玉等研究了利用微波法从马铃薯渣中提取果胶的工艺，以马铃薯渣为原料，在微波条件下，用稀硫酸溶液萃取硫酸铝沉淀提取果胶，探讨了料液比、微波功率、加热时间等参数对果胶产量的影响，获得试验的最佳工艺条件。

3）生产饲料及蛋白饲料　高平等对利用马铃薯渣加工干饲料的工艺进行了研究，其工艺是：将含水 90%的湿粉渣送至带搅拌的收集器中，同时加入石灰乳，压榨脱水至 20%～25%的干物质含量，细胞液采用等电点分离法分离出大多数的蛋白质，分离出的蛋白质重新回填，与浓缩后的物料混合进行气流干燥，即得薯渣干饲料。

在国内，对利用农副产品加工废弃物生产蛋白饲料的研究较为深入的是广东省微生物研究所，他们进行了以豆渣、生产柠檬酸的废渣、玉米淀粉厂的废渣、甜菜渣、酒糟、啤酒糟、各类薯渣等为原料生产蛋白饲料的研究。甘肃农业大学食品工程系员建民、史琦云等以马铃薯渣为原料，采用固态发酵法对生产菌体蛋白饲料的糖化菌种进行了优选，该试

验以马铃薯渣为主料采用微生物多菌协生固态发酵技术，先经糖化菌糖化、α-淀粉酶液化，使大分子碳源降解，再接入SCP菌发酵、干燥、精制等一系列工艺，试制出菌体蛋白饲料。王雅等对马铃薯渣菌体蛋白饲料的应用原理、利用价值及其应用前景进行了初步分析，认为随着马铃薯加工业的迅速发展，产生的薯渣也在逐年增加，这为马铃薯菌体蛋白饲料生产提供了充足的原料资源，利用薯渣生产马铃薯菌体蛋白饲料具有很大的市场潜力，前景十分可观。

（3）存在的问题

1）马铃薯渣的前处理问题　含水量90%以上的马铃薯废渣，不能作为固态培养基直接利用，须将其含水量调到65%～75%。由于薯渣黏性很高，不易分离，采用沉淀、过滤等简单的处理方法难以达到培养基要求的含水量，因而，生产过程中须采用一定的设备处理。以前对于马铃薯渣的利用，多数是考虑将其烘干、烘碎后再利用，这样势必造成很高的能耗，得不偿失。

2）培养料的灭菌问题　马铃薯薯渣中含有大量有机物，适合多种微生物生长繁殖。通过对取自山西嘉利淀粉有限公司薯渣成分进行分析，结果为干基薯渣含粗蛋白5.0%，粗纤维5.5%，灰分1.4%，总糖2%，还原糖1.3%。这一方面说明马铃薯薯渣是微生物良好的培养基，适合多种微生物生长繁殖，另一方面也给纯种培养带来困难。要使优势微生物生长良好，必须杀灭或抑制杂菌生长繁殖。如果采用高温灭菌，必造成大量能源消耗，使成本大大增加。若采用生料发酵，则必须选择合适的菌种，使其在生长过程中成为优势菌种，从而达到抑制杂菌生长的目的。

3）菌种筛选及发酵条件的控制问题　在传统固体发酵技术的基础上，发展到生产高蛋白含量的饲料，其发展主要是微生物技术的应用和生产工艺的突破，而优良菌种的筛选和培养正是关键所在，除了传统的发酵菌株外，菌种的筛选还要符合下列条件：①繁殖速度快，菌体蛋白含量高；②能较好同化基质碳源和无机氮源；③无毒性和致病性；④菌种性能稳定，抗杂菌的能力强。

4）其他　固态发酵的自动化控制、机械化程度及工程参数模型的建立等问题。目前关于固态发酵自动化问题及固态发酵系统的数学模型问题的资料报道较少，在此方面还存在很多问题需进一步研究探索。

5.1.2.2　生产马铃薯渣高蛋白饲料

用马铃薯废渣生产蛋白饲料，国内外都有些研究。马铃薯渣微生物蛋白饲料主要是指在适宜的条件下，以马铃薯废渣为主要原料，利用微生物发酵，在短时间内生产大量的微生物蛋白，使马铃薯渣中粗纤维、粗淀粉降解，提高蛋白质的含量。发酵后的马铃薯渣微生物蛋白氨基酸种类齐全，含有多种维生素和生物酶。由此可见，马铃薯废渣经微生物发酵后，畜禽对薯渣的消化率、吸收率和利用率都大大提高，增强了马铃薯废渣的生物学效价。过去人们为了提高饲料对畜禽的促生长作用，一般在饲料中添加一些药物，但是这些药物作为饲料添加剂被畜禽食用，畜禽并不能完全分解，它们会在畜禽产品中残留，这对消费者健康有不利的影响。而马铃薯渣微生物蛋白饲料是经过有益微生物发酵而得到的一种天然微生物饲料，其中含有许多活的或死的微生物以及其发酵产物，这些物质在饲料中被称作“益生素”，可加强畜禽肠道良性微生物的屏障功能，减少病害，加快畜禽的生长。

从经济学方面来考虑，马铃薯渣微生物蛋白饲料投资少，效益高。因为它的原料是来自马铃薯深加工过程中的下脚料：薯渣和废液，这些原料成本很低。而经微生物发酵生产出的马铃薯渣微生物蛋白，不但在质量上优于豆饼、鱼粉和苜蓿草粉，而且使用成本也远远低于它们。据计算，在蛋白质含量相同的情况下，1t 马铃薯渣微生物蛋白饲料比苜蓿草粉多赚 425.6 元，更不用提豆饼和鱼粉了。

从生态环境角度考虑，马铃薯废渣是微生物生长繁殖的良好营养源，若直接排放，会对空气和环境造成极大的污染，并有可能给生物带来病害。而用马铃薯渣生产微生物饲料蛋白的整个环节均不会造成环境污染，并且通过条件控制，有害微生物得到控制。另外，马铃薯渣蛋白饲料包装密封后，放置时间越长，产生的醇香味越浓郁，畜禽非常喜食，适口性好。因此，马铃薯渣蛋白饲料是一种环保良好的蛋白饲料。

从资源方面来考虑，中国马铃薯种植面积广，年产量可达 6 000 多万 t。随着马铃薯产业的发展，产生的马铃薯渣也将逐年增加，这为马铃薯渣微生物蛋白的生产提供了充足的原料。随着人们生活水平的提高，对动物蛋白质的摄取量也逐渐增加，养殖规模在迅速扩大，同时对蛋白饲料的需求量势必要增加。因此，马铃薯渣微生物蛋白饲料不但具有丰富的原料资源，而且具有广阔的市场潜力，前景非常可观。

马铃薯鲜渣或干渣均可直接作饲料，但蛋白质含量低，粗纤维含量高，适口性差，饲料品质低。研究表明，通过微生物发酵处理可大幅度提高薯渣的蛋白含量，从发酵前干重的 4.62%增加到 57.49%。另外，微生物发酵可改善粗纤维结构，并产生淡淡的香味，增加适口度。用含 30%的马铃薯渣发酵蛋白饲料部分替代肉兔饲料，可提高肉兔的日增重，且不影响兔肉品质和兔的免疫功能。30%的马铃薯渣发酵蛋白饲料与沙棘嫩枝叶配合使用，可提高兔肉蛋白质及脂肪含量，改善兔肉品质。采用不同的微生物，其生产的工艺也不同。目前用于处理马铃薯渣，通过发酵生产单细胞蛋白所使用的微生物主要是真菌和酵母菌。

普遍使用的工艺流程如下：

配料 → 蒸料（121℃，30min）→ 冷却（45℃）→ 加麦麸、黑曲霉 →
培养（26℃，2～3d）→ 糖化液化（60～65℃）→ 灭菌（100℃）→ 冷却 →
单菌种或混合菌种接种 → 固体发酵（28℃）→ 发酵产物 → 干燥 → 粉碎 → 成品

以上工艺中前半部分为菌种的培养过程，后半部分为接种发酵和产品获得过程。下面举例介绍马铃薯淀粉生产废渣利用固态发酵生产蛋白饲料的工艺。

例 1：马铃薯渣固态发酵生产蛋白饲料

（1）马铃薯发酵蛋白饲料发酵菌种的筛选 马铃薯渣经压榨脱水后，添加不同量的麸皮、不同种类不同添加量的氮源，将 4 株菌株分别单独接种与复合接种，置于培养箱中，于 28～30℃条件下进行发酵试验，培养基含水量 65%～70%，料层厚度 4～5cm，发酵 24h 对物料搅拌 1 次。试验过程中物料干燥，适当喷洒无菌水，发酵 48h 后于 60～70℃条件下进行干燥，干燥至 6%～8%水分含量，对产品的粗蛋白含量进行测定，以粗蛋白含量值为判定指标从而确定适合薯渣发酵的优良菌种。由结果分析可以获得菌种T-1作为薯渣的糖化菌种，菌种D-1为薯渣的产蛋白菌种。T-1菌丛呈黑褐色，顶囊呈大球型，小梗分枝，孢子呈球形（图5-1）；D-1菌株在显微镜下单个细胞呈圆柱形（图5-2）。

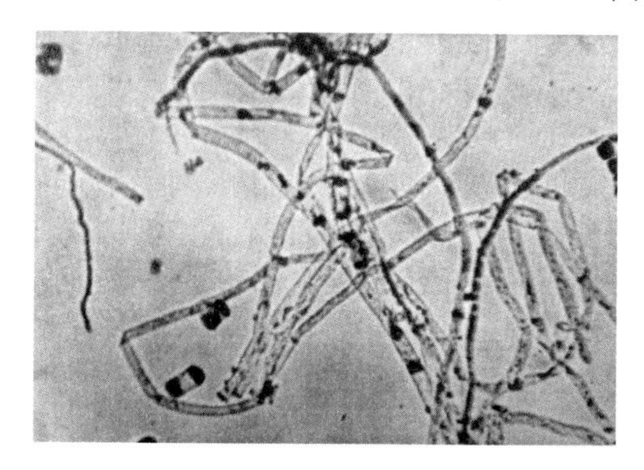

图5-1　菌种T-1的细胞结构

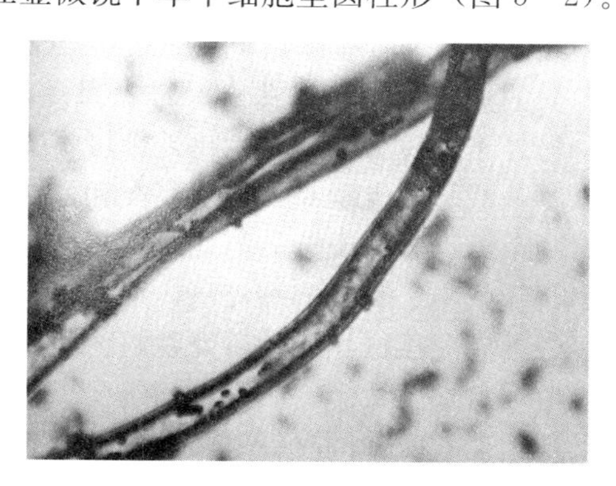

图5-2　菌种D-1的细胞结构

(2) 马铃薯蛋白饲料固态发酵工艺及产品营养和安全性　以马铃薯淀粉生产中产生的薯渣为主要原料，利用筛选的菌种对薯渣进行固态发酵生产蛋白饲料。选用筛选的菌种，添加1.5%的硫酸铵，1.5%的尿素，菌种T-1的接种量5%，菌种D-1的接种量为20%，在29.6℃的发酵温度，74%的发酵湿度下发酵54h，获得产品粗蛋白含量的实测平均值为16.67%。粗蛋白即产品中含有氮物质的总称，包括真蛋白和非蛋白含氮物质两部分，非蛋白含氮物质主要包括游离氨基酸、硝酸盐和氨等，评价产品的营养价值应以产品中蛋白质含量来衡量，将发酵产品进行氨基酸测定，其氨基酸的组成变化情况见表5-2。氨基酸总组成含量提高了108%，必需氨基酸组成比原料的必需氨基酸含量提高了97.3%，维生素B_1、维生素B_2的比例也得到了提高，尤其是维生素B_2的含量由原料的0.08%提高到了2.25%。因此，从氨基酸的组成以及维生素含量的变化上看，饲料的营养价值得到了提高，其营养成分的比例更适于饲喂，提高了原料的营养和应用价值。同时，对影响饲料安全性的黄曲霉素、硒、汞、铅、砷等元素进行了测定，测定结果远远小于《饲料卫生标准》(GB13078—2001)的要求，产品的安全性得到了保障。

表5-2　发酵产品的氨基酸含量分析

氨基酸	原料含量	饲料含量	差值	氨基酸	原料含量	饲料含量	差值
天冬氨酸	0.50	1.06	0.56	蛋氨酸	0.10	0.14	0.04
苏氨酸	0.21	0.49	0.28	异亮氨酸	0.23	0.40	0.17
丝氨酸	0.21	0.45	0.24	亮氨酸	0.38	0.83	0.45
谷氨酸	0.44	0.99	0.55	酪氨酸	0.20	0.48	0.28
甘氨酸	0.21	0.50	0.29	苯丙氨酸	0.27	0.51	0.24
丙氨酸	0.18	0.60	0.42	赖氨酸	0.34	0.51	0.17
胱氨酸	0.12	0.23	0.11	组氨酸	0.08	0.15	0.07
缬氨酸	0.35	0.84	0.49	精氨酸	0.19	0.41	0.22
脯氨酸	0.26	0.32	0.06	色氨酸	0.06	0.08	0.02
维生素B_1	0.053	0.24	0.187	维生素B_2	0.08	2.25	2.17

马铃薯渣菌体蛋白饲料是在适宜的培养条件下，以马铃薯渣为主要原料，通过微生物发酵，在短时间内产生大量的菌体蛋白，使薯渣蛋白质含量迅速提高，可从发酵前的4.25 %提高到15%～57.49%，而且，其中纤维素含量相对较高，但经过生物发酵的粗纤维，其木质素与纤维素之间的紧密结合已被破坏，使其中部分纤维素和木质素成为可利用、易消化的饲料营养成分，加之饲料表面有多种菌体产生的胞外消化酶及未知生长因子。另外，马铃薯渣经微生物处理可将薯渣中的纤维素、半纤维素物质降解转化，形成糖类、氨基酸、维生素和大量的酶类和蛋白质。这样的粗纤维不仅自身能被消化吸收，而且还有利于饲料其他成分的消化，大大提高其营养价值。显而易见，发酵后畜禽对薯渣的消化率、吸收率、利用率都提高，从而提高了薯渣的生物学效价。

中国农业机械化科学研究院赵凤敏以马铃薯淀粉厂的废渣为原料，进行了固态发酵生产蛋白饲料加工技术的研究，筛选出了适合马铃薯薯渣发酵的微生物，确定了发酵培养基的最佳工艺参数，同时针对两菌种的微生物学关系进行了理论研究，并对其固态发酵的工艺参数进行了优化。主要研究结论如下：

1）通过采用不同的培养基、不同的培养方式对预筛的10种菌株进行进一步筛选，筛选出两株适合用于马铃薯薯渣固态发酵的菌株T-1和D-1，并通过接种试验，确定了接种方式。试验证明，以产品粗蛋白含量为评定指标，两菌株同时接种的效果好于分别单独接种和两菌株先后接种。

2）通过马铃薯薯渣固态发酵试验，确定了培养基的最佳工艺参数和工艺配比：尿素添加量0.5%，硫酸铵1.5%，过磷酸钙0.75%，麸皮15%，菌株T-1接种量5%，菌株D-1接种量15%。其中，菌株T-1的接种量对发酵效果的影响尤为显著。

3）通过固态发酵的产品粗蛋白含量增加，氨基酸含量提高了108%，其中必需氨基酸含量提高了97.3%；维生素B_1、维生素B_2相对于原料有明显增长，尤其维生素B_2含量由0.08%提高到2.25%，饲料营养价值得到提高。发酵产品烘干后，颜色为淡黄色，物料疏松，适口性得到提高。通过对产品的黄曲霉素、硒、铅、汞、砷等元素测定，均符合饲料的卫生标准。

4）通过借助斜面培养试验、平皿培养试验、定量培养试验、培养观察试验及阻断培养试验等方法对双菌作用机理进行研究，证明筛选出的两菌株之间属于偏利生关系，即无论采用何种试验方法，在两菌株同时接种的情况下，菌株D-1的生长状况均得到明显的改善，而菌株T-1的生长并未受到菌株D-1的影响。

例2：马铃薯渣液态发酵生产蛋白饲料

（1）**马铃薯废渣优良单细胞蛋白菌株的筛选**　优良菌种的选择是利用马铃薯废渣发酵生产微生物蛋白饲料的关键。发酵生产周期的长短、产品蛋白含量的多少及马铃薯废渣转化率的高低最终取决于菌种的性能。筛选的菌种须符合以下要求：

1）能很好地分解利用马铃薯废渣，并且能以马铃薯废渣为底物进行较好的生长、繁殖；

2）繁殖速度快，微生物蛋白含量高；

3）无毒、无致病性；

4）菌种性能稳定。

目前符合上述条件并用于生产微生物蛋白的菌种有藻类、放线菌类、细菌、酵母、霉菌、高等真菌等。其中，白地霉、黑曲霉、米曲霉、绿色木霉、啤酒酵母、热带假丝酵母、产朊假丝酵母等菌种性能较好。但不同菌株对不同底物的分解利用也不一样，由于马铃薯废渣中含有大量的抗性淀粉，因此，首先要筛选出能分解抗性淀粉的菌株。资料表明，黑曲霉、米曲霉和绿色木霉含有丰富的酶系，能分解利用多种纤维素和淀粉。因此，以这三种菌株为实验菌，通过多次驯化培养，从中筛选出能利用并分解马铃薯废渣的优良菌株。又因为啤酒酵母、热带假丝酵母、产朊假丝酵母和白地霉能利用还原糖迅速生长繁殖，且其本身优质蛋白含量很高，所以选择这些菌种作为提高微生物蛋白质含量的二次发酵菌种。

（2）**优良菌株发酵马铃薯废渣生产单细胞蛋白最佳条件的筛选** 微生物生长的营养物质应能满足机体生长、繁殖和各种生理活动的需要，一般有五大要素，即氮源、碳源、无机盐、水和生长因子。

培养基通常指人工配制的适合微生物生长繁殖或积累代谢产物的营养物质。针对不同的微生物和不同的培养目的，则要求不同的培养基。但其配制都要遵循一定的原则，即在设计大规模生产发酵培养基时，还应重视培养基中各成分的来源和价格，应该优先选择来源广泛、价格低廉的培养基，提倡"以粗代精"，"以废代好"。优良单细胞蛋白菌种确定后，菌种的培养基配比和发酵条件是提高产物质量的重要因素。

以此为原则进行最佳条件的确定：马铃薯废渣、麸皮水、自来水的比例是 87：17：12（m：v：v），发酵液容积为 1/2 最佳。三种霉菌对马铃薯渣的分解能力最佳是米曲霉，黑曲霉次之，绿色木霉效果最差。米曲霉在 72h 能将马铃薯废渣彻底分解利用，黑曲霉在 120h 将马铃薯渣彻底分解利用，而绿色木霉不能彻底分解利用马铃薯废渣。而且，米曲霉的酶解液中总糖含量可达 160.3mg/L，还原糖含量 39.2mg/L，马铃薯废渣最终能被微生物完全酶解，而且能使蛋白收率提高 1.82 倍。

通过对不同菌种发酵马铃薯废渣，不同时间发酵液中总糖和还原糖成分的分析，得出了微生物分解利用马铃薯废渣的机理：微生物在培养基中产生酶系Ⅰ和酶系Ⅱ，酶系Ⅰ将马铃薯废渣酶解成可溶性的糖，然后酶系Ⅱ再将可溶性的糖转化成可被微生物直接吸收利用的还原糖，供微生物生长和繁殖。

（3）**多菌马铃薯废渣发酵生产单细胞蛋白饲料最佳组合的筛选** 微生物之间存在复杂的关系，如竞争、共生、拮抗等复杂的相互作用。黑曲霉与绿色木霉之间存在互惠共生关系；米曲霉与黑曲霉在利用马铃薯废渣的过程中，存在竞争关系，黑曲霉在分解利用马铃薯废渣的过程中占竞争优势。绿色木霉对米曲霉利用马铃薯废渣有抑制作用，此混合菌可以提高马铃薯渣分解为可溶性糖的能力，但却对可溶性糖的利用有抑制作用。三种菌混合发酵马铃薯渣时，黑曲霉的生长占竞争优势。三种混合菌发酵马铃薯废渣单细胞蛋白转化率最高的为黑曲霉与米曲霉的混合菌，其中菌体蛋白的收率为 8.292g/L；米曲霉、黑曲霉和绿色木霉的混合菌次之；米曲霉与绿色木霉的混合菌最差。因此，黑曲霉与米曲霉为分解马铃薯渣的最佳混合菌。

三种混合菌发酵液中总糖含量为 160.279mg/L，还原糖含量为 75.111mg/L，糖的含量较高，马铃薯废渣没有被完全分解利用，此时固形物含量为54.835g/L，粗蛋白含量仅为16.965%，可见有大量的马铃薯渣没有被菌体分解利用。因此，三种菌混合发酵并没有提高蛋白质的收率，反而因为菌种之间复杂的抑制关系削弱了米曲霉和黑曲霉混合菌群的优势。

因此，分解马铃薯渣的最佳复配菌仍为米曲霉与黑曲霉的混合菌，在96h即可达到发酵终点，复配效果均有所提高，其中效果最好的是米曲霉与黑曲霉的混合菌在发酵48h时，再与热带假丝酵母和产朊假丝酵母的混合菌复配，它们将马铃薯废渣转化为蛋白质的收率最高，达到10.541g/L。而且还发现，啤酒酵母与产朊假丝酵母之间有竞争关系，啤酒酵母的生长占竞争优势；啤酒酵母与热带假丝酵母之间存在相互抑制的关系，结果两者混合菌蛋白质的收率均低于它们的单菌株蛋白质的收率；三种酵母菌混合，这种抑制关系更明显；热带假丝酵母与产朊假丝酵母间存在互惠共生关系。

（4）**发酵工艺**　根据发酵罐的容积，称量适量的马铃薯废渣和麸皮，再加入适量的废水和自来水，搅拌均匀后，送入灭菌罐中灭菌。灭菌后的物料，边冷却边送到发酵罐中，然后种子罐的米曲霉和黑曲霉按照适当的比例压送到发酵罐中，使马铃薯废渣分解为糖类。约在48h时，将种子罐的热带假丝酵母和产朊假丝酵母按照适当的比例泵入发酵罐中，使马铃薯渣和发酵液中的糖类进一步被分解利用。约在96h马铃薯废渣及糖类被完全分解利用后，放罐并加入辅料，加入的辅料多为动物的日常饲料，如麸皮和苜蓿叶粉。加入辅料的目的之一是增加蛋白饲料中蛋白的种类；第二是减少发酵废液的二次污染，加入辅料后无发酵废液排出，因此，不会产生任何污染。最后干燥、制粒，即为蛋白饲料成品（图5－3）。最终蛋白质的收率高达10.541g/L，经混合菌发酵后可将粗蛋白含量从3.56%提高到30.674%，粗蛋白含量提高了8.6倍，蛋白质的收率提高2.47倍。

发酵工艺要点如下：

1）发酵过程中，每24h取样一次，测发酵液中总糖和还原糖的含量，以便准确地确定底物分解情况和检测发酵终点。

2）要接种生长旺盛、没有产孢子的米曲霉和黑曲霉作为发酵种子，即接种在种子罐中生长48～72h的菌种。接种酵母菌时，要接种对数生长期的酵母菌，即接种在种子罐生长约8～16h的菌种。

3）发酵结束后，要取样测定菌体粗蛋白的含量和菌体收率，以便进一步计算蛋白收率。

5.1.2.3　提取膳食纤维

膳食纤维是食物中不被人类胃肠道消化酶所消化的植物性成分的总称。膳食纤维包括纤维素、半纤维素、木质素、甲壳素、果胶、海藻多糖等，主要存在于植物性食品中。一般分为水溶性膳食纤维（SDF）和水不溶性膳食纤维（IDF）两大类。自20世纪70年代以来，膳食纤维的摄入量与人体健康的关系越来越受到人们的关注，被誉为第七大营养素。

大量研究表明，许多常见病如便秘、结肠癌、胆石症、动脉粥样硬化、肥胖等都与膳食纤维的摄入量不足有关。目前，国内对麦麸、甜菜渣、蔗渣、豆渣膳食纤维的研究较多，对马铃薯渣膳食纤维的开发研究较少。薯渣中含有丰富的膳食纤维，占干重的

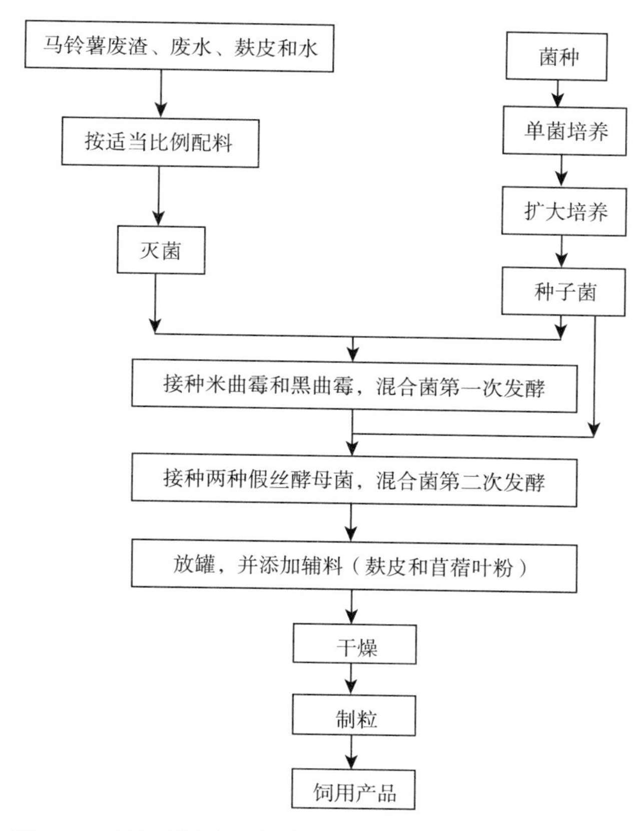

图5-3 马铃薯渣微生物共发酵生产饲料蛋白的工艺流程

19.65%，是一种安全、廉价的膳食纤维资源。用薯渣制成的膳食纤维产品外观白色，持水力、膨胀力高，有良好的生理活性。目前，提取膳食纤维的工艺方法主要有酒精沉淀法、酸碱法、挤压法、酶法等。

用马铃薯渣制成的具有保鲜、保健、抗癌作用的膳食纤维，是一种安全、廉价的膳食纤维源。将马铃薯渣通过酶解、酸解、碱解、灭酶及粉碎干燥等处理，获得膳食纤维。其外观为白色；持水力为800%；膨胀力200℃时，起始5mL，经24h达到12mL；水溶性纤维12.0%；总纤维76.4%。

（1）**工艺流程** 见图5-4。

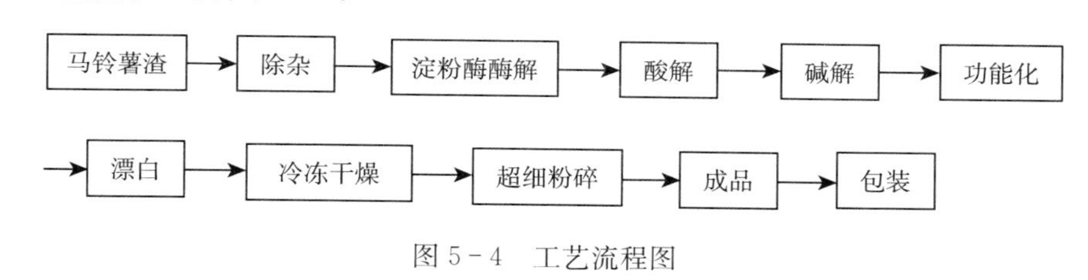

图5-4 工艺流程图

（2）**操作要点**

1）前处理 对已提取淀粉的马铃薯渣进行除杂、过筛、水漂洗湿润、过滤处理。

2）酶解和酸解　将马铃薯渣用热水漂洗，除去泡沫。再用一定浓度的α-淀粉酶在50～60℃下水浴加热，搅拌水解1h，过滤，温水洗涤，洗涤物进行硫酸水解。

3）碱解　将酸解后的渣用水反复洗涤至中性，再用一定浓度的碳酸氢钠进行碱解。

4）灭酶与功能化　将已碱解的渣用去离子水反复洗涤后放在有气孔的盘中，置于距水面3～4cm，能产生（2～4）$\times 10^5$ Pa的高压釜中进行水蒸气蒸煮，至一定时间后急骤冷却，使纤维在水蒸气急剧冷却下破裂，增加水溶性成分，既进行了灭酶，又进行了功能化。

5）漂白　经以上处理的渣，颜色较深，需要漂白。可选用6%～8%双氧水作为漂白剂在45～60℃下漂白10h。产品用去离子水洗涤、脱水，置于80℃鼓风式烘箱中干燥至恒重，最后粉碎成80～120目的产品。

5.1.2.4　提取果胶

果胶属于多糖类物质，是植物细胞壁的主要成分之一，尽管可以从大量植物中获得，但是商品果胶的来源仍非常有限。马铃薯渣中含有较高的胶质含量，约占干基的15%～30%，同时产量大，具有实用性。考虑到这些优点，它是一种很好的果胶来源。一般采用条件温和的萃取方法从薯渣中提取果胶，尽量不破坏其结构完整性。萃取的果胶包括两部分：低度酯化的果胶和有钙离子存在的高凝胶性果胶。采用不同提取方式果胶的成分会有所不同，但薯渣中的果胶由于乙酰化程度高、分子量低、支链比例高，影响了它的凝胶能力，它的凝胶性能不如从柑橘、苹果渣中提取的果胶的凝胶性能好。许多学者在研究通过结构改性来提高它的凝胶性，如Aboustelt和Kempf在pH3.0、常压、60℃以下，处理10h，得到淀粉含量低的较纯的果胶。T. Turquois等在不同条件下提取果胶，并对其凝胶性能进行了研究。

5.1.2.5　发酵生产有机物

H. Yokoi等采用丁酸梭菌（*Clostridium butyricum*）和*Enterobacter aerogenes* HO-39混合菌株连续发酵生产氢气，以薯渣为碳源，玉米浸泡水为氮源，产量达到7.2molH_2/mol葡萄糖。

5.1.2.6　制备新型吸附材料

有研究表明，用马铃薯渣制成的纤维对Pb^{2+}、Hg^{2+}具有较强的吸附作用，并且吸附量大、吸附速度快。

5.1.2.7　从马铃薯加工的下脚料中回收淀粉

在法式油炸马铃薯片、马铃薯条、脱水马铃薯和其他特殊马铃薯产品的加工过程中，往往会有一定数量的淀粉游离到工厂的过程水和输送水中。游离淀粉的数量根据各种产品加工时的切削程度而变化。据一个生产冷冻油炸马铃薯片加工厂的典型分析报告，加工每吨马铃薯将产生大约8kg的游离淀粉。

过去，这些游离淀粉都是作为下脚料而废弃。它具有较高的生物需氧量并且由于不易觉察的污染趋向而被排放或用于灌溉农田。

当马铃薯加工的过程水中所含淀粉浓度较低时（0.5%左右），可以使用旋液分离器将其浓缩到35%（大约18波美度）。在浓缩前也可以考虑先用140～150目筛子筛滤淀粉水，除去马铃薯皮等杂质和淤泥，然后送到装有搅拌装置的贮罐，或装入槽车直接运输到淀粉中心加工厂。可选择的方法是，先将浓缩后的淀粉乳置于一个沉淀灌，沉淀后排出上层清液，就能获得一种含50%干物质的湿淀粉饼，然后再将这个沉淀罐送到淀粉加工厂。这些方法应根据其经济性来选择，在每个方法中都应考虑到，在浆中或沉淀罐中添加二氧化硫以防止淀粉的降解。

在马铃薯加工时还会有大量的加工废料、碎屑以及一些被剔出不宜食用的劣质马铃薯等。通常，这些下脚料同削下的皮屑等混合而作为牛饲料。若用一台小型粉碎机和分离筛处理这些物料，则可从每吨马铃薯的加工中回收大约70～90kg的额外淀粉。由于在其他马铃薯产品的加工中，淀粉回收不被优先考虑，否则还可能获得更高的收率。总之，淀粉的价值高于牛饲料，并且可以较快收回所用设备的投资费用。

必须注意，从收集淀粉到干燥期间，应防止微生物的作用，否则可能会导致淀粉的降解和黏度的轻微下降。

5.2 马铃薯淀粉加工废水处理技术

5.2.1 概述

近年来，国家加大农业产业结构调整，把马铃薯明确列入保障粮食安全的主要作物，大力发展马铃薯产业，以此作为增加农民收入的重要途径。目前，我国马铃薯大多作为鲜食，工业化加工转化率不到10%，但其中有70%的马铃薯被加工成淀粉，其他30%被加工成薯条、薯片、马铃薯全粉等产品。在所有这些产品的加工中，马铃薯淀粉的生产产生的废水量最大，根据中国淀粉工业协会有关资料介绍，截止到2009年，我国年产5 000t淀粉以上的马铃薯淀粉加工厂已经达到了100多家，而且每年以新建十几家的速度递增，各类小型的和手工作坊式的马铃薯淀粉生产厂有几千家，生产1t淀粉产生废水约20t，故每年产生的废水量接近2 000万t。而在速冻薯条、薯片以及马铃薯全粉的生产过程中，产生的废水量要少得多，而且其污染物含量也较少，较容易处理。

马铃薯淀粉加工，属于高耗能行业，平均生产1t淀粉，就要排放20t左右的废水，且马铃薯生产废水属于高浓度有机废水，虽然无毒，但如不经处理直接排放，会对企业周围环境造成严重污染。

我国马铃薯淀粉加工企业大多集中于干旱、半干旱的北方、西北等经济较为落后地区，规模小，效益低，且生产季节集中在每年的10月份至翌年1月份，处于冬季，此时气温低、水温低，十分不利于生物处理。因此，选择运行成本低、反应快、操作简单的絮凝处理法处理马铃薯淀粉废水或作为废水预处理阶段的主要工艺，提高预处理阶段处理效率，从而减轻生物处理阶段压力，则更具优势。由于絮凝沉淀法的技术关键和核心基础是絮凝剂的性能，因此，选择适应马铃薯淀粉生产废水特性的安全、高效、价格低廉的絮凝剂对马铃薯淀粉生产废水的处理具有重要意义。不过目前，在水处理中应用比较广泛的是聚丙烯酰胺、聚合氯化铝等人工合成高分子絮凝剂，絮凝能力强，处理效果好，但由于人工合成的有机和无机水处理剂大多数呈微毒，会通过食物链进入人体，影响人体健康或成为难以处理的二次污染源，危害健康，从而限制了它们在水处理方面的应用。

5.2.2 淀粉加工废水处理技术

淀粉生产是以水为介质，生产过程中需用大量的清洗水和工艺水，提取淀粉后留下含有淀粉、果胶、蛋白质、氨基酸等有机物质的高浓度有机废水。这种废水一般没有毒性，但化学需氧量（COD）很高，最大值达到60 000mg/L，生化需氧量（BOD）最大值达到20 000mg/L，如果直接排放，废水中的有机质就会在自然发酵后释放出硫化氢、氨气等，飘在空气中有一股恶臭味，污染环境；在水中，由于有机质浓度太高，各种微生物生长繁殖迅速，其中有害的微生物或者致病菌的大量生长繁殖，不仅直接侵害了水生动物，而且由于微生物的生长和有机质的氧化反应，水中的溶解氧被消耗殆尽，使水生动物因缺氧而死亡，从而对河流、水库及环境造成严重污染。我国马铃薯淀粉生产企业目前执行的是国家环境保护总局1996年颁布的《污水综合排放标准》（GB8978—1996），根据该标准规定：马铃薯淀粉加工企业排放废水的COD不超于120mg/L，BOD不超过50mg/L，SS不超过100mg/L。由此可见，马铃薯淀粉生产废水污染程度之大。

5.2.2.1 马铃薯淀粉加工废水的来源及特性

马铃薯淀粉加工过程中，要排放大量的废水，一般生产规模为处理鲜薯30t/h的企业，年加工马铃薯约7.5万t，平均每生产1t淀粉需要加工6.5t左右的马铃薯，排放20t左右的废水，年排放废水约20万t。马铃薯淀粉生产废水来自于3个生产工段的3种废水，即冲洗运输和清洗马铃薯的清洗废水、加工过程产生的工艺废水、淀粉洗涤后产生的脱水废水。马铃薯淀粉生产工艺中废水来源，如图5-5所示。

（1）**清洗废水** 清洗废水产生于淀粉生产的第一工段，即原料的冲送、洗涤产生的废水，在总排水量中占50%左右，主要含有泥沙、腐烂马铃薯残渣、皮屑以及杂草等。COD浓度较低，废水经多级沉淀处理后COD浓度降低75%～80%，SS降低80%～95%，上清液可循环使用，能达到节水减污的目的。30t/h新鲜马铃薯处理量的淀粉生产线，清洗马铃薯产生的废水大约30t/h。清洗废水可以经过沉淀循环使用，得到的污泥添加适量有机质可制成生物有机肥料。其工艺流程如图5-6。

（2）**工艺废水** 淀粉生产的第二工段产生的是工艺废水（蛋白液），在总排水量中占40%左右，是马铃薯加工量的40%～70%，加工工艺设备不同，排放量不同，一般从粗旋流器和精旋流器中直接排出。该废水中蛋白质浓度在0.9%～2.1%，是整个废水的主要污染源，其污染物主要是淀粉、纤维、蛋白质等有机物。该水中的蛋白质自然发酵，释放出硫化氢、氨气、吲哚等恶臭气味的气体，同时消耗水中的溶解氧，使水体变黑，严重地污染环境。为此，可以应用“物理、生化、生物综合处理”的工艺技术，即生化提取蛋白质处理马铃薯淀粉技术。30t/h新鲜马铃薯处理量的淀粉生产线，产生的工艺废水量大

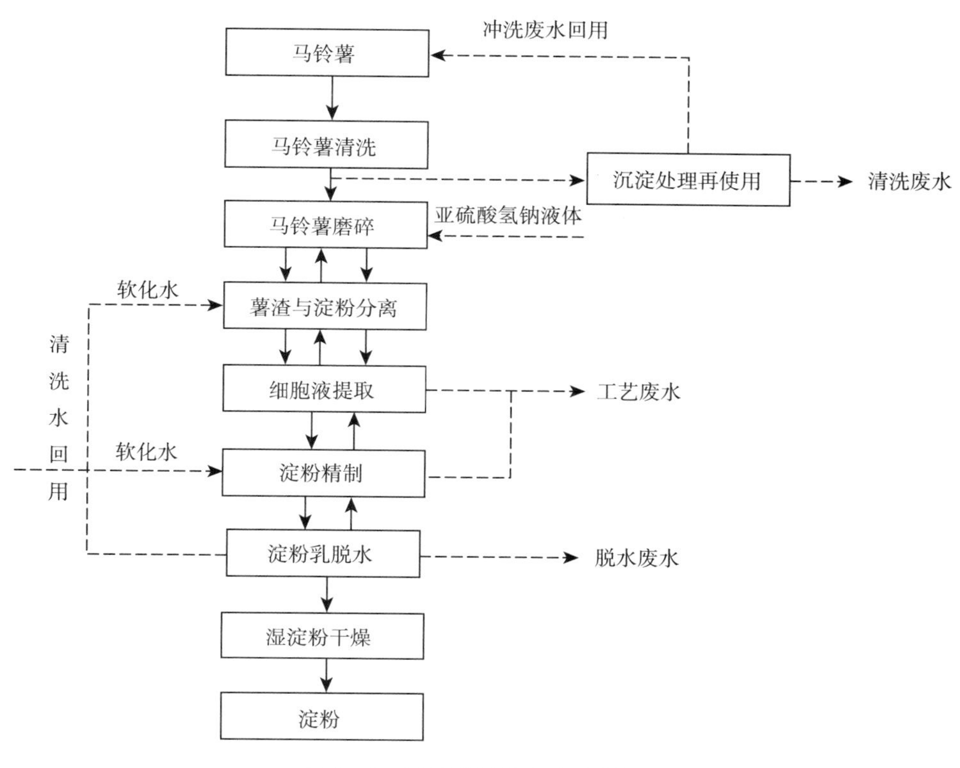

图 5-5　马铃薯淀粉生产流程图

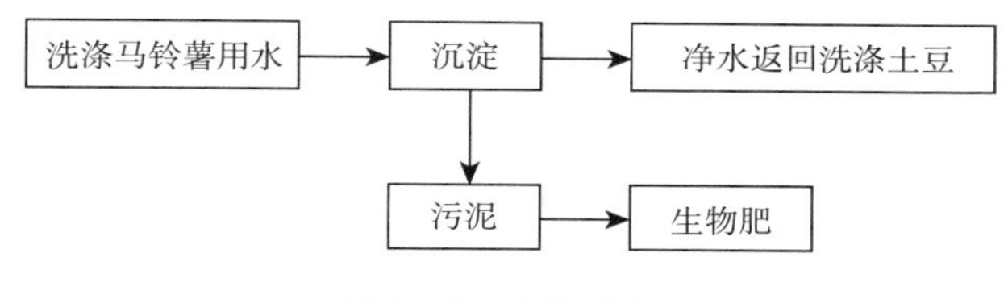

图 5-6　清洗废水

约在 20t/h，废水的 COD 在 20 000mg/L 以上，其成分见表 5-3。废渣量约为 10t/h（含水 80%～85%），合计废物量为 30t/h。

表 5-3　马铃薯工艺废水的成分

来源	水分	还原糖	淀粉	果胶	粗蛋白	COD	pH
某淀粉厂	95%	0.4%	1.8%	0.37%	2.27%	20811mg/L	6.3

注：还原糖、淀粉、果胶、粗蛋白按湿基计算。

（3）**淀粉脱水废水**　第三工段是淀粉脱水产生的废水，在总排水量中仅占 10%左右。该水中主要含有淀粉，比较清澈，重复利用价值高。各工段废水状况见表 5-4。

马铃薯淀粉生产产生废水具有如下几个明显的特点：①马铃薯淀粉生产具有明显的季节性，主要集中在每年的 10 月份至翌年的 1 月份，处于冬季，排放废水的温度较低。

②间歇性生产，生产周期短，短时段废水排放量大、集中。③蛋白质含量高，暴气时还会产生大量泡沫。

表 5-4 各工段工艺废水 COD、SS 状况

生产工段	COD	SS
1	1 500～3 000	2 000～2 800
2	3 900～30 000	3 500～15 000
3	2 000～3 500	2 200～2 800

5.2.2.2 现有马铃薯淀粉加工废水处理方法

目前，国内外主要采用物理化学法和生物法对马铃薯废水进行处理，这两种方法在实际应用中各有利弊。

（1）**物理化学方法** 物理化学处理法是指运用物理和化学的综合作用使废水得到净化的方法。它是由物理方法和化学方法组成的废水处理系统，或是包括物理过程和化学过程的单项处理方法，如浮选、吹脱、结晶、吸附、萃取、电解、电渗析、离子交换、反渗透等。如为去除悬浮的和溶解的污染物而采用的化学混凝—沉淀和活性炭吸附的两级处理，是一种比较典型的物理化学处理系统。和生物处理法相比，此法优点：占地面积小；出水水质好，且比较稳定；对废水水量、水温和浓度变化适应性强；可去除有害的重金属离子；除磷、脱氮、脱色效果好；管理操作易于自动检测和自动控制等。但是，处理系统的设备费和日常运转费较高。常见的物理化学方法如下：

1）*自然沉淀法* 自然沉淀法是比较原始的一种污水处理方法。该方法是利用蛋白质自然凝结沉淀的性质，将废水排入一个较大的储浆池中，待其自然沉淀一段时间后，将上层清液排放，底部蛋白质回收。该方法具有沉淀时间较长、储浆池占地面积大、夏季废水容易酸败等缺点，而且处理效果差，上层排放液难以达到排放标准。为了缩短反应时间，提高蛋白质的回收率，实验人员依据蛋白质沉淀特性，对其沉淀工艺做了大幅的调整。利用蛋白质在等电点沉淀的原理，通过滴加稀盐酸调节 pH，以缩短沉淀时间。但加入酸碱增加生产成本，增加工人工作量，更由于加入酸碱会对沉淀池及设备造成腐蚀。由此看来，此种方法不适用于规模小、生产期短的淀粉生产企业。

2）*絮凝沉淀法* 絮凝沉淀法是通过加入絮凝剂，使分散状态的有机物脱稳、凝聚，形成聚集状态的粗颗粒物质从水中分离出来。该方法具有运行成本低、沉淀时间快、操作简单等优点。因此，其作为一种成本较低的水处理方法得到了广泛的应用。在絮凝处理过程中，絮凝剂的种类、性质、品种是关系到絮凝处理效果的关键因素，开发新型、高效的絮凝剂是实现絮凝过程优化的核心技术。兰州交通大学环境与市政工程学院的姚毅、陈学民研究了 PAC、PFS 及氯化铁等不同絮凝剂对马铃薯淀粉废水的絮凝效果，通过对废水处理前后各项指标及处理成本等各因素进行综合分析，结果得知，PFS 作为马铃薯淀粉废水的絮凝剂较为合适，此时马铃薯淀粉废水去除率可达到 58%。但是，马铃薯淀粉废水通过絮凝处理后的水质指标还达不到排放的标准，水中有机物的含量仍然较高，必须再经过后续工段的处理达标后才能排放。絮凝沉淀法针对马铃薯清洗废水处理效果较好，但是对浓蛋白液等工艺生产废水则效果不理想，无法解决蛋白液起泡等技术问题。同时，通过絮凝沉淀法可以去除废水中分子量较大的有机污染物，而对于分子量较小和水溶性的有机污染物，去除效果较差。

①絮凝剂的分类。絮凝剂是能使悬浮在溶液中的微细粒级和亚微细粒级的固体物质或胶体通过桥联作用形成大的松散絮团，从而实现固—液和固—固分离的水处理药剂。使用絮凝剂来处理工业废水、生活废水、工业给水、循环冷却水、民用水时，具有促进水质澄清，加快沉降污泥的过滤速度，减少泥渣数量和滤饼便于处置等优点，是絮凝法水处理技术的关键和核心基础。

目前，我国絮凝剂按照化合物的类型分为无机絮凝剂（即凝聚剂）、有机絮凝剂和微生物絮凝剂三大类，具体的分类如表5-5所示。

表5-5 絮凝剂的分类、作用机理及其应用

种类	代表性物质	作用机理	应用
无机絮凝剂（凝聚剂）	聚合氯化铝（PAC）、聚合硫酸铁（PFS）、碱式硅酸硫酸铝（PASS）等	溶解电离成的金属阳离子与带负电荷的胶体颗粒电中和，在范德华力作用下形成大颗粒沉降下来	主要去除重金属离子、放射性物质等，用在含氰、含砷、含铜等的废水处理
有机絮凝剂	聚丙烯酰胺（PAM）、甲壳质（壳聚糖）、纤维素、含胶物质等	分子链中的极性集团吸附污水中悬浮的固体离子，通过桥联作用或电中和形成大的絮凝物加速沉降	大量用于石油、印染、食品、化工等工业废水处理，去除重金属离子等
微生物絮凝剂（MBF）	Rhodococcuserythropolis、Aspergillus Sojac、Pacilomycessp等	桥联作用（借助离子键、氢键和范德华力吸附胶体颗粒，通过架桥形成网状三维结构沉降）；电性中和；化学反应	主要用在有机废水的处理，例如食品行业、生活污水等，脱磷除氮和消毒

a. 无机絮凝剂。无机絮凝剂是由无机组分组成的絮凝剂，其应用历史非常悠久，早在公元前16世纪，埃及人、希腊人已经知道明矾的絮凝性质。我国使用明矾净水技术已有几千年，早在春秋战国时期的书籍中就有记载。无机絮凝剂主要是依靠中和粒子上的电荷而凝聚，故常常被称为凝聚剂。在废水处理中常用的有铝盐、铁盐和氯化钙等，如硫酸铝钾（明矾）、氯化铝、硫酸铁、氯化铁。还有无机高分子絮凝剂，如聚合氯化铝、聚合硫酸铁、活性硅土等。

无机低分子絮凝剂是一类低分子的无机盐，其絮凝作用机理为无机盐溶解于水中，电离后形成阴离子和金属阳离子。由于胶体颗粒表面带有负电荷，在静电的作用下金属阳离子进入胶体颗粒的表面，中和一部分负电荷，而使胶体颗粒的扩散层被压缩，使胶体颗粒的电位降低，在范德华力的作用下形成松散的大胶体颗粒沉降下来。无机低分子絮凝剂分子量较低，故在使用过程中投入量较大，产生的污泥量较大，絮体较松散，含水率较高，污泥脱水困难。目前由于其自身的弱点有逐步被取代的趋势。

无机高分子絮凝剂是在传统的铝盐、铁盐絮凝剂基础上发展起来的一类新型水处理剂。目前已开发的无机高分子絮凝剂主要以聚合氯化铝（PAC）和聚合硫酸铁（PFS）为主。与传统絮凝剂相比，具有絮凝体形成速度快，颗粒密度大，沉降速度快，对于COD、BOD以及色度和微生物等有较好的去除效果，处理水的温度和pH适应范围广，生产成本较低等优点，正在得以快速应用。无机高分子絮凝剂之所以使用效果好，其根本原因在于它能提供大量的络合，且能够强烈吸附胶体微粒，通过吸附、架桥、交联作用，从而使胶体凝聚。同时还发生物理化学变化，中和胶体微粒及悬浮物表面的电荷，使胶体微粒由原来的相斥变为相吸，破坏了胶团稳定性，使胶体微粒相互碰撞，从而形成絮状混凝沉淀。沉淀的表面积可达200～1 000m^2/g，极具吸附能力。聚合氯化铝［Poly（Aluminum Chloride），PAC］，别名碱式氯化铝，是一种重要的絮凝剂，能很好地去除污水、原水中的重金属及水中的有机色素和放射性的污染物质，絮体大、用量少、效率高、沉淀快、适用范围广。但因其处理废水后，水中会有大量铝离子残留，这些铝离子如果通过食物链进入人体，当聚集一定浓度后，会对人体产生毒性。因此，人们正在逐渐减少PAC的使用，并积极寻求PAC的替代品。聚合硫酸铁（Polyferric Sulfate，PFS）属于阳离子型无机高分子絮凝剂，广泛用于原水、生活饮用水、工业给水、各种工业废水、城镇污水及脱泥水的净化、脱色、絮凝处理，其混凝性能优良，沉降速度快，具有显著脱色、脱臭、脱水、脱油、除菌、脱除水中重金属离子、放射性物质及致癌物质等多种功效，有极强去除COD、BOD的能力。

b. 有机絮凝剂。有机高分子絮凝剂是近年来逐渐发展起来的新型净水剂，它以有机物单体在一定条件下聚合而成。目前，国内研究较多的是以丙烯酰胺为单体，合成各类聚丙烯酰胺絮凝剂。有机和无机高分子絮凝剂的作用机理不同，有机高分子主要是通过吸附作用将水体中的胶粒吸附到絮凝剂分子链上，形成絮凝体，絮凝效果受其分子量大小、电荷密度、投加量、混合时间和絮凝体稳定性等因素的影响。与无机絮凝剂相比，有机高分子絮凝剂具有用量少，絮凝速度快，受共存盐类、污水pH及温度影响小，且产生的絮体粗大，沉降速度快，使污泥易于脱水。但难降解，废渣含水率高，产生污泥体积庞大，处理水中残余离子浓度较大，影响水质，且水体带色，价格相对较贵等，有些还具有一定的毒副作用。

聚丙烯酰胺（Polyacrylamide，简称PAM）是丙烯酰胺（Acrylamide，简称AM）及其衍生物的均聚物与共聚物的统称，是一种质量分数在50%以上的线型水溶性高分子化合物。因其结构单元中含有酰胺基，易形成氢键，具有良好的水溶性，易通过接枝或交联得到支链或网状结构的多种改性物。PAM主要性能指标之一是相对分子质量大小在很大程度上决定着产品的用途及功能。根据聚丙烯酰胺所带基团能否离解及离解后所带离子的电性，可将其主要分为非离子型（NPAM）、阳离子型（CPAM）、阴离子型（APAM）和两性型絮凝剂；按其存在形态分为水溶液型、干粉型和乳胶型三类。研究表明，虽然完全聚合的聚丙烯酰胺没有多大问题，但其聚合单体丙烯酰胺具有毒性，并且是强的致癌物，因此，限制了聚丙烯酰胺的使用。

天然高分子絮凝剂是一种高分子聚合物，其分子量很大，通过长链上的一些活性官能团可以吸附分散体系中的微粒。这类改性絮凝剂包括淀粉、纤维素、含胶植物类、多糖和蛋白质等类别的衍生物。目前，产量约占高分子絮凝剂总量的20%。在这类物质中，变性淀粉絮凝剂的研究尤为引人注目。

天然有机高分子絮凝剂尤其是变性淀粉絮凝剂由于其原料来源广泛、价格低廉、无毒、易生物降解、在自然界中形成良性循环等优点，被列为环境友好型水处理絮凝剂。在水处理、石油开采及造纸等行业显现出良好的应用前景。常用作絮凝剂的变性淀粉品种有羧甲基淀粉、阳离子变性淀粉、不溶性交联淀粉黄原酸酯、接枝淀粉和复合变性淀粉等。其机理归因于淀粉含有许多羟基，可以通过羟基的酯化、醚化、氧化、交联、接枝共聚等化学改性，使其活性基团数目大大增加。其聚合物呈枝化结构，分散的絮凝基团对悬浮体系中颗粒物有较强的捕捉与促进沉淀作用。因此，进入20世纪80年代以来，变性淀粉絮凝剂研制开发呈现出明显的增长势头，美、日、英等国家在废水处理中已开始使用淀粉衍生物絮凝剂。近几年，我国在淀粉衍生物作为水处理絮凝剂研究方面也已取得了较大的进展。

近年来，变性淀粉絮凝剂的研究与开发尤为引人注目。

Klimenwiciete等用阳离子变性淀粉处理高岭土溶液，研究阳离子变性淀粉取代度和使用浓度对絮凝效果的影响，并与阳离子聚丙烯酰胺的絮凝效果进行比较。结果表明：阳离子变性淀粉絮凝剂具有良好的絮凝效果，当取代度在0.3～0.45时，絮凝效果最好。

Krentz等研究阳离子马铃薯淀粉絮凝剂取代度对絮凝效果的影响。通过絮凝实验发现，不同取代度阳离子马铃薯淀粉具有最佳絮凝用量。当最大取代度DS为1.48时，最少絮凝剂用量产生最大絮凝效果。此外，阳离子絮凝剂摩尔质量分布和颗粒大小对絮凝效率影响较大，变性淀粉摩尔质量增加1.5倍相当于取代度增加1.5倍。当综合考虑絮凝实验结果和毒理学数据两个方面时，得出取代度为0.6是综合去除效率、成本和生态安全等因素最佳取代度。

我国对淀粉衍生物絮凝剂的研制开发较晚，与国外有很大差距，但近10年发展较快，取得较好的成果，特别是阳离子变性淀粉有较大的发展势头。

佛山科学技术学院理学院的陈纯馨、陈忻、袁毅桦等以阳离子变性淀粉为絮凝剂，加入PAC（聚合氯化铝），在考虑温度、pH等因素的影响下，研究其对印染废水的处理效果。发现以90mg阳离子变性淀粉配合6mgPAC分别处理50ml印染废水，其脱色率和浊度去除率都可达100%。实验结果表明阳离子变性淀粉絮凝剂对印染废水处理效果较理想。

商丘师范学院化学系赵永丽、王新海、常竹研究了以聚合硫酸铁（PFS）为主絮凝剂，高取代度阳离子变性淀粉（HQCCS）为助凝剂处理城市生活废水，研究各种因素影响。实验结果表明，PFS和HQCCS分别以200mg/L和10mg/L的复配浓度、pH接近中性时混凝效果为最佳，COD去除率达到80%，色度与浊度去除率均达99%以上。

陕西科技大学化学与化工学院的杨建洲、董旭飞、程芳玲，测试了自制的高取代度阳离子变性淀粉作为絮凝剂时的性能。试验表明，高取代度的阳离子变性淀粉对于高浊度水有较好的絮凝效果，其絮凝效果与阳离子聚丙烯酰胺（CPAM）的絮凝效果接近，且在弱酸性条件下絮凝效果较好，而在碱性条件下絮凝效果较差。与阳离子聚丙烯酰胺相比，高取代度阳离子变性淀粉具有成本低、无毒性、高效、易降解等优点。

天津科技大学的陈启杰、陈夫山、高玉杰对高取代度阳离子变性淀粉（DS：0.501）用作絮凝剂处理废纸脱墨废水进行了研究。研究结果表明，高取代度阳离子变性淀粉和无机絮凝剂（PAC，硫酸铝等）及有机絮凝剂（PAM）复配使用效果最好，COD去除率可达84%左右。

笔者在研究中发现，将制得的阳离子变性淀粉用于处理马铃薯淀粉生产废水，取代度为0.3903的阳离子变性淀粉絮凝剂与聚合硫酸铁复配使用，阳离子变性淀粉使用浓度为0.12%，聚合硫酸铁使用浓度为0.15%，水样pH为7.0时，水样COD去除率可达64.31%，同时发现其絮凝效果明显好于阳离子聚丙烯酰胺。

高取代度阳离子变性淀粉具有改性有机高分子絮凝剂的特点，且来源丰富、价格低廉、无毒，可以完全被生物降解，在自然界中形成良性循环，被公认为环境友好型絮凝剂。

c. 微生物絮凝剂。微生物絮凝剂是人们近年来开发出的一类由生物在特定培养条件下生长至一定阶段代谢产生的具有絮凝活性的产物。微生物絮凝剂具有良好的凝聚和生成沉淀的作用以及独特的脱色效果，适用范围广，易于生物降解，可消除二次污染，安全可靠，属于绿色环保产品，被人们称为第三代絮凝剂。主要由具有两性多聚电解质特性的糖蛋白、蛋白质、多糖、纤维素和DNA等生物高分子化合物组成。

微生物絮凝剂加入水中后，主要通过双电层压缩、电荷的中和作用、吸附架桥作用和网捕作用使颗粒间排斥能降低，最终发生絮凝的作用。影响微生物絮凝剂絮凝能力的因素很多，主要包括温度、pH、金属离子、絮凝剂的浓度等。温度对某些微生物絮凝剂的影响较大，主要是高温能使生物高分子变性，空间结构改变，某些活性基团不再与悬浮颗粒结合，因而表现出絮凝活性的下降。pH对絮凝剂活性的影响主要是由于酸碱度的变化而影响微生物絮凝剂和悬浮颗粒表面电荷的性质、数量及中和电荷的能力。不同的絮凝剂对pH的变化敏感程度不同，同一种絮凝剂对不同的被絮凝物有不同的初始pH。

②絮凝剂的选择。近年来人们发现，无机铝盐絮凝法产生的污泥广泛用于农业，导致土壤中铝的含量上升，植物出现铝害，从而影响植物正常生长，甚至死亡。同时，伴随这些农作物进入食物链也影响到人体的健康，更为严重的是，经常饮用以铝盐为絮凝剂的水会引起老年性痴呆症。铁盐对金属有腐蚀作用，且高浓度的铁对生态环境有不利的影响。有机高分子絮凝剂与无机高分子絮凝剂相比，虽然处理效果较好，但因合成这些聚合物的单体具有神经毒性，而且还有很强的致癌性，限制了它在水处理方面的发展应用。例如聚丙烯酰胺类物质不易被降解，且单体有致突变性，因此，美国批准使用的聚丙烯酰胺的最大允许质量浓度为1mg/ml，英国规定聚丙烯酰胺的投入量平均不得超过0.5mg/ml，这类絮凝剂应用受到限制。新型的微生物絮凝剂具有活性高、安全无害无污染、易被生物降解、使用方便等优点，但其大多还处于菌种的筛选阶段，目前还没有达到工业化生产的要求。

天然高分子变性淀粉絮凝剂作为一种性能优良的天然高分子絮凝剂，它有着有机高分子絮凝剂和无机高分子絮凝剂不可比拟的优势，具有用量少，pH使用范围广，受盐类和环境影响小，污泥量少，处理效果好，安全、高效，可生物降解、不污染环境的优点。同时阳离子变性淀粉还有一定的杀菌能力，若分子中的烷基足够长，还会有一定的缓解腐蚀的作用，是一剂多效的水处理剂。因此，越来越引起人们的广泛关注。

3）*废水萃取处理法* 是利用萃取剂，通过萃取作用使废水净化的方法。根据一种溶剂对不同物质具有不同溶解度这一性质，可将溶于废水中的某些污染物完全或部分分离出来。向废水中投加不溶于水或难溶于水的溶剂（萃取剂），使溶解于废水中的某些污染物（被萃取物）经萃取剂和废水两液相间界面转入萃取剂中。

萃取操作按处理物的物态可分固—液萃取、液—液萃取两类。工业废水的萃取处理属于后者，其操作流程：

一是混合，使废水和萃取剂最大限度地接触。

二是分离，使轻、重液层完全分离。

三是萃取剂再生，即萃取后，分离出被萃取物，回收萃取剂，重复使用。

萃取剂的选择应满足：①对被萃取物的溶解度大，而对水的溶解度小；②与被萃取物的比重、沸点有足够差别；③具有化学稳定性，不与被萃取物起化学反应；④易于回收和再生；⑤价格低廉，来源充足。此法常用于较高浓度的含酚或含苯胺、苯、醋酸等工业废水的处理。

4）*废水光氧化处理法* 是利用紫外光线和氧化剂的协同氧化作用分解废水中有机物，使废水净化的方法。废水氧化处理使用的氧化剂（氯、次氯酸盐、过氧化氢、臭氧等），因受温度影响，往往不能充分发挥其氧化能力，采用人工紫外光源照射废水，使废水中的氧化剂分子吸收光能而被激发，形成具有更强氧化性能的自由基，增强氧化剂的氧化能力，从而能迅速、有效地去除废水中的有机物。光氧化法适用于废水的高级处理，尤其适用于生物法和化学法难以氧化分解的有机废水的处理。

5）*废水离子交换处理法* 是借助于离子交换剂中的交换离子同废水中的离子进行交换而去除废水中有害离子的方法。其交换过程：①被处理溶液中的某离子迁移到附着在离子交换剂颗粒表面的液膜中；②该离子通过液膜扩散（简称膜扩散）进入颗粒中，并在颗粒的孔道中扩散而到达离子交换剂的交换基团的部位上（简称颗粒内扩散）；③该离子同离子交换剂上的离子进行交换；④被交换下来的离子沿相反途径转移到被处理的溶液中。离子交换反应是瞬间完成的，而交换过程的速度主要取决于历时最长的膜扩散或颗粒内扩散。

离子交换的特点：依当量关系进行，反应是可逆的，交换剂具有选择性。应用于各种金属表面加工产生的废水处理和从原子核反应器、医院及实验室废水中回收或去除放射性物质，具有广阔的前景。

6）*废水吸附处理法* 是利用多孔性固体（称为吸附剂）吸附废水中某种或几种污染物（称为吸附质），以回收或去除某些污染物，从而使废水得到净化的方法。有物理吸附和化学吸附之分。前者没选择性，是放热过程，温度降低利于吸附；后者具选择性，系吸热过程，温度升高利于吸附。

吸附法单元操作分三步：①使废水和固体吸附剂接触，废水的污染物被吸附剂吸附；②将吸附有污染物的吸附剂与废水分离；③进行吸附剂的再生或更新。

按接触、分离的方式，可分为：①静态间歇吸附法，即将一定数量的吸附剂投入反应池的废水中，使吸附剂和废水充分接触，经过一定时间达到吸附平衡后，利用沉淀法或再辅以过滤将吸附剂从废水中分离出来；②动态连续吸附法，即当废水连续通过吸附剂填料时，吸附去除其中的污染物。吸附剂有活性炭与大孔吸附树脂等。炉渣、焦炭、硅藻土、褐煤、泥煤、黏土等均为廉价吸附剂，但它们的吸收容量小，效率低。

7）*膜分离方法*　膜分离技术兼有分离、浓缩、纯化和精制的功能，又有高效、节能、环保、分子级过滤及过滤过程简单、易于控制等特征，已广泛应用于各行业中。采用膜过滤法处理马铃薯淀粉生产废水，不仅处理效果好，而且整个过程将是纯物理过程，不会引入新的化学试剂造成二次污染，是一种较为环保的水处理方法。但在用超滤膜处理马铃薯淀粉生产废水回收蛋白质时，膜阻塞是一个经常遇到而又难以解决的问题。膜阻塞主要是由于溶液中的大分子吸附在膜表面造成膜孔径堵塞和孔径的减少。阻塞的形式主要有：膜表面覆盖阻塞和膜孔内阻塞两种，解决方法只有经常进行膜清洗。这有碍于生产的连续性，目前还没有更好的解决方法，严重的膜阻塞使得膜法分离工艺在实际废水处理时很难应用。

8）*气浮法*　是利用高压状态溶入大量气体的水（溶气水），作为工作液体，骤然减压后释放出无数微细气泡，细微气泡首先与水中的悬浮颗粒相黏附，形成整体密度较小的“气泡—颗粒”复合体，使污染物随气泡一起浮升到水面，达到液固分离的目的。气浮法处理废水，虽具有分离时间短、装置简单、处理量大、占地面积小等优点。但气浮法的处理效率与进料位置、进气量、液面高度、气浮剂用量等操作条件密切相关，操作管理复杂，同时对处理设备性能要求较高，投资费用和运行费用都较高。在实际操作中，由于气浮过程产生大量的蛋白泡沫，故对整个过程的顺利实施产生很大的影响，现有一些企业即使建有气浮设备，也是搁置起来，并没有起到很好的COD去除作用。

9）*超滤技术处理*　随着社会经济的发展和生活水平的提高，人们对环境质量的要求越来越高，因此传统的废水处理技术难以满足越来越严格的污水排放标准的要求，而且传统的废水处理大多数只有负的经济效益，无疑这使许多企业无法承受额外的废水处理费用。此外，经济的发展也带来了水资源的日趋短缺，客观上要求废水能够循环再利用。在这样的社会效益和经济效益最大化的要求下，各种新型、改良的高效废水处理技术应运而生，超滤技术就是其中引人注目的技术之一，早在1861年，Schmidt首次在过滤领域就提出超滤概念，20世纪70～80年代超滤技术高速发展，应用面越来越广，使用量越来越大。

①超滤技术处理废水的基本原理及其影响因素

a. 超滤的基本原理。超滤是溶液在压力作用下，溶剂与部分低分子量溶质穿过膜上微孔到达膜的另一侧，而高分子溶质或其他乳化胶束团被截留，实现从溶液中分离的目的。它的分离机理主要是靠物理的筛分作用。超滤分离时，对料液施加一定压力后，高分子物质、胶体物质因膜表面及微孔的一次吸附，在孔内被阻塞而截留及膜表面的机械筛分作用等三种方式被超滤膜阻止，而水和低分子物质通过膜。超滤膜比微滤膜孔径小，在6.86×10^4～6.86×10^5Pa的压力下，可用于分离直径小于10μm的分子和微粒。主要应用于生活污水、含油废水、纸浆废水、染料废水等废水处理。超滤材料大多数是有机高分子膜，目前无机材料膜也开始制备和应用。

b. 超滤工作的影响因素。超滤的操作压力为0.1～0.6MPa，温度为60℃时，超滤的透过通量为1～500L/（m^2·h），一般为1～100L/（m^2·h）。低于1L/（m^2·h）时，实用价值不大。超滤透过通量的影响因素：一是料液流速。提高料液流速虽然对减轻浓差极化、提高透过通量有利，但需要提高料液压力，增加耗能。一般紊流体系中流速控制在1～3m/s。二是操作压力。超滤膜透过通量与操作压力的关系取决于膜和凝胶层的性质。超滤过程为凝胶化模型，膜透过通量与压力无关，这时的通量成为临界透过通量。实际操作压力应在极限通量四周进行，此时的操作压力约为0.5～0.6MPa。三是温度。操作温度主要取决于所处理物料的化学、物理性质。由于高温可降低料液的黏度，增加传质效率，提高透过通量，因此，应在允许的最高温度下操作。四是运行周期。随着超滤过程的进行，在膜表面逐渐形成凝胶层，使透过通量下降，当通量达到某一最低数值时，就需要进行冲洗，这段时间成为运行周期。运行周期的变化与清洗情况有关。进料浓度随着超滤过程的进行，主体液流的浓度逐渐增加，此时黏度变大，使凝胶层厚度增加，从而影响透过通量。因此，对主体液流应定出最高答应浓度。五是料液的预处理。为了提高膜的透过通量，保证超滤膜的正常稳定运行，根据需要应对料液进行预处理。六是膜的清洗。膜必须进行定期冲洗，以保持一定的透过量，并能延长膜的使用寿命。一般在规定的料液和压力下，在答应的pH范围内，温度不超过60℃时，超滤膜可使用12～18个月。如膜清洗不佳，会使膜的使用寿命缩短。

②超滤技术新工艺新方法。胶团强化超滤法是一种新的水处理技术，主要用于去除水中的微量有机物和金属离子，它实质是一种将表面活性剂和超滤膜结合起来的新工艺。它的基本原理是，当投入水中的表面活性剂浓度超过表面活性剂的临界胶束浓度时，剩余的表面活性剂分子将在溶液内聚集，形成疏水基向内、亲水基向外的聚集体，即胶团。假如水中溶解了其他化学结构和性质与表面活性剂分子的疏水基相似有机物，根据相似相溶原理，这种有机物将溶解于胶团中或有机物与表面活性剂的亲水基能形成氢键，有机物也会从水相转移到胶团中，当它们通过超滤膜时，则携带有机物的胶团因不能透过膜而被截留，水和少量表面活性剂单体及未形成胶团的有机物能自由透过膜，从而实现绝大部分有机物和水的有效分离。这项技术国内还没有深入的研究报道，国外也还处于研究阶段。

(2) 生物处理法 生物处理法是利用微生物新陈代谢功能，使废水中呈溶解和胶体状态的有机污染物被降解并转化为无害物质，使废水得以净化的方法。生物处理法是现代污水处理应用中最广泛的方法之一，该方法在处理高浓度有机废水方面，以其处理效率高等优点被广泛选用。但同时该方法具有相对投入高、启动时间长、运行成本高等缺点，同时，受生物活性制约，对北方马铃薯淀粉生产废水的处理适应性较差。生物处理法一般可分为好氧生物处理法和厌氧生物处理法两种。

厌氧生物处理是指在无氧条件下，借助厌氧微生物的新陈代谢作用分解水中的有机物质，并使之转变为小分子物质（主要是CH_4、CO_2、H_2S等气体）的处理过程，同时把部分有机质合成细菌胞体，通过气、液、固分离，使污水得到净化。在淀粉废水处理中用到的厌氧生物处理方法有上流式厌氧污泥床反应器（UASB）、厌氧填料床、厌氧滤池、厌氧折流板反应器（Anaerobic Baffled Reactor，ABR）、厌氧塘等方法。

好氧生物处理法是指在有分子氧存在的条件下，通过好氧微生物的作用，将淀粉废水中各种复杂的有机物进行好氧降解，使污水得到净化。同厌氧生物法相比，好氧生物处理法具有处理能力强、出水水质好、占地少的优点，因此，目前被各国广泛选用。在淀粉废水处理中用到的好氧生物处理方法有SBR法、CASS法、接触氧化法、好氧塘法等。由于淀粉废水有机负荷高，处理难度大，在实际生产中往往将好氧处理法和厌氧处理法结合而用。针对淀粉有机废水，几种常见的处理方法如下：

1）*UASB－SBR 法*　该方法采用两级串联的厌氧与好氧相结合技术，厌氧是该技术的主体。它针对淀粉废水有机负荷高、易生化的特性，使淀粉废水大部分有机物先进行厌氧降解，然后再进入 SBR 进行好氧生物处理，以进一步降解废水中的有机物，最终使废水达标排放。UASB 反应器是由污泥层、污泥悬浮层、沉淀区和三相分离器组成，其中，污泥层和三相分离器是其主要组成部分。大部分的有机物在高活性的污泥层转化为甲烷和二氧化碳，三相分离器完成了气、液、固三相的分离。SBR 是序批式活性污泥法的简称，是反应和沉淀在同一个装置中进行的间歇式活性污泥处理法，一个运行周期由进水、反应、沉淀、排水排泥和闲置 5 个基本过程组成。

据毛海亮等研究，采用总高度为 2 500mm、内径为 220mm、有效容积 70L 的不锈钢制成的 UASB 反应器，外设加热夹套，反应器上配有温度传感器、pH 传感器，可对反应过程进行实时监测和相应自动控制，反应器后设置电磁阀控制流向 SBR 反应槽的流量。由碳钢制成的 SBR 反应槽，有效容积为 60L，用于对 UASB 出水的好氧处理，以保证出水达标。最后由电磁阀控制处理后废水的及时排出。整个系统设备可自动控制、及时监控，效果较好。淀粉废水通过初沉、pH 调节预处理，经 UASB－SBR 联合处理，出水 COD 可降至 100m/L 以下。另据孙振等研究，采用 UASB－SBR 法对原废水处理工艺改造后，使 COD 值由进水处的 10 000mg/L 减少到 150mg/L，去除率达到了 98%～99%。

石慧岗和王连俊研究了山东某中型玉米淀粉加工企业，通过 UASB－SBR 工艺处理淀粉废水的工程实例。工程实际运行表明：应用 UASB－SBR 法处理淀粉废水，效果稳定，出水 COD120mg/L 以下，达到了国家二级排放标准。同时，该系统运行简单，费用低，且厌氧处理系统中产生的沼气具有较大的使用价值，实现了污水处理的资源化。

2）*SR－UASB－CASS 法*　该方法主要分为脱硫、降解有机物和好氧生物反应 3 个过程。

①脱硫。如果淀粉废水含有一定硫酸盐、亚硫酸盐，会对产甲烷菌有抑制作用，在工艺流程选择上应采取脱硫措施，废水进入生物处理设施 SR 系统，将含亚硫酸盐、硫酸盐废水中的蛋白质类高分子化合物和复合盐分解转化为水溶性的有机酸及少量的醇和酮等，以提高废水的可生化性。

②降解有机物。由 SR 系统流出的水进入废水处理的主体设备 UASB 反应器，降解废水中的大部分有机物。若有利浦罐做 UASB 的主体设备，内设先进合理的三相分离器和布水系统，整个工艺处理能力强，承受有机负荷高，对各种冲击有较强的稳定性与恢复能力，处理效果较好。

③好氧生物反应。经 UASB 设备处理后的水，进入 CASS 循环式好氧活性污泥生物反应系统，它是 SBR 工艺的改进型，其流程由进水、反应、沉淀、排水等基本过程组成，各阶段形成一个循环。

3）*生物塘法*　生物塘是一种利用天然净化能力处理废水的生物处理设施。根据塘内的微生物类型、供养方式和功能，分为厌氧塘、兼性塘和好氧塘。针对淀粉废水有机物浓度高、富含营养物的特性，可采用厌氧塘、兼性塘、好氧塘相结合，以废水治理为主体，结合种植水生植物、养鱼、养鸭和灌溉的综合生物塘处理技术。另据杨风江等研究，将淀粉废水经格栅沉淀后，废水排入氧化塘自然发酵1～2d，排入水葫芦池净化7d，再排入细绿萍池净化7d，即可达到农田灌溉水质标准。

4）生物膜法　生物膜法是与活性污泥法并列的一类废水好氧生物处理技术，是一种固定膜法，是土壤自净过程的人工化和强化，主要用于去除废水中溶解性的和胶体状的有机污染物，包括：生物滤池、普通生物滤池、高负荷生物滤池、塔式生物滤池、生物转盘、生物接触氧化法、好氧生物流化床等。

在污水处理构筑物内设置微生物生长聚集的载体（一般称填料），在充氧的条件下，微生物在填料表面聚附着形成生物膜，经过充氧（充氧装置由水处理暴气风机及暴气器组成）的污水以一定的流速流过填料时，生物膜中的微生物吸收分解水中的有机物，使污水得到净化，同时，微生物也得到增殖，生物膜随之增厚。当生物膜增长到一定厚度时，向生物膜内部扩散的氧受到限制，其表面仍是好氧状态，而内层则会呈缺氧甚至厌氧状态，并最终导致生物膜的脱落。随后，填料表面会继续生长新的生物膜，周而复始，使污水得到净化。

微生物在填料表面聚附着形成生物膜后，由于生物膜的吸附作用，其表面存在一层薄薄的水层，水层中的有机物已经被生物膜氧化分解，故水层中的有机物浓度比进水要低得多，当废水从生物膜表面流过时，有机物就会从运动着的废水中转移到附着在生物膜表面的水层中去，并进一步被生物膜所吸附，同时，空气中的氧也经过废水而进入生物膜水层并向内部转移。

生物膜上的微生物在有溶解氧的条件下对有机物进行分解和机体本身进行新陈代谢，因此，产生的二氧化碳等无机物又沿着相反的方向，即从生物膜经过附着水层转移到流动的废水中或空气中去。这样一来，出水的有机物含量减少，废水得到了净化。

生物膜的形成及成熟过程：含有营养物质和接种微生物的污水在填料的表面流动，一定时间后，微生物会附着在填料表面而增殖和生长，形成一层薄的生物膜，在生物膜上由细菌及其他各种微生物组成的生态系统以及生物膜对有机物的降解功能都达到了平衡和稳定。

对于城市污水，在20℃条件下，生物膜从开始形成到成熟，一般需要30d左右。

性质：高度亲水，存在着附着水层。

微生物高度密集：各种细菌以及微型动物，这些微生物起着主要去除废水中的有机污染物的作用，形成了有机污染物—细菌—原生动物（后生动物）的食物链。

生物膜的更新与脱落：

①厌氧膜的出现过程：

a. 生物膜厚度不断增加，氧气不能透入的内部深处将转变为厌氧状态；

b. 成熟的生物膜一般都由厌氧膜和好氧膜组成；

c. 好氧膜是有机物降解的主要场所，一般厚度为2mm。

②厌氧膜的加厚过程：

a. 厌氧的代谢产物增多，导致厌氧膜与好氧膜之间的平衡被破坏；

b. 气态产物的不断逸出，减弱了生物膜在填料上的附着能力；

c. 成为老化生物膜，其净化功能较差，且易于脱落。

③生物膜的更新：

a. 老化膜脱落，新生生物膜又会生长起来；

b. 新生生物膜的净化功能较强。

④生物膜法的运行原则：

a. 减缓生物膜的老化进程；

b. 控制厌氧膜的厚度；

c. 加快好氧膜的更新；

d. 尽量控制使生物膜不集中脱落。

生物膜法是利用附着生长于某些固体物表面的微生物（即生物膜）进行有机污水处理的方法。生物膜是由高度密集的好氧菌、厌氧菌、兼性菌、真菌、原生动物以及藻类等组成的生态系统，其附着的固体介质称为滤料或载体。生物膜自滤料向外可分为厌气层、好气层、附着水层、运动水层。生物膜法的原理是，生物膜首先吸附附着水层有机物，由好气层的好气菌将其分解，再进入厌气层进行厌气分解，流动水层则将老化的生物膜冲掉以生长新的生物膜，如此往复以达到净化污水的目的。生物膜法具有以下特点：①对水量、水质、水温变动适应性强；②处理效果好并具良好硝化功能；③污泥量小（约为活性污泥法的 3/4）且易于固液分离；④动力费用省。

5）*生物酶法* 污水处理系统中，最有效的优势微生物来源于污水处理系统本身，优势微生物的数量及活性大小决定废水处理系统的处理效果。系统中各种微生物会随污水流动，因此，繁殖速度缓慢的微生物，在暴气池中会经常得不到正常的繁殖时间就会被冲刷掉，从而降低了污水暴气池内的微生物数量，直接影响了污水的处理效率。生物酶技术不建议从污水处理厂外部引入污泥，而是在自身系统中培养激活生物系统，提高污水处理厂的效率。污水中各种利于微生物生长的基质不可能是平衡的，由于某些基质的缺失，有些生化反应在特定的条件下不会发生，因此污水处理厂的效率将受到限制，生物酶技术从关注微生物活性与保障微生物的增殖方面实现了技术突破。

用于污水处理厂的生物酶制剂，在水中具有较高的表面活性和很好的扩散性。在污水生化处理系统中，随着与水中的各种污染物的接触，把各种相应功能的多种酶和有益菌群迅速分散形成超微状结构，建立自己强大的活性污泥系统，酶和有益功能菌及微生物营养物质可以加速微生物的生长繁殖、提高活性污泥的活性，从而加速对有机污染物降解。

笔者运用生物酶技术处理模拟马铃薯淀粉废水，通过实验室静态实验，考察 pH、水解时间、生物酶特性等因素对废水处理效果的影响。实验采用预处理—水解—好氧氧化处理工艺，通过对比废水处理前后各项指标综合确定最佳工艺方案。淀粉、蛋白质等高分子有机物因相对分子质量巨大，不能透过细胞膜，不可能为细菌直接利用。在水解酸化—好氧工艺中，水解段的作用是在水解菌的作用下，将废水中大分子有机物水解酸化为小分子的有机物，将不溶性的有机物变为可溶性的有机物，提高废水的可生化性，为后续的好氧处理提供有利条件。例如，淀粉在水解酶的作用下水解成葡萄糖。蛋白质经水解酶的作用，水解成氨基酸，其水解路径为：蛋白质→多肽→二肽→氨基酸。蛋白质水解到二肽阶段就可作为底物，被微生物细胞所利用。水解过程受温度、有机物的组成、水解产物的浓度等因素的影响。此阶段的主要产物有挥发性脂肪酸、醇类、乳酸、二氧化碳、氢气、氨、硫化氢等，是有机物降解的提速过程，往往作为废水处理的预处理单元。水解后再添加酶制剂进行好氧处理的过程中，投加生物酶的水样反应速度加快，COD 去除率较高，最高达 88.6%。将生物酶催化技术应用于污染物的去除，是采用不同于普通微生物菌的系列生物酶、菌结合技术，通过酶打开污染物质中更复杂的化学链，将其迅速降解为小分子，从高分子有机物降解为低分子有机物或 CO_2、H_2O 等无机物，降低 COD 值，从而达到去除污染物的目的，大大降低污水处理费用。生物酶处理有机物的机理是先通过酶反应形成游离基，然后游离基发生化学聚合反应生成高分子化合物沉淀。与其他微生物处理相比，酶处理法具有催化效能高，反应条件温和，对废水质量及设备情况要求较低，反应速度快，对温度、浓度和有毒物质适应范围广，可以重复使用等优点。并且生物酶稳定性较高，有利于底物、产物的分离。

6）光合细菌法　简称 PSB。是在厌氧条件下进行不放氧光合作用的细菌的总称。用于净化有机废水的光合细菌主要是红假单胞菌属，它能利用有机物作为光合作用的碳源和供氢体，并能耐受高浓度的有机物，将其分解除去。据王宇新等研究，采用球形红杆菌 12 进行废水处理，获得了较为满意的效果。其方法是：首先将废水引入预处理槽，加入合适剂量的絮凝剂调节 pH 和絮凝固形物，然后经初沉淀槽沉淀后，上清液流入工艺主体 PSB 处理槽。其光照白天采用日光，夜间采用白炽灯光，光照度不低于 1 500lx，溶解氧值控制在 0.2～0.5mg/L，处理温度 30℃左右，调节 pH 至 7，停留时间 36～42h，废水处理量 $4m^3/d$，COD 最大容积负荷 6.7kg/（m^3·d）。处理后的流出液经二次沉淀槽后，上清液可再进入暴气槽进行二级处理，使废水达标排放。原水 COD 值为 24 805mg/L，经预处理沉淀后为 16 794mg/L，PSB 处理后降至 1 058mg/L，COD 去除率为 95.7%，暴气处理后 COD 降至 300mg/L 以下，去除率达 98.1%。

光合细菌法处理淀粉废水，有机污染物去除率高，投资省，占地少，且菌体污泥是对人畜无害、富含营养的蛋白质饲料，是一种非常有前景的净化高浓度有机废水的处理技术。但光合细菌对温度变化敏感，需要相应的加热和保温装置，夜间需要较强的白炽灯光照。

生物法处理淀粉废水，技术成熟可靠，耐冲击能力强，处理效果好，尤其是 UASB 反应器为主体的厌氧生物处理法，在降解污染物的同时还能回收甲烷气，在淀粉废水处理中得到了广泛应用。但多数生物处理法占地面积大，能耗大，投资费用和运行费用高，受废水的水温、pH、有毒物质等环境条件影响较大。我国农村废旧坑塘很多，如果将其改造为生物塘，进行巧妙利用，将会大大降低排污治理的成本。对于生产规模不大的淀粉厂，甲烷气无回收价值，可研究用水解酸化法代替目前应用最多的 UASB 处理法。水解酸化法受废水的水温、有毒物质等环境条件影响较小，投资费用也较低。

7）综合处理法　综观以上所述的淀粉废水处理方法，不管是物理和化学法，还是生物处理法中的厌氧生物、好氧生物处理，在实际的应用中均很少将其单一的用于废水处理，尤其对高浓度的有机废水而言，单一处理很难达到废水排放标准。所以在实际的应用中，经常将几种方法组合，选择合理的废水处理路线。

我国对马铃薯淀粉生产废水的处理方法的研究非常重视，通过参考其他行业的废水处理方法，不断有新的工艺和方法产生，实验室模拟的马铃薯淀粉废水处理实验都取得了较好的效果，以“预处理＋UASB反应器＋A/O活性污泥池为主体的处理工艺”已经成熟，并且已在南方的少数大型淀粉加工企业投入应用。但是，我国马铃薯的主产区大多集中在北方地区，这些地区马铃薯淀粉的生产为季节性的，同时生产期温度较低，且单个企业生产规模较小，而生物法又具有相对投入高、启动时间长、运行成本高等缺点，因此，对于加工期气候寒冷的北方地区适用性差。

通过对以上现有马铃薯淀粉生产废水处理方法的研究，不难发现，絮凝沉淀法无论是作为马铃薯淀粉废水处理的主体工艺，还是作为综合处理法的预处理阶段工艺，都发挥着不可替代的作用。通过絮凝沉淀完成水体中蛋白的回收，而后进行废水的处理，这种综合处理方法不仅有效地利用了马铃薯蛋白资源，同时减轻了后续废水处理的负荷。

5.2.3 蛋白回收技术

薯类淀粉生产中细胞液（汁水）中的BOD、COD、固形物等含量很高，直接排放会造成环境污染（表5-6）。细胞液中的物质主要为有机物，其组分包括小颗粒淀粉、细渣、蛋白质、糖分等（表5-7）。

表5-6 马铃薯淀粉生产废水主要排污指标

成分	含量（mg/L）	成分	含量（mg/L）
化学需氧量（COD）	49 000	氨氮	48.20
生化需氧量（BOD_5）	18 776	pH	6.0
悬浮物（SS）	13 720		

表5-7 马铃薯淀粉生产废水成分

成分	含量（%）	成分	含量（%）
水分	96.0	淀粉	1.0
粗蛋白	2.19	脂肪	0.002
粗纤维	0.052		

若及时在生产线上采用先进的中空纤维膜过滤技术，回收的副产物可以应用于食品、饲料、发酵等行业。生产线上排出的细胞液送入过滤机，以除去大的颗粒如淀粉、细渣、蛋白质颗粒等。之后加入絮凝剂进入絮凝器，絮凝后的有机物送入过滤机进行脱水，脱出的蛋白质饼被送往薯渣处理工序作为饲料的组分之一。中空纤维膜过滤器组滤出的浓缩液送至过滤机，干净的水由泵送往清洗工段的清洗机作为清洗水使用。该技术的特点是：中空纤维膜孔径小，可将0.2μm以上的颗粒物全部回收，省去了加热设备，投资运行费用较低。

废液中蛋白质含量虽然不高，但只要回收得法，其获取量还是相当可观的。据计算，每吨废水中含蛋白质10～20kg，生产1t淀粉产生的废水量约计20t，则年产10 000t马铃薯淀粉厂其回收的蛋白量在500～1 000t。蛋白质的回收关键在于蛋白水中蛋白质浓度，浓度高，回收才有价值。要提高蛋白水中蛋白质的浓度，就必须减少用水量和利用絮凝剂。先进的方法是：马铃薯粉碎后，先分离出细胞水，同时在淀粉洗涤过程中采用洗涤水循环利用。采用合理的工艺，可以使薯汁中可溶性物质浓度提高到3.9%。目前回收蛋白质最好的方法是采用多效真空浓缩法，其工艺流程如图5-7。

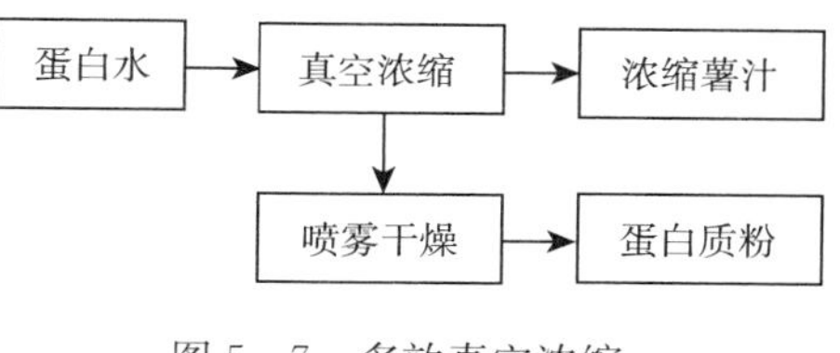

图5-7　多效真空浓缩

浓缩薯汁含干物质65%左右，其中粗蛋白质含量43%。喷雾干燥前将薯汁浓缩至含干物质20%左右，干燥后的产品含70%左右的粗蛋白质。浓缩薯汁在贮藏过程中易分解，加工的浓缩薯汁应尽快使用。蛋白质粉贮藏中极易吸潮，加入5%～7.5%的氢氧化钙，可以起到防止吸潮结块的作用。在蛋白水中还含有其他的可溶性物质凝固后一起回收。从淀粉生产工艺过程看，基本做法是：

① 在加工过程中，用循环逆流洗涤法或尽量少用水，提高洗涤水中蛋白质的浓度。

② 用蒸汽加热或其他加热方法，将蛋白质浓缩、沉淀、回收。为了保护产品中的有效赖氨酸，薯汁的浓缩温度不能超过60℃。目前，回收蛋白水中蛋白质较好的方法有超滤法，其工艺流程为：

蛋白水→除泡沫→超滤→凝固→冷却→分离、干燥→薯类蛋白质

超滤法能全部回收薯汁水中的蛋白质，浓缩倍数可达到6倍。产品组成成分是：蛋白质70%～80%，水分8%，其余12%～17%为有机酸、矿物质和氨基酸等。其营养价值与牛奶蛋白质和鸡蛋蛋白质相当，可作饲料或食品原料。

在马铃薯蛋白质的热凝固过程中，蛋白水用蒸汽加热。多聚磷酸三氯化铁的盐酸溶液，盐酸和磷酸的混合溶液，均可以作为蛋白质的沉淀剂。在蛋白质浓度低时，初始的沉降速度较快，但蛋白质沉淀的百分率也较低。沉淀蛋白质的分离可以通过一个连续的旋转过滤器、一个板框式压滤机来进行，通过沉淀物的重力或离心作用分离蛋白质。在回收蛋白质的同时，一起回收淀粉或其他化合物如氨基酸、有机酸、磷酸盐等，经济效益更为可观。

由于马铃薯淀粉加工废浆水中的蛋白质浓度较低而不易提取，可利用沉淀浓缩的办法回收部分蛋白质。在生产线末端建立2～3级废浆沉淀池，废浆水静止沉淀24～48h后，上清液排入第2个沉淀池，废水作洗薯水循环利用，洗薯后的废水流入积水池，可有节制地灌溉农田，或经微生物处理达标后排放。在沉淀池上清液排走后，回收下部沉淀的蛋白质和淀粉。回收的高浓度蛋白浆，再通过加热凝聚、甩干、干燥、粉碎等工艺制成蛋白质粉。

经过蛋白回收的马铃薯淀粉生产废水其COD值大大降低，一般为1 000～3 000mg/L，可以作为农田灌溉水直接浇灌，也可以经过深度的生物处理使COD进一步降低而达标排放。

参考文献

曹有福，李树君，赵凤敏，等．2010. 南瓜红外干燥工艺参数优化［C］//2010 国际农业工程大会提升装备技术水平，促进农产品、食品和包装加工业发展分会场论文集.

柴诚敬，张国亮．2000. 化工流体流动与传热［M］．北京：化学工业出版社.

陈夫山，刘丹凤，谢来苏，等．1999. 两性淀粉在中性抄纸中的应用［J］．中国造纸学报，14（B10）：78－81.

陈桂明，张明照．2001. 应用 MATLAB 建模与仿真［M］．北京：科学出版社.

陈海．1997. 液—液旋流器结构参数实验优选及其内流场测量［D］．北京：石油大学.

陈晋南．2004. 传递过程原理［M］．北京：化学工业出版社.

陈景仁．1989. 湍流模型及有限分析法［M］．臧国才，刘希云，等，编译．上海：上海交通大学出版社.

陈瑚．1999. 马铃薯与马铃薯淀粉有哪些特性［J］．淀粉与淀粉糖，4：42－45.

陈奇伟，马晓娟，李连伟．2007. 马铃薯淀粉生产技术［M］．北京：金盾出版社.

陈启杰，王萍，陈夫山．2005. 高取代度阳离子淀粉对废纸脱墨浆助留助滤的研究［J］．中国造纸学报，20（1）：133－136.

陈文梅，褚良银．1997. 旋流分离器流体流动理论研究与实践［J］．过滤与分离（4）：5－9.

陈新国，徐春明，郭印诚．2000. 用颗粒流的动力学理论模型提升管反应器流动特征［J］．化工学报，51（2）：264.

陈义良．1991. 湍流计算模型［M］．合肥：中国科学技术大学出版社.

陈永胜，李新华，吕晓秀，等．2003. 玉米氧化淀粉的制备及性能研究［J］．内蒙古民族大学学报：自然科学报，18（6）：511－513.

陈玉忠，谢欢德．2003. 气固两相自由射流燃烧的数值模拟［J］．重庆大学学报，26（12）：64.

陈志，李树君，方宪法，等．2004. 农产品加工工程［M］．北京：中国科学技术出版社.

陈志，李树君．2001. 农产品加工新技术手册［M］．北京：中国农业科学技术出版社.

陈志，李树君．2001. 农产品加工业重塑中国农业［J］．瞭望新闻周刊（33）.

陈志，李树君．2001. 中国农产品加工业年鉴［M］．北京：中国农业出版社.

褚良银，陈文梅，等．1998. 水力旋流器［M］．北京：化学工业出版社.

褚良银．1995. 水力旋流器流场研究成果及进展［J］．化工机械，19（5）：299－302.

邓先和，等．1995. 气体全封闭循环的干燥热效率分析［J］．化学工程，23（6）：22－26.

董仁威．1987. 淀粉深度加工新技术［M］．成都：四川科学技术出版社.

董延丰．2003. 中国淀粉工业协会年度工作报告［R］.

杜润鸿，刘文秀，吴刚，等．2001. 油炸薯片的工艺研究及其生产线［J］．粮油与食品机械（3）.

冯承，张燕萍．2005. 滚筒法制备交联羧甲基淀粉及其性质研究［J］．食品工业科技，26（3）：151－153.

冯建，刘文秀，林亚玲，等．2001. 淀粉抗回生的研究进展及应用前景［J］．食品科学，32（9）：15－21.

冯进．1997. 轻相分离液-液旋流器机理研究［D］．北京：石油大学.

高福成，等.1988. 食品用圆柱形微型旋流器基本性能的研究［J］. 无锡轻工业学院学报，7（1）：7-23.

高福成.1999. 食品加工过程模拟—优化—控制［M］. 北京：中国轻工业出版社.

高金森，徐春明，杨光华，等.1998a. 提升管反应器气固两相流动反应模型及数值模拟［J］. 石油学报：石油加工，14（1）：27.

高金森，徐春明，杨光华，等.1998b. 提升管反应器气固两相流动反应模型与数值模拟［J］. 石油学报：石油加工，14（2）：55.

高雪莲，王国玉，刘淑艳，2003. 等. 旋转自洁式空气滤清器内部气固两相流场的计算与分析［J］. 北京理工大学学报，23（6）：704.

顾芳珍，刘燕.1994. 气流干燥过程模拟与优化［C］//第五届化工机械专业校际教学与科研交流会论文集. 北京：［出版者不详］.

顾芳珍，钱树德.1990. 旋流气流干燥器及其设计［C］//第五届中日化工机械学术交流会. 苏州：［出版者不详］.

顾芳珍，钱树德，覃逵.1991. 淀粉在旋转气流干燥器中的热量传递［J］. 化工工业与工程，9（1）：5.

顾芳珍，舒安庆，钱树德.1994. 旋流闪急干燥器中旋流发生器结构研究与流体力学估算［C］//第五届化工机械专业校际教学与科研交流会论文集. 北京：［出版者不详］.

顾芳珍，郑娆.1996. 旋流场与重力场中的气固流动及热质传递规律［J］. 化工机械，23（1）：46.

顾芳珍.2000. 旋流闪急干燥器旋流发生器结构研究［J］. 内蒙古石油化工，26：5-8.

顾芳珍.2001. 旋流闪急干燥器流体流动理论分析［J］. 武汉化工学院学报，23（1）：60.

郭敏杰，刘振.2003. 我国淀粉接枝共聚改性的研究进展［J］. 化工生产与技术，10（2）：22-30.

韩德乾.2001. 农产品加工业的发展与新技术应用［M］. 北京：中国农业出版社.

韩清华，李树君，马季威，等.2006a. 连续式微波真空干燥设备的研究［J］. 农业机械学报，37（8）：136-139.

韩清华，李树君，马季威，等.2006b. 微波真空干燥膨化苹果脆片的研究［J］. 农业机械学报，37（8）：155-158，167.

韩清华，李树君，马季威，等.2008. 微波真空干燥膨化苹果片的能耗与品质分析［J］. 农业机械学报，39（1）：74-77.

韩清华，马季威，李树君.2003. 微波真空干燥技术的研究现状［C］//全国农产品、食品和包装工程学术研讨会论文集.

韩跃新.1992. 水力旋流器分级相似模拟器的建立及参数优化的研究［D］. 沈阳：东北工学院.

呼英俊，白杉，刘志平.2003. 几种全自动定量包装机的计量原理［J］. 计量技术（12）.

胡剑，邱礼平，温其标.2005. 改性高直链超顺磁性淀粉的制备及其结构研究［J］. 中国粮油学报，20（1）：27-29.

惠斯特勒 R J. 1987. 淀粉的化学与工艺学［M］. 北京：中国食品出版社.

嘉安.2001. 淀粉及淀粉工艺学［M］. 北京：中国农业科技出版社.

江敏，谭兴和，熊兴耀，等.2007. 非油炸型速冻马铃薯预处理加工工艺参数的研究［J］. 食品研究与开发，28（3）：88-93.

金征宇，等.2008. 碳水化合物化学：原理与应用［M］. 北京：化学工业出版社.

赖谋荣.2002. 冲压发动机可调喷管流场的数值模拟［D］. 西安：西北工业大学.

赖越殿.1996. 旋流器入料管结构参数探讨［J］. 煤矿机械（2）：23-25.

雷明光，陈文梅，刘玉良.1999. 超小型旋流器流体动力学性能和分离性能研究［J］. 流体机械，27（7）6-9.

李建明．1997. 水力旋流器固液两相湍流数值模拟及分离性能研究［D］．成都：四川联合大学.
李浪，周平，杜平定．1994. 淀粉科学与技术［M］．郑州：河南科学技术出版社．
李里特，李树君，林亚玲，等．2002. 马铃薯淀粉全旋流分离系统计算机模拟［J］．农业机械学报，33（3）：60－62.
李里特．1998. 食品物性学［M］．北京：中国农业出版社.
李庆扬，王能超，易大义．2002. 数值分析［M］．武昌：华中科技大学出版社.
李树君，林亚玲，李里特，等．2002. 单级水力旋流器分离马铃薯淀粉数学模型的研究［J］．农业机械学报，33（3）：56－59.
李树君，林亚玲，李里特，等．2002. 水力旋流器及其网络系统数学模拟技术进展［J］．农业机械学报，33（4）：122－125.
李树君，高源，孙赟．2001. 水力旋流器在食品工业中的应用［J］．农业机械学报（5）.
李树君，高源．2001a. 马铃薯淀粉全旋流分离系统的模拟计算［J］．农业机械学报（6）.
李树君，高源．2001b. 马铃薯淀粉分离用旋流管性能的研究［J］．农业机械学报（6）.
李树君，韩德乾．2001. 农产品加工业的发展与新技术应用［M］．北京：中国农业出版社.
李树君，李惠．1991. 果脯快速加工技术及设备［C］//1991 年全国包装与食品加工和食品机械专业学会第二届学术年会. 北京：中国机械工程学会．
李树君，李子明，林亚玲．2010. 食品和包装机械行业发展现状和趋势［C］//2010 年中国食品工业与科技发展报告．北京：中国轻工业出版社.
李树君，林亚玲，潘忠礼．2008. 红外技术用于农产品灭酶和脱水干燥的研究综述［J］．农业机械学报，39（6）：109－112.
李树君，林亚玲．2003. 马铃薯加工业发展现状与对策［J］．农产品加工（1）：10－12.
李树君，谢安，林亚玲，等．2010. 马铃薯淀粉废水处理方法综述［C］//2010 国际农业工程大会提升装备技术水平，促进农产品、食品和包装加工业发展分会场论文集.
李树君，谢安，林亚玲，等．2011. 高取代度阳离子变性淀粉絮凝剂的制备及其应用［J］．农业机械学报，42（2）：134－138.
李树君，赵有斌．1997. 真空加压浸糖工艺的试验研究［C］//97 北京国际食品加工及包装技术讨论会论文集.
李树君．1991. OQ－300 型藕切片机参数研究［C］//1991 年全国包装与食品加工和食品机械专业学会第二届学术年会. 北京：中国机械工程学会．
李树君．2003. 论数字农业工程技术体系［C］//2003 年中国数字农业与农村信息化发展战略研讨会.
李树君．2003. 马铃薯加工产业市场状况［J］．中小企业科技（5）.
李树君．2003. 农产品及其加工业的机遇和挑战［C］//中国农业机械学会成立 40 周年庆典及 2003 年学术年会.
李树君．2005. 加强科技进步提升我国农产品加工业的技术水平［J］．农机科技推广（3）：10－11.
李树君．2009. 食品装备学科的现状与发展［C］//2008—2009 食品科学技术学科发展报告．北京：中国科学技术出版社．
李晓钟．1997. 水力旋流器内流体流动特性及能耗规律的研究［D］．成都：四川联合大学.
李鑫熠，杨炳南，杨延辰，等．2010. 加工马铃薯贮存过程营养物质变化研究［C］//2010 年中国机械工程学会包装与食品工程分会学术年会论文集.
李仪凡，李树君，马季威，等．2010. 微波真空干燥设备大功率微波源馈的设计与试验［C］//2010 国际农业工程大会提升装备技术水平，促进农产品、食品和包装加工业发展分会场论文集.
李兆丰，顾正彪．2005. 酸解氧化淀粉的制备及其性质研究［J］．食品与发酵工业，31（2）：14－17.

李之光．1982. 相似与模化．北京：国防工业出版社.
李志强，魏飞，李荣先，等．2003. 修正的 κ-ε-κp 双流体模型用于模拟旋流突扩燃烧室内气固两相流动［J］．热能动力工程，18（5）：459.
李子明，李树君，徐子谦，等．2006. 液晶态分离提纯大豆磷脂［J］．中国粮油学报（2）.
林亚玲，李树君，李里特，等．2002. 水力旋流器分离马铃薯淀粉的试验研究［J］．农业机械学报，33（4）：55-58.
林亚玲，李树君，潘忠礼．2007. 红外同步杀青脱水下苹果片传热传质数学模拟［C］//2007 年中国机械工程学会包装与食品工程分会学术年会论文集：56-68.
林亚玲，李树君，潘忠礼．2008. 苹果片红外加热同步灭酶脱水试验［J］．农业机械学报，39（5）：70-73.
林亚玲，李树君，张琥．2011. 多酚氧化酶催化褐变机理及其抑制方法研究概述［C］//2011 年中国机械工程学会包装与食品工程分会学术年会论文集.
林亚玲，刘静，杨炳南．2010. 马铃薯淀粉废水生物处理实验研究［C］//2010 年国际农业工程大会会议论文.
林亚玲，杨炳南，杨延辰，等．2009. 冲调性甘薯全粉速溶性试验［J］．农产品加工学刊（10）：71-74.
刘东亚，金征宇．2005. 变性淀粉在我国应用、研究现状及发展趋势分析［J］．粮油与油脂（10）：7-10.
刘桂华，范增均，高冬梅．1996. 旋流喷动干燥机［J］．染料工业，33（2）：48-51.
刘静，李子明，林亚玲，杨炳南，等．2010. 生物酶技术在马铃薯废水处理中的应用［C］//全国污水处理与回收再利用技术应用交流高峰研讨会论文集.
刘静，林亚玲，尹学清．2010. 淀粉废水臭味发生机理及控制技术研究综述［C］//2010 年国际农业工程大会会议论文.
刘培坤，王显君，等．1999. 水力旋流器的应用综述［J］．矿山机械（4）.
刘文秀，杜润鸿，彭鑑君．2000. 影响油炸薯片质量的主要因素及分析等［C］//全国农产品加工技术研讨会 2000 年会.
刘文秀，彭鑑君．2003. 我国油炸土豆片行业现状与发展前景［J］．农产品加工（3）.
刘小兵，程良骏．1995. 固液两相流中 κ-ε 双方程湍流模式及在水涡轮机械流场中的应用［J］．四川工业学院学报，14（2）：76.
刘小义．1997. 油水分离用水力旋流器的性能研究［D］．大连：大连理工大学.
刘兴静，孙赟，林亚玲，等．2001. 天然纤维预处理技术研究进展［J］．高分子通报（11）：54-59.
刘英伦，郑元锁．2003. 阳离子淀粉制备研究进展［J］．造纸化学品，14（3）：5-10.
刘则毅．2001. 科学计算技术与 Matlab［M］．北京：科学出版社.
鲁玉侠，蔡妙颜，闻向阳．2005. 交联阳离子淀粉的制备及其脱色性能研究［J］．广东化工（1）：36-39.
陆丹梅，潘远凤，廖丹葵，等．2003. 半干法制备高结合磷淀粉磷酸酯的研究［J］．广西大学学报：自然科学版，29（3）：186-189.
马素霞，阎庆绂，孙西欢．2001. 轴向涡流涡线的数值计算［J］．农业机械学报，32（1）：45-48.
马莺，顾瑞霞．2003. 马铃薯深加工技术［M］．北京：中国轻工业出版社.
庞学诗．1997. 水力旋流器工艺计算［M］．北京：中国石化出版社.
彭鑑君，刘文秀．2003. 油炸马铃薯制品煎炸油的劣变及其控制［J］．包装与食品机械（3）.
彭维明．2001. 切向旋风分离器内部流场的数值模拟及试验研究［J］．农业机械学报，32（4）：20.
钱树德，顾芳珍．1989. 旋流闪急造粒—干燥装置的开发与研究［C］//第三届全国干燥技术交流会．大连：[出版者不详].
秦波涛，等．1997. 薯类综合加工及利用［M］．北京：中国轻工业出版社.

清源计算机工作室．2001. MATLAB6. 0 基础及应用［M］．北京：机械工业出版社.
邱家山．1993. 磷酸污水封闭循环处理系统中的旋流分离//过滤过程的实验研究及数模建立［D］．成都：成都科技大学.
邱家山，陈文梅，杜燕，等．1995. 固体浓度、颗粒大小和安装倾角对水力旋流器分离性能的影响［J］．过滤与分离（2）：3－6.
邱灶杨，李树君，杨炳南，等．2010. 可降解植物纤维餐饮具除边机设计［J］．农业机械学报，41（增刊）：154－159.
裘兆蓉，裴峻峰，花震言．2003. 阳离子高分子絮凝剂 F2 合成及表征［J］．江苏工业学院学报［J］，15（1）：17－19.
任露泉．1987. 实验优化设计［M］．北京：机械工业出版社.
邵淑丽，刘兴军，邵会祥，等．2002. 马铃薯渣发酵饲料对兔肉质、免疫功能的影响［J］．生物技术，12（1）：24－26.
沈群．2008. 薯类加工技术［M］．北京：中国轻工业出版社.
盛建国．2002. 修饰预糊化木薯淀粉性能研究［J］．食品科学，23（5）：29－31.
盛振邦．1961. 流体力学［M］．北京：北京科学教育出版社.
舒安庆，顾芳珍，钱树德．1994. 旋流闪急干燥器流体流动特性研究［C］//第五届化工机械专业校际教学与科研交流会论文集．
宋振东．1998. 小直径水力旋流器微细分级模型［J］．中国有色金属学报，8（3）：493－496.
苏丹，李树君，赵凤敏，等．2010. 红外干燥对南瓜品质的影响研究［C］//2010 国际农业工程大会提升装备技术水平，促进农产品、食品和包装加工业发展分会场论文集.
苏晓生．2001. MATLAB 5. 3 实例教程［M］．北京：中国电力出版社.
孙会，潘家铮，程刚．2003. 搅拌设备 CFD 分析与软件对比［J］．华东理工大学学报，29（6）：625.
谭天恩，史惠祥，陈建孟，等．2003. 旋流塔板上气液运动与板效率模型研究［J］．化工学报，54（12）：1755－1760.
田铖，张欢，由世俊，等．2003. 利用 FLUENT 软件模拟地铁专用轴流风机的内部流场（一）：对称翼叶片轴流风机［J］．流体机械，31（11）：13.
王光丰．1990. 相似理论及其在传热学中的应用［M］．北京：高等教育出版社.
王国扣．1995. 俄罗斯马铃薯淀粉全旋流装置及应用［J］．淀粉与淀粉糖（2）：32－36.
王金永，赵有斌，林亚玲，等．2011. 淀粉基可降解塑料的研究进展［J］．塑料工业，39（5）：13－17.
王瑾，李树君，杨延辰，等．2011. 滚筒干燥数学模拟的研究进展［J］．食品与包装机械，29（4）：44－47.
王娟慧．2007. 马铃薯净菜的保鲜研究［D］．湖南农业大学.
王小芳，吕金颇，杨安仁．2003. PDFSCiJ－H、P、C 的吸附机理及动力学研究［J］．西南科技大学学报，18（4）：51－54.
王彦斌，苏琼．2006. 玉米淀粉氧化方法及高效催化剂表征研究［J］．化学世界（6）：306－308.
王肇慈．1988. 三薯综合加工利用［M］．北京：中国食品出版社.
闻建全．2008. 食品化学［M］．北京：中国农业大学出版社.
无锡轻工业学院，天津轻工业学院．食品工程原理：下册［M］．1996. 北京：中国轻工业出版社.
吾国强，吴雪妹，吕亮，等．2000. 高黏度羧甲基淀粉钠的合成研究［J］．浙江化工，31（1）.
吾国强，吴雪妹，吕延文，等．1999. 药片崩解剂羧甲基淀粉的合成［J］．精细化工，16（4）.
吴刚，杜润鸿，彭鑑君，等．1996. 油炸薯片工艺及其生产线［J］．农机与食品机械（3）.
吴刚，彭鉴君，刘文秀，等．2005. 蒸汽去皮机的特点及应用［C］//2005 年全国农产品加工、食品和包装工程学术研讨会论文集.

吴中华．2002. 脉动燃烧喷雾干燥过程数值模拟［D］．北京：中国农业大学.
谢安，李树君，林亚玲，等．2010a. 马铃薯淀粉废水处理技术［J］．农业机械学报，9（41）：191－194.
谢安，李树君，林亚玲，等．2010b. 马铃薯淀粉生产废水絮凝试验［J］．农业机械学报，9（41）：195－197.
谢安，李树君，林亚玲，等．2010. 马铃薯淀粉生产废水絮凝实验研究［C］//2010国际农业工程大会提升装备技术水平，促进农产品、食品和包装加工业发展分会场论文集.
熊蓉春，卜爱华，赵曦，等．2005. 聚（丙烯酰铵-丙烯酰胺）高吸水性树脂的合成与性能研究［J］．北京化工大学学报，32（2）：42－46.
徐纲．2000. 叶轮机械两种非定常流动现象的理论和实验分析［D］．北京：中国科学院工程热物理研究所.
徐贵华，李军鹏，李朋飞，等．2005. 湿法制备十二烯基琥珀酸淀粉酯的研究［J］．中国食品添加剂，（1）：29－32.
徐继润．1998. 水力旋流器流场理论［M］．北京：科学出版社.
徐莱，罗国平．2000. 次氯酸钠氧化淀粉的制备及研究［J］．南昌职业技术师范学院学报（3）：26－29.
许辉，邹早建．2004. 基于FLUENT软件的小水线面双体船黏性流数值模拟［J］．武汉理工大学学报：交通科学与工程版，28（1）：8.
许克勇，冯卫华．2001. 薯类制品加工工艺与配方［M］．北京：科学技术文献出版社.
阎安，李学辉．1996. 水力旋流器现状及发展趋势［J］．石油机械，增刊（24）：159－163.
杨炳南，李树君，张黎明．1999. 马铃薯薯条加工及对策［J］．粮油加工与食品机械（2）.
杨炳南，林亚玲，杨延辰，等．2009. 马铃薯加工业发展现状与对策建议［C］//马铃薯产业与粮食安全. 哈尔滨：哈尔滨工程大学出版社.
杨炳南，刘斌，杨延辰，等．2011. 国内外果蔬鲜切加工技术研究现状［J］．农产品加工学刊，10：36－40.
杨炳南，刘斌，杨延辰，等．2011. 净鲜马铃薯丝、丁半成品保鲜实验研究［C］//马铃薯产业与科技扶贫．哈尔滨：哈尔滨工业出版社.
杨炳南，王顺喜，李树君．2004. 国外畜牧机械发展新动向［J］．农业科技通讯（3）：182.
姚征，陈康民．2002. CFD通用软件综述［J］．上海理工大学学报，24（2）：137.
伊莱亚森．2009. 食品淀粉的结构、功能及应用［M］．赵凯，等，译．北京：中国轻工业出版社.
于秀林，任雪松．1999. 多元统计分析［M］．北京：中国统计出版社.
俞俊棠．1982. 抗生素生产设备［M］．北京：化学工业出版社.
袁惠新，陈国金，等．1999. 废硅藻土旋流洗涤回收的探讨［J］．农机与食品机（5）：12－15.
袁惠新，冯斌，陆振曦．1999. 混合物分离技术的选择［J］．化工装备技术（3）：7－8.
曾洁，高海燕，李新华．2003. 酶解对氧化淀粉应用性质的影响［J］．食品工业科技，24（12）：29－31.
张本山，张友全，杨连生，等．2001. 淀粉多晶体系的亚微晶结构研究［J］．华南理工大学学报：自然科学报，29（6）：27－30.
张福根．2001. 粒度测量基础理论与研究论文集［C］．珠海：欧美克科技有限公司.
张宏伟，朱志坚，唐爱民，等．2004. 阳离子淀粉的合成及对纸张的增强作用［J］．中国造纸，23（10）：21－23.
张会强，王赫阳，王希麟，等．2000. 两相混合层中颗粒运动的数值模拟［J］．工程热物理学报，21（1）：115.
张力田．1999. 变性淀粉［M］．广州：华南理工大学出版社.
张力田．2007. 淀粉糖：修订版［M］．北京：中国轻工业出版社.

张清泉，杨延辰，李树君，等.2005. 新型高效锉磨机设计［J］. 粮油加工与食品机械（12）.
张庆华.2002. 液—液水力旋流器试验与数值模拟研究［D］. 北京：石油大学.
张淑芬，朱维群，杨锦宗.1999a. 高取代度羧甲基淀粉的合成及应用研究（Ⅰ）［J］. 精细化工，16（1）.
张淑芬，朱维群，杨锦宗.1999b. 高取代度羧甲基淀粉的合成及应用研究（Ⅱ）［J］. 精细化工，16（4）.
张先达，等.1998. 马铃薯淀粉加工新工艺［C］//中国机械工程学会包装与食品工程分会第五届学术年会论文集.
张旋，姜洪雷.2006. 绿色化学品——改性淀粉的制备与应用研究进展［J］. 科技进展，（14）：13-15.
张燕萍.2001. 变性淀粉制造与应用［M］. 北京：化学工业出版社.
张友全，张本山，曾新安.2002. 两性淀粉的制备及在废纸浆抄纸中的增强作用［J］. 中国造纸，（5）：13-16.
张友松.1999. 变性淀粉生产与应用手册［M］. 北京：中国轻工业出版社.
赵斌娟，王泽.2002. 离心泵叶轮内流场模拟的现状和展望［J］. 农业化研究，8（3）：49-52.
赵凤敏，等. 速冻马铃薯薯条综合加工的研究［D］. 北京：中国农业机械化研究院农副产品加工工程中心.
赵凤敏，李树君，方宪法，等.2006. 马铃薯薯渣固态发酵制作蛋白饲料的工艺研究［C］//中国农业机械学会2006年学术年会论文集. 北京：中国农业机械化学会.
赵凤敏，李树君，方宪法，等.2006. 中心组合设计法优化马铃薯薯渣固态发酵工艺［J］. 农业机械学，（37）：107-110.
赵凤敏，李树君，杨延辰.2005. 马铃薯渣发酵蛋白饲料发酵菌种的筛选［C］//2005年全国农产品加工、食品和包装工程学术研讨会.
赵凤敏，杨延辰，李树君，等.2005. 原料对马铃薯复合薯片产品品质影响的研究［J］. 包装与食品机械，6（23）：9-12.
赵萍，张珍.2000. 马铃薯渣生料发酵饲料生产［J］. 食品与发酵，27（3）：82：84.
赵有斌，林亚玲.2009.2008中国农产品加工业发展报告［M］. 北京：中国农业科学技术出版社.
赵宗昌.1996. 油水分离水力旋流器性能研究与流场的数值计算［D］. 大连：大连理工大学.
赵作善.1999. 实验设计［M］. 北京：中国农业大学出版社.
郑桂富，徐振相，周彬，等.2002. 马铃薯淀粉磷酸酯的物理化学特性［J］. 应用化学，19（11）：1080-1083.
钟丽，黄雄斌，贾志刚.2003. 固—液搅拌槽内颗粒离底悬浮临界转速的CFD模拟.［J］北京化工大学学报，30（6）：18.
周国忠.2002. 搅拌槽内流动与混合过程的实验研究及数值模拟［D］. 北京：北京化工大学.
周建芹，罗发兴.2000. 预糊化淀粉在食品中的应用［J］. 食品工业，（3）：7-8.
周力行.1994. 湍流气粒两相流动和燃烧的理论与数值模拟［M］//陈文芳，林文漪，译. 北京：科技出版社.
朱浩东，杨梅，梁家刚.1994. 国内外旋流器特点及发展方向［J］. 石油机械，22（12）：42-45.
朱家骅，褚良银，等.1998. 水力旋流器内干涉沉降效应研究［J］. 流体机械（6）：15.
诸良银，陈文梅，李晓钟，等.1998a. 水力旋流器与分离性能研究（一）——进料管结构［J］. 化工装备技术，19（3）：1-5.
诸良银，陈文梅，李晓钟，等.1998b. 水力旋流器与分离性能研究（二）——溢流管结构［J］. 化工装备技术，19（4）：1-3.

诸良银，陈文梅，李晓钟，等 . 1998c. 水力旋流器与分离性能研究（三）——锥段结构［J］. 化工装备技术，19（5）：1－4.

诸良银，陈文梅，李晓钟，等 . 1998d. 水力旋流器与分离性能研究（四）——底流管结构［J］. 化工装备技术，19（6）：12－14.

诸良银，陈文梅，李晓钟，等 . 1998. 水力旋流器能耗与节能原理研究 V. 流场结构与能量耗损［J］. 化工机械，25（6）：316－320.

诸良银，陈文梅，李晓钟，等 . 1999a. 水力旋流器与分离性能研究（五）——强制涡区辅助件结构［J］. 化工装备技术，20（1）：22－25.

诸良银，陈文梅，李晓钟，等 . 1999b. 水力旋流器与分离性能研究（六）——柱段结构［J］. 化工装备技术，20（2）：16－18.

诸良银，罗茜 . 1994. 高分离精度的水力旋流器的开发［J］. 流体机械，22（6）：1－6.

诸良银 . 1995. 固液分离用水力旋流器的设计［J］. 化工机械装备，16（1）：10－13.

Abousteit，O Kempf，W Pectic. 1974. Substances from plant waste［J］. Staerke，26（12）：417－421.

Andrieu J. 1982. Proc. 3rd. Int. Drying symp，Birming ham，2（10）.

Bednarski S. 1992. A new method of starch production from potatoes［C］//4th Int. Conf. on Hydrocyclones，Southampton：23－25.

Bratskaya S，Schwarz S，Liebert T，et al. 2005. Starch derivatives of high degree of functionalization：10. Flocculation of kaolin dispersions［J］. Colloids Surf. A：Physicochem. Eng. Aspects，254（1－3）：75－80.

F Mayer，J O Hillebrandt. 1997. Potato pulp：microbiological characterization，physicalmodification，and application of this agricultural waste product［J］. Appl Microbiol Biotechnol，48：435－440.

Fontein J. 1962. The influence of some variables upon hydrocyclone performance［J］. Brit：Chemical Engineering（7）：410－421.

Frank Mayer. 1998. Potato pulp：properties，physical modification and applications［J］. Ploymer degradation and stability，59：231－235.

George M. 1995. Classification in Hydrocyclones［J］. Ceramic Bullet，（9）.

Han Qinghua，Li Shujun，Ma Jiwei，et al. 2005. Microwave Vacuum Drying & Puffing Characteristics of Apple Chips. MOST－USDA Workshop on Agricultural Products Processing and Food Safety：259－264.

Hwang C C. 1993. On the main flow pattern in hydrocyclones［J］. Journal of Fluids Engineering，March Vol115：21－25.

H. H. P. Fang，H. K. Chui，Y. Y. Li，et al. 1994. Performance and granule characteristics of uasb process treating wastewater with hdrol yzed proteins［J］. Wat. Sci. Tech.，30（8）：55－63.

Ian C Kemp，Richard E Bahu. 1992. Modelling agglomeration effects in pneumatic conveying dryers［J］. A. S. Mujumdar（ed）. Drying’92：444－453.

Jacques Comiti. 1989. A new model for determining mean structure parameters of fixed beds from pressure drop measurements：application to beds packed with parallelepipedal particles［J］. Chemical Engineering Science，44（7）：1539.

J. Bandrowski，G. Kaczmrzyk. 1978. Gas－to－partical heat transfer in vertical pneumatic conveying of granular materials［J］. Chem. Eng. Sci.，33：1303－1310.

Kelsall D. F. 1953. A further study of the hydraulic cyclone［J］. Chemical Engineering Science，（2）.

Leach H W，T J Schoch. 1961. Structure of the starch granule II action of various amylases on granular starch［J］. Cereal Chem.，（38）：34－46.

Lin Yaling, Li shujun, Pan Zhongli, et al.. 2008. Theoretical Analysis of the Infrared Penetration Effect on Heat Transfer of the Apple Slice during Blanching Process [C]. 14TH World Congress of Food Science and Technology (Shanghai, China).

L X Zhou, S L Soo. 1990. Gas-solid flow and collection of solids in cyclone separator [J]. Powder Technology, 63: 45-54.

Mujumder A S. 1987. Handbook of industrial drying [M]. Marcel Dekker. Inc., New York and Basel.

Mushtayer V I. 1984. A mathematical model of a spiral dryer for fine polydisperse materials [J]. Drying, 84: 348-349.

Nayudamma Y, Joseph K T, Bose S M. 1961. Studies on the interaction of collagen with dialdehyde starch [J]. Jalca, 56: 548-556.

Pal S, Mal D, Singh R P. 2005. Cationic starch: an effective flocculating agent [J]. Carbohydr Polym, 59 (4): 417-423.

P. Calvert. 1997. The structure of starch [J]. Nature, 389: 338-339.

Richard Mozley. 1983. Selection and Operation of High Performance Hydrocyclones [J]. Filtration & Separation, 20 (6): 474.

Rietema K. 1957. On the efficiency in separating mixtures of two constituents [J]. Chemical Engineering Science, (7): 23-25.

Rietema K. 1961. Performance and design of hydrocyclones [J]. Chemical Engineering Science: (5).

Roldan villasana EJ, Dyakowski T, Lee MS, et al.. 1993. Design and modelling of hydrocyclone and hydrocyclone networks for fine particle precessing [J]. Minerals engineering, 6 (1): 41-54.

Roldan Villasana EJ, Williams RA. 1991. Calculation of a steady state mass balance for complex hydrocyclone networks [J]. Minerals engineering, 4 (3/4): 289-310.

Sableviciene D, Klimaviciute R, Bendo-raitiene J, et al. 2005. Flocculation properties of high-substitued cationic starches [J]. Colloids Surf. A: Physicochem. Eng. Aspects, 259: 23-30.

Shaohua Li, Shujun Li, Ziming Li, et al.. Effects of Rapeseed Whole Fat Expanding on the Pre-pressing cake oil content [C] //the proceedings of the 5th International Technical Symposium on Food Processing, Monitoring Technology in Bioprocesses and Food Quality Management.

Shaohua Li, Shujun Li, Ziming Li, et al.. Small-scale wet expanded preservation key technology of rice bran [C] //the proceedings of the 5th International Technical Symposium on Food Processing, Monitoring Technology in Bioprocesses and Food Quality Management.

Sheng H P, Welker J R. 1952. LiquiD-liquiD seperation in a conventional hyDrocyclone [J]. Can. J. Chem. Eng.: 487-491.

Shigeru Matsumoto, David C. T. Pei. 1984. A mathematical analysis of pneumatic drying of grain-I. Constant drying rate [J]. Int. J. Heat Mass Transfer, 127 (6): 843-849.

Singh N, EckhoffS R. 1995. Hydrocyclone procedure for starch-protein separation in laboratory wet milling [J]. Cereal Chemistry, 72 (4): 344-348.

Stein W A. 1973. Chem Ing, Techn, 45: 1032.

Svarovsky J, Svarovsky L. 1976. Computer-aided design of hydrocyclone networks [M]. Fine Particle Software, UK.

T. Vorag, G. Halasz, J. B. Zhelev. 1989. Simulation of Continuous Drying Processes by Integral Equations [J]. Chemical Engineering Science, 44 (7): 1529.

Virag T. 1989. Simulation of continuous drying processed by integral equations [J]. Chem. Eng. Sci., 44

(7)：1529－1538.

Volchkov E P. 1993. Aerodynamics and heat and mass transfer of fluidized partical beds in vortex chamvers [J] . Heat transfer Engineering，14 (3).

Weber M E. 1991. Private communication. Reported by Kemp，Bahu and Oakley，1991.

Wei Zuojun，Xu Shimin，Yuan Yyingjin，et al. 2003. CFD Simulation of Hydrodynamic Characteristics in Stirred Reactors Equipped with Standard Rushton or 45°－Upward PBT Impeller [J] . Chinese J. Chem. Eng.，11 (4)：467.

Williams R A，Albarran de Garcia Colon I L，Lee MS，et al. 1994. Design targeting of hydrocyclone network [J] . Minerals engineering，7 (5/6)：561－576.

Williamson R D. 1983. The use of hydrocyclone for small particle separation [J] . Separation Science and Technology，18 ：1395－1416.

Xie An，Li Shujun，Lin Yaling，et al. 2010. Preliminary Study on the Preparation of new Flocculant and the Application on Treatment of Potato Starch Wasterwater [C] . The 17th World Congress of CIGR (Quebec，Canada).

Yaling Lin，Shujun Li. 2004. Experimental Investigation on Hydrocyclone for Potato Starch Separation [C] . International CIGR Conference (Beijing，China).

Yaling Lin，Shujun Li. 2004. Modeling Single－stage Hydrocyclone for Potato Starch Separation [J] . CIGR E－Journal.

Yaling Lin，Zhongli Pan，Shujun Li. 2006. Heat and Mass Transfer Modeling of Apple Slice under Infrared Simultaneous Dry－Blanching and Dehydration Process [C] . American Society of Agricultural and Biological Engineers Conference. (Portland，Oregon，US) .

Yem S C. 1990. Gas－solid heat transfer in a gas cyclone [J] . J. China. inst. Chem. Eng. 21 (4)：197－206.

Yuan H. 1992. A cylindrical hydrocyclones [C] . 4th Int. Conf. on Hydrocyclonds，Southampton：23－25.

Yuan H. 1996. Hydrocyclones for the separation of yeast and protein particles [D] . University of Southampton.

Yun Sun，Yaling Lin，Kai Zhao，et al. 2007. Mathematical Modeling of Gas－solid Flow in Turbine Reactor [J] . CIGR E－Journal，9.